职业教育规划教材

西门子S7-300/400 PLC技术与应用

解大琴　张文蔚　马东玲 等 编著

图书在版编目(CIP)数据

西门子 S7-300/400 PLC 技术与应用/解大琴等编著. -- 苏州:苏州大学出版社, 2024.8
ISBN 978-7-5672-4517-4

Ⅰ.①西… Ⅱ.①解… Ⅲ.①PLC 技术-程序设计 Ⅳ.①TM571.61

中国国家版本馆 CIP 数据核字(2024)第 071646 号

西门子 S7-300/400 PLC 技术与应用
XIMENZI S7-300/400 PLC JISHU YU YINGYONG
解大琴 张文蔚 马东玲 等 编著
责任编辑 肖 荣

苏州大学出版社出版发行
(地址:苏州市十梓街 1 号 邮编:215006)
广东虎彩云印刷有限公司
(地址:东莞市虎门镇黄村社区厚虎路 20 号 C 幢一楼 邮编:523898)

开本 787mm×1 092mm 1/16 印张 18 字数 394 千
2024 年 8 月第 1 版 2024 年 8 月第 1 次印刷
ISBN 978-7-5672-4517-4 定价:59.00 元

图书若有印装错误,本社负责调换
苏州大学出版社营销部 电话:0512-67481020
苏州大学出版社网址 http://www.sudapress.com
苏州大学出版社邮箱 sdcbs@suda.edu.cn

Preface 前言

可编程序控制器(PLC)是近年来发展迅速的工业控制装置。PLC是以微处理器为基础,综合了现代计算机技术、自动控制技术和通信技术发展起来的一种新型的通用工业自动控制装置,其具有功能强大、可靠性高、编程简单、使用灵活方便、适合工业环境下应用等一系列优点,在工业自动化、机电一体化、传统产业技术改造等方面应用越来越广泛。

在我国,西门子公司的S7-300/400系列PLC有着广泛的应用和较高的市场占有率。为了帮助广大电气技术人员、电工尽快掌握S7-300/400系列PLC的应用技术,我们特地编著了本书。

全书共分七章。第1章介绍可编程逻辑控制器,第2章介绍S7-300/400理论基础,第3章介绍西门子编程软件使用方法,第4章介绍S7-300/400的编程指令和线性编程,第5章介绍S7-300/400的非线性化编程,第6章介绍S7-300/400的顺序编程和Graph的用法,第7章介绍SIMATIC NET工业通信网络的一些知识。在写法上,本书尽量运用图解的方法,图文相辅相成;同时,本书文字精练,通俗易懂,内容丰富,分析详细、清晰。

本书主要由上海工程技术大学高等职业技术学院的解大琴、张文蔚、马东玲编著,其中张文蔚负责第1章到第3章的编著工作,解大琴负责第4章到第6章的编著工作及整本书的统稿工作,马东玲负责第7章的编著工作。另外,参加编著工作的还有华艳秋、周左晗、张媛、江山等。

在本书编写过程中,编著者参考了一些文献,并引用了其中的一些资料,难以一一列举,在此一并向这些文献的作者表示衷心的感谢。

由于编著者水平有限,书中难免存在疏漏与不妥之处,敬请读者批评指正。

Contents 目录

第1章　可编程逻辑控制器概述

20世纪60年代末，为适应市场需求、提高竞争力，生产出小批量、多品种、多规格、低成本、高质量的产品，要求现代制造业生产设备的控制系统必须更灵活、更可靠、功能更齐全、响应速度更快。随着微处理器技术、计算机技术、现代通信技术的飞速发展，可编程逻辑控制器(Programmable Logic Controller，PLC)应运而生。

自第一台PLC问世以来，PLC技术发展十分迅速，特别是近年来，PLC在处理速度、控制功能、通信能力及控制领域等方面都有了新的突破。它将传统的继电-接触器控制技术和现代计算机信息处理技术的优点有机结合起来，成为工业自动化领域中最重要、应用最广的控制设备之一，是现代工业生产自动化的重要支柱。

1.1　PLC的基础知识

1.1.1　PLC的产生

在可编程控制器诞生前，人们把各种继电器、定时器、接触器及其触点按一定的逻辑关系连接起来，组成继电-接触器控制系统，来控制各种机械设备。由于其结构简单，在一定范围内能满足控制要求，因此被广泛使用，在工业控制领域一直占有主导地位。但随着工业的发展，由于继电-接触器控制系统自动化水平有限，其存在的问题日益凸显，主要包括：使用机械触点，系统运行可靠性差；工艺流程改变时要改变大量的硬件接线，耗费许多人力、物力和时间；功能局限性大；体积大、耗能多等。由此产生的设计开发周期、运行维护成本、产品调整能力等方面的问题，使其越来越不能满足工业生产的需求。

1968年，美国通用汽车公司(General Motors Corporation，GM)为适应生产工艺不断更新的需要，公开招标，要求用一种新的控制装置取代继电控制装置以提高生产力，该装置要求具有以下十项技术指标：

① 编程简单，可在现场修改程序。

② 维护方便，采用模块化结构。

③ 可靠性高于继电-接触器控制系统。

④ 体积小于继电-接触器控制系统。

⑤ 成本可与继电-接触器控制系统竞争。

⑥ 数据可以直接送入计算机。

⑦ 输入电压可为交流 115 V(美国标准系列电压值)。

⑧ 输出电压可为交流 115 V,电流 2 A 以上,能直接驱动电磁阀、接触器等。

⑨ 通用性强、易于扩展。

⑩ 能储存程序,用户存储器容量大于 4 KB。

1969 年,美国数字设备公司(Digital Equipment Corporation,DEC)根据 GM 公司招标的技术要求,成功研制出世界上第一台可编程控制器 PDP-14,它具有逻辑运算、定时、计算功能,称为 PLC(Programmable Logic Controller)。接着,美国莫迪康(Modicon)公司开发出可编程控制器 084;1971 年,日本研制出其第一台可编程控制器 DSC-8;1973 年,西欧一些国家也研制出其第一台可编程控制器;我国在 1974 年开始研制可编程控制器,在 1977 年开始投入工业应用。

早期可编程控制器采用存储程序指令完成顺序控制设计,用于开关量的控制。20 世纪 70 年代,随着微电子技术的发展,可编程控制器功能增强,不再局限于当初的逻辑运算,因此称为 PC(Programmable Controller)。为与个人计算机 PC(Personal Computer)加以区别,仍简称 PLC。

国际电工委员会(International Electrical Committee,IEC)在 1987 年 2 月颁布的 PLC 标准草案(第三稿)中对 PLC 做了如下定义:可编程控制器是一种数字运算操作的电子装置,专为在工业环境下应用而设计。它采用可编程序的存储器,用来在其内部存储执行逻辑运算、顺序控制、定时、计数和算术运算等操作的指令,并通过数字式和模拟式的输入与输出控制各种类型的机械或生产过程。可编程控制器及其有关的外围设备,都应按易于使工业控制系统连成一个整体、易于扩展其功能的原则设计。

从某种意义上来说,PLC 是专为工业环境应用而设计制造的计算机,它具有丰富的输入/输出接口,并具有较强的驱动能力。在实际应用时,其硬件可以根据实际需要进行选用,其软件也可以根据控制要求进行设计编制。

1.1.2 PLC 的发展

可编程控制器自问世以来,发展极为迅速。目前,PLC 的产品按地域可分为三大流派,即美国、欧洲和日本。

美国是 PLC 生产大国,著名的 PLC 制造商有 AB 公司(Rockwell Allen-Bradley)、通用电气公司(General Electric Company,简称 GE)、莫迪康公司、德州仪器公司(Texas Instruments,TI)、西屋公司(Westinghouse Electric Corporation)等。其中,AB 公司是美国最大的 PLC 制造商,其产品规格齐全、种类丰富,主要机型包括 PLC-5 系列大中型机,SLC 系列小型机,MicroLogix 系列微型机以及具有集成顺序、过程、运动控制等高级功能的 ControlLogix 系列机型。

德国的西门子公司(SIEMENS)、法国的施耐德公司(Schneider)都是欧洲著名的 PLC

制造商。西门子公司的电子产品以性能精良而久负盛名，该公司在大中型PLC产品领域与美国的AB公司齐名，其PLC的主要产品有S7、M7、C7等系列。

日本的PLC在小型机领域颇具盛名，日本有许多PLC制造商，如三菱(MITSUBISHI)、欧姆龙(OMRON)、松下电工(Matsushita Electric)、富士(FUJI)、日立(HITACHI)、东芝(TOSHIBA)等。三菱公司的PLC较早进入中国市场，其FX系列PLC在小型机市场占有率较高。

PLC从产生到现在已经经历了几十年的发展，实现了从一开始的简单逻辑控制到现在的运动控制、过程控制、数据处理和联网通信，随着科学技术的进步，面对不同的应用领域、不同的控制需求，PLC还将有更大的发展。目前，PLC的发展趋势主要体现在以下几个方面：

(1) 产品规模向大、小两个方向发展

大型化是指大中型PLC向大容量、智能化和网络化发展，使之能与计算机组成集成控制系统，对大规模、复杂系统进行综合性的自动控制。现已有I/O点数达14336点的超大型PLC，使用微处理器，多CPU并行工作。小型PLC由整体结构向小型模块化结构发展，使配置更加灵活，为了市场需要已开发了各种简易、经济的超小型或微型PLC，最小配置的I/O点数为8～16点，以适应单机及小型自动控制的需要。

(2) 向高性能、高速度、大容量发展

PLC的扫描速度是衡量PLC性能的一个重要指标。为了提高PLC的处理能力，要求PLC具有更快的响应速度和更大的存储容量。目前，PLC的扫描速度可达0.1毫秒/千步；存储容量方面可达几十兆字节。

(3) 向模块智能化发展

分级控制、分布控制是增强PLC控制功能、提高处理速度的一个有效手段。智能I/O模块是以微处理器和存储器为基础的功能部件，它们可独立于主机CPU工作，分担主机CPU的处理任务，主机CPU可随时访问智能模块，修改控制参数，这样有利于提高PLC的控制速度和效率，简化设计，降低编程工作量，提高动作可靠性、实时性，满足复杂控制的要求。为满足各种控制系统的要求，目前已开发出许多功能模块，如高速计数模块、模拟量调节(PID控制)模块、运动控制(步进、伺服、凸轮控制等)模块、远程I/O模块、通信和人机接口模块等。

(4) 向网络化发展

加强PLC的联网能力是实现分布式控制、适应工业自动化控制和计算机集成制造系统发展的需要。PLC的联网与通信主要包括PLC与PLC之间、PLC与计算机之间以及PLC与远程I/O之间的信息交换。随着PLC和其他工业控制计算机组网构成大型控制系统以及现场总线的发展，PLC将向网络化和通信的简便化方向发展。

(5) 向标准化发展

生产过程自动化的要求在不断提高，PLC的能力也在不断增强，过去不开放的、各品牌自成一体的结构显然不适合，为提高兼容性，在通信协议、总线结构、编程语言等方面需要一个统一的标准。国际电工委员会为此制定了国际标准 IEC61131。该标准由总则、设备性能和测试、编程语言、用户手册、通信、模糊控制的编程、可编程序控制器的应用和实施指导等八部分和两个技术报告组成。几乎所有的 PLC 生产厂家都表示支持 IEC61131,并开始向该标准靠拢。

1.1.3 PLC 的特点

可编程控制器是专为工业环境下的应用而设计的工业计算机。为适应在工业环境下的应用,可编程控制器主要有以下特点:

(1) 可靠性高,抗干扰能力强

PLC 采取了一系列硬件和软件设计,提高了可靠性和抗干扰能力。比如,用软件替代传统继电-接触器控制系统的中间继电器、时间继电器等,只剩下少量的 I/O 硬件,将因触点接触不良造成的故障大大减少;左右两侧 I/O 接口都采用光电隔离等措施,使工业现场外电路与 PLC 内部电路进行电气隔离;PLC 具有较强的自诊断功能,保证在"硬核"都正常的情况下执行用户的控制程序;等等。PLC 平均无故障时间达到数万小时。

(2) 功能完善

现代 PLC 具有数字模拟量的输入/输出、逻辑和算术运算、定时、计数、顺序控制、功率驱动、通信、人机对话、自检、记录和显示等功能,设备控制水平大大提高。近年来,PLC 的通信联网能力越来越强,PLC 系统与通用计算机可直接或通过通信处理单元、通信转换单元相连构成网络。联网、通信适应了当今计算机集成制造系统和智能化工厂发展的需要。

(3) 控制程序可变,硬件配置方便

PLC 产品配备种类齐全的各种硬件装置供用户选用,用户可方便灵活地进行系统配置,组成不同功能、不同规模的系统。在生产工艺流程改变或生产线设备更新的情况下,可通过硬件扩充或少量地改变配置与接线,改变内部程序来满足要求,避免在继电-接触器控制系统中将大量的硬件线路进行更改与重装。

(4) 编程简单,设计施工周期短,调试、维修方便

PLC 常用的编程方法有指令语句表、梯形图、功能图、高级语言等。对普通操作人员,一般只要几天的课程训练即可学会编程。使用 PLC 完成一项控制工程,在系统设计完成后,现场施工和 PLC 程序设计可同时进行,施工周期短,调试方便。PLC 故障率低,且有完善的自诊断和显示功能。PLC 或外部输入/输出装置发生故障时,可根据 PLC 上发光二极管或编程器提供的信息迅速查明原因,及时排除故障。

(5) 体积小,重量轻,能耗低

复杂的控制系统使用 PLC 后,可以大大减少中间继电器、时间继电器,小型 PLC 的体积仅相当于几个继电器的大小。由于 PLC 是专为工业控制而设计的计算机,其结构紧密,坚固小巧,重量轻,能耗低,易装于机械设备内部,成为实现"机电一体化"较理想的控制设备。

通常,PLC 可根据 I/O 点数、结构形式、功能等进行分类。

按 I/O 点数,PLC 可分为小型、中型、大型等。I/O 点数为 256 以下的为小型 PLC,其中，I/O 点数小于 64 的为超小型或微型 PLC。I/O 点数为 258～2048 之间的为中型 PLC。I/O 点数为 2048 以上的为大型 PLC，其中，I/O 点数超过 8192 的为超大型 PLC。

按结构形式，PLC 可分为整体式、模块式、紧凑式等，如图 1.1 所示。整体式 PLC 将电源、CPU、I/O 接口等部件都集中装在一个机箱内，具有结构紧凑、体积小、价格低等特点。模块式 PLC 将 PLC 各组成部分分别做成若干个单独的模块，如 CPU 模块、I/O 模块、电源模块（有的含在 CPU 模块中）以及各种功能模块。紧凑式 PLC 则各种单元、CPU 自成模块，但不安装基板，各单元一层一层地叠装，它兼有整体式结构紧凑和模块式独立灵活的特点。

按功能，PLC 可分为低档、中档、高档等。低档 PLC 具有逻辑运算、定时、计数、移位以及自诊断、监控等基本功能，还可有少量模拟量输入/输出、算术运算、数据传送和比较、通信等功能。中档 PLC 除具有低档 PLC 功能外，增加了模拟量输入/输出、算术运算、数据传送和比较、数制转换、远程 I/O、子程序、通信联网等功能。有些还增设中断、PID 控制等功能。高档 PLC 除具有中档机功能外，增加了带符号算术运算、矩阵运算、位逻辑运算、平方根运算及其他特殊功能函数运算、制表及表格传送等功能。高档 PLC 具有更强的通信联网功能。

(a) 整体式

(b) 模块式

(c) 紧凑式

图 1.1　PLC 的结构形式

1.1.4　PLC 的应用领域

目前，PLC 在国内外已被广泛地应用于钢铁、石油、化工、电力、机械制造、建筑、交通运输、环保、文化娱乐等领域，其应用范围不断扩大，主要有以下几个方面：

(1) 开关量的逻辑控制

开关量的逻辑控制是 PLC 最基本、最广泛的应用领域。PLC 控制开关量的能力很强，所控制的输入/输出点数少的有十几、几十，多的可达几百、几千，甚至上万。由于 PLC 能联网，点数几乎不受控制。PLC 所控制的逻辑问题多种多样，具有“与”“或”“非”等逻辑指令，可以实现梯形图中的触点和电路的串、并联，代替继电器进行组合逻辑控制、定时控制与顺序控制。开关量逻辑控制可以用于单台设备，也可以用于自动生产线，其应用领域已遍及各行各业，甚至可用于家庭。

(2) 模拟量控制

在工业生产过程中，有许多连续变化的量，即模拟量，如温度、压力、流量等。PLC 通过模拟量 I/O 模块，实现模拟量(analog)和数字量(digital)之间的 A/D 转换与 D/A 转换，使可编程控制器用于模拟量控制。

(3) 运动控制

PLC 使用专用的指令或运动控制模块，对直线运动或圆周运动的位置、速度和加速度进行控制。在控制机构的配置方面，早期直接用控制开关量的 I/O 模块连接传感器和执行机构，现在有专用的运动控制模块，如驱动步进电机或伺服电机的单轴或多轴位置控制模块。PLC 的运动控制功能被广泛用于各种机械，如金属切削机床、金属成形机械、装配机械、机器人、电梯等。

(4) 过程控制

过程控制是指对温度、压力、流量等模拟量的闭环控制。PID(比例-积分-微分)调节是一般闭环控制系统中用得较多的调节方法。大中型 PLC 都有 PID 模块，目前一些小型的 PLC 也具有此项功能。PLC 可运用专用的 PID 子程序对模拟量实行闭环 PID 控制。过程控制已经被广泛地应用于轻工、化工、机械、冶金、电力、建材等领域，如塑料成型、热处理、锅炉控制等。

(5) 数据处理

现代的 PLC 具有整数四则运算、矩阵运算、函数运算、字逻辑运算、求反、循环、移位、浮点数运算等运算功能，以及数据传送、转换、排序、查表、位操作等功能，可以完成数据的采集、分析和处理。数据处理一般用于大型控制系统，如无人控制的柔性制造系统；也可用于过程控制系统，如造纸、冶金、食品工业的一些控制系统中。

(6) 通信联网

PLC 的通信包括 PLC 与远程 I/O 之间的通信、多台 PLC 之间的通信、PLC 与其他智能控制设备(如计算机、变频器、数控装置)之间的通信。PLC 与其他智能控制设备一起，可以组成“集中管理、分散控制”的分布式控制系统。

1.2 PLC 的工作原理

PLC 采用了“循环扫描”的工作方式，每一次扫描所用的时间称为扫描周期。一个扫描周期一般包括初始化处理、系统自诊断、通信与外设服务、输入采样、程序执行、输出刷新等所有时间的总和。PLC 的工作过程如图 1.2 所示，下面以西门子 S7-300 PLC 为例介绍 PLC 的工作过程。

图 1.2 PLC 的工作过程

(1) 初始化处理

PLC上电后，首先进行系统初始化，其中检查自身完好性是初始化操作的主要工作。初始化的内容包括：

① 对I/O单元和内部继电器清零，所有定时器复位，以消除各元件状态的随机性。

② 检查I/O单元连接是否正确。

③ 检查自身完好性：即启动监控定时器（通常说的看门狗 Watch Dog Timer ，WDT）T0，用检查程序（一个涉及各种指令和内存单元的专用检查程序）进行检查。若不超时，则可证实自身完好；若超时，用T0的触点使系统关闭。

(2) 系统自诊断

在每次扫描前，再进行一次自诊断，检查系统的完好性，即检查硬件（如CPU、系统程序存储器、I/O口、通信口、备用锂电池等）和用户程序存储器等，以确保系统可靠运行。若发现故障，将有关错误标志位置位，再判断一下故障性质，若是一般性故障，只报警而不停机，等待处理；若是严重故障，则停止运行用户程序，PLC切断一切输出联系。

(3) 通信与外设服务（含中断服务）

通信与外设服务指的是与编程器、其他设备（如终端设备、彩色图形显示器、打印机等）进行信息交换，与网络进行通信以及设备中断（用通信口）服务等。如果没有外设请求，系统会自动向下循环扫描。

(4) 输入采样

可编程控制器把所有外部输入电路的接通/断开（ON/OFF）状态读入输入映像寄存器。需要注意的是，只有采样时刻，输入映像寄存器中的内容才与输入信号一致，而其他时间范围内输入信号的变化是不会影响输入映像寄存器中的内容，输入信号变化了的状态只能在下一个扫描周期的输入处理阶段被读入。

(5) 执行用户程序

CPU从第一条指令开始，按顺序逐条执行用户程序，直到用户程序结束为止。并根据指令的要求执行相应的逻辑运算，运算的结果写入对应元件的映像寄存器中。因此，各编程元件（输入元件除外）的状态或数据随着程序的执行而变化。

(6) 输出刷新

当扫描用户程序结束后，PLC进入输出刷新阶段。在此阶段，CPU将输出映像寄存器的“0”/“1”状态传送到输出锁存器，再经输出电路驱动对应的外围设备。这时的输出才是PLC真正的输出。

PLC依靠CPU循环扫描的机制在每一次循环扫描中采样所有的输入信号，随后转入程序执行，最后把程序执行结果输出（信号输出）以控制现场的设备。

1.3 PLC 的性能指标

可编程控制器的性能指标主要包括存储容量、输入/输出(I/O)点数、扫描速度、指令的功能与数量、内部元件的种类与数量、特殊功能单元、可扩展能力等。

(1) 存储容量

存储容量是指用户程序存储器的容量。用户程序存储器的容量越大,则用户可以有越多的空间编制复杂的程序。一般来说,小型 PLC 的用户存储器容量为几千字,而大型 PLC 的用户存储器容量为几万字。

(2) 输入/输出(I/O)点数

I/O 点数是 PLC 可以连接的输入信号和输出信号的总和。I/O 点数越多,PLC 的控制规模就越大。

(3) 扫描速度

扫描速度是指 PLC 执行用户程序的速度,是衡量 PLC 性能的重要指标,通常以毫秒/千字为单位。PLC 用户手册一般给出执行各条指令所用的时间,可以通过比较各种 PLC 执行相同的操作所用的时间来衡量扫描速度的快慢。

(4) 指令的功能与数量

指令功能的强弱、数量的多少也是衡量 PLC 性能的重要指标。编程指令的功能越强、数量越多,PLC 的处理能力和控制能力越强,用户编程也越简单、方便,越容易完成复杂的控制任务。

(5) 内部元件的种类与数量

在编制 PLC 程序时,需要用到大量的内部元件来存放中间数据、定时计数、模块设置和各种标志位等信息。这些元件的种类与数量越多,表示 PLC 的存储和处理各种信息的能力越强。

(6) 特殊功能单元

近年来,各 PLC 厂商非常重视特殊功能单元的开发,特殊功能单元种类日益增多,功能越来越强,使 PLC 的控制功能日益扩大。特殊功能单元种类的多少与功能的强弱也是衡量 PLC 产品的一个重要指标。

(7) 可扩展能力

PLC 的可扩展能力包括 I/O 点数的扩展、存储容量的扩展、联网功能的扩展、各种功能模块的扩展等。在选择 PLC 时,经常需要考虑 PLC 的可扩展能力。

1.4　习　题

1. PLC 有什么特点?
2. PLC 可以应用在哪些领域?
3. 什么是扫描周期? 简述 PLC 循环扫描的工作过程。
4. PLC 的性能指标有哪些?

第 2 章 S7-300/400 理论基础

德国西门子公司(SIEMENS)是世界上研制和生产 PLC 的主要厂家,历史悠久,技术雄厚,产品线覆盖广泛。S7 系列 PLC 是在 S5 系列基础上研制的,有 S7-200、S7-300、S7-400、S7-1500 等系列。

S7-200 是集成、紧凑式小型 PLC,一般适用于 I/O 点数为 100 左右的单机设备或小型应用系统。S7-300 是模块式中型 PLC,一般适用于 I/O 点数为 1000 左右的集中或分布式的中小型控制系统,它能满足中等性能要求的应用,各种单独的模块之间可进行广泛组合,构成满足不同要求的系统。S7-400 PLC 是模块式大型 PLC,一般适用于 I/O 点数为 10000 左右的自动化控制系统,它是中、高档性能的 PLC。S7-1500 是近年来开发的新型 PLC,采用模块化结构及多种创新技术,各种功能皆具有可扩展性。本书主要针对 S7-300/400 系列进行介绍。

2.1 S7-300/400 硬件基础

S7-300/400 是模块式的 PLC,如图 2.1 所示,硬件主要由电源模块(PS)、中央处理单元模块(CPU)、信号模块(SM)、通信模块(CP)、功能模块(FM)、接口模块(IM)以及机架

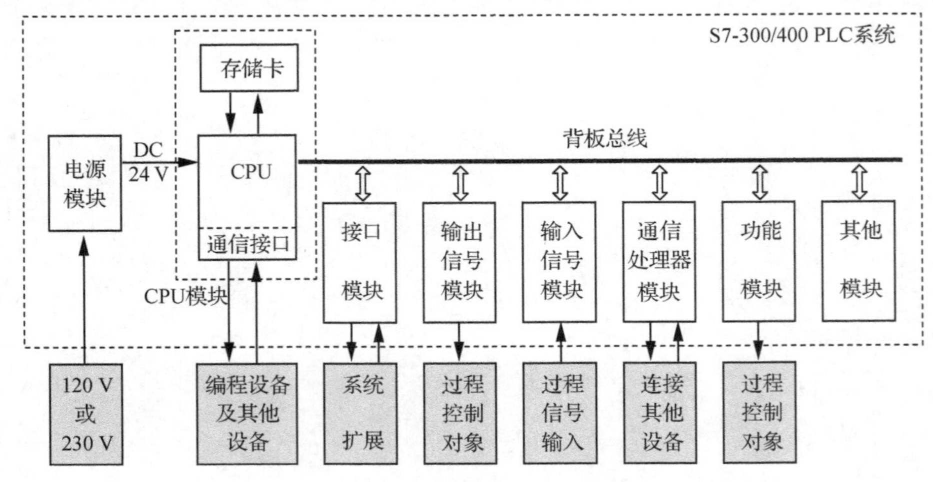

图 2.1 S7-300/400 系统的组成

(Rack)等组成。S7-300/400 系统模块示意图如图 2.2 所示,各个模块安装在机架上,S7-300 背板总线集成在各个模块上,S7-400 背板总线集成在机架上,通过将总线连接器插在模块机壳的背后,使背板总线连成一体。

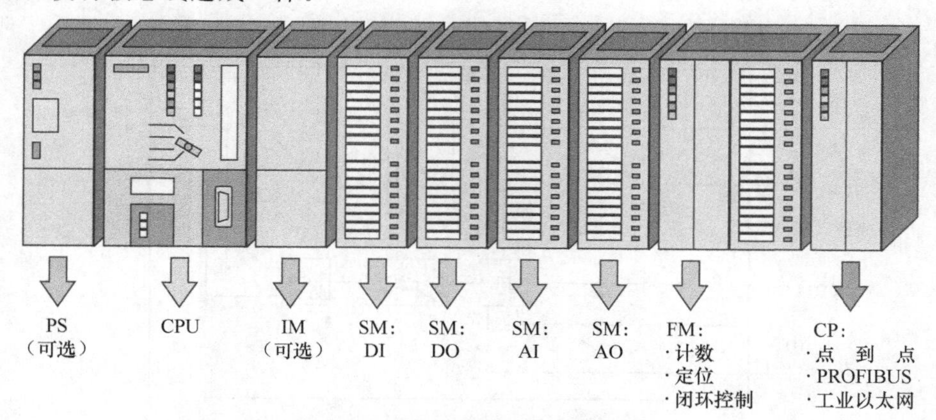

图 2.2　S7-300/400 系统模块示意图

2.1.1　电源模块

电源模块(Power Supply,PS)将电源电压转换为 DC 5 V、DC 24 V 等工作电压,为 CPU、其他模块和外围电路甚至是负载提供可靠的电源。

(1) S7-300 电源模块

S7-300 系列 PLC 的电源模块如图 2.3 所示,将输入电压转换为 24 V 直流电压,输出电流有 2 A、5 A、10 A 三种。

S7-300 系列 PLC 电源模块有 4 种型号:PS305/2A、PS307/2A、PS307/5A、PS307/10A。表 2.1 为 S7-300 系列 PLC 电源模块的主要技术参数。其中,6ES7 305-1BA80-0AA0 等为订货号。

图 2.3　S7-300 电源模块

表 2.1　S7-300 电源模块主要技术参数

型号	PS305/2A (6ES7 305-1BA80-0AA0)	PS307/2A (6ES7 307-1BA00-0AA0)	PS307/5A (6ES7 307-1EA00-0AA0)	PS307/10A (6ES7 307-1KA00-0AA0)
额定输入电压/V	DC 24/48/72/96/110	AC 120/230	AC 120/230	AC 120/230
额定输入电流/A	2.7/1.3/0.9/0.65/0.6	0.8/0.5	2/1	3.5/1.7
额定输出电压/V	DC 24	DC 24	DC 24	DC 24
额定输出电流/A	2	2	5	10
尺寸 $W\times H\times D$/(mm×mm×mm)	80×125×120	50×125×120	80×125×120	200×125×120
质量/g	大约 740	大约 420	大约 720	大约 1200

电源模块的方框图如图 2.4 所示，模块的输入和输出之间有可靠的隔离。模块上的 LED 用来指示电源的状态。输出正常时，绿色 LED 亮；输出过载时，LED 闪烁。输出电流大于 13 A 时，电压跌落，跌落后自动恢复。输出短路时，输出电压消失，短路消失后，电压自动恢复。

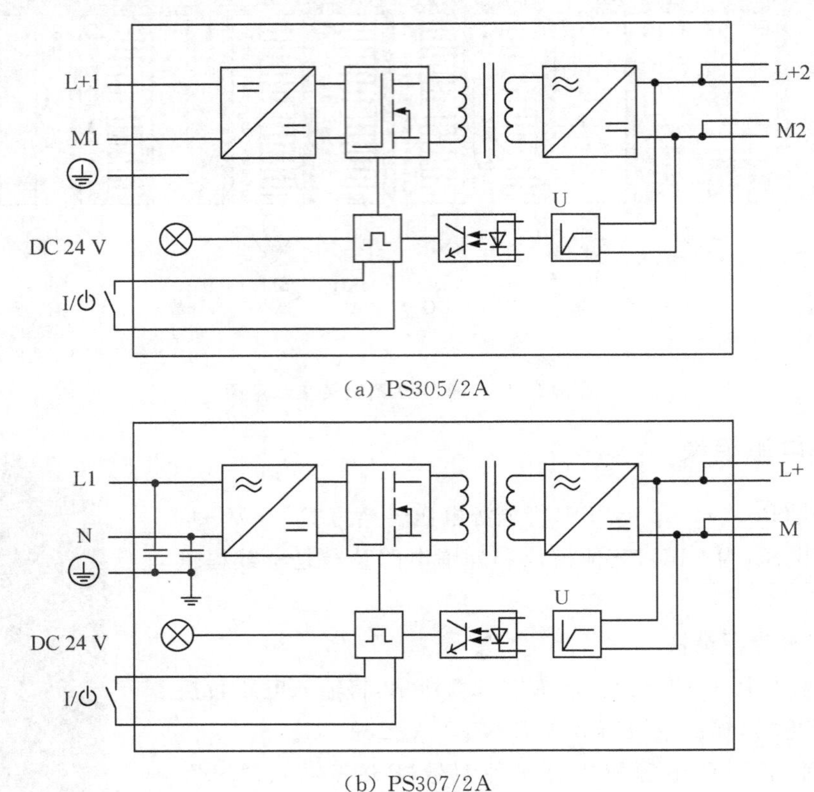

(a) PS305/2A

(b) PS307/2A

图 2.4 电源模块方框图

S7-300 电源模块外形如图 2.5 所示。电源模块安装在 DIN 导轨上的插槽 1，紧靠 CPU 或扩展机架的 IM361 的左侧，用电源连接器与 CPU 或扩展机架的 IM361 连接。为 CPU 模块、输入/输出模块等提供 DC 24 V 电源。

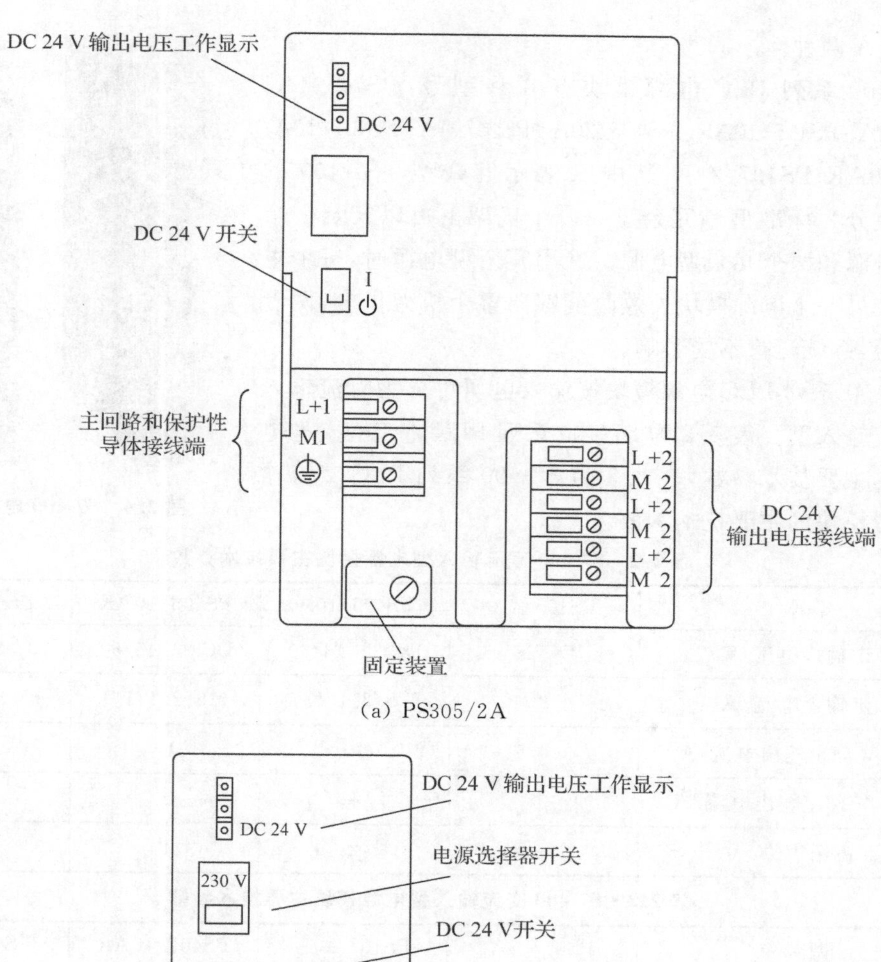

(a) PS305/2A

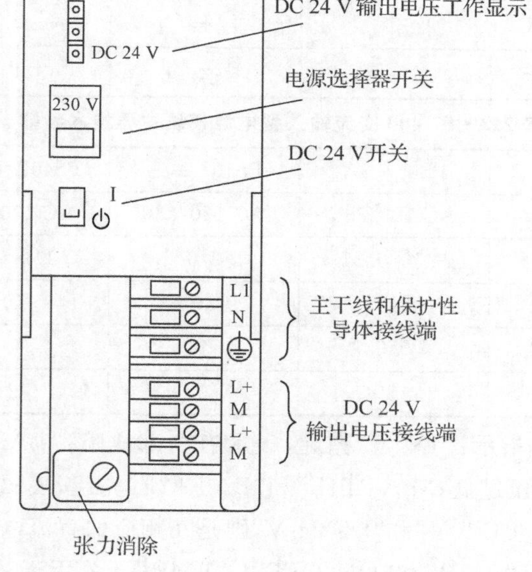

(b) PS307/2A

图 2.5　S7-300 电源模块外形图

(2) S7-400 **电源模块**

S7-400 系列 PLC 的电源模块如图 2.6 所示，将输入电压转换为 5 V 和 24 V 的直流电压。输出电压为 5 V 时，输出电流有 4 A、10 A、20 A 三种；输出电压为 24 V 时，输出电流有

0.5 A、1 A 两种。

S7-400 系列 PLC 电源模块有 8 种型号：PS405/4A、PS405/10A、PS405/10AR、PS405/20A、PS407/4A、PS407/10A、PS407/10AR、PS407/20A，其中 R 表示冗余型。S7-400 的电源模块分为标准型和冗余型。一个机架上可以安装一个标准型电源和两个冗余型电源。选用冗余型电源时，每个电源模块在另一个电源模块失效时能够向整个机架供电，两者互为备份，系统运行不受影响。

图 2.6 S7-400 电源模块

S7-400 系列 PLC 电源模块按输入电压可分为直流输入型和交流输入型。表 2.2 为 S7-400 系列 PLC 直流输入型电源模块的主要技术参数，表 2.3 为 S7-400 系列 PLC 交流输入型电源模块的主要技术参数。

表 2.2 S7-400 直流输入型电源模块主要技术参数

型号	PS405/4A	PS405/10A	PS405/10AR	PS405/20A
额定输入电压/V	DC 24	DC 24/48/60	DC 24/48/60	DC 24/48/60
额定输入电流/A	2	4.5/2.1/1.7	4.5/2.1/1.7	7.3/3.45/2.75
DC 5 V 额定输出电流/A	4	10	10	20
DC 24 V 额定输出电流/A	0.5	1	1	1
占用槽位	1	2	2	3

表 2.3 S7-400 交流输入型电源模块主要技术参数

型号	PS407/4A	PS407/10A	PS407/10AR	PS407/20A
额定输入电压/V	AC 120/230	AC 120/230	AC 120/230	AC 120/230
额定输入电流/A	0.55/0.31	1.2/0.6	1.2/0.6	1.5/0.8
DC 5 V 额定输出电流/A	4	10	10	20
DC 24 V 额定输出电流/A	0.5	1	1	1
占用槽位	1	2	2	3

电源模块上有 LED 指示："INTF"亮起，表示有内部故障；"BAF"亮起，表示有电池故障，背板总线上的电池电压过低；"BATT1F"和"BATT2F"亮起，表示电池 1 和电池 2 接反、电压不足或电池不存在；"DC 5 V"和"DC 24 V"则是在相应的直流电源电压正常时亮起。

电源模块上的开关有"FMR"和"ON/OFF"。"FMR"开关用于故障解除后确认和复位故障信息。"ON/OFF"开关控制电路把输出的 DC 5 V/24 V 电压切断，LED 熄灭。在进线电压没有熄灭时，电源处于待机模式。

2.1.2 中央处理单元(CPU)模块

中央处理单元(Central Processing Unit，CPU)是控制系统的核心，用于存储和处理用户程序与数据，控制输入、输出，并能诊断电源、PLC 工作状态及编程的语法错误。

(1) S7-300 CPU 模块

S7-300 系列 PLC 的 CPU 模块从 CPU312 到 CPU319 有 20 多种型号，CPU 的型号含义如图 2.7 所示。

CPU31xC-2DP
①　②③④

图 2.7　CPU 的型号

图 2.7 中：

①表示 CPU 序号，序号越高其功能越强。

②表示 CPU 的类型，C 表示紧凑型，T 表示技术功能型，F 表示故障安全型，其外形分别如图 2.8 所示。

③表示 CPU 所具有的通信接口数。

④表示通信接口类型，DP 表示 PROFIBUS DP 接口，PN 表示 PROFINET 接口，PtP 表示点对点接口。

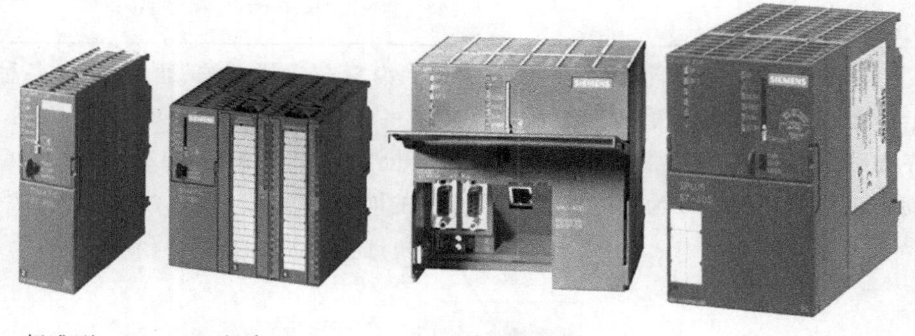

标准型　紧凑型　技术功能型　故障安全型

图 2.8　S7-300 CPU 模块

不同 CPU 模块的技术参数不同，表 2.4 为部分标准型 CPU 模块的主要参数，其他类型的 CPU 模块的技术参数可参考相关技术规范手册。

表 2.4　标准型 CPU 模块主要参数

CPU 型号	CPU312	CPU314	CPU315-2DP CPU315-2PN/DP	CPU317-2DP CPU317-2PN/DP	CPU319-3PN/DP
工作存储器	32 KB	128 KB	256 KB	512 KB/1 MB	2 MB
装载存储器 MMC	最大 4 MB	最大 8 MB	最大 8 MB	最大 8 MB	最大 8 MB
CPU 处理时间	最小 0.2 ms	最小 0.1 ms	最小 0.1 ms	最小 0.05 ms	最小 0.004 ms
FB/FC	512	512	2048	2048	4096
数据块	511	511	1023	2047	4095
位存储器/B	128	256	2048	4096	8192

续表

CPU 型号	CPU312	CPU314	CPU315-2DP CPU315-2PN/DP	CPU317-2DP CPU317-2PN/DP	CPU319-3PN/DP
定时器/计数器	128/128	256/256	256/256	512/512	2048/2048
输入输出地址空间	1 KB/1 KB	1 KB/1 KB	2 KB/2 KB	8 KB/8 KB	8 KB/8 KB
最大数字量 I/O 点数	256/256	1024/1024	16384/16384	65536/65536	65536/65536
最大模拟量 I/O 通道数	64/64	256/256	1024/1024	4096/4096	4096/4096
支持功能板	8	8	8	8	8
支持通信处理器(点对点)	8	8	8	8	8
支持通信处理器(LAN)	4	10	10	10	10
通信接口	X1:MPI	X1:MPI	X1:MPI X2:DP X2:PN (315-2PN/DP)	X1:MPI/DP X2:DP X2:PN (317-2PN/DP)	X1:MPI/DP X2:DP X2:PN

CPU 内的元件封装在一个塑料机壳内,面板上有模式选择开关、通信接口、各种状态和故障指示的 LED。存储器插槽内可插入数兆字节的微存储卡(Micro Memory Card,MMC),用于程序和数据的保存。不同 CPU 的面板略有不同,图 2.9 为 CPU312、CPU314、CPU315-2DP 的面板示意图,图 2.10 为 CPU319-3PN/DP 的面板示意图。

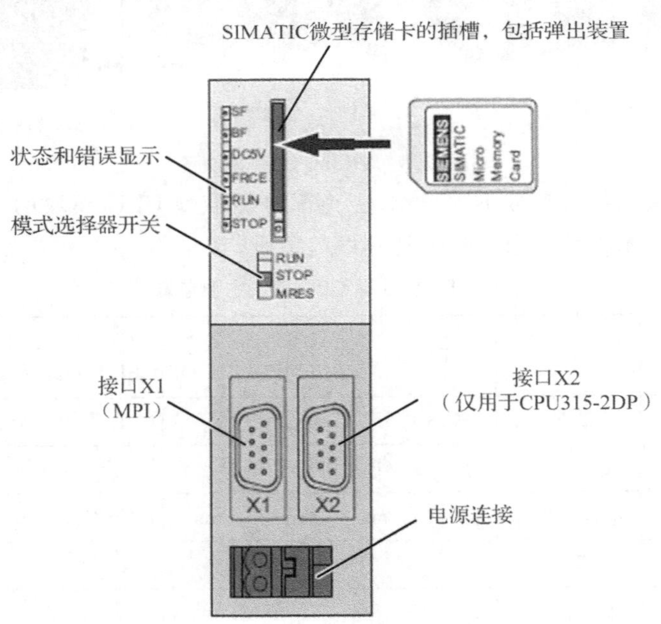

图 2.9 CPU312、CPU314、CPU315-2DP 的面板示意图

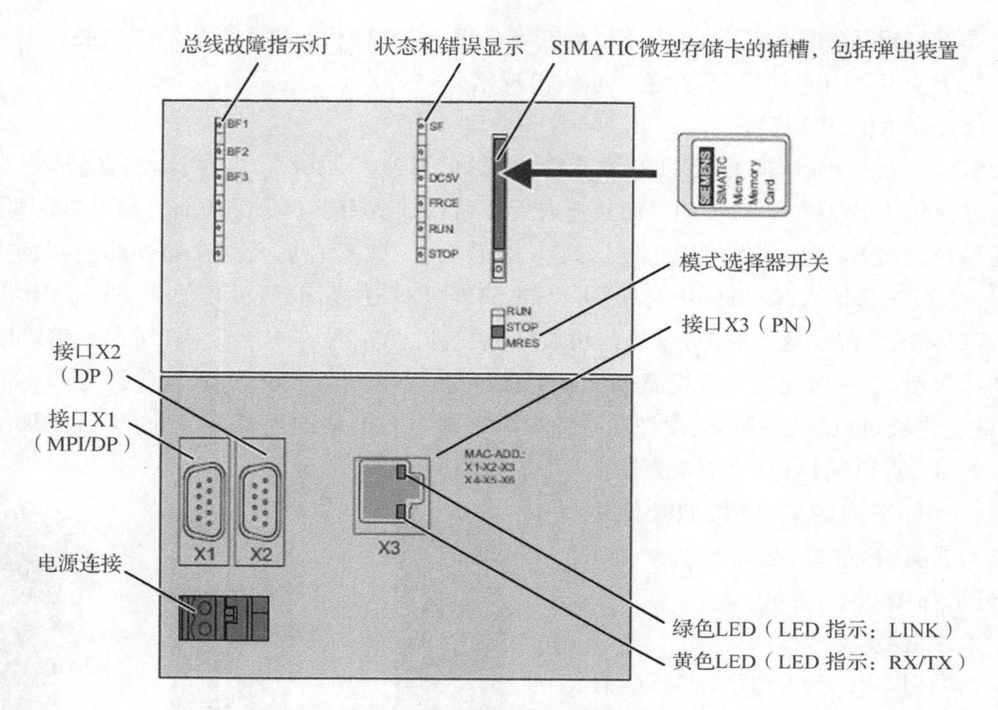

图 2.10　CPU319-3PN/DP 的面板示意图

模式选择开关通常有以下几个挡位：

① RUN 运行挡位：CPU 执行、读出用户程序，但不能修改用户程序。

② STOP 停止挡位：不执行用户程序，可以读出和修改用户程序。

③ MRES 清除存储器挡位：位置不能保持。将开关从 STOP 挡扳到 MRES 位置，可复位存储器，使 CPU 回到初始状态。

复位存储器时按以下顺序进行操作：PLC 通电后，将模式选择开关从 STOP 挡扳到 MRES 挡，STOP LED 熄灭 1 s，亮 1 s，再熄灭 1 s 后持续亮。松开开关，使它回到 STOP 挡位。3 s 内又扳到 MRES 挡，STOP LED 以 2 Hz 的频率至少闪动 3 s，表示正在执行复位，最后 STOP LED 一直亮，复位结束，可以松开模式选择开关。

一些老式的 CPU 用钥匙开关来选择操作模式。它还有一种 RUN-P 模式，允许在运行时读出和修改程序。仿真软件 PLCSIM 的仿真 CPU 也有 RUN-P 模式，某些监控功能只能在 RUN-P 模式下进行。

CPU 模块面板上常见状态与故障指示有：

① SF：系统出错/故障显示，红色。CPU 硬件故障或软件错误时亮。

② BF-BATF：电池故障，红色。电池电压低或没有电池时亮。

③ DC 5 V：+5 V 电源指示，绿色。5 V 电源正常时亮。

④ FRCE：强制，黄色。至少有一个 I/O 被强制时亮。

⑤ RUN：运行方式，绿色。CPU 处于 RUN 状态时亮；重新启动时以 2 Hz 的频率闪烁；HOLD(单步、断点)状态时以 0.5 Hz 的频率闪亮。

⑥ STOP：停止方式，黄色。CPU 处在 STOP、HOLD 状态或重新启动时常亮。

⑦ BF-BUSF：总线错误，红色。总线出现错误时亮。

(2) S7-400 CPU 模块

S7-400 系列 PLC 的 CPU 不仅在内存空间、运算速度、中断功能、内部编程资源和通信资源方面优于 S7-300 系列 CPU，而且还有冗余结构以适用于对于容错能力和可靠性要求较高的场合。与 S7-300 系列 CPU 相比，S7-400 系列 CPU 具有更大的存储器和更多的 I/Q/M/T/C；可选择输入/输出模块地址；可以与 S5 的 EU 连接，而且可以使用 S5 的 CP/IP 模块；有更多的系统功能，例如可编程的块通信；块的长度可达 64 KB 且 DB 增加一倍；可全启动和再启动；启动时比较参考配置和实际配置；可以带电移动模块；过程映像区有多个部分；OB 的优先级可以设定；循环、硬件和时钟中断有多个 OB；块的嵌套可达 16 层；每个执行层的 L Stack 可以选择；具有 4 个累加器；可以多 CPU 运行。

S7-400 系列的 CPU 按照功能主要可分为三类：标准型、故障安全型和冗余型，外形如图 2.11 所示。

① 标准型。

标准型 CPU 为 CPU41x 系列，有 10 个型号，即 CPU412-1、CPU412-2、CPU412-2PN、CPU414-2、CPU414-3、CPU414-3PN/DP、CPU416-2、CPU416-3、CPU416-3PN/DP、CPU417-4。

标准型

故障安全型

冗余型

图 2.11 S7-400 CPU 模块

② 故障安全型。

故障安全型 CPU 用于建立故障安全自动化系统，以满足生产和过程工业的高安全要求。CPU 模块安装 F 运行许可证后，即可运行面向故障安全的 F 用户程序，构成 S7-400F 故障安全型 PLC 系统。故障安全型 CPU 包括 CPU414F-3PN/DP、CPU416F-2、CPU416F-3PN/DP。CPU414F-3PN/DP 是一款可满足中等性能范围及较高要求的 CPU，可用于对程序容量和处理速度有较高要求以及有安全需求的场合。CPU416F-2、CPU416F-3PN/DP 是高性能 CPU，可为具有较高安全要求的工厂构建一个故障安全自动化系统。

③ 冗余型。

冗余型 CPU 支持冗余功能，主 CPU 出现故障后自动切换到备份 CPU 上继续运行。每个 CPU 模块均带 2 个插槽，在安装同步模块后，即可构成 S7-400H 冗余型 CPU 系统。冗余型 CPU 包括 CPU412-3H、CPU414-4H、CPU417-4H 等。

不同型号的 CPU 面板布局也完全不同。图 2.12～图 2.16 分别为 CPU412-1、CPU41x-2、CPU41x-3、CPU41x-3PN/CP、CPU417-4 的面板示意图。

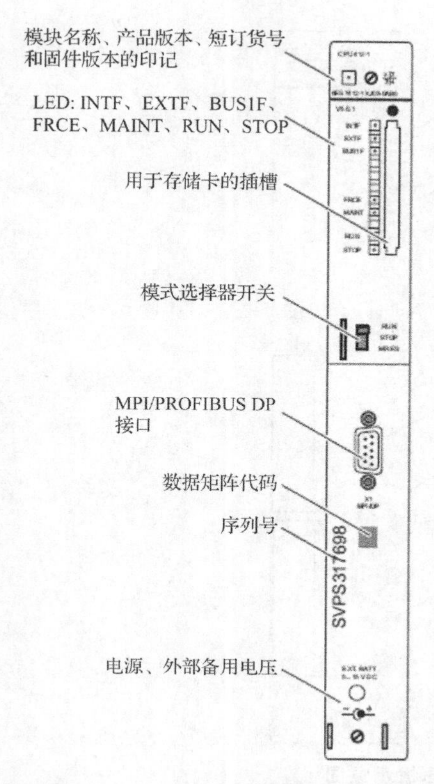

图 2.12　CPU412-1 的面板示意图

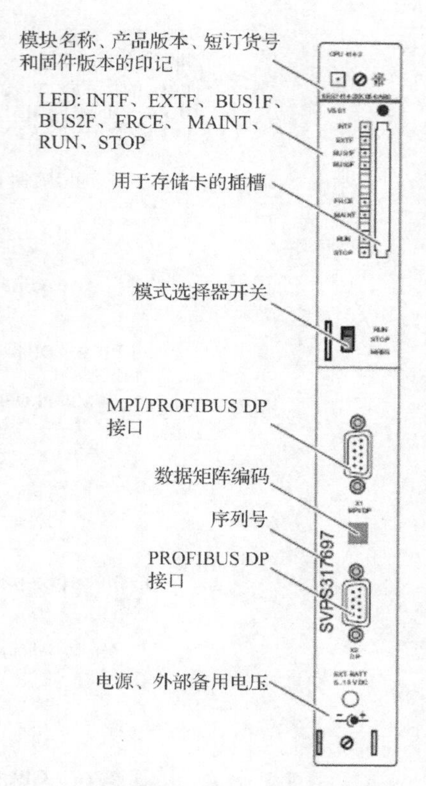

图 2.13　CPU41x-2 的面板示意图

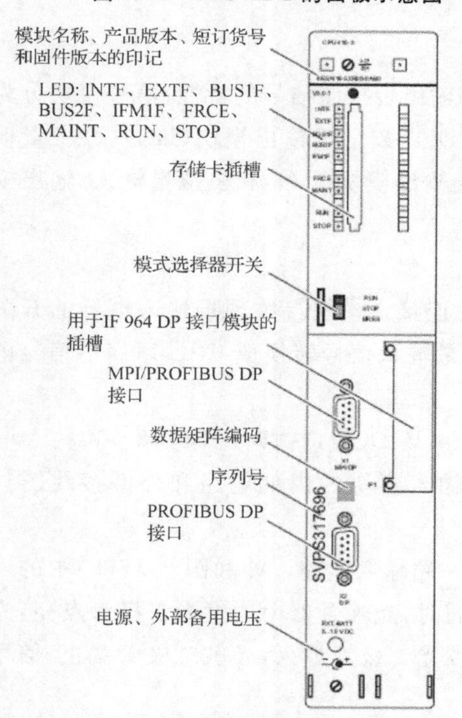

图 2.14　CPU41x-3 的面板示意图

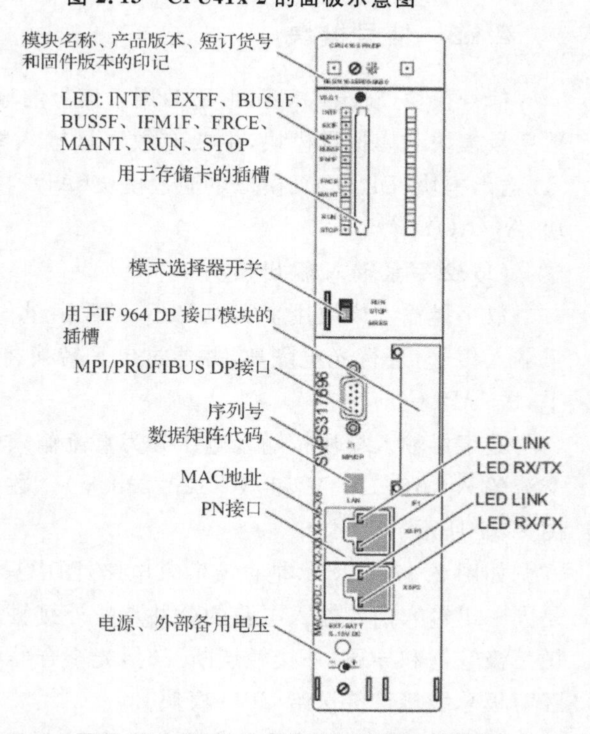

图 2.15　CPU41x-3PN/CP 的面板示意图

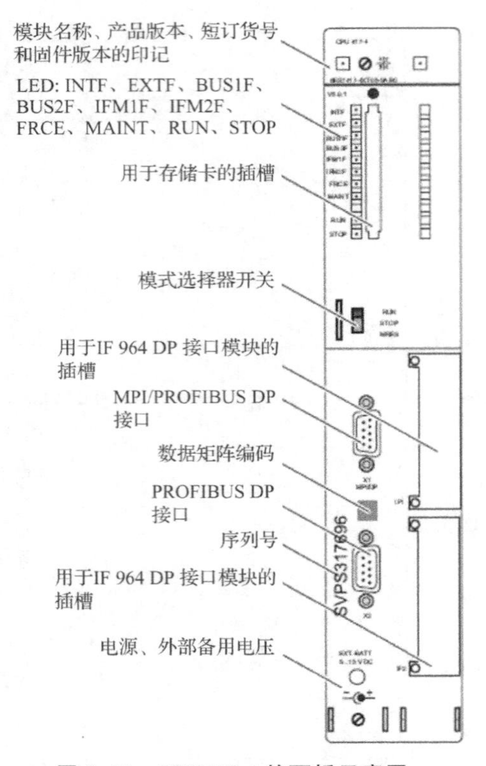

图 2.16 CPU417-4 的面板示意图

2.1.3 信号模块

信号模块(Signal Model,SM)用于信号的输入和输出。按照信号的特性,信号模块分为数字量模块和模拟量模块,主要有数字量输入模块(DI)、数字量输出模块(DO)、数字量输入/输出模块(DI/DO)、模拟量输入模块(AI)、模拟量输出模块(AO)和模拟量输入/输出模块(AI/AO)。

(1) 数字量输入/输出模块

数字量输入模块用来实现PLC与数字量信号的连接。模块接收现场输入电器的开关量输入信号,进行光电隔离,并通过电平转换将开关量输入信号转换成CPU所需的信号电平,送入PLC。

数字量输入模块按输入电压分为直流输入(DC 24 V、DC 24～48 V、DC 48～125 V)和交流输入(AC 120 V和AC 120/230 V)。数字量输入模块的内部电路和外部接线图如图2.17所示。

如图2.17(a)所示是直流输入电路,图中只画了一路输入电路,M和图2.17(b)中的N是同一组输入内各输入电路的公共点。外接触点接通时,光耦合器中的发光二极管点亮,光敏三极管饱和导通;外接触点断开时,光耦合器中的发光二极管熄灭,光敏二极管截止,信号经背板总线接口传送给CPU模块。

如图2.17(b)所示是交流输入电路,电路用电容隔离输入信号中的直流成分,用电阻限流，交流成分经桥式整流电路转换为直流电流。外接触点接通时，光耦合器中的发光二极管和显示用的发光二极管点亮，光敏三极管饱和导通；外接触点断开时，光耦合器中的发光二极管熄灭，光敏三极管截止，信号经背板总线接口传送给CPU模块。

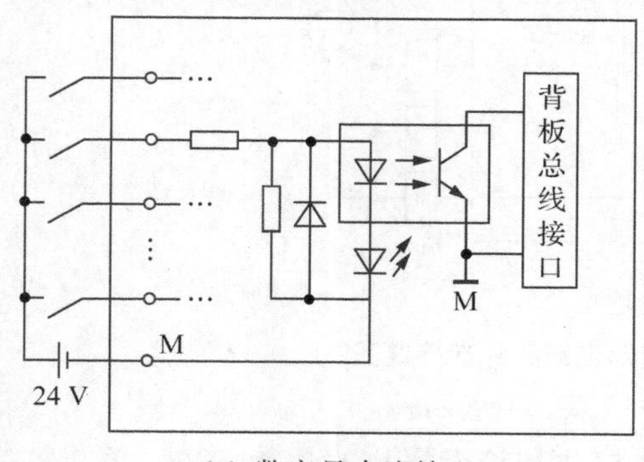

(a) 数字量直流输入

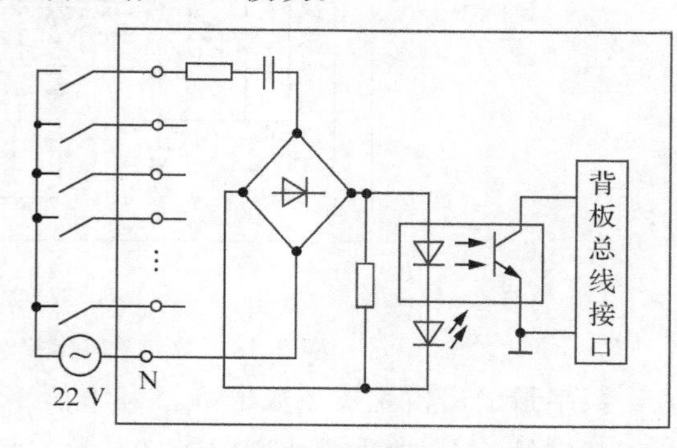

(b) 数字量交流输入

图2.17　数字量输入模块的内部电路和外部接线图

数字量输入模块按输入点数分为8点、16点、32点、64点四种。按不同的点数分组隔离，通过隔离可以避免故障模块对其他正常模块造成的影响。

数字量输入模块的连接形式与信号电源提供方式可以分为汇点输入（Sinking，也称漏形输入或负端公用输入）、源输入（Sourcing，也称源形输入或正端公用输入）和汇点/源混用输入（Sinking/Sourcing）三种。模块选型时，须注意输入信号与输入模块之间的匹配。

数字量输出模块用于把PLC内部的信号进行光电隔离、电平转换，并通过功率放大器输出，去控制现场的执行电器。数字量输出模块可连接灯、电磁阀、接触器、小功率电机和电机启动器等。

数字量输出模块按驱动形式可以分为继电器输出、晶体管（或场效应管）输出与双向晶闸管输出三种形式。继电器输出，输出电流大，可达3～5 A，可驱动交直流负载，适应性强，但动作慢，约10～12 ms，工作频率低。晶体管输出，驱动直流负载，动作快，小于2 ms，工作频率高，可达20 kHz，但输出电流小于1 A，带载能力不强。双向晶闸管输出，可驱动交直流负载，且输出电流大，动作快，工作频率高。数字量输出模块的内部电路和外部接线图如图2.18所示。

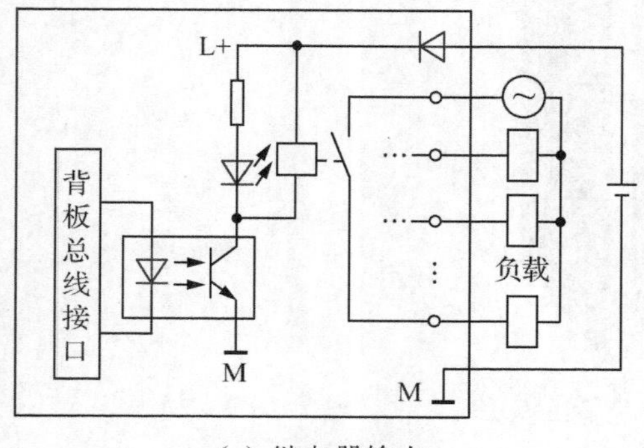

(a) 继电器输出

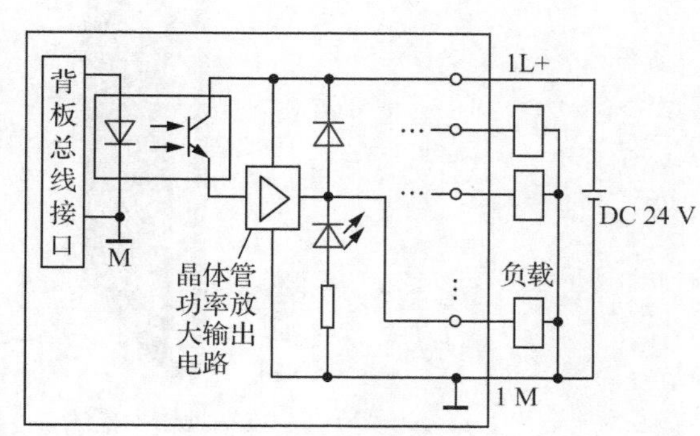

(b) 晶体管输出

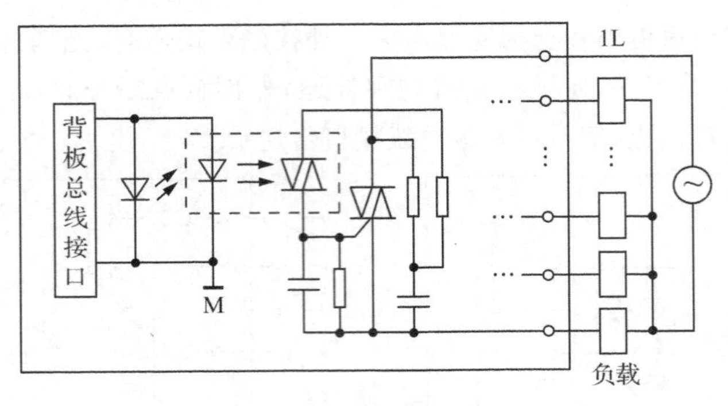

(c)双向晶闸管输出

图 2.18 数字量输出模块的内部电路和外部接线图

数字量输出模块按点数也可分为 8 点、16 点、32 点、64 点四种。

数字量输入/输出模块则同时具有数字量输入模块和输出模块的功能，输入、输出的额定电压为 24 V。图 2.19、图 2.20 分别为 S7-300、S7-400 的数字量信号模块。

数字量输入模块 DI(SM321)　数字量输出模块 DO(SM322)　数字量输入/输出模块 DI/DO(SM323)　前连接器

图 2.19 S7-300 的数字量信号模块

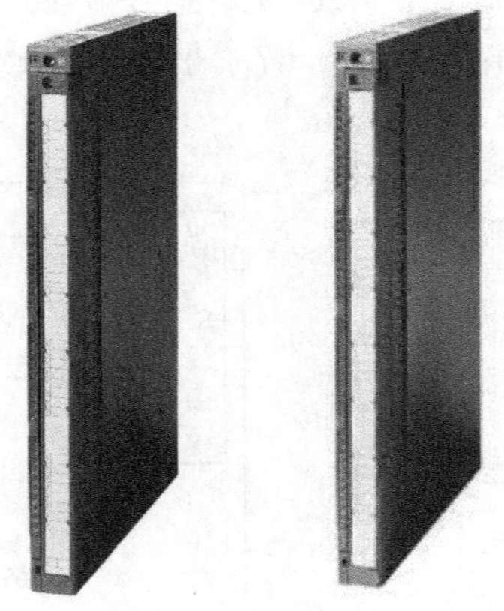

数字量输入模块 DI(SM421)　数字量输出模块 DI(SM422)

图 2.20 S7-400 的数字量信号模块

(2) **模拟量输入/输出模块**

模拟量输入模块用来实现 PLC 与模拟量信号的连接。它将来自外电路电压传感器、电流传感器、热电偶、电阻和热电阻等的模拟信号，通过 A/D 转换，变成 CPU 所需的数字信号，送入 PLC。

SM331 是 S7-300 的模拟量输入模块，内部电路框图如图 2.21 所示，由多路开关、A/D 转换器、光电隔离元件、内部电源和逻辑电路组成。各通道的模拟量由多路开关按顺序依次切换，完成模数转换和结构的存储传送。通道的转换时间由基本转换时间、模块的电阻测试和断线监控时间组成，大多数模块采用积分转换法，积分时间直接影响转换时间，可以在编程软件 STEP7 中设置积分时间。这里的扫描时间是指模拟量模块对所有被激活的模拟量输入通道进行转换和处理的时间总和。

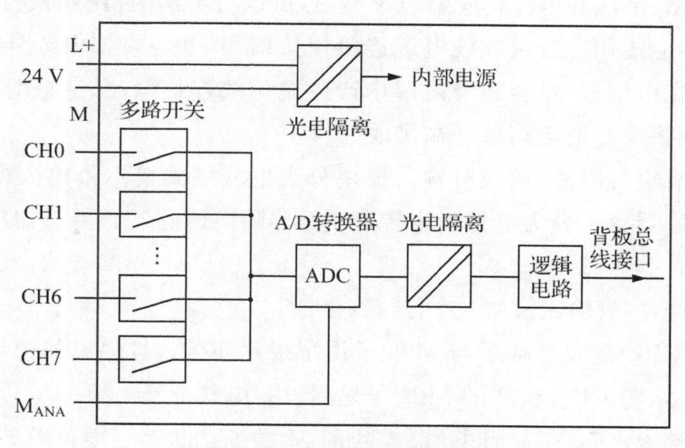

图 2.21　SM331 内部电路框图

模拟量模块用量程卡来切换不同类型的输入信号和输入电路。如图 2.22 所示，量程卡安装在模拟量输入模块的侧面，每两个通道为一组，共用一个量程卡，8 个通道对应为“A”“B”“C”“D”4 组。量程卡插入输入模块后，如果量程卡上的标记 D 与输入模块上的标记相对，则量程卡被设置在 D 位置。模块出厂时，量程卡预设在 B 位置。

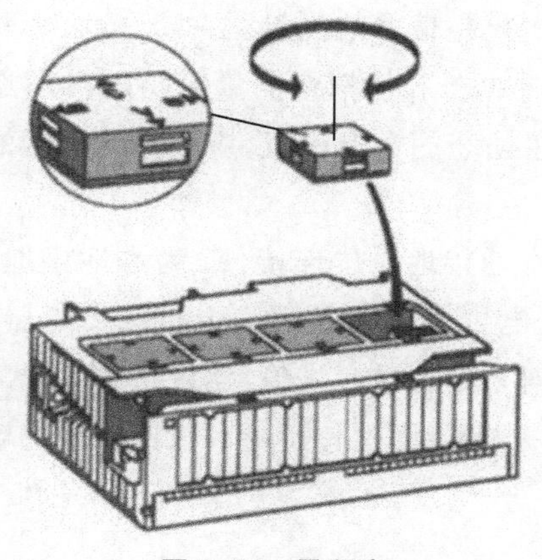

图 2.22　量程卡

表 2.5 为量程卡的四种量程，用 STEP7 设置量程时可以看到该量程对应的量程卡的位置。将传感器与模块连接前，按需要设置量程卡，使之适合测量类型和范围，否则将会损坏模拟量输入模块。

表 2.5 量程卡的设置

量程卡的位置	测量方法	量程
A	电压	±1 V
B	电压	±10 V
C	四线变送器电流	4～20 mA
D	二线变送器电流	4～20 mA

根据测量类型、电压和电流传感器以及电阻，可以将不同的传感器连接到模拟量输入模块。为减少干扰，应使用屏蔽双绞线电缆连接模拟信号，并将模拟电缆屏蔽层的两端接地。如果电缆两端存在电位差，将会在屏蔽层中产生电位线连接电流，造成对模拟信号的干扰。在这种情况下，应将电缆的屏蔽层一端接地。

按照是否带有电气隔离，模拟量输入模块分为电气隔离模拟量输入模块和非隔离模拟量输入模块。传感器也可分为电气隔离传感器和非隔离传感器。传感器与模拟量输入模块的连接情况如下：

① 电气隔离模拟量输入模块。

一般情况下 CPU 的接地端子与 M 端子用短接片连接。带隔离的模拟量输入模块的测量电流参考点 M_{ANA} 与 CPU 模块的 M 端子之间没有电气连接。

如果测量电流参考点 M_{ANA} 和 CPU 模块的 M 端子之间存在电位差 U_{ISO}，必须用带隔离的模拟量输入模块。在 M_{ANA} 和 CPU 模块的 M 端子之间设置一个等电位连接线，可以确保 U_{ISO} 不会超过允许值。

② 非隔离模拟量输入模块。

在 CPU 的 M 端子和不带隔离的模拟量输入模块的测量电流参考点 M_{ANA} 之间，必须建立电气连接。应连接输入模块的 M_{ANA} 端子和 CPU 模块、IM153 接口模块的 M 端子，否则这些端子之间的电位差会影响模拟信号的测量。

在输入通道的测量线负端 M－和模拟量测量电路的参考点 M_{ANA} 之间只会产生有限的电位差 U_{CM}（共模电压）。为了防止超过允许值，应根据传感器的接线情况采取不同的措施。

③ 连接电气隔离传感器。

带隔离的传感器没有与本地接地电位连接，M 为本地接地端子。在不同的带隔离的传感器之间会引起电位差，这些电位差可能是因为干扰或传感器布局造成的。为了防止在有强烈电磁干扰的环境中运行时 U_{CM} 超过允许值，建议将测量线的负端 M－和 M_{ANA} 连接。在连接用于电流测量的两线式变送器、阻性传感器和没有使用的输入通道时，禁止将 M－连接至 M_{ANA}。

④ 连接非隔离传感器。

不带隔离的传感器与本地接地电位连接。如果使用不带隔离的传感器，必须将 M_{ANA} 连接至本地接地。由于本地条件或干扰信号，在本地分布的各个测量点之间会造成静态或动态电位差 E_{CM}。如果 E_{CM} 超过允许值，必须用等电位连接导线将各个测量点的负端 M－连接起来。如果将不带隔离的传感器连接到有光隔离的模块，CPU 既可在接地模式下运行（M_{ANA} 和 M 点连接），也可以在不接地模式下运行。如果将不带隔离的传感器连接到不带隔离的输入模块，CPU 只能在接地模式下运行。必须用等电位连接导线将各测量点的负端 M－连接后，再与母线连接。不带隔离的双线变送器和不带隔离的阻性传感器不能与不带隔离的模拟量输入模块一起使用。

模拟量输入/输出模块中模拟量对应的数字称为模拟值，模拟值用 16 位二进制补码（整数）来表示。最高位（第 15 位）为符号位，正数的符号位为 0，负数的符号位为 1。

模拟量模块的模拟值位数（转换精度）可以设置为 9～15 位（与模块的型号有关，不包括符号位），如果模拟值的精度小于 15 位，则模拟值左移，使其最高位（符号位）在 16 位的最高位，第 15 位模拟值左移后未使用的低位则填入 0，这种处理方法称为"左对齐"。设模拟值的精度为 12 位加符号位，未使用的低位（第 0～2 位）为 0，相当于实际的模拟值被乘以 8。

表 2.6 给出了模拟量输入模块的模拟值与模拟量之间的对应关系。其中，双极性模拟量量程的上、下限（±100%）分别对应于模拟值 27648 和－27648；单极性模拟量量程的上、下限（100%和 0）分别对应于模拟值 27648 和 0。

表 2.6　SM331 模拟量输入模块的模拟值

范围	双极性					单极性				
	百分比/%	十进制	±5/V	±10/V	±20/mA	百分比/%	十进制	0～10/V	0～20/mA	4～20/mA
上溢出	118.515	32767	5.926	11.851	23.70	118.515	32767	11.851	23.70	22.96
超出范围	117.589	32511	5.879	11.759	23.52	117.589	32511	11.759	23.52	22.81
正常范围	100.000	27648	5	10	20	100.000	27648	10	20	20
	0	0	0	0	0	0	0	0	0	4
	－100.000	－27648	－5	－10	－20	—	—	—	—	—
低于范围	－117.593	－32512	－5.879	－11.759	－23.52	－17.593	－4864	—	－3.52	1.185
下溢出	－118.519	－32768	－5.926	－11.851	－23.70	－118.515	－32768	—	—	—

根据模拟量输入模块的输出值计算对应物理量时，应考虑变送器的输入/输出量程和模拟量输入模块的量程，找出被测物理量与 A/D 转换后的数字之间的比例关系。

例 2-1　某温度变送器的量程为－100～500 ℃，输出信号为 4～20 mA，某模拟量输入模块将 0～20 mA 的电流信号转换为数字 0～27648，设转换后得到的数字为 N，求以 0.1 ℃为单位的温度值。

解　如图 2.23 所示，单位 0.1 ℃的温度值－1000～5000 对应了数字量 5530～27648，根据比例关系，得到

$$\frac{T-(-1000)}{N-5530}=\frac{5000-(-1000)}{27648-5530}$$

$$T=\frac{6000\times(N-5530)}{22118}-1000\quad(0.1\ ℃)$$

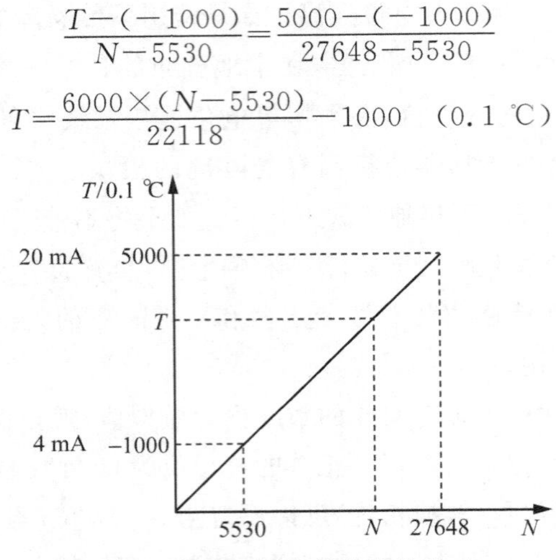

图 2.23　模拟量与转换值的关系

模拟量输出模块将 PLC 的数字信号通过 D/A 转换,变成外部控制所需的模拟量信号,用于连接模拟量执行器,对其进行调节和控制。

SM332 是 S7-300 的模拟量输出模块,内部电路框图如图 2.24 所示。模块将 CPU 送给它的数字信号转换为成比例的电流信号或电压信号,对执行机构进行调节或控制,其主要组成部分是 D/A 转换器(DAC)。

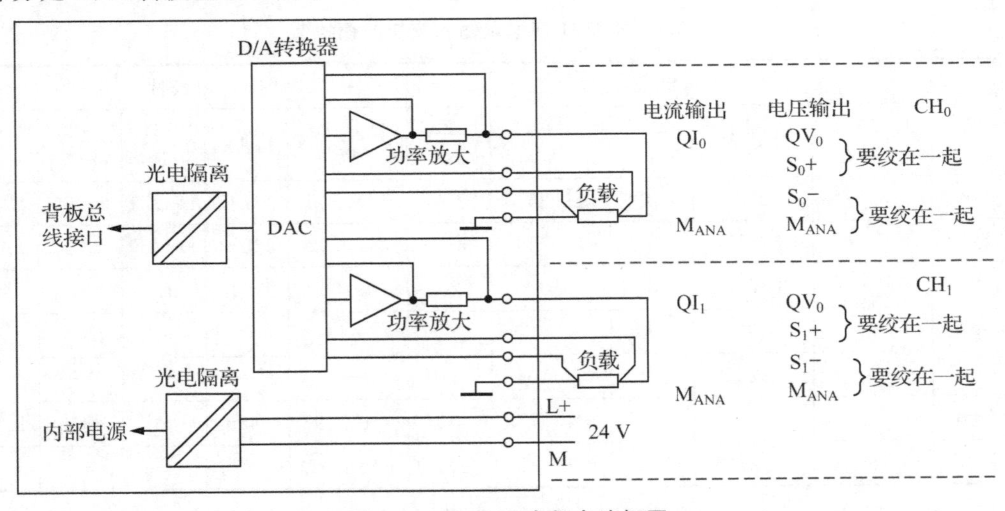

图 2.24　SM332 内部电路框图

模拟量输出模块为负载和执行器提供电流与电压,模拟信号应使用屏蔽电缆或双绞线电缆来传送。电缆线 QV 和 S+,M_{ANA}和 S−应分别绞在一起,这样可以减轻干扰的影响,应将电缆两端的屏蔽层接地。

如果电缆两端有电位差,将会在屏蔽层中产生等电动势连接电流,干扰传输的模拟信号。在这种情况下应将电缆屏蔽层一点接地。

对于带隔离的模拟量输出模块,在 CPU 的 M 端和测量电路的参考点 M_{ANA}之间没有电气连接。如果 M_{ANA} 点和 CPU 的 M 端子之间有电位差 E_{ISO}，必须选用隔离型的模拟量输出模块。在 M_{ANA} 端子和 CPU 的 M 端子之间使用一根等电位连接导线，可以使 E_{ISO} 不超过允许值。

模拟量输入/输出模块将模拟量输入和输出集成在一起，用于连接模拟量传感器和执行器。SM334/SM335 是 S7-300 的模拟量输入/输出模块。

图 2.25 为 S7-300、S7-400 的模拟量信号模块。图中 SM331 为 S7-300 的模拟量输入模块，SM332 为 S7-300 的模拟量输出模块，SM333 为 S7-300 的模拟量输入/输出模块，SM431 为 S7-400 的模拟量输入模块。

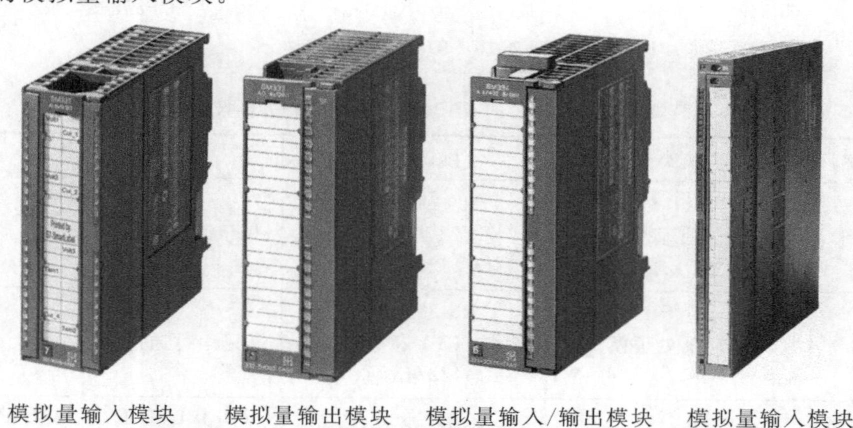

模拟量输入模块 AI(SM331)　模拟量输出模块 AO(SM332)　模拟量输入/输出模块 AI/AO(SM333)　模拟量输入模块 AI(SM431)

图 2.25　模拟量信号模块

2.1.4　通信模块

通信模块又称通信处理器(Communication Processor，CP)，提供 CPU 和用户程序所需的通信服务。PLC 通过通信模块建立网络之间的物理连接，通信模块负责建立网络连接并通过网络进行通信。

根据所支持的通信协议和服务类型，通信模块主要分为通信处理模块、高速通信处理模块、现场总线链接模块和以太网链接模块。不同的 PLC 通信模块支持不同的通信协议和服务，通信模块选型时主要根据实际应用中所需的通信协议和服务进行选择。图 2.26 为几款常用的 S7-300 通信模块，其主要技术参数见表 2.7。

CP340　　CP341　　CP342-5　　CP343-1

图 2.26　S7-300 通信模块

表 2.7　几款常用的 S7-300 通信模块的主要技术参数

模块名称	模块类型	接口类型	通信服务
CP340	通信处理模块	RS-232 接口 TTY 接口 RS-422/485 接口	串行通信、打印机驱动
CP341	高速通信处理模块	RS-232 接口 TTY 接口 RS-422/485 接口	高速串行通信
CP342-5	现场总线链接模块	PROFIBUS-DP 接口	PROFIBUS-DPV0、PG/OP 通信、S7 通信、S5 兼容通信
CP343-1	以太网链接模块	工业以太网接口	TCP/IP 和 UDP 传输协议、PG/OP 通信、S7 通信、S5 兼容通信、在 AUI 和工业双绞线接口之间自动转换、通过网络远程编程

2.1.5　功能模块

功能模块(Function Module,FM)可以实现某些特殊功能,如高速计数、定位控制、闭环控制等。

(1) 计数器模块

模块的计数器均为 0～32 位或 31 位加减计数器,可以判断脉冲的方向。模块给编码器供电。当达到比较值时,通过集成的数字量输出响应信号,或通过背板总线向 CPU 发出中断信号。

可以 2 倍频或 4 倍频计数。4 倍频是指在两个互差 90°的 A、B 相信号的上升沿、下降沿都计数。通过集成的数字量输入直接接收启动、停止计数器等数字量信号。

(2) 位置控制与位置检测模块

位置控制与位置检测模块在运动控制中实现设备的定位。该模块向编码器供电,可以用编码器来测量位置(如果是使用步进电机的位置控制系统,一般不需要位置测量)。模块控制步进电机或伺服电机的功率驱动器完成定位任务,用模块的数字量输出点来控制电机的快速进给、慢速进给和运动方向等。

使用时，通过 CPU 或组态软件设定目标位置和运行速度，设置的数据存储到模块中。CPU 向模块传送接口数据，将控制电机快速进给、慢速进给、顺时针或逆时针等的数字量分配到模块的各个通道，并顺序控制启动、停止等定位操作。定位过程中，模块根据与目标的距离，确定快速进给还是慢速进给，定位完成后给 CPU 发出一个信号，完成定位。模块的定位功能独立于用户程序。

(3) 闭环控制模块

闭环控制模块可用于实现温度、压力和流量等模拟量的闭环控制。S7-300/400 有多种闭环控制模块，它们有多个闭环控制通道，有自优化温度控制算法和 PID 算法，有的可以使用模糊控制器。CPU 出现故障或停止运行时，控制器可以独立地继续控制。

图 2.27 为几款常用的 S7-400 功能模块，其主要技术参数见表 2.8。

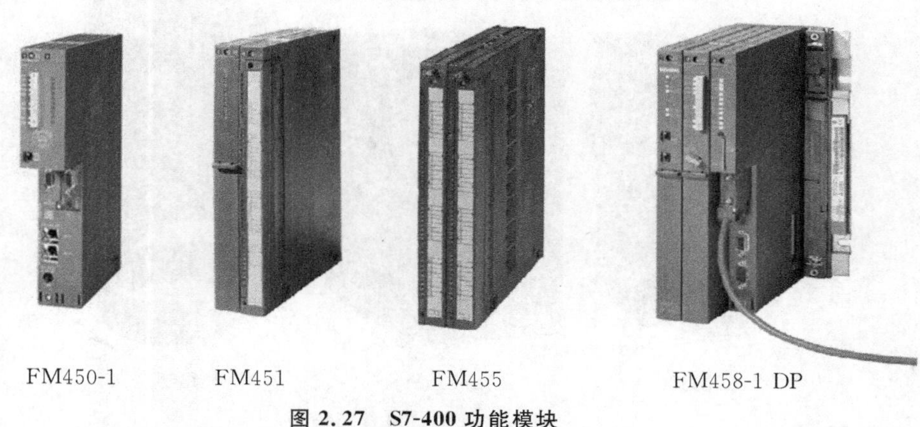

FM450-1　FM451　FM455　FM458-1 DP

图 2.27　S7-400 功能模块

表 2.8　几款常用的 S7-400 功能模块的主要技术参数

模块名称	模块类型	功能	主要技术参数
FM450-1	计数器模块	高速计数器	2 个计数通道用于增计数或减计数，各 32 位；采用 5 V/24 V 增量编码器，最高计数频率为 500 kHz
FM451	位置控制和位置检测模块	单轴定位模块	3 个通道，每通道 4 个数字量输出用于控制电动机的快速进给、慢速进给、顺时针或逆时针等，采用增量或同步连续位置解码器；定位速度须预设，位置控制为闭环控制
FM455	闭环控制模块	PID 控制器	16 个模拟量输出(FM455C)或 32 个数字量输出(FM455S)；集成标准算法和温度控制算法；CPU 停机或故障后仍能进行控制任务
FM458-1 DP	闭环控制模块	应用模块	用于自由组态闭环控制；基本模块可以执行计算、开环控制和闭环控制任务；PROFIBUS DP 接口可以连接到分布式 I/O 和通信进行模块化扩展

2.1.6 接口模块

接口模块(Interface Module,IM)用于连接中央机架(Central Rack,CR)和扩展机架(Expansion Rack,ER),对CPU机架进行扩展。接口模块必须发送IM和接收IM配对使用。通过接口模块,可以配置多层S7自动化系统,系统由中央控制器和扩展单元机架组成。各个机架通过接口模块互相连接,使用面板上的DIP开关设置安装的机架号。不同类型的接口模块决定了扩展机架的个数、最大扩展距离以及扩展机架上安装的模块数量。

图2.28为S7-300系列的三种接口模块IM360、IM361、IM365,其主要技术参数见表2.9。

IM360　　IM361　　IM365

图2.28 S7-300接口模块

表2.9 S7-300接口模块的主要技术参数

模块名称	安装位置	数据传送	间距/m	特性
IM360	0号机架	从IM360到IM361,通过386电缆连接	最长10	—
IM361	1~3号机架	从IM360到IM361或从IM361到IM361,通过386电缆连接	最长10	—
IM365	0号和1号机架	从IM365到IM365,通过386电缆连接	1	预装配的模块对,机架1只支持信号模块,IM365部件通信总线连接到机架1,永久连接

如图2.29所示,IM360和M361配对使用,最多可扩展3个机架。IM360与IM361、IM361与IM361之间可以传送P(I/O)总线和K(通信)总线。所以,扩展机架上的模块安装没有限制,但每个接口模块须单独供电。

IM365单独使用,只能配置一个扩展机架。IM365接口模块只能传送P(I/O)总线,不能传送K(通信)总线,所以在扩展机架上只能安装信号模块不能安装需要K总线的模块,如

FM 和 CP 模块。接口模块可以传送电源，在扩展机架上 IM365 不需要单独供电。

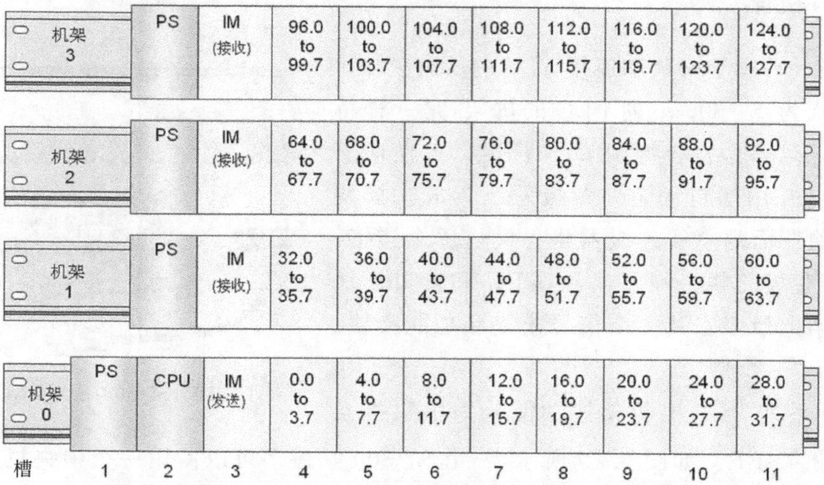

槽	1	2	3	4	5	6	7	8	9	10	11
机架 3		PS	IM (接收)	96.0 to 99.7	100.0 to 103.7	104.0 to 107.7	108.0 to 111.7	112.0 to 115.7	116.0 to 119.7	120.0 to 123.7	124.0 to 127.7
机架 2		PS	IM (接收)	64.0 to 67.7	68.0 to 70.7	72.0 to 75.7	76.0 to 79.7	80.0 to 83.7	84.0 to 87.7	88.0 to 91.7	92.0 to 95.7
机架 1		PS	IM (接收)	32.0 to 35.7	36.0 to 39.7	40.0 to 43.7	44.0 to 47.7	48.0 to 51.7	52.0 to 55.7	56.0 to 59.7	60.0 to 63.7
机架 0	PS	CPU	IM (发送)	0.0 to 3.7	4.0 to 7.7	8.0 to 11.7	12.0 to 15.7	16.0 to 19.7	20.0 to 23.7	24.0 to 27.7	28.0 to 31.7

图 2.29　通过 IM360 和 IM361 接口模块扩展机架

S7-400 接口模块相比 S7-300 接口模块类型更多、扩展性能更强。表 2.10 为 S7-400 接口模块的主要技术参数。

表 2.10　S7-400 接口模块的主要技术参数

模块名称	连接范围	功能	每个线路最多可连接 EM 数	每个接口最大可传输电流/A	最远距离/m	电压传输	通信总线传输
IM460-0	本地连接	发送	4	—	5	否	是
IM461-0	本地连接	接收	4	—	5	否	是
IM460-1	本地连接	发送	1	5	1.5	是	否
IM461-1	本地连接	接收	1	5	1.5	是	否
IM460-3	远程连接	发送	4	—	102.25	否	是
IM461-3	远程连接	接收	4	—	102.25	否	是
IM460-4	远程连接	发送	4	—	605	否	否
IM461-4	远程连接	接收	4	—	605	否	否

IM460-0/IM461-0 和 IM460-3/IM461-3 有通信总线，不可以传送电源，扩展机架时须安装电源模块；IM460-1/IM461-1 没有通信总线，但可以传送电源，扩展机架时无须安装电源模块，扩展机架上只能安装信号模块，不能安装 FM 和 CP；IM460-4/IM461-4 没有通信总线，不可以传送电源，扩展机架时须安装电源模块，扩展机架上只能安装信号模块，不能安装 FM 和 CP。

另外，S7-400 系列 PLC 有可将其连接到 PROFIBUS DP 的接口模块 IM467/IM467 FO。PROFIBUS DP 可以实现 PLC、PC 和现场设备之间的快速现场通信。现场设备包括 ET200 分布式 I/O 设备、驱动器、阀终止设备、开关设备等其他设备。使用时，前面板上的 4 个指示灯指示 IM 工作状态。通过模式选择器或编程设备切换工作模式。连接到 PROFIBUS DP 时，可以通过总线连接器进行电气连接，也可以使用光缆的光纤连接。

2.1.7 机架

机架(Rack)用于安装和连接 PLC 的所有模块。

图 2.30 为 S7-300 系列 PLC 的机架，是一种特制不锈钢异形导轨，符合德国 DIN 标准。各模块安装在导轨上，并用螺钉固定。背板总线集成在模块上，通过模块背面的总线连接器将各模块逐个连接，机架上没有背板总线。除了电源、CPU 和接口模块外，每个机架上最多安装 8 个信号模块和功能模块。每个模块占用一个槽。

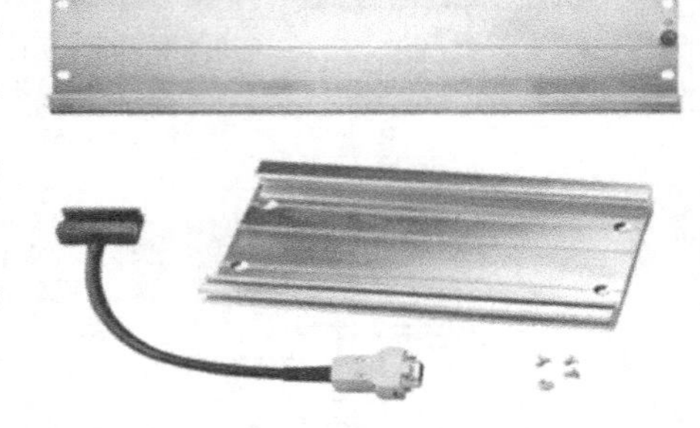

图 2.30 S7-300 系列 PLC 的机架

S7-300 系列 PLC 的机架按功能分为中央机架 CR 和扩展机架 ER。如图 2.29 所示，一个 S7-300 站最多可以使用一个中央机架和三个扩展机架，通过接口模块(IM)进行连接，将背板总线从上一个机架扩展到下一个机架。

在机架上，S7-300 数字量信号模块的系统默认地址如下：

从 0 号机架的 4 号槽位开始，每个槽位占用 4 个字节(等于 32 个 I/O 点)，每个数字量 I/O 点占用其中的 1 位。每个机架上最多安装 8 个信号模块或功能模块。

如在 0 号机架 4 号槽位上安装一个 16 点的数字量输入信号模块，则其默认地址为 I0.0～I0.7、I1.0～I1.7；如果 0 号机架 5 号槽位上安装一个 32 点的数字量输入模块，则其地址为 I4.0～I4.7、I5.0～I5.7、I6.0～I6.7、I7.0～I7.7；如 0 号机架 6 号槽位上安装一个 32 点的数字量输出模块，则其地址为 Q8.0～Q8.7、Q9.0～Q9.7、Q10.0～Q10.7、Q11.0～Q11.7。

S7-300 系列 PLC 的机架按长度不同，分为 160 mm、482 mm、530 mm、830 mm、2000 mm 五种，使用时可根据实际需要进行选择，也可以切割成任意尺寸进行安装。

图 2.31 为 S7-400 系列 PLC 的机架，带有背板总线，按槽数分有 4 槽机架、9 槽机架和 18 槽机架。模块占用的槽数与模块宽度有关，如 10 A 的电源模块占用 2 个槽。

4 槽　　18 槽

图 2.31 S7-400 系列 PLC 的机架

S7-400 系列 PLC 的机架按功能分为中央机架 CR、扩展机架 ER、通用机架 UR 和特殊机架。表 2.11 为 S7-400 机架的主要技术参数。中央机架即安装 CPU 的机架，带有 K 总线（串行通信总线）和 P 总线（并行 I/O 总线），可以安装信号模块以及需要 K 总线通信的功能模块和通信模块。扩展机架只带有 P 总线，因此只能安装信号模块，不能安装功能模块和通信模块。通用机架带有 K 总线和 P 总线，既可以用作中央机架也可以作为扩展机架，作为扩展机架时可以安装功能模块和通信模块。模块在通用机架上安装没有槽位的限制，灵活但成本高。特殊功能机架则是具有一些特殊功能的机架，如 UR2-H，适用于 S7-400 冗余系统中在一个机架上安装两个 CPU。

表 2.11　S7-400 机架的主要技术参数

机架名称	槽数	可用总线	应用领域
UR1	18	I/O 总线、通信总线	CR 或 ER
UR2	9	I/O 总线、通信总线	CR 或 ER
ER1	18	受限 I/O 总线	ER
ER2	9	受限 I/O 总线	ER
CR2	18	分段式 I/O 总线、全长通信总线	分段 CR
CR3	4	I/O 总线、通信总线	标准系统中的 CR
UR2-H	2×9	分段式 I/O 总线、分段式通信总线	为紧凑安装冗余性系统细分为 CR 或 ER

2.2　S7-300/400 软件基础

2.2.1　PLC 编程语言的国际标准

国际电工委员会（International Electrotechnical Commission，IEC）成立于 1906 年，它是世界上成立最早的国际性电工标准化机构，负责有关电气工程和电子工程领域中的国际标准化工作。IEC 61131 是 IEC 制定的关于 PLC 的标准，包括通用信息、设备要求与测试要求、编程语言、用户指南和通信服务规范五部分。其中第三部分 IEC 61131-3 是关于编程语言的标准，规范了 PLC 的编程语言及其基本元素。这对于 PLC 编程软件技术的发展起到了重要的推动作用，是 PLC 走向开放式系统的坚实基础。

由于 IEC 61131-3 自动化编程语言的诸多优点，它已成为自动化领域拥有广泛应用基础的国际标准。目前，已有越来越多的世界著名 PLC 制造商提供符合 IEC 61131-3 标准的产品，如西门子、罗克威尔、ABB、施耐德、GE、三菱、富士等。

IEC 61131-3 国际标准分为公用元素和编程语言两部分。公用元素部分规范了数据类型与变量、程序组织单元、软件模型等。编程语言部分则描述了 5 种编程语言：

① 指令表(Instruction List,IL):语言语义的定义,这里只定义了 20 种基本操作。西门子称为语句表 STL。

② 结构文本(Structrued Text,ST):西门子称为结构化控制语言 SCL。

③ 梯形图(Ladder Diagram,LD):西门子称为 LAD。

④ 功能块图(Function Block Diagram,FBD)。

⑤ 顺序功能图(Sequential Function Chart,SFC):对应于西门子的 S7-Graph。

2.2.2 S7-300/400 的编程语言

S7-300/400 系列 PLC 的编程语言非常丰富,有梯形图、语句表、功能块图、顺序功能图等。

(1) 梯形图 LAD

梯形图(Ladder,LAD)语言是在继电-接触器控制系统的电气原理图基础上演变而来的一种图形编程语言,直观易懂,特别适合数字量逻辑控制。图 2.32 所示为能实现同一功能的继电-接触器控制电气原理图和 PLC 梯形图。

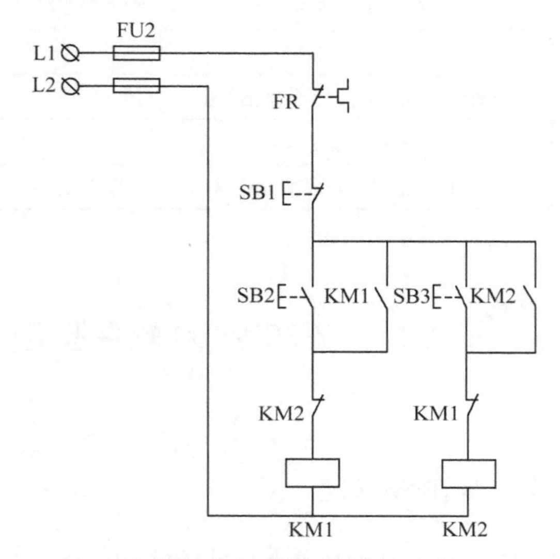

(a) 继电-接触器控制电气原理图

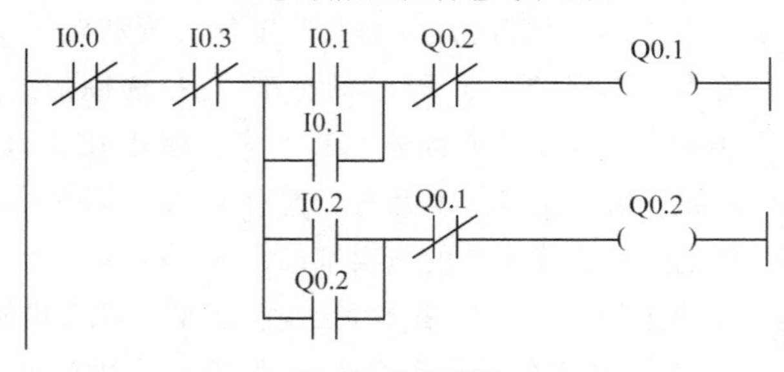

(b) PLC 梯形图

图 2.32 能实现同一功能的继电-接触器控制电气原理图和 PLC 梯形图

梯形图由触点、线圈或指令框组成。触点代表逻辑输入条件,如外部的开关、按钮、传感器和内部条件等输入信号。线圈代表逻辑运算的结果,常用来控制外部的输出信号(如指示灯、交流接触器和电磁阀等）和内部的标志位等。指令框用来表示定时器、计数器或数学运算等功能指令。

梯形图左、右的垂直线称为左右母线，梯形图从左母线开始，经过触点和线圈，终止于右母线。可以把左母线看作是提供能量的母线。触点闭合可以使能量流到下一个元件；触点断开将阻止能量流过，这种能量流称为能流。梯形图中，每个输出元素可以构成一个梯级，每个梯级由一个或多个支路组成，但右边的元件只能是输出元件且只能有一个。每个梯形图由一个或多个梯级组成。

可以看出，PLC 梯形图与继电-接触器控制电气原理图元器件符号有一定的对应关系，如图 2.33 所示。

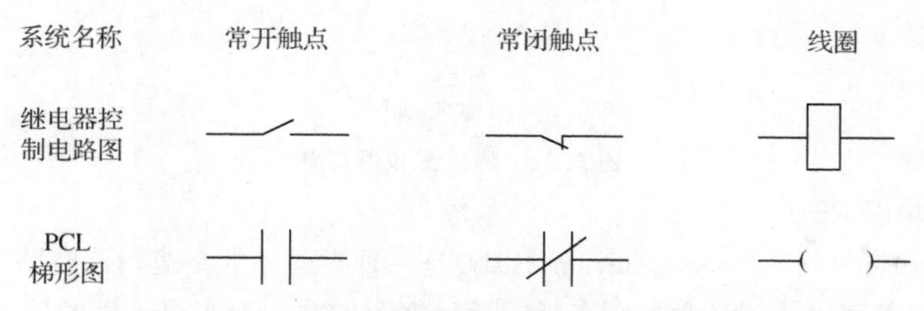

图 2.33　PLC 梯形图与继电器控制电气原理图元器件符号

PLC 控制的梯形图与继电-接触器控制电气原理图在设计思想方面是一致的，但 PLC 控制系统和继电控制系统两者还是有一定的区别的。

① 组成器件不同：继电-接触器控制电路由接触器、中间继电器、时间继电器等硬件组成，而 PLC 梯形图中的定时器 T、计数器 C、存储器 M 等是软继电器。

② 触点数量不同：继电-接触器控制电路由于使用的是硬件，所以触点数目有限，而 PLC 梯形图的软继电器触点数目无限。

③ 工作方式不同：继电-接触器控制电路工作时，电路中硬件继电器都处于受控状态，凡符合条件吸合的硬件继电器都同时处于吸合状态，受各种制约条件不能吸合的硬件继电器都同时处于断开状态，也就是说，继电-接触器控制可以同步执行多项工作，采用的是并行工作方式。而在 PLC 梯形图中，各软继电器都处于周期循环扫描的工作方式，PLC 梯形图只能按扫描方式自上而下地按顺序执行指令并进行相应的工作，采用的是串行工作方式。

④ 控制方法不同：继电-接触器控制电路是通过各种硬件继电器之间的接线来实施控制的，功能固定，要修改控制功能时必须重新接线。而 PLC 控制电路由软件编程实现控制，控制功能可以灵活变化和在线修改。

(2) 语句表 STL

语句表(Statement List，STL)又称指令表，它是一种类似于微机的汇编语言的文本语言。语句表是由若干条指令组成的程序，指令是程序的最小独立单元。每个操作功能由一条或几条指令来执行。

图 2.34 所示为一梯形图和其对应的语句表。PLC 的语句表是由操作码和操作数两部分组成的。操作码用指令助记符表示，用来说明要执行的功能，告诉 CPU 应该进行什么操

作。操作数一般由标识符和参数组成。标识符表示操作数的类别，如表明输入映像寄存器、输出映像寄存器、定时器、计数器、数据寄存器等。参数表明操作数的地址或为一个预先设定值。

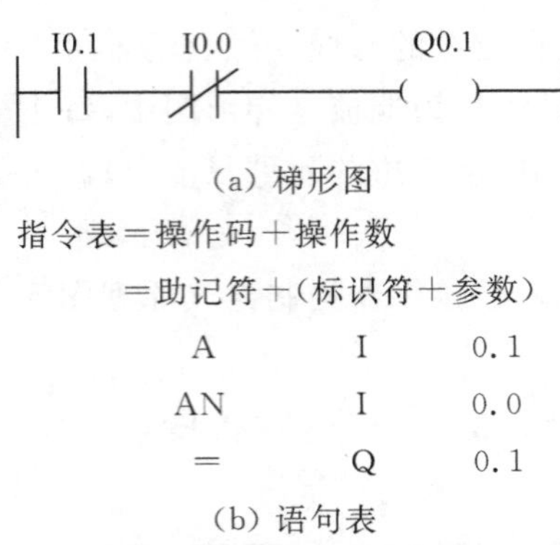

（a）梯形图

指令表＝操作码＋操作数

＝助记符＋（标识符＋参数）

A	I	0.1
AN	I	0.0
＝	Q	0.1

（b）语句表

图 2.34　梯形图和语句表

(3) 功能块图 FBD

功能块图（Function Block Diagram，FBD）是一种类似于数字逻辑门电路的 PLC 图形编程语言，用逻辑框图来表示各种控制条件。逻辑框图的左侧为逻辑运算的输入变量，右侧为输出变量，输入、输出端的小圆圈表示“非”运算。方框被“导线”连接在一起，没有像梯形图那样的母线、触点和线圈。图 2.35 所示为一功能块图和其对应的梯形图。

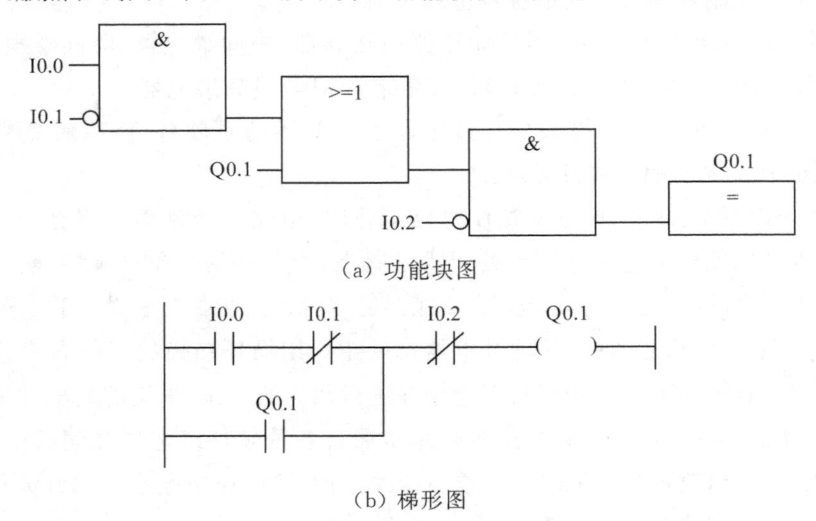

（a）功能块图

（b）梯形图

图 2.35　功能块图和梯形图

(4) 结构文本 ST

结构文本（Structured，ST）是按照国际电工委员会 IEC61131-3 标准创建的一种专用的高级文本编程语言。它的语言结构与编程语言 PASCAL 和 C 相似，相比梯形图，它更适合于复杂的计算任务和最优化算法，或管理大量的数据等。它适用于数据处理场合，特别适合习惯使用高级语言编程的人使用。

(5) 顺序功能图SFC

顺序功能图(Sequential Function Chart,SFC)又称状态转移图,是一种按照工艺流程图进行编程的图形编程语言。

顺序功能图编程法将一个复杂的控制过程分解成若干个顺序出现的步,步中包含控制输出的动作,步与步之间的转换由转换条件控制。STEP7中的S7-Graph即顺序功能图可选软件包。用S7-Graph表达复杂的顺序控制过程非常清晰,用于编程及故障诊断更为有效,使PLC程序的结构更加易读,它特别适合于顺序控制系统。相关内容详见第6章。

(6) S7-HiGraph

S7-HiGraph是一种状态图编程语言,也属于SIMATIC Manager的可选软件包。它可以将程序中的各块作为状态图形编程,也就是将项目分解为几个功能单元,每个单元呈现不同的状态,都用一个图形来描述,不同的状态之间的切换要定义转换条件。整个项目的各个图形组合起来为图形组。

与S7-Graph不同,在S7-HiGraph中,任何时候只能有一个状态(S7-Graph中的“步”)是激活的。

(7) S7 CFC

连续功能图(Continuous Function Chart,CFC)是一种用图形方式连接复杂功能的编程语言。S7 CFC属于可选软件包,程序库中有许多标准块,从简单的逻辑操作到复杂的开环、闭环控制等领域,使用时用户可以直接调用,将这些块复制到图中并用线连接起来即可。

用户不需要掌握详细的编程知识和PLC专门的知识,只要有行业所需的工艺技术知识,就可以用CFC来编程。CFC适合于连续过程控制的编程。

2.2.3　S7-300/400的CPU存储区

S7-300/400的CPU存储区分为3个区域:装载存储区、工作存储区和系统存储区。

(1) 装载存储区(Load Memory)

装载存储区用来存放不包含符号地址及注释的用户程序和附加的系统数据,如存储组态信息、连接及模块参数等。其可以是CPU内部的RAM,也可以是FEPROM (MMC卡)。CPU31xC及一些新型号的CPU只能使用MMC卡。

当用户下载程序时,把项目中的程序块及数据块下载到工作存储区,项目中的注释及符号不能下载,只能保存在编程设备的硬盘中。

(2) 工作存储区(Work Memory)

工作存储区是集成在CPU内部高速存取的RAM。CPU自动把装载存储区的可执行部分复制到工作存储区,在运行用户程序时,CPU扫描工作存储区的程序和数据,包括组织块、功能块、功能及数据块。

在进行复位存储区操作时,工作存储区的程序和部分数据被清除,而MMC卡的程序和数据、MPI多点接口的参数不会被清除。

如果不希望CPU把用户程序的部分数据块从装载存储区自动复制到工作存储区,可以把其标识为 UNLINKED(与执行无关),在有必要时使用 BLKMOV(SFC20)指令把其复制到工作存储区中。

(3) 系统存储区(System Memory)

系统存储区为用户运行程序提供一个存储器集合,其分为很多个区域,用户程序指令可以直接或间接寻址访问。常用的区域有过程映像输入(I)、过程映像输出(Q)、外设输入(PI)、外设输出(PQ)、位存储器(M)、定时器(T)、计数器(C)、局域数据(L)和步(S)。另外,还有累加器(S7-300 有 2 个累加器,ACC1 和 ACC2;S7-400 有 4 个累加器, ACC1～ACC4)、地址寄存器(AR1 和 AR2)、数据块地址存储器(DB 和 DI)、状态寄存器和诊断缓冲区。

用户在编程和调试时,有关 CPU 存储区的 3 个区域中,对于装载存储区,能够掌握下载和下载站点信息就足够了。对于工作存储区,大部分工作都是 CPU 自动进行的,掌握对工作存储区的复位操作也足够了。掌握系统存储区相关区域的属性,对于用户编程帮助比较大。下面详细介绍系统存储区相关区域的属性概况。

① 过程映像输入(I)。

在每个扫描周期的开始进行过程映像输入区的刷新,即 CPU 成批读取输入模块的外部接点的状态(如果有用户强制输入状态时优先读取强制输入点的状态)并存储在过程映像区中,在运算用户程序阶段,CPU 直接访问过程映像区的状态进行运算,而在运算程序和输出刷新阶段,即使外部输入点的状态改变了也不会影响本次扫描执行程序的结果。

S7-400 CPU 允许用户使用 STEP7 编程软件定义最多 15 个区域刷新输入映像区,如果有需要,可以定义某些区域独立于 OB1 的刷新。使用 SFC26 系统功能来专门刷新需要的过程映像输入的全部或部分区域。有些 CPU 也允许调用除 OB1 外的其他组织块来刷新过程映像输入的刷新区域。

过程映像 I 的状态有常开点和常闭点,没有强制输入点状态的情况下,过程映像输入常开点的状态与外部接点的状态一致,常闭点的状态与外部接点的状态刚好相反。过程映像输入的常开点和常闭点在编程时可以使用无数次。

② 过程映像输出(Q)。

在每个扫描周期的开始进行模块输出接点的刷新,即 CPU 成批读取输入过程映像输出区的状态传送到模块的输出锁存器中,锁存器的状态直接驱动外部接点(如果有用户强制输出状态时优先读取强制输出点的状态),在运算用户程序阶段,CPU 直接访问过程映像区的状态进行运算,而在运算程序和输入刷新阶段,外部输出接点的状态不会改变(除非使用立刻输出指令)。

S7-400 CPU 允许用户使用 STEP7 编程软件定义最多 15 个区域刷新输出接点的状态,如果有需要,可以定义某些区域独立于 OB1 的刷新。使用 SFC27 系统功能来专门刷新需要的外部输出的全部或部分区域。有些 CPU 也允许调用除 OB1 外的其他组织块来刷新输出接点的区域。

过程映像 Q 的状态有常开点和常闭点,没有强制输出点状态的情况下,过程映像输出常开点的状态与外部输出接点的状态一致,常闭点的状态与外部接点的状态刚好相反。过程映像输入的常开点和常闭点在编程时可以使用无数次。

过程映像的 I 和 Q 允许以"位"、"字节"、"字"或"双字"来存取，可以直接或间接访问。

③ 外设输入/输出(PI/PQ)。

对外部输入点和输出点，用户除可通过映像区来访问外，还可以通过 PI/PQ 存储区直接进行访问，但通过外设访问时只能是按照"字节"、"字"或"双字"来存取。由于过程映像区保存在 CPU 里，访问过程映像区比通过 PI/PQ 存储区访问的速度要快得多。

④ 位存储区(M)。

M 默认分为普通型用途和保持型用途，当然，通过 STEP7 编程软件可以把普通型定义为保持型或把保持型定义为普通型。所谓保持型，其性质是即使在"STOP"或停电状态下，其状态保持在"STOP"或停电前的状态，S7-400 依赖于记忆电池来保持，S7-300 完全不依赖记忆电池来保持。而普通型在"STOP"或停电状态下，在再次运行时其状态全部被自动复位。

在用户编程时，M 通常用来存储中间结果的状态或其他标志信息。M 允许以"位"、"字节"、"字"或"双字"来存取，可以直接或间接访问。

⑤ 定时器(T)。

在 CPU 的存储器中，有一个区域是专为定时器保留的，此存储区域为每个定时器地址保留一个 16 位的字，梯形图逻辑指令集支持 256 个定时器。每个定时器逻辑框提供两种输出，即 BI 和 BCD，都是占用一个字。BI 输出提供二进制格式的时间值；BCD 输出提供二进制编码的十进制(BCD)格式的时间基准和时间值，时间值范围是 0～999。

定时器按照精度分为 4 种，即 10 ms、100 ms、1 s 和 10 s；按照定时方式可分为 5 种，即脉冲定时器、扩展脉冲定时器、接通延时定时器、保持型接通延时定时器和断开延时定时器。

定时器默认分为普通型用途和保持型用途，通过 STEP7 编程软件可以把普通型定义为保持型或把保持型定义为普通型。

⑥ 计数器(C)。

在 CPU 的存储器中，有一个区域是为计数器保留的存储区，此存储区为每个计数器地址保留一个 16 位的字，梯形图指令集支持 256 个计数器。每个计数器逻辑框提供两种输出，即 BI 和 BCD，都是占用一个字。BI 输出提供二进制格式的计数值；BCD 输出提供二进制编码的十进制(BCD)格式的计数值，计数值范围是 0～999。

计数器按照计数方式可分为 3 类，即加计数器、减计数器和可加减计数器。

⑦ 局域数据(L)。

局域数据是特定块的本地数据，在处理该块时其状态临时存储在该块的临时堆栈(L 堆栈)中，当完成处理关闭该块后，其数据不能再被访问。其出现在块中的形式有形式参数、静态数据和临时数据。

⑧ 步(S)。

步是使用 S7-Graph 语言编程时，区分不同状态的标志，当该步为活动步时，其状态为"1"；当该步不是活动步时，其状态为"0"。

⑨ 累加器。

S7-300 CPU 有两个累加器，即 ACC1 和 ACC2；S7-400 有 4 个累加器，即 ACC1、ACC2、ACC3 和 ACC4。每个累加器都是 32 位，可以按“字节”、“字”或“双字”来存储，不管是按照“字节”还是“字”来存储，都是存放在累加器的低端，即以右端对齐为原则。

进行“字节”、“字”或“双字”的数据处理的指令绝大部分都是通过累加器来工作的。

⑩ 地址寄存器(AR1、AR2)。

S7-300/400 CPU 中有两个地址寄存器，即 AR1 和 AR2，通过其可以对各个存储区的存储器进行寄存器寻址。地址存储器的内容加上偏移量形成地址指针，地址指针指向的是存储器单元，存储器单元可以是位、字节、字或双字。

⑪ 数据块地址存储器(DB、DI)。

CPU 中的数据块分为共享数据块(DB)和背景数据块(DI)。

共享数据块不能分配给任何一个逻辑块。它包含设备或机器所需的值，并且可以在程序中的任何位置直接调用。DBX、DBB、DBW 和 DBD 分别表示共享数据块的位、字节、字和双字，对共享数据块可以按位、字节、字或双字存取。

背景数据块是直接分配给逻辑块的数据块，如功能块。背景数据块包含存储在变量声明表中的功能块的数据。DIX、DIB、DIW 和 DID 分别表示背景数据块的位、字节、字和双字，对背景数据块可以按位、字节、字或双字存取。

⑫ 诊断缓冲区。

在诊断缓冲区中可以查看诊断事件总览以及选中诊断事件的详细信息。诊断事件包括模块的错误、CPU 系统错误、CPU 运行模式切换错误、用户程序错误、写操作错误及用户使用 SFC52 定义的错误等信息。

⑬ 状态寄存器。

状态字是 CPU 存储器中的一个 16 位寄存器。如图 2.36 所示，其使用了 9 位，即 0～8 位，9～15 位还没有定义。其里面位的状态反映执行某些指令后的状态，使用状态位逻辑指令或字逻辑指令可以访问状态字。

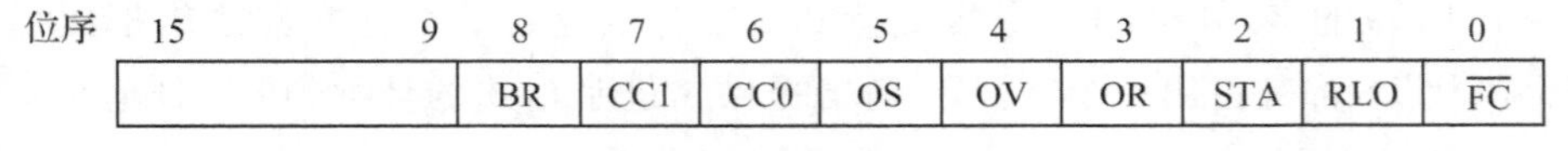

图 2.36　状态字

状态寄存器各位的意义如下：

a. 首次检测位$\overline{FC}$。

状态字的第 0 位称为首次检测位，CPU 对逻辑串第 1 条指令的检测称为首次检测，检测的结果直接保存在状态字的第 1 位 RLO 中，经过首次检测存放在 RLO 中的 0 或 1 称为首次检测结果。如果首次检测位为 0，表明一个梯形逻辑网络的开始，或为逻辑串的第 1 条指令。该位在逻辑串的开始时总是 0，在逻辑串执行过程中为 1，输出指令或与逻辑运算有关的转移指令(表示一个逻辑串结束的指令)将该位清 0。

b. 逻辑结果状态位 RLO。

状态字的第1位是逻辑结果状态位。该位用来存储执行位逻辑指令或比较指令的结果。当CPU执行逻辑指令或比较指令时，执行的结果保存在RLO位。在逻辑串中，RLO位的状态表示有关信号流的信息，RLO的状态为1，表明运算点处有信号流，RLO的状态为0，表明运算点处无信号流。如图2.37所示，A点的RLO为1，而B点的RLO为0。此外，还可以用RLO触发跳转指令。

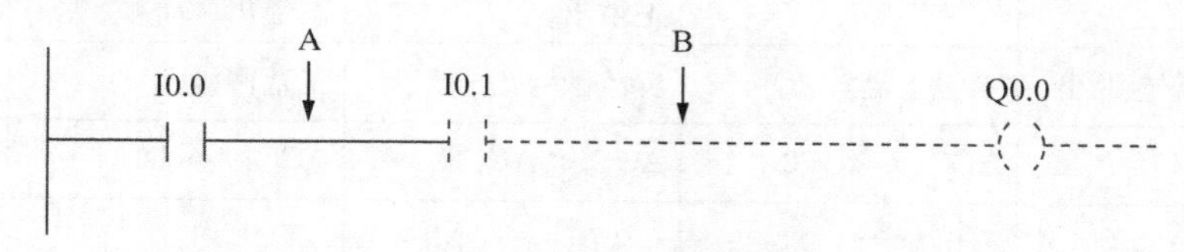

图2.37　RLO情况示意图

c. 状态位 STA。

状态字的第2位称为状态位，该位不能用于指令检测，它只是在程序测试中被CPU解释并使用。当用位逻辑指令读/写存储器时，STA总是得与该位的值一致，否则，STA始终被置1。

d. 或位 OR。

状态字的第3位称为或位，在先逻辑“与”后逻辑“或”运算中，OR位暂存逻辑“与”的操作结果，以便后面进行的逻辑“或”运算。其他指令将OR位清0。

e. 溢出位 OV。

状态字的第4位称为溢出位，如果算术运算或浮点数比较指令执行时出现错误(如溢出、非法操作和不规范的格式)，溢出位被置为1，如果后面的同类指令执行结果正常，该位则被清0。

f. 溢出状态保持位 OS。

状态字的第5位称为溢出状态保持位，或称为存储溢出位。OV位被置1时OS位也被置1，OV位被清0时OS仍保持，故其保存了OV位的状态，可用于指明在先前的一些指令执行过程中是否产生过错误。使OS位复位的指令是JOS(OS=1时跳转)、块调用指令和块结束指令。

g. 条件码 CC1 和条件码 CC0。

状态字的第7位和第6位是组合状态位(CC1、CC0)。这两位结合起来用于表示在累加器1中产生的算术运算或逻辑运算的结果与0的大小关系，比较指令的执行结果或移位指令的移出位状态见表2.12。

表 2.12　组合状态位(CC1、CC0)

运算情况	CC1/CC0			
	00	01	10	11
算术运算无溢出	结果=0	结果<0	结果>0	—
整数算术运算有溢出	整数加时产生负范围溢出	乘除时产生负范围溢出；加减取负时正溢出	乘除时产生正范围溢出；加减时负范围溢出	除数是 0
浮点数算术运算有溢出	平缓下溢	负范围溢出	正范围溢出	非法操作
比较指令	ACC1=ACC2	ACC1<ACC2	ACC1>ACC2	输入非法小数
移位或循环移位指令	移出位=0	—	—	移出位=1
字逻辑指令	结果=0	—	结果≠0	—

h. 二进制结果位 BR。

状态字的第 8 位为二进制结果位，它将字处理程序与位处理联系起来，在一段既有位操作又有字操作的程序中，用于表示字操作结果是否正确。将 BR 位加入程序后，无论字操作结果如何，都不会造成二进制逻辑链中断。在 LAD 的方块指令中，BR 位与 ENO 有对应关系，用于表明方块指令是否被正确执行：如果执行出现了错误，BR 位为 0，ENO 也为 0；如果功能被正确执行，BR 位为 1，ENO 也为 1。

使用 FBD/LAD 编写程序时，使用 BR 位使字处理指令(程序)与位处理联系起来。

在用户编写的 FB 或 FC 程序中，必须对 BR 位进行管理，当功能块正确运行后，使 BR 位为 1，否则使其为 0。使用 STL 的 SAVE 指令或 LAD 的——(SAVE)，可将 RLO 存入 BR 位中，从而达到管理 BR 位的目的。当 FB 或 FC 执行无错误时，使 RLO 位为 1，并存入 BR 位，否则在 BR 位存入 0。

状态字寄存器的 9～15 位未使用。

⑭ 诊断缓冲区。

诊断缓冲区是 CPU 存储器中的一个区域，在诊断缓冲区中诊断事件按其发生的先后顺序显示，第一个条目包含最新的事件。

诊断事件分为系统诊断事件和用户定义诊断事件。诊断事件具体包括模块信息、CPU 系统信息、CPU 模式转换信息、用户程序信息、写处理信息和用户编写程序时调用 SFC52 定义的诊断信息。

2.2.4　S7-300/400 的数据类型

S7-300/400 的数据类型分为基本数据类型、复合数据类型和参数数据类型三种。

(1) 基本数据类型

基本数据类型有位、字节、字、双字、整数、双整数、浮点数、字符、S5TIME、时间、日期、日计时 12 种。

① 位(Bit)。

位数据的数据类型为 BOOL(布尔)型,布尔型变量由一个变量标识符、一个字节数字、一个小数点和一个位数字表示一个绝对地址。其中,字节的编号从存储区的 0 号地址开始,上限由 PLC 决定;位数字范围是 0～7。例如,Q3.7 中的区域标示符 Q 表示输出 Output,字节地址是 3,位地址是 7。这种存储方式叫作“字节.位”寻址方式。在编程软件中布尔变量的值 1 和 0 常用真(TRUE)和假(FALSE)来表示。

② 字节(Byte)。

8 位二进制数(Bit0～Bit7)组成 1 个字节(Byte),其中 Bit7 位为最高位,Bit0 位为最低位。字节类型变量由一个地址标识符 B 和一个字节数字编号来表示一个绝对地址。例如,字节 IB4 由 I4.0～I4.7 共 8 位组成,其中 I4.0 为最低位,I4.7 为最高位。

③ 字(WORD)。

相邻两个字节组成一个字。字类型变量由一个地址标识符 W 和一个字数字编号来表示一个绝对地址。例如,MW10 是由 MB10 和 MB11 组成的 1 个字,其中 MB10 为高位字节,MB11 为低位字节。而 MB10 包含 M10.0～M10.7 共 8 位,MB11 包含 M11.0～M11.7 共 8 位。为防止字重复编号,一般字编号都是偶数。

④ 双字(Double Word)。

相邻两个字组成一个双字。双字类型变量由一个地址标识符 D 和一个字数字编号来表示一个绝对地址。一个双字中有两个字或者说有 4 个字节,共 32 位。例如,ID8 包括 IW8 和 IW10,IW8 是高字,IW10 是低字。为防止双字重复编号,一般双字编号都是 4 的倍数。

上述字节、字和双字的数据类型均为无符号数,即没有负数。位、字节、字和双字的相互关系见表 2.13。

表 2.13　位、字节、字和双字对应表

双字	字	字节	位(高→低)							
ID12	IW12(高)	IB12(高)	I12.7	I12.6	I12.5	I12.4	I12.3	I12.2	I12.1	I12.0
		IB13(低)	I13.7	I13.6	I13.5	I13.4	I13.3	I13.2	I13.1	I13.0
	IW14(低)	IB14(高)	I14.7	I14.6	I14.5	I14.4	I14.3	I14.2	I14.1	I14.0
		IB15(低)	I15.7	I15.6	I15.5	I15.4	I15.3	I15.2	I15.1	I15.0
ID16	IW16(高)	IB16(高)	I16.7	I16.6	I16.5	I16.4	I16.3	I16.2	I16.1	I16.0
		IB17(低)	I17.7	I17.6	I17.5	I17.4	I17.3	I17.2	I17.1	I17.0
	IW18(低)	IB18(高)	I18.7	I18.6	I18.5	I18.4	I18.3	I18.2	I18.1	I18.0
		IB19(低)	I19.7	I19.6	I19.5	I19.4	I19.3	I19.2	I19.1	I19.0

⑤ 整数(Integer,INT)。

整数的数据长度为 16 位,数据格式为带符号的十进制数,最高位为符号位。最高位为“0”表示正数,为“1”表示负数。整数的取值范围为−32768～32767。整数用补码来表示,正数的补码就是它本身,将一个正数对应的二进制数的各位求反后加 1,得到绝对值与它相同的负数的补码。

⑥ 双整数(Double Integer,DINT)。

双整数的数据长度为 32 位,数据格式为带符号的十进制数,用 L# 表示。最高位为符号位。最高位为“0”表示正数,为“1”表示负数。双整数的取值范围为−2147483648～2147483647。

⑦ 浮点数(Real,R)。

浮点数又称实数,数据长度为 32 位,可以用来表示小数。例如,123.4 可以表示为 1.234×10^2。32 位浮点数是以 IEEE 浮点数格式转换为二进制数进行储存的,取值范围为−3.402823E+38～−1.175495E−38,0,1.175495E−38～3.402823E+38。

ANST/IEEE 754—1985 基本格式的浮点数可表示为 $1.m\times2^e$,式中指数 $e=E+127$ $(1\leqslant e\leqslant254)$,为 8 位整数。ANST/IEEE 标准浮点数的结构如图 2.38 所示,共占用一个双字(32 位)。最高位(第 31 位) 为浮点数的符号位,最高位为“0”表示正数,为“1”表示负数;第 30 位～第 23 位表示 8 位指数部分;因为尾数的整数部分总是为“1”,只保留了尾数的小数部分 m (第 22 位～第 0 位)。

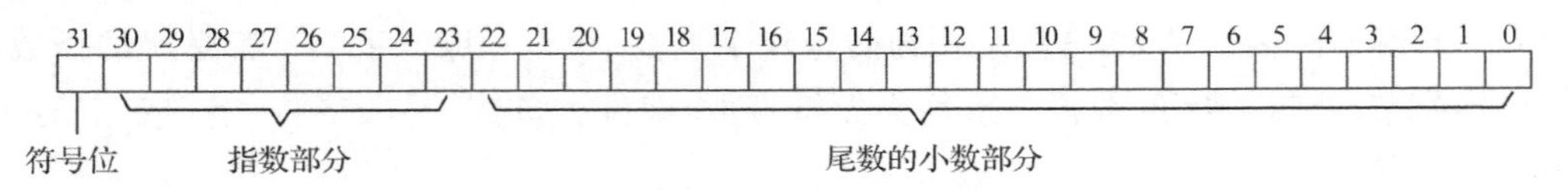

图 2.38 浮点数的结构

⑧ 字符(Char)。

字符的数据长度为 8 位,采用 ASCII 码(美国标准信息交换码)的存储方式。

⑨ S5TIME(SIMATIC 时间)。

S5TIME 的数据长度为 16 位,包括时基和时间常数两部分,时间常数采用 BCD 码。S5TIME 的数据类型结构如图 2.39 所示。时间值=时基×时间常数(BCD 码)。其中,时基代码“00”表示 10 ms,“01” 表示 100 ms,“10” 表示 1 s,“11” 表示 10 s 。

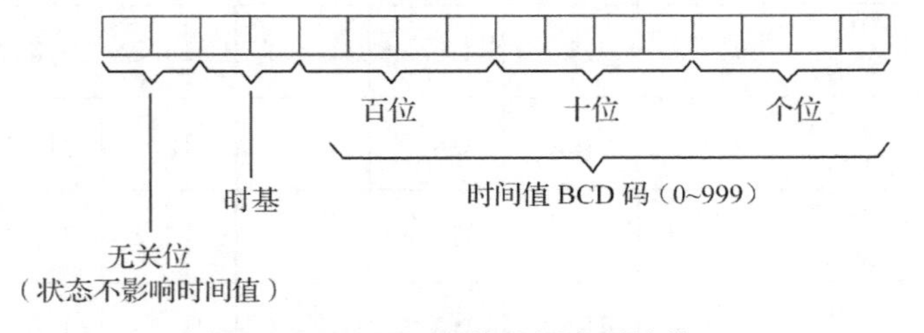

图 2.39 S5TIME 的数据类型结构

预装时间时,采用的格式为 S5T#aH_bbM_ccS_ddMS。其中,a 为小时,bb 为分钟,cc 为秒,dd 为毫秒。S5TIME 的时间精度为 10 ms,最大值为 9990 s,即 S5TIME 的取值范围为 S5T＃10MS～S5T＃2H_46M_30S_ddMS。

⑩ 时间(TIME)。

时间长度为 32 位，时基为固定值 1 ms，数据类型为双整数，表示的时间值为整数值乘以时基。格式为 T＃aaD_bbH_ccM_ddS_eeeMS，其中 aa 为天数，bb 为小时，cc 为分钟，dd 为秒，eee 为毫秒。时间精度为 1 ms，根据双整数最大值为 2147483647，可以算出，时间的最大值为 T＃24D_20H_31M_23S_648MS。

⑪ 日期(DATE)。

日期长度为 16 位，数据类型为整数，以 1 日为单位，日期从 1990 年 1 月 1 日至 2168 年 12 月 31 日。1990 年 1 月 1 日对应整数为 0，日期每增加 1 天，对应的整数值加 1。日期格式为 D＃年_月_日，例如，2008 年 6 月 20 日表示为 D＃2008_6_20。

⑫ 日计时(Time_Of_Day，TOD)。

日计时是表示一天中的 24 小时，数据长度为 32 位，数据类型为双整数，以 1 ms 为时基，取值范围为 TOD＃0:0:0.0～TOD＃23:59:59.999。

另外，对于常数，可以是字节、字或双字，PLC 的 CPU 以二进制方式存储常数，常数也可以用十进制、十六进制或浮点数等形式来表示。表 2.14 所示为 S7-300 PLC 常用的常数表示方法。

表 2.14　S7-300 PLC 常用的常数表示

常用的常数		位数	举例
二进制常数		8	2＃11001010
		16	2＃1100101011011011
		32	2＃11001010110110111100101011011011
十六进制常数		8	16＃1F
		16	16＃3D1F
		32	16＃12AB34EF
十进制常数		8	226
		16	－2200
		32	－1212111
浮点数		32	－0.123
时间	S5TIME	16	S5T＃2H_3M_4S_5MS
	TIME	32	T＃1D_2H_3M_4S_5MS
	DATE	16	D＃2009_9_9
	TOD	32	TOD＃12:23:24.520
计数值常数		16	C＃12
区域指针常数		32	P＃10.1
2 字节无符号数		16	B＃(12,34)
4 字节无符号数		32	B＃(12,34,56,78)

(2) 复合数据类型

复合数据类型是一类由其他数据类型组合而成的或者长度超过32位的数据类型。用户通过复合基本数据类型生成的就是复合数据类型。可以在数据块DB和变量声明表中定义复合数据类型。常用的复合数据类型包括数组、结构、字符串、时间和日期以及用户自定义的数据类型。

① 数组(ARRAY)。

将一组同一类型的数据组合成一个整体就是数组。数组的最大维数为6维,数组不允许嵌套。数组中每一维的下标取值范围是－32768～32767,要求下限必须小于上限。数组声明的格式为

域名:ARRAY[最小索引1…最大索引1,最小索引2…最大索引2…]OF 数据类型

例如,Temp:ARRAY[1…3,1…6,1…8]OF REAL 定义了一个数组名为Temp、元素为实数类型的3×6×8的三维数组。可以用变量名加上下标来引用数组中的某一个元素,例如,a[2,3,4]。

② 结构(STRUCT)。

将一组不同类型的数据组合成一个整体就是结构,每个结构最多允许8个嵌套。例如,电动机的一组数据可以按如下方式进行定义:

Motor:STRUCT

Speed:INT

Current:REAL

END_STRUCT

③ 字符串(STRING)。

字符串类型数据的最大长度为256字节,前两个字节用于存储字符串长度信息,因此,一个字符串类型的数据最多包含254个字符。其声明格式为

字符串名称:STRING[最大数目]:'初始化文本'

例如,Motor name:STRING[8]:'AABB'。

④ 日期和时间(DATE_AND_TIME)。

用于存储年、月、日、时、分、秒、毫秒和星期的数据,数据类型的长度为8个字节,BCD编码格式。取值范围为DT#1990_1_1_0:0:0.0～DT#2168_12_31_23:59:59.999。例如,DT#2017_8_30_12:20:8.600表示2017年8月30日12时20分8.6秒。

⑤ 用户定义的数据类型(User-Defined Data Types,UDT)。

用户可将基本数据类型和复合数据类型组合在一起形成一种新的数据类型。与STRUCT不同的是,UDT是一个模板,可以用来定义其他变量。

⑥ FB或SFB块功能类型。

FB或SFB块功能类型只能在FB的静态变量区定义,用于实现多重背景DB功能。

(3) 参数数据类型

参数数据类型是一类用于FC和FB的参数的数据类型,主要包括以下几种:

① Timer、Counter：定时器和计数器类型。

② BLOCK_FB、BLOCK_FC、BLOCK_DB、BLOCK_SDB：块类型。

③ Pointer：6 字节指针类型，传递 DB 号和数据地址。

④ Any：10 字节指针类型，传递 DB 号、数据地址、数据数量以及数据类型。

使用这些参数类型，可以把定时器、计数器、程序块、数据块甚至不确定类型和长度的数据通过参数传递给 FC 和 FB。参数类型为程序提供了很强的灵活性，可以实现通用性更强的控制功能。

2.2.5　S7-300/400 寻址方式

操作数是指令操作或运算的对象。所谓寻址方式，是指指令取得操作数的方式，可以直接或间接给出操作数的地址。STEP7 有立即寻址、直接寻址、存储器间接寻址和寄存器间接寻址四种寻址方式。

(1) 立即寻址

立即寻址又叫立即数寻址，是对常数或常量的寻址方式，其特点是操作数直接包含在指令中，或者指令的操作数隐含在指令中。例如：

```
SET                 //默认操作数为 RLO，该指令实现对 RLO 置 1 操作
L   18              //把常数 18 装入累加器 1 中
L   P#10.0          //把内部区域指针装入累加器 1 中
OW   W#16#123       //将十六进制数 123 与累加器 1 的低字进行“或”运算
```

(2) 直接寻址

直接寻址是在指令中直接给出存储器或寄存器的区域、长度和位置。直接寻址分为绝对寻址和符号寻址。

① 绝对寻址。

绝对寻址是指存储单元地址直接包含在指令中，指令通过该地址直接对变量进行读写访问。绝对地址由地址标识符和存储器位置两部分组成。例如：

```
O   I1.2            //对输入位 I1.2 执行逻辑“或”运算
=   Q0.1            //将逻辑运算结果送给输出继电器 Q0.1
L   MW20            //将存储字 MW20 的内容装入累加器 1
T   DBW2            //将累加器 1 低字中的内容传送给数据字 DBW2
```

② 符号寻址。

符号寻址是指为每个绝对地址分配一个符号名称，增强用户程序的可读性。在 STEP7 中，符号寻址分为全局符号寻址和区域符号寻址。全局符号是在符号表中定义的，在整个用户程序范围内有效；区域符号是在程序块的通信接口及临时变量、静态变量中定义的，只在一个程序块内部使用。例如，已经分配了一个符号名“Motor_start”给地址 I0.0，在程序中可以直接使用。

```
A   “Motor_start”    //对 I0.0 进行“与”操作
```

(3) 存储器间接寻址

存储器间接寻址是在指令中给出一个作地址指针的存储器，该存储器的内容即为操作数所在存储单元中的地址指针。

根据要描述的地址的复杂程度，地址指针可以是字或双字的，存储指针的存储器也应是字或双字的。对于定时器 T、计数器 C、功能块 FB、功能 FC、数据块 DB，由于其地址范围为 0～65535，使用字指针就够了；对于 I、Q、M 等，可能要使用双字指针。使用双字指针时，必须保证指针中的位编号为“0”，例如，P＃Q0.0。

存储器间接寻址的双字指针格式如图 2.40 所示，第 0～2(xxx)位为被寻址地址中位的编号(0～7)，第 3～18 位(bbbb bbbb bbbb bbbb)为被寻址地址的字节的编号(0～65535)。只有双字 MD、LD、DBD 和 DID 能作地址指针。

31 24	23 16	15 8	7 6 5 4 3 2 1 0
0 0 0 0 0 0 0 0	0 0 0 0 0 b b b	b b b b b b b b	b b b b b x x x

图 2.40 存储器间接寻址的双字指针格式

单字指针的存储器间接寻址只能用在地址标识符是非位的场合。双字指针由于有位格式存在，所以对地址标识符没有限制。也正是由于双字指针是一个具有位的指针，因此，当对字节、字或者双字存储区地址进行寻址时，必须确保双字指针的内容是 8 或者 8 的倍数。存储器间接寻址的单字格式的指针寻址如下：

```
L    4           //将数字 2 ＃0000 0000 0000 0100 装入累加器 1
T    MW5         //将累加器 1 低字中的内容传给 MW 5 作为指针值
OPN  DB2         //打开共享数据块 DB2
```

存储器间接寻址的双字格式的指针寻址如下：

```
L    P＃4.2      //把指针装入累加器 1
                 //P＃4.2 的指针值为 2＃ 0000 0000 0000 0000 0000 0000
                   0010 0010
T    [ MD 10]    //把指针值传送给 MD10
O    I [MD10]    //和 I4.2 进行与操作
=    Q[MD10]     //给输出位 Q4.2 赋值
```

(4) 寄存器间接寻址

S7 中有两个地址寄存器 AR1 和 AR2，寄存器间接寻址是通过地址寄存器寻址。地址寄存器的内容加上偏移量形成地址指针，指向操作数所在的存储单元。

寄存器间接寻址有两种形式，即区域内寄存器间接寻址和区域间寄存器间接寻址。寄存器间接寻址的双字指针格式如图 2.41 所示。第 0～2 位(xxx)为被寻址地址中位的编号(0～7)，第 3～18 位(bbbb bbbb bbbb bbbb)为被寻址地址的字节的编号(0～65535)，第 24～26 位(rrr)为被寻址地址的区域标识号，第 31 位 x=0 表示区域内的间接寻址，第 31 位 x=1 表示区域间的间接寻址。

31	24	23	16	15	8	7 6 5 4 3 2 1 0
x 0 0 0 0 r r r		0 0 0 0 0 b b b		b b b b b b b b		b b b b b x x x

图 2.41　寄存器间接寻址的双字指针格式

区域内间接寻址时，第 24～26 位(rrr)为被寻址地址的区域标识号，区域间间接寻址的区域标识位即第 24～26 位的含义见表 2.15。

表 2.15　地址指针区域标识符的含义

位 26、25、24 二进制的值	所指存储区	区域标识符
000	外设 I/O	P
001	输入过程映像	I
010	输出过程映像	Q
011	位存储区	M
100	共享数据块	DBX
101	背景数据块	DI
110	区域地址区	L
111	调用程序块的区域地址区	V

使用寄存器指针格式访问一个字节、字或双字时，必须保证指针中位地址的编号为 0。例如，指针常数 P#3.2 对应的二进制数为 2#0000 0000 0000 0000 0000 0000 0001 1010。区域内间接寻址如下：

```
L   P#3.2                  //将间接地址的指针装入累加器 1
LAR1                       //将累加器 1 的内容送到地址寄存器 1
O   I[AR1,P#0.0]           //AR1 中的 P#3.2 加偏移量 P#0.0，实际上还是对 I 3.2
                             进行或的操作
=   Q[AR1,P#1.7]           //将逻辑运算结果送给 Q5.1
```

区域间间接寻址如下：

```
LAR1  P#M6.0               //将指针 P#M6.0 装入地址寄存器 1 中
O   [AR1,P#1.1]            //对 M7.1 进行或操作
=   Q4.0                   //把和 M7.1 或之后的状态赋值给 Q4.0
L   P#I6.0                 //将指针 P#I6.0 装入累加器 1
LAR2                       //将累加器 1 中的内容传送到地址寄存器 2
T   W[AR2,P#5.0]           //将累加器 1 中的内容传送到存储器字 MW11
```

P#M6.0 对应的二进制数为 2#1000 0011 0000 0000 0000 0000 0011 0000。因为地址指针 P#M6.0 中已经包含区域信息，使用间址寻址的指令 T　W[AR1,P#5.0]没有必要再用地址标识符 M。

2.3 习 题

1. S7-300/400 由哪些模块组成?
2. 信号模块如何分类?
3. S7-300/400 系列 PLC 的编程语言有哪些?
4. 基本数据类型有哪几种?
5. S7-300/400 有哪几种寻址方式?

第3章　西门子编程软件基础

STEP7 编程软件是用于 SIMATIC S7、M7、C7 和基于 PC 的 WinAC 编程、监控、参数设置的标准软件包。STEP7 用 SIMATIC Manager 对项目进行集中管理。STEP7 的主要功能包括：

① 组态硬件，即在机架中放置模块，设置模块参数，为模块分配地址等。

② 组态通信连接，定义通信伙伴和连接特性。

③ 使用编程语言编写用户程序。

④ 下载和调试用户程序、启动、维护、文件建档、运行与诊断等。

3.1　STEP7 软件的安装

(1) 安装 STEP7 对硬件的要求

① 能够运行所需操作系统的编程器(PG)或个人计算机(PC)。编程器是专为能在工业环境中使用而设计的紧凑型个人计算机，它已预装了包括 STEP7 在内的可用于 SIMATIC PLC 组态、编程所需的软件。

② CPU：主频为 600 MHz 以上。

③ RAM：至少 256 MB。

④ 剩余硬盘空间：300～600 MB 以上，根据安装选项不同而定。

⑤ 显示设备：XGA，支持 1024×768 分辨率，16 位以上彩色。

(2) STEP7 的安装步骤

下面以安装 STEP7 V5.4 为例，介绍 STEP7 的安装过程。

双击安装包下的 Setup.exe，开始 STEP7 的安装。与大多数 Windows 应用程序相似，整个安装过程一步一步进行，每次出现对话框，用户可单击“上一步”或“下一步”按钮，主要安装过程如下：

① 选择安装程序的语言。如图 3.1 所示，用户根据需要选择安装程序的语言，选择完成后单击“确定”按钮，STEP7 自动检测系统，如图 3.2 所示。检测完毕，程序自动跳转到如图 3.3 所示的界面，进入 STEP 安装流程，单击“下一步”按钮。

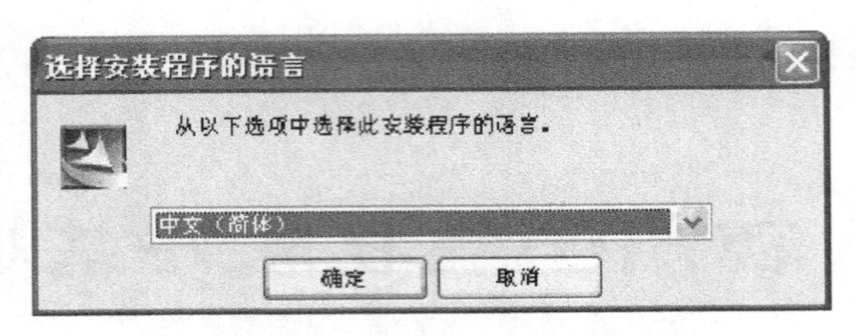

图 3.1　选择安装程序的语言

图 3.2　STEP7 检测系统

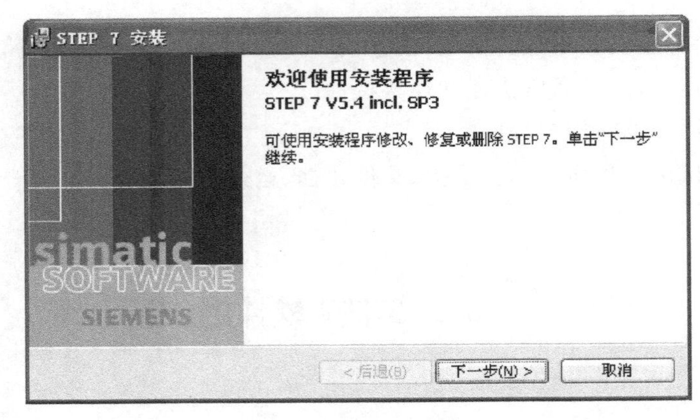

图 3.3　STEP7 安装

② 安装过程中，如果出现如图 3.4 所示的错误提示，按组合键【Win】+【R】打开运行窗口，输入"regedit"，按回车键即可进入注册表编辑器，在注册表内删除"HKEY_LOCAL_MACHINE\System\CurrentControlSet\Control\Session Manager\ "中"Pending File Rename Operations"的数值，然后重新双击安装包下的 Setup. exe，从①开始安装。

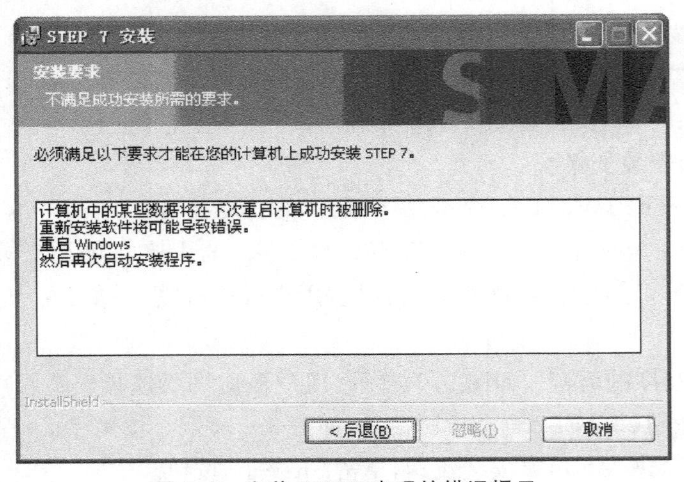

图 3.4　安装 STEP7 出现的错误提示

③ 选择需要安装的组件。如图 3.5 所示，用户根据需要，可选择安装组件“STEP7 V5.4”基本软件包和“S7-PLCSIM ”仿真器、“S7-GRAPH ”Graph 图形编程语言、“S7-SCL”S7 SCL 结构化控制语言等可选软件包。“Automation License Manager”为授权管理器，可以一起选中安装，也可以以后单独安装。

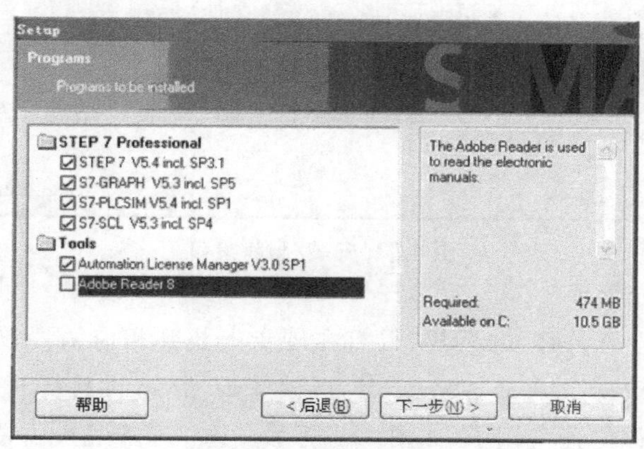

图 3.5　选择需要安装的组件

④ 选择安装类型。如图 3.6 所示，在 STEP7 安装过程中，有典型、最小和自定义三种安装类型可选。

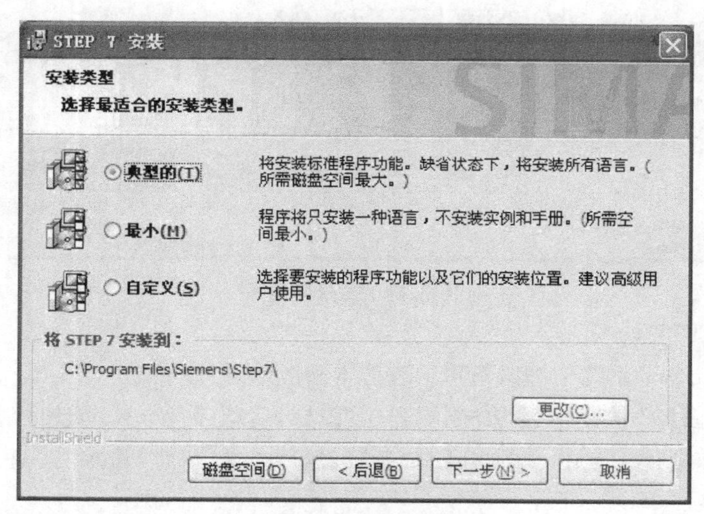

图 3.6　选择安装类型

a. 典型：可安装所有语言、所有应用程序、项目示例和文档。

b. 最小：只安装一种语言和 STEP7 程序，不安装项目示例和文档。

c. 自定义：用户根据需要选择安装的程序、语言、项目示例和文档。

⑤ 设置 PG/PC 接口。安装过程中，会弹出一个设置 PG/PC 接口的对话框，提示用户设置 PG/PC 接口。PG/PC 接口是 PG/PC 和 PLC 之间通信的连接口，选择“设置”，则出现如图 3.7 所示的对话框，在此对话框中可以安装或删除一些接口。该设置也可以在软件安装完成后，在 STEP7 或控制面板中打开相应的对话框进行设置。

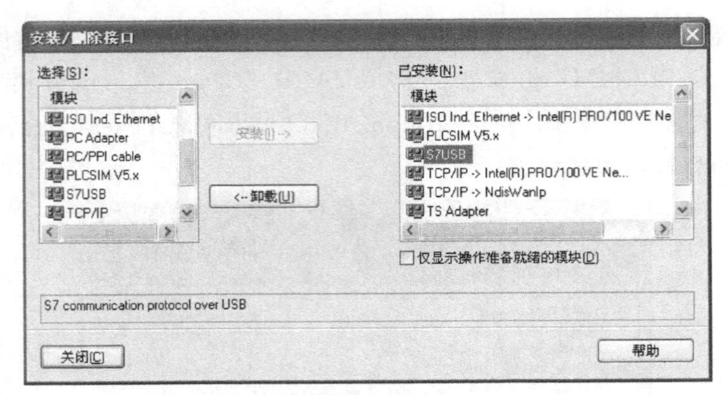

图 3.7　安装/删除接口

(3) STEP7 的授权管理

进行一个类似“电子钥匙”的授权，只有在硬盘上找到相应的授权，STEP7 才能正常使用。安装了“Automation License Manager”授权管理器后，将其打开，选中某个磁盘分区，就可以看到该分区内许可证密钥了，如图 3.8 所示。选中某个密钥并右击，可对该许可证进行剪切、删除、传送和检查等操作。

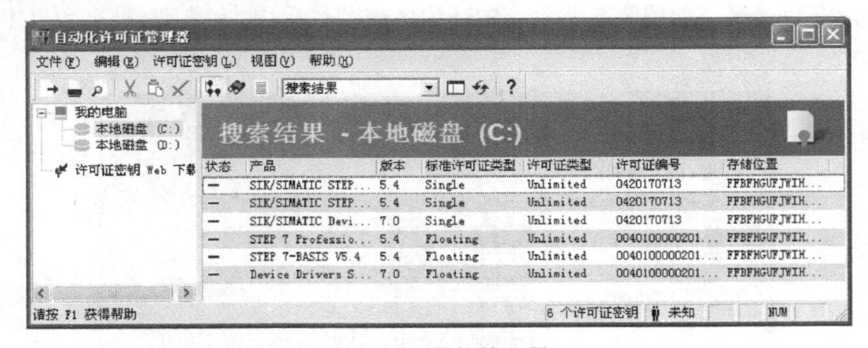

图 3.8　授权管理器

(4) 卸载 STEP7

可以在 Windows 系统中卸载 STEP7，具体操作如下：

① 在“控制面板”中双击“添加/删除程序”图标，启动 Windows 添加/删除程序界面。

② 在已安装软件列表中选择 STEP7 条目，然后单击“添加/删除”按钮。

3.2　STEP7 编程软件的使用

3.2.1　启动 SIMATIC Manager

如果在计算机中安装了 STEP7 软件包，启动计算机后，在 Windows 桌面上会出现一个 SIMATIC Manager（SIMATIC 管理器）图标，如图 3.9 所示。双击该图标，即启动

SIMATIC Manager。

另外，在 Windows 任务栏中单击“开始”→“所有程序”→“SIMATIC”→“ SIMATIC Manager”，用这种方法同样可以启动 SIMATIC Manager。启动后的界面如图 3.10 所示。

图 3.9　SIMATIC Manager 图标

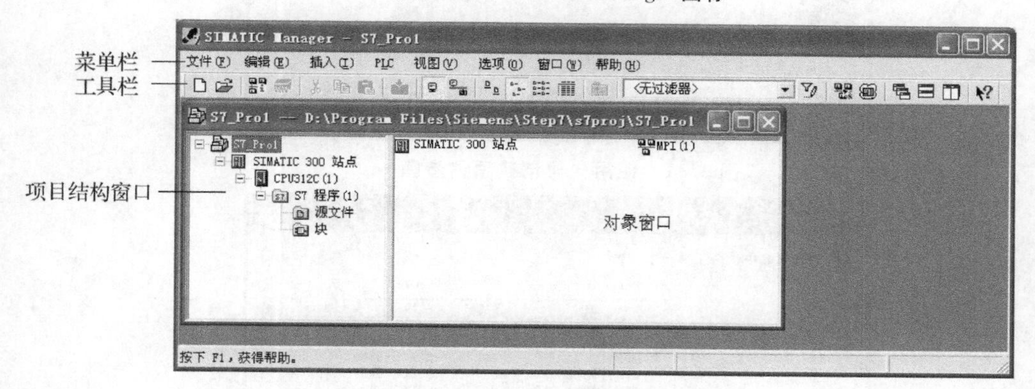

图 3.10　SIMATIC Manager 界面

SIMATIC Manager 窗口界面与传统的 Windows 窗口界面相仿，有菜单栏和工具栏。其中项目窗口的左半部分为项目结构窗口，右半部分为对象窗口。项目结构窗口采用树状结构显示项目结构；对象窗口显示项目结构窗口中所选文件夹包含的对象。

3.2.2　创建项目

STEP7 的 SIMATIC Manager 可采用“向导创建”和“直接创建”两种方式来创建项目。

(1) 使用向导创建项目

第一步：启动“新建项目”向导。双击桌面上的 SIMATIC Manager 图标，打开 STEP7 软件，可自动启动“新建项目”向导，如图 3.11 所示。也可以在“文件”菜单下选择“新建项目”向导，完成向导启动。

第二步：选择 CPU 型号和 MPI 地址。在图 3.11 所示的界面中，单击“下一个”按钮，切换到如图 3.12 所示的界面。在此界面中可选择 CPU 型号、修改 CPU 名称及设置 MPI 地址(默认值是 2)。

第三步：添加组织块(OB)及选择语言。在图 3.12 所示的界面中，单击“下一个”按钮，切换到图 3.13 所示的界面。在此界面中，用户可以根据需要添加相应的 OB 并选择合适的编程语言。默认只生成作为主程序的组织块 OB1，OB1 负责组织程序中的其他块，一个程序中必须有一个 OB1。

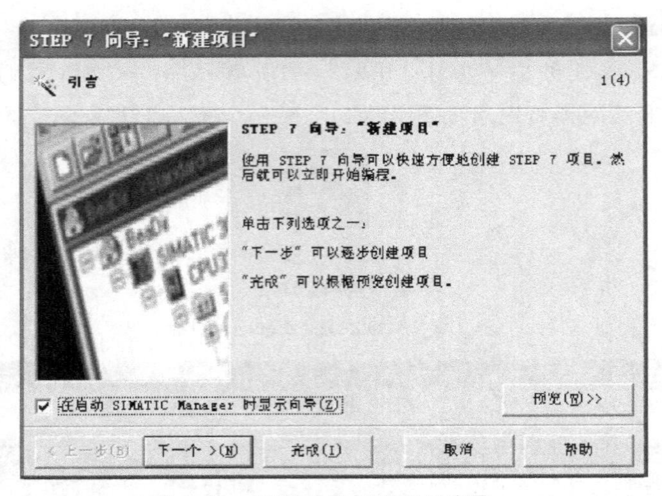

图 3.11　使用向导创建项目步骤一

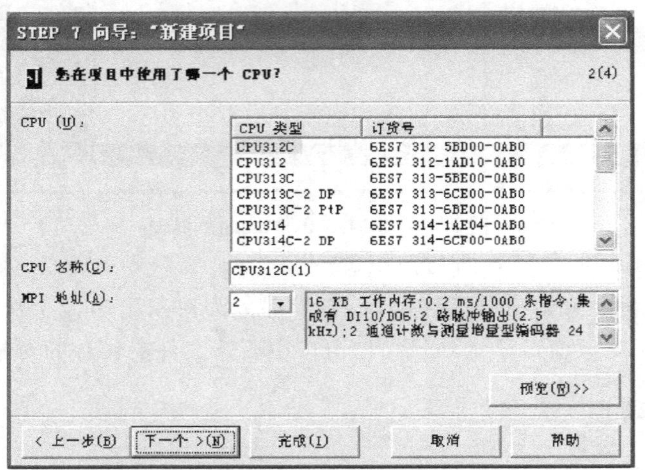

图 3.12　使用向导创建项目步骤二

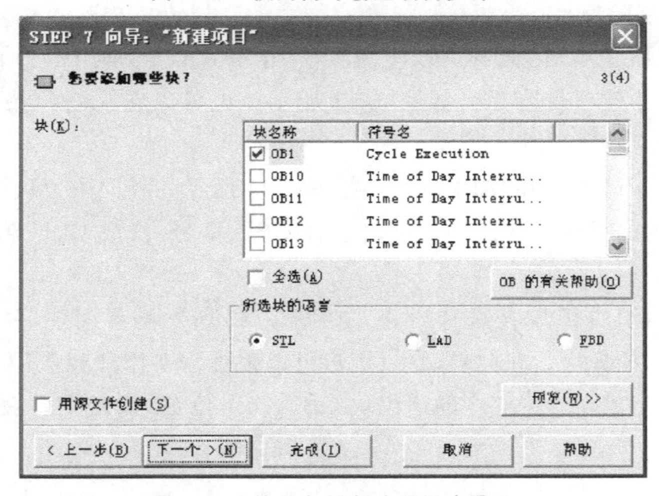

图 3.13　使用向导创建项目步骤三

第四步：输入项目名称。在图 3.13 所示的界面中，单击“下一个”按钮，切换到图 3.14 所示的界面。在此界面中，用户可以修改项目名称，单击“完成”按钮，一个新项目就创建完成了。

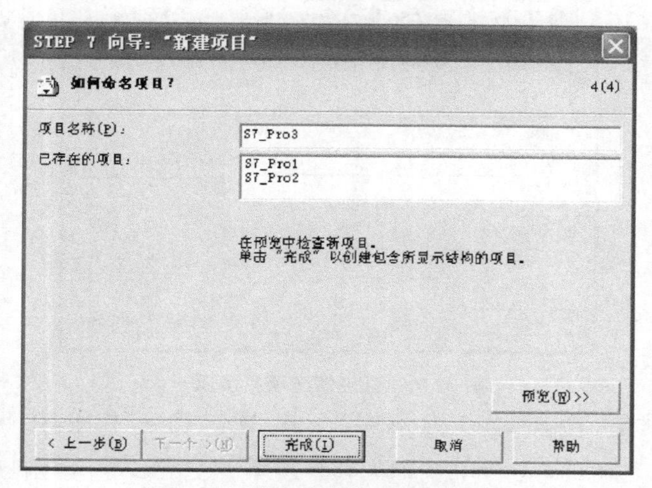

图 3.14　使用向导创建项目步骤四

新建的项目会在 SIMATIC Manager 中打开，如图 3.15 所示。在图中可以看到，向导已经根据用户的选择在 SIMATIC Manager 中添加了一个名为 S7_Pro3 的项目，项目中包含一个 SIMATIC 300 站点、CPU312C 及相应的程序目录和 OB1 块。

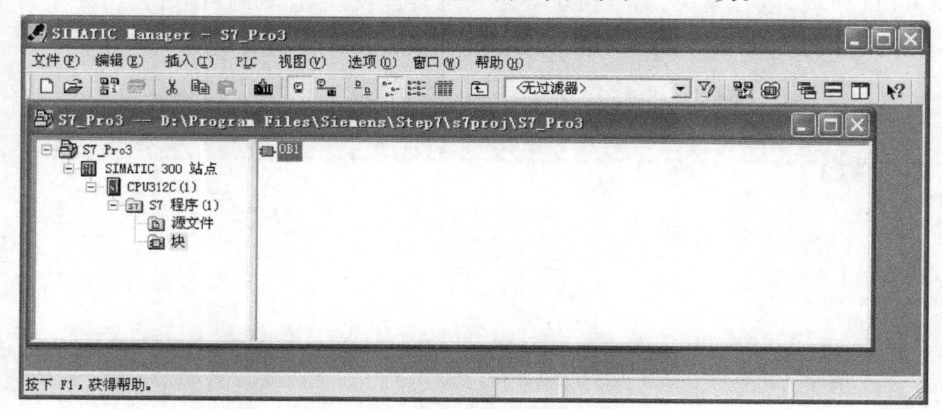

图 3.15　使用向导创建的项目

(2) 直接创建项目

第一步：新建一个项目。双击桌面上的 SIMATIC Manager 图标，打开 STEP7 软件，在“文件”菜单下选择“新建”，弹出如图 3.16 所示的新建项目界面。在此界面中，用户可以创建项目名称，修改项目存储位置。

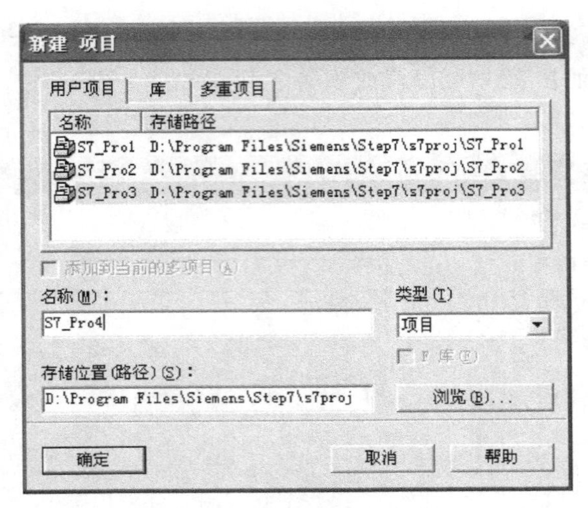

图 3.16 直接创建项目步骤一

第二步：插入对象。在图 3.16 所示的界面中，单击"确定"按钮，在 SIMATIC Manager 窗口中已添加完成了一个名为 S7_Pro4 的项目，如图 3.17 所示。在项目结构窗口中右击项目对象"S7_Pro4"，单击"插入新对象"，如图 3.18 所示，手动添加需要插入的对象，如"SIMATIC 300 站点"。插入完成窗口界面如图 3.19 所示。选中生成的工作站，双击右边窗口中的"硬件"图标，出现如图 3.20 所示的硬件组态(HW Config)窗口，在该窗口中生成机架，将 CPU 模块、电源模块、信号模块等插入机架。硬件组态的具体过程将在下一节中详细介绍。如果是使用向导创建的项目，机架和 CPU 由向导自动生成。

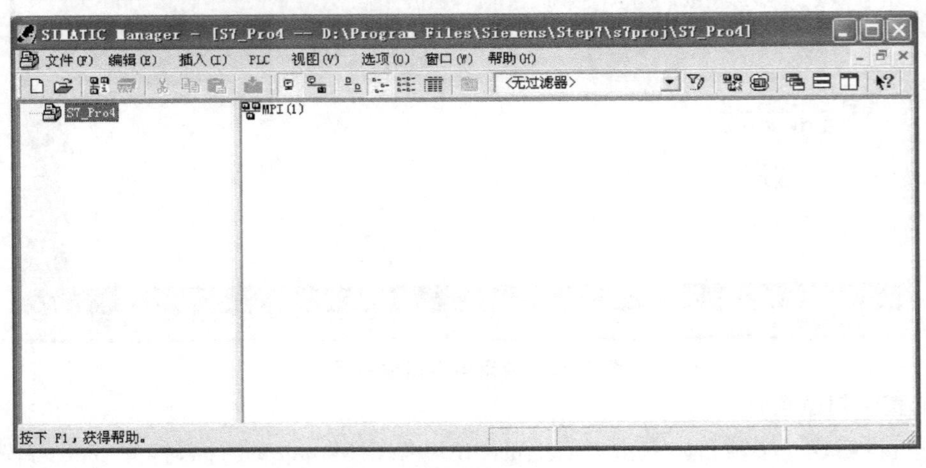

图 3.17 项目 S7_Pro4

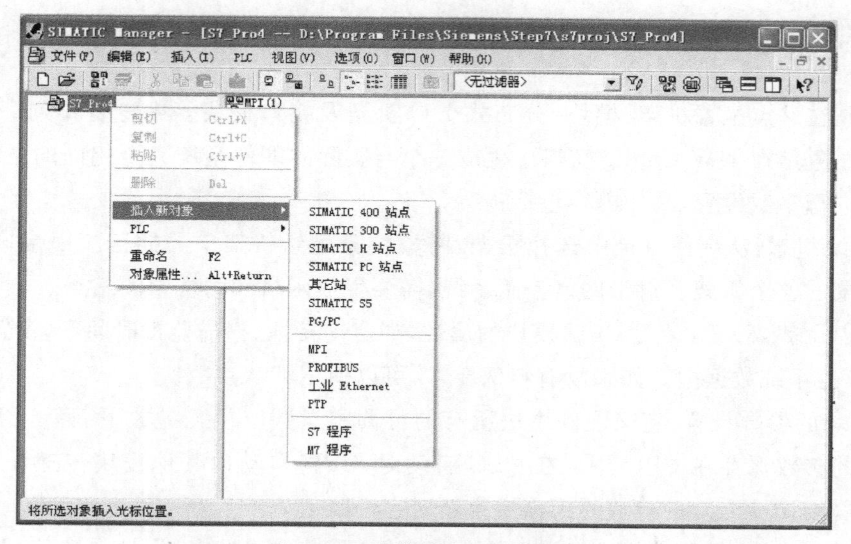

图 3.18　直接创建项目步骤二

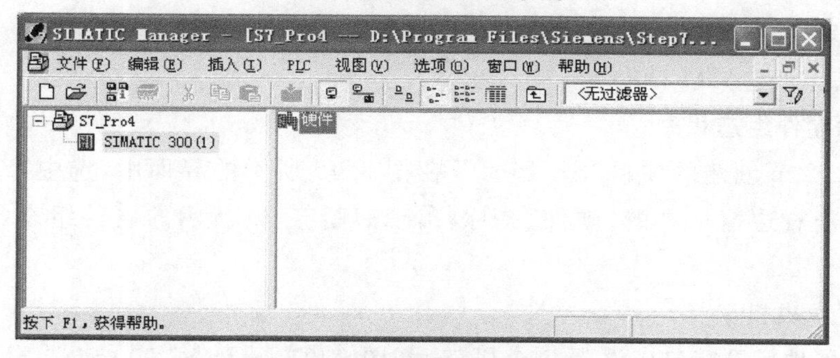

图 3.19　站点 SIMATIC 300

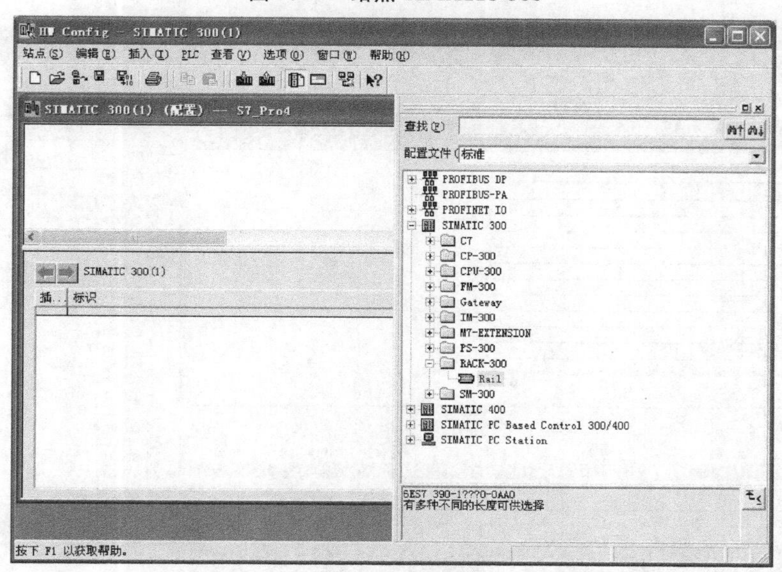

图 3.20　硬件组态窗口

3.2.3 硬件组态

组态是在站点配置机架、模块、分布式 I/O 机架及接口模块等中进行排列。STEP7 硬件组态的任务是在 HW Config 窗口中生成一个与实际的硬件系统完全相同的系统，并对其中的硬件进行参数设置，具体内容包括：

① 系统组态：从硬件目录中选择机架，将模块分配给机架中的插槽。用接口模块连接多机架系统的各个机架。对于网络控制系统，需要生成网络和网络中的站点。

② CPU 参数设置：设置 CPU 模块的属性，如启动特性、扫描监视时间等，设置的数据储存在 CPU 的系统数据中。如果没有特殊要求，可以使用默认参数。

③ 模块的参数设置：定义硬件模块所有的可调整参数。组态参数下载后，CPU 之外的其他模块的参数保存在 CPU 中。在 PLC 启动时，CPU 自动向其他模块传送设置的参数。因此，在更换 CPU 之外的模块后不需要重新对它们赋值。

对于网络系统，需要进行的组态工作包括生成网络、生成站点、将站点链接到网络上、组态网络通信等。

硬件组态主要包括以下几个步骤：

(1) 启动硬件组态程序

打开 3.2.2 节创建的项目“S7_Pro4”，在图 3.19 所示的界面中，选中“SIMATIC 300(1)”站点，双击右边窗口中的“硬件”图标，出现如图 3.20 所示的硬件组态(HW Config)窗口。

(2) 配置中央机架

首先，从硬件目录窗口中选择一个机架，如图 3.21 所示，S7-300 应选 SIMATIC 300\RACK-300 中的 Rail。

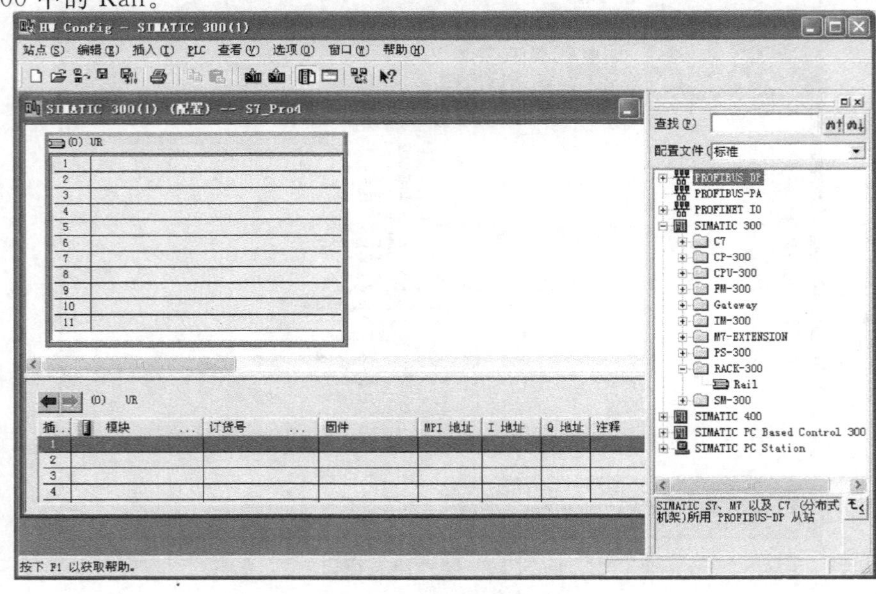

图 3.21 添加中央机架

然后，根据需要添加电源模块、CPU 模块、信号模块等，如图 3.22～图 3.24 所示。在硬件窗口中选中需要的模块，双击鼠标左键或者单击鼠标左键拖曳到机架上相应的位置即可。需要注意的是，S7-300 中央机架的电源模块占用 1 号槽，CPU 模块占用 2 号槽，3 号槽用于接口模块(可不用)，4～11 号槽用于其他模块。

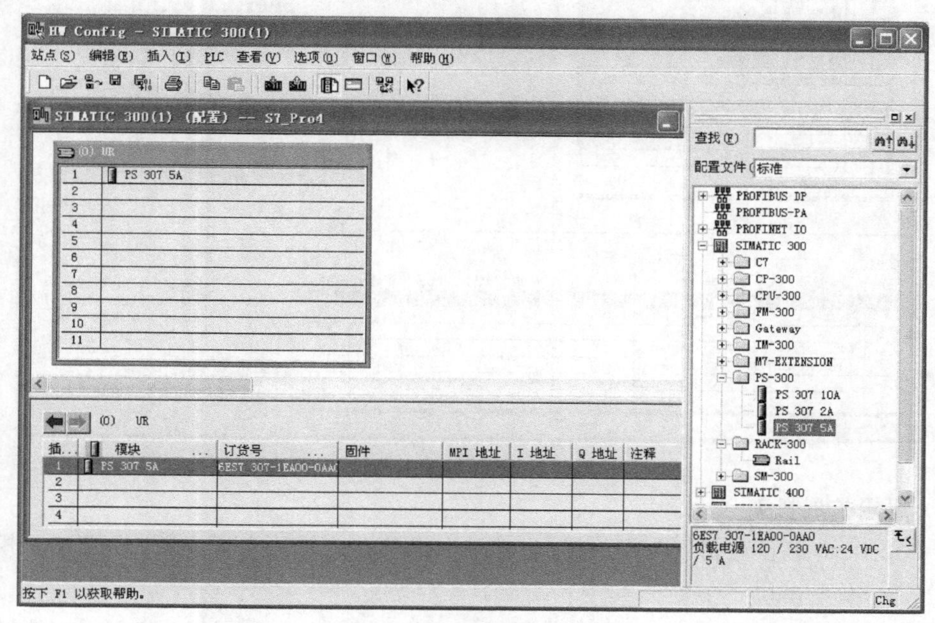

图 3.22　添加电源模块

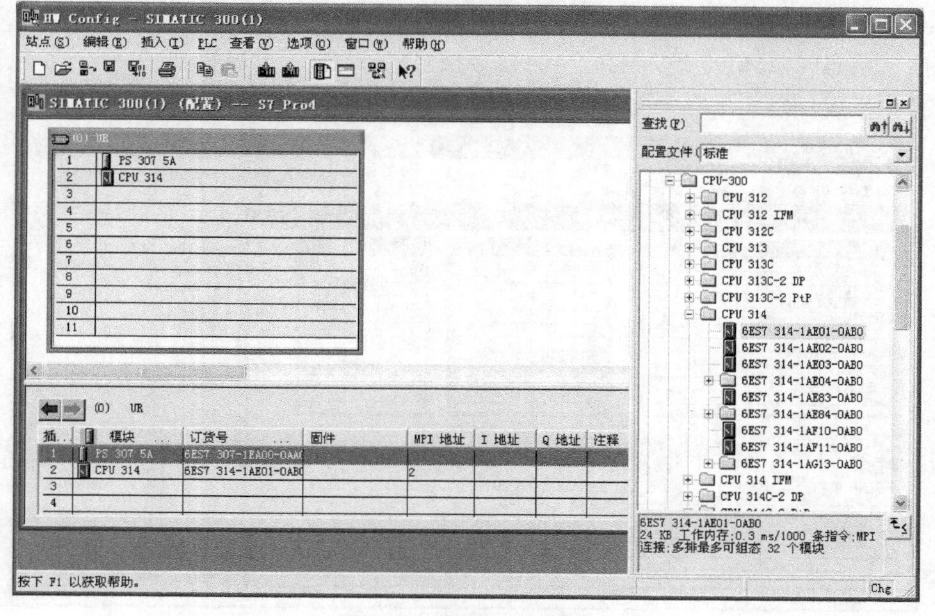

图 3.23　添加 CPU 模块

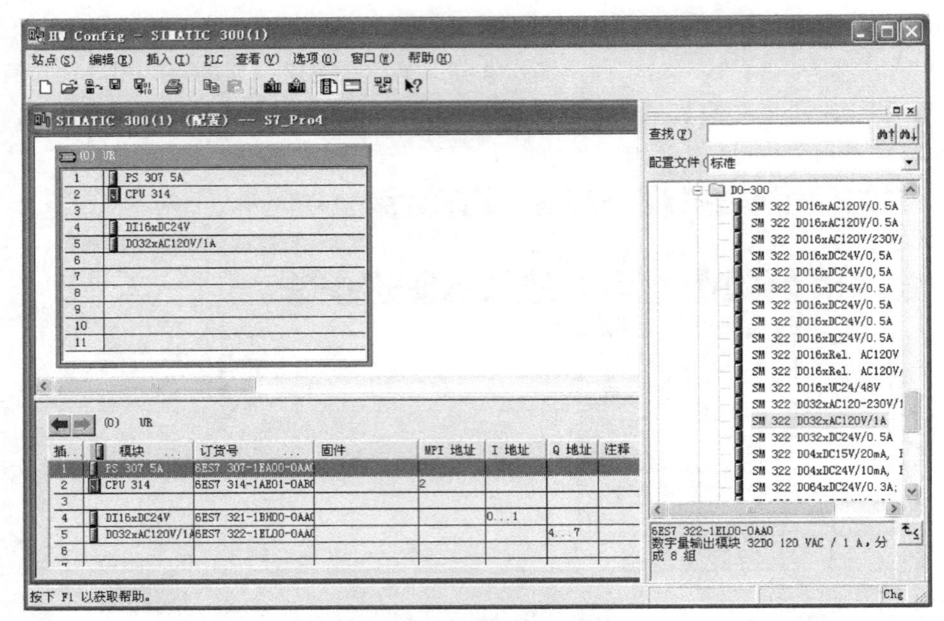

图 3.24 添加信号模块

(3) 配置扩展机架

S7-300 PLC 最多可安装 4 个机架(包含中央机架在内)，除电源和 CPU 及接口模块外，最多可安装 32 个模块。

图 3.25 中，0 号机架为主机架，1 号、2 号机架为扩展机架。中央机架接口模块使用 IM360，扩展机架使用 IM361。每个 IM361 需要外部 DC 24 V 电源给本扩展机架上的所有模块供电。组态时，IM360 插入主机架的 3 号槽，IM361 插入扩展机架的 3 号槽，机架之间的连线自动生成。

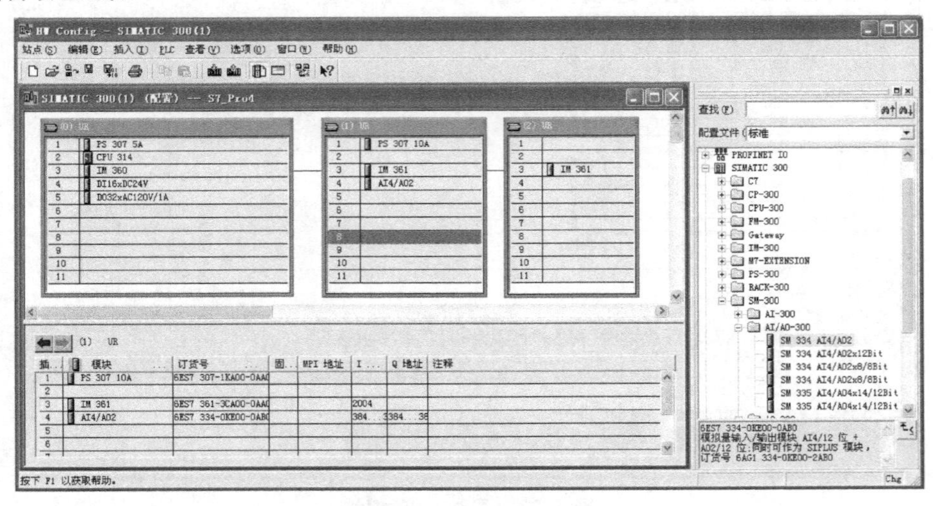

图 3.25 组态扩展机架

(4) CPU 参数设置

S7-300/400 各种模块的参数用 STEP7 编程软件来设置。在 HW Config 窗口，双击

CPU 模块所在的行，弹出 CPU 属性对话框，对话框中包括常规、启动、周期/时钟存储器、保留存储器、中断、时刻中断、周期性中断、诊断/时钟等选项卡。下面以 CPU314 为例介绍 CPU 中的一些常用参数设置。

① 常规设置。

常规设置选项卡如图 3.26 所示，此界面包括 CPU 的基本信息和 MPI 接口设置。单击“属性”按钮，将会弹出 MPI 通信属性设置界面，可进一步设置 MPI 通信速率等参数。

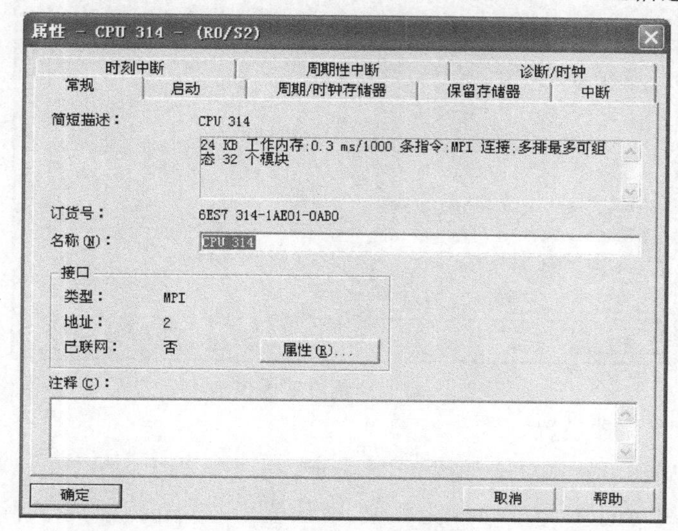

图 3.26　常规设置选项卡

② 启动设置。

启动设置选项卡如图 3.27 所示，此界面包括一些启动属性的设置。

“如果预先设置的组态与实际组态不相符则启动”复选框用于设置预设组态和实际组态不同时 CPU 是否启动。如果选中该复选框，则当有模块没有插在组态指定的槽位或者某个槽位实际插入的模块与组态模块不符时 CPU 仍会启动(除了 PROFIBUS-DP 接口模块外，CPU 不检查 I/O 组态)。如果没有选中该复选框，当出现此情况时，CPU 将进入 STOP 状态。

“热启动时重置输出”和“通过操作员或通讯作业禁用热启动”选项仅用于 S7-400 CPU。

“通电后启动”用于设置电源接通后的启动选项，可以选择单选按钮“热启动”、“暖启动”或“冷启动”。S7-300 只能执行“暖启动”。

“监视时间”区域用于设置相关项目的监视时间。其中，“来自模块的‘完成’消息[100 ms]”用于设置电源接通后 CPU 等待所有被组态的模块发出“完成信息”的时间，时间范围为 1～650 ms，默认值是 650 ms。如果被组态的模块发出“完成信息”的时间超过该设定值，表示实际硬件系统与组态系统不相符，按“如果预先设置的组态与实际组态不相符则启动”的设置处理。

“监视时间”区域的“参数传送到模块的时间[100 ms]”用于设置 CPU 将参数传送给模块的最长时间。对于有 DP 主站接口的 CPU，可以用这个参数来设置 DP 从站启动的监视时间。如果超过了设置时间，表示实际硬件系统与组态系统不相符，按“如果预先设置的组态与实际组态不相符则启动”的设置处理。

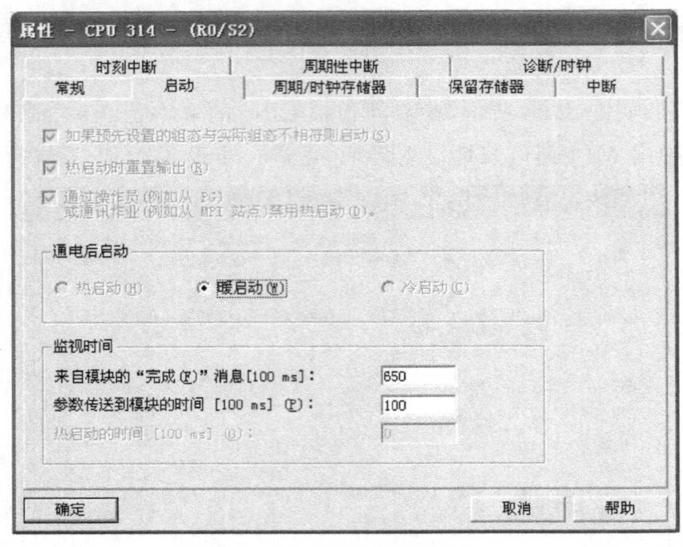

图 3.27 启动设置选项卡

③ 周期/时钟存储器设置。

周期/时钟存储器设置选项卡如图 3.28 所示。

“扫描周期监视时间[ms]”以 ms 为单位，默认值为 150 ms。如果实际循环扫描时间超过设定值，CPU 进入 STOP 状态。“来自通讯的扫描周期负载[%]”用于限制通信处理站扫描周期的百分比，默认值是 20%。“I/O 访问错误时的 OB85 调用”用来设置 CPU 对系统修改过程映像时发生的 I/O 访问错误的响应，有“无 OB85 调用”、“每单个访问时”和“仅限于进入和离开的错误” 三个选项可以选择。

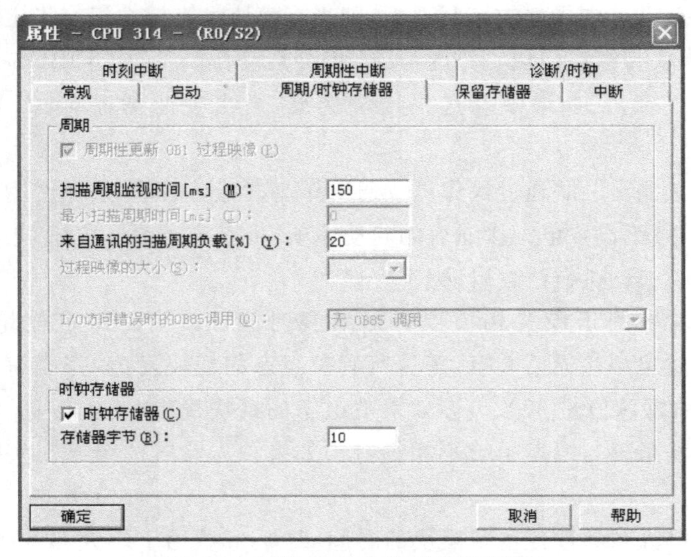

图 3.28 周期/时钟存储器设置选项卡

时钟存储器用于设置可供用户使用的占空比为1∶1的方波脉冲信号。这些方波脉冲存储在一个字节的时钟存储器中，该字节的每一位对应一种频率的时钟脉冲，如表3.1所示。要使用时钟脉冲信号，需要时钟存储器(M)的字节地址。图3.28中设置的地址为10，由表3.1可知，M10.3对应周期为0.5 s的方波信号。

表3.1　时钟存储器各位对应的频率和周期

时钟存储器的位	7	6	5	4	3	2	1	0
频率/Hz	0.5	0.62	1	1.25	2	2.5	5	10
周期/s	2	1.6	1	0.8	0.5	0.4	0.2	0.1

④ 保留存储器设置。

在电源掉电或CPU从RUN模式进入STOP模式后，其内容保持不变的存储区称为保持存储区。CPU安装了后备电池后，用户程序中的数据块总是被保护。保留存储器选项卡用来设置从MB0、T0和C0开始的需要断电保持的存储器字节数、定时器和计数器的数量，如图3.29所示。设置的范围与CPU的型号有关，如果超出允许的范围，将会给出提示。带有后备电池的S7-400和使用MMC的S7-300所有的数据块都有掉电保持功能，不需要设置。

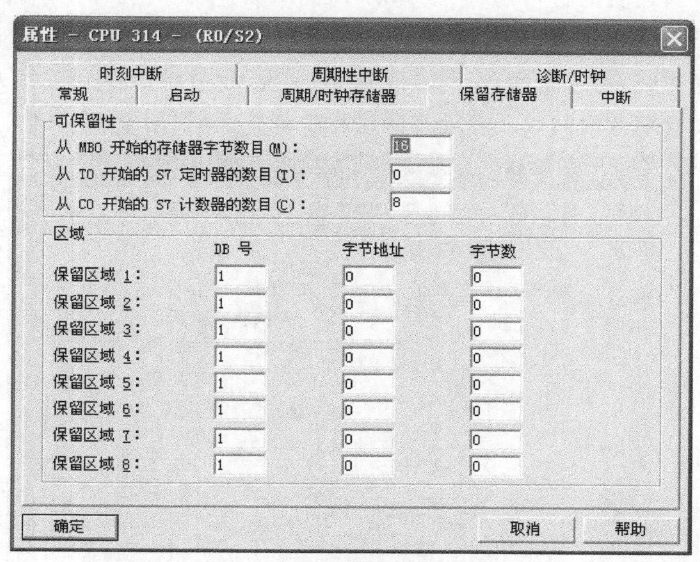

图3.29　保留存储器设置选项卡

⑤ 中断设置。

中断设置选项卡如图3.30所示，在此界面可以设置硬件中断、时间延迟中断、DPV1中断和异步错误中断的优先级。“---”表示不设置过程映像分区。

S7-300不能修改默认的中断优先级，S7-400可以根据处理哪个硬件中断OB来定义优先级。可以用优先级“0”删除中断。

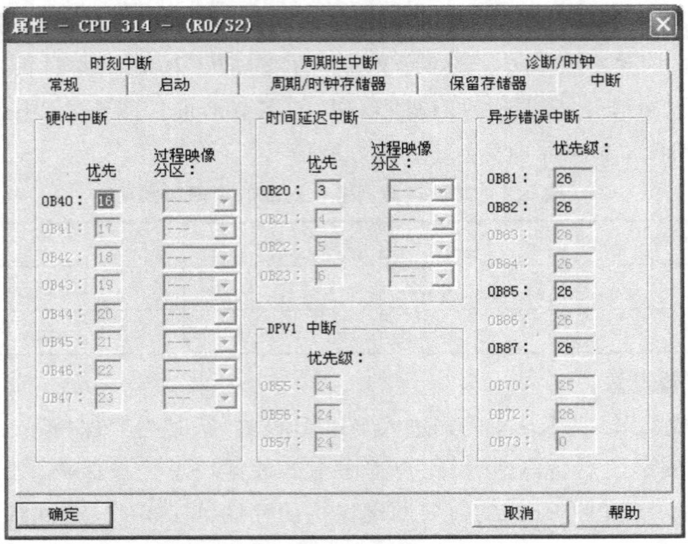

图 3.30 中断设置选项卡

⑥ 时刻中断设置。

大多数 CPU 有内置时钟，可以产生日期-时间中断，中断时间一到系统就会自动调用组织块 OB10～OB17。时刻中断设置选项卡如图 3.31 所示，用于设置日期-时间中断的有关参数，如中断的优先级，是否激活，执行方式是无、一次、每分钟、每小时、每天、每周、每月、月末还是每年，启动日期和时间以及要处理的过程映像分区（仅用于 S7-400）。

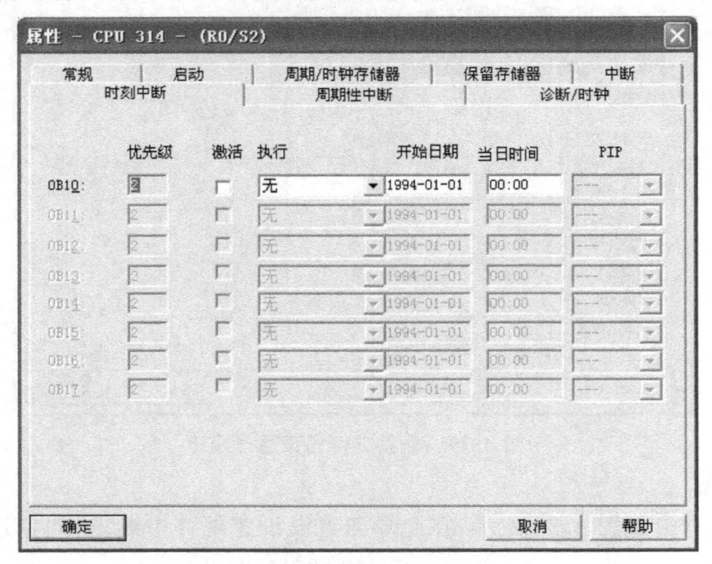

图 3.31 时刻中断设置选项卡

⑦ 周期性中断设置。

循环中断以固定的时间间隔执行循环中断组织块。周期性中断设置选项卡如图 3.32 所示，在此界面可以设置循环中断组织块 OB30～OB38 的参数，如中断的优先级、以 ms 为单位的执行时间间隔、以 ms 为单位的相位偏移（仅用于 S7-400）。

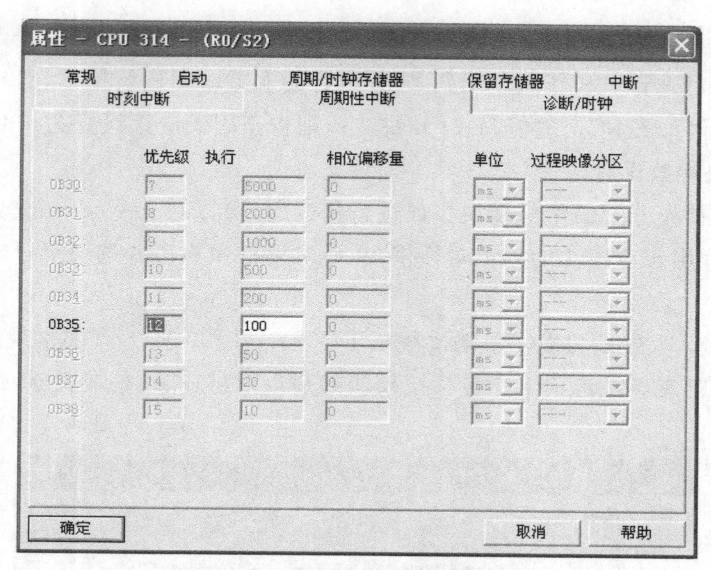

图 3.32　周期性中断设置选项卡

⑧ 诊断/时钟设置。

诊断/时钟设置选项卡如图 3.33 所示,在此界面可以设置系统诊断和实时时钟的参数。

系统诊断是指对系统中出现的故障进行识别、评估和做出相应的响应,并保存诊断的结果。通过系统诊断可以发现用户程序的错误、模块的故障、传感器及执行器的故障等。如果选择"报告 STOP 模式原因"复选框,那么,当 CPU 停机时会将停机的原因传送给 PG/PC 或 OP 等设备。

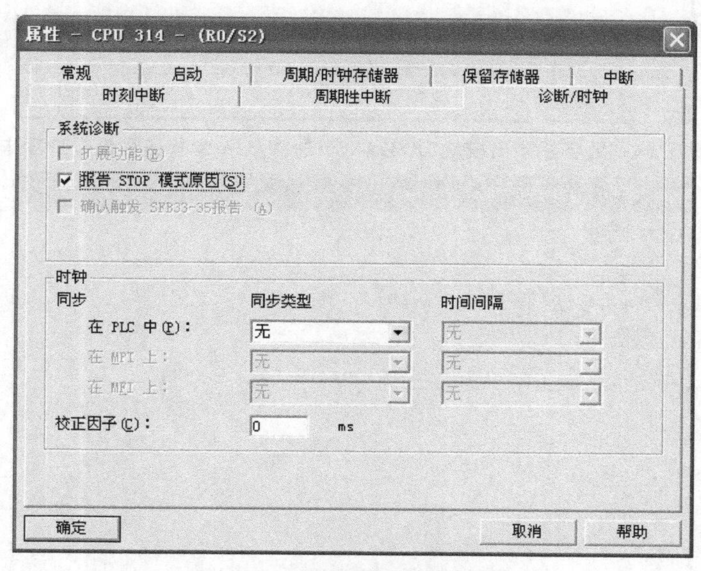

图 3.33　诊断/时钟设置选项卡

在某些大型系统中,设备的故障会引起连锁反应,相继发生一系列事件,为了分析故障的起因,需要查出故障发生的顺序。为了能够准确地记录故障顺序,系统中各计算机的实时时钟必须定期做同步调整。在图 3.33 所示的界面有三种方法可实现实时时钟的同步,即在

PLC 中、在 MPI 上和在 MFI 上，每种方法有无、作为主站和作为从站三个选项。时间间隔从 1 s 到 24 h 可以选择。校正因子对每 24 h 时钟的误差时间进行校正，以 ms 为单位，可以是正数或负数。例如，当实时时钟每 24 h 快 3 s，则校正因子应该设置为－3000。

(5) I/O 模块参数设置

当用户要对预先分配的信号模块参数进行修改时，可以在 HW Config 窗口中双击相应模块所在的行，弹出相应模块的属性对话框，在此对话框中单击各选项卡可对 I/O 模块参数进行设置。

图 3.34、图 3.35 分别为数字量输出模块 DO32xAC 120 V/1 A 的常规属性和地址属性设置选项卡。在常规属性选项卡中包括该模块的基本信息；在地址属性选项卡中，可以修改模块的首地址。

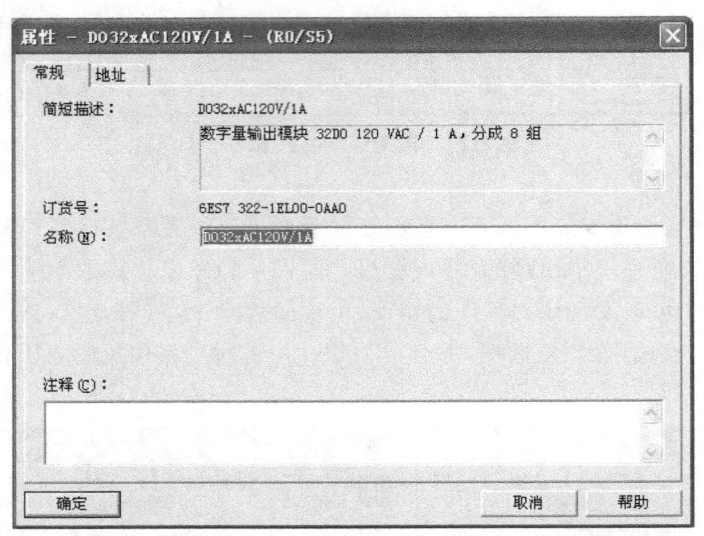

图 3.34 数字量输出模块 DO32xAC 120 V/1 A 常规属性设置选项卡

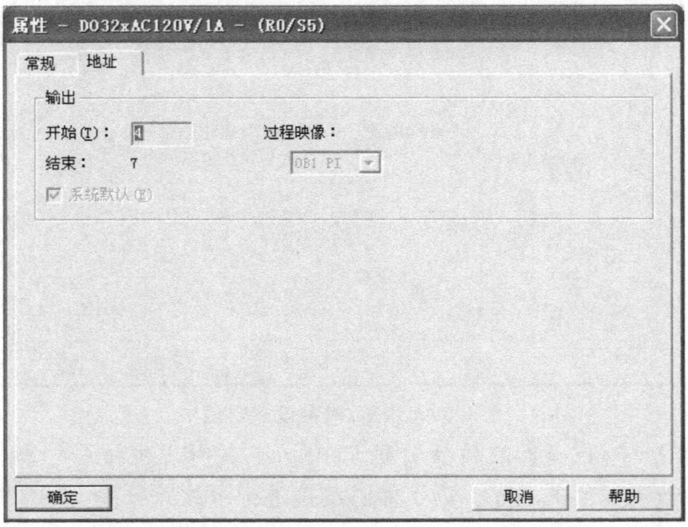

图 3.35 数字量输出模块 DO32xAC 120 V/1 A 地址属性设置选项卡

图 3.36～图 3.39 分别为模拟量输入/输出模块 AI4/AO2 的常规属性、地址属性、输入属性和输出属性设置选项卡。在常规属性选项卡中包括该模块的基本信息;在地址属性选项卡中,可以修改模块的首地址;在输入、输出选项卡中可以选择每一通道测量的类型和测量范围。

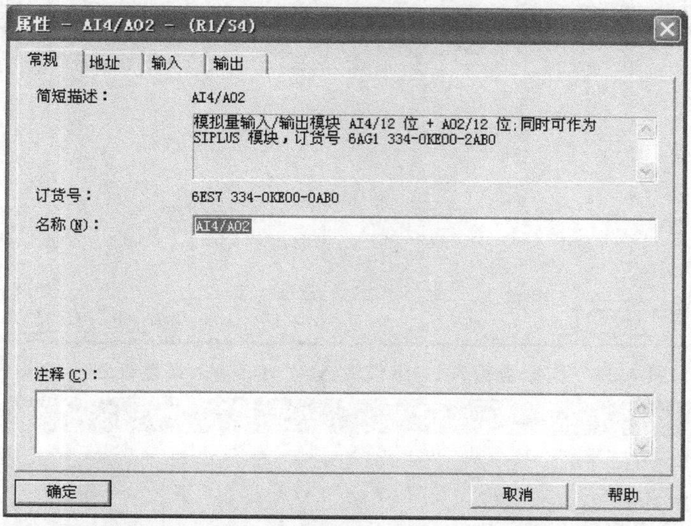

图 3.36　模拟量输入/输出模块 AI4/AO2 常规属性设置选项卡

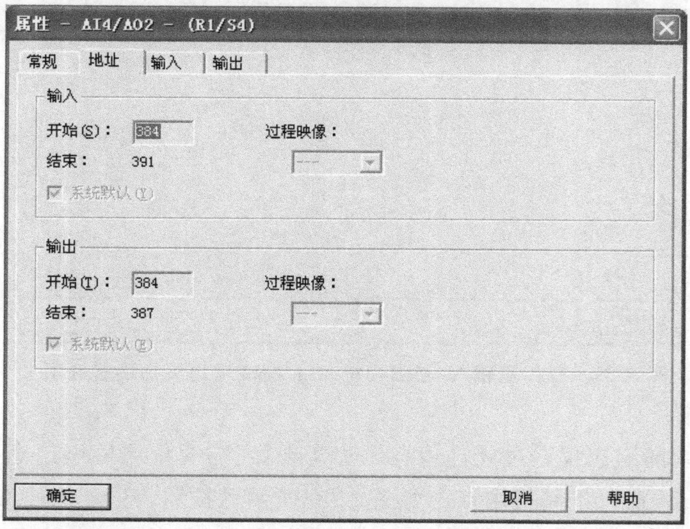

图 3.37　模拟量输入/输出模块 AI4/AO2 地址属性设置选项卡

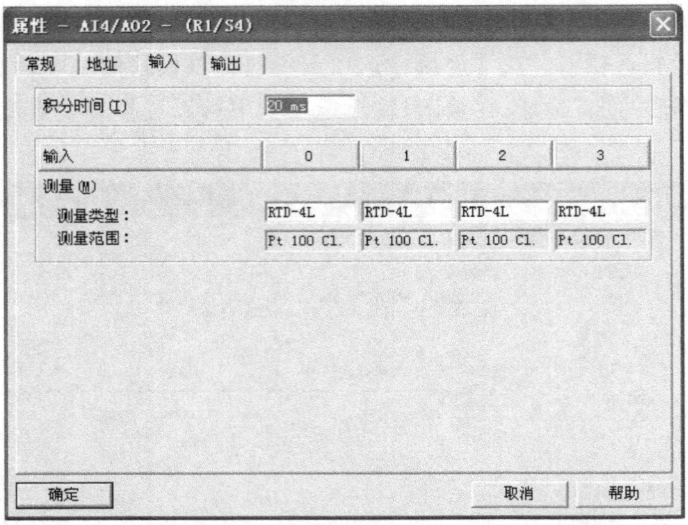

属性 - AI4/AO2 - (R1/S4)
常规 地址 输入 输出
积分时间(I) 20 ms
输入 0 1 2 3
测量(M)
测量类型： RTD-4L RTD-4L RTD-4L RTD-4L
测量范围： Pt 100 Cl. Pt 100 Cl. Pt 100 Cl. Pt 100 Cl.
确定 取消 帮助

图 3.38 模拟量输入/输出模块 AI4/AO2 输入属性设置选项卡

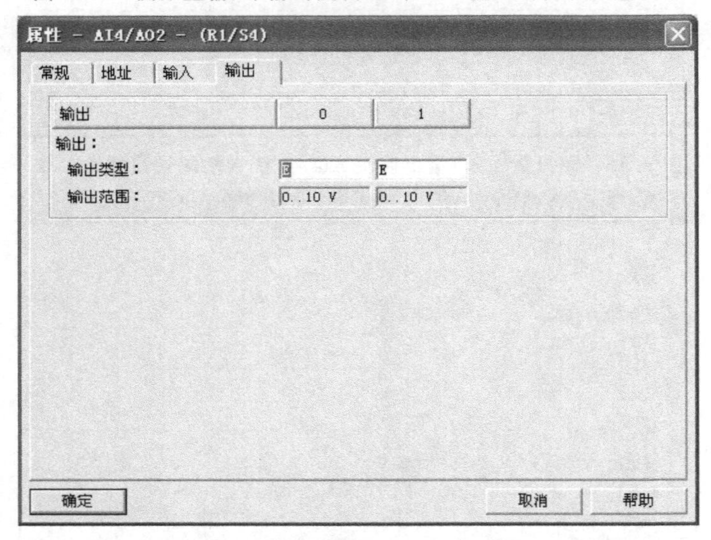

图 3.39 模拟量输入/输出模块 AI4/AO2 输出属性设置选项卡

(6) 网络组态

某些网络系统的组态仅通过硬件组态无法实现，还需要使用网络组态工具 NetPro。在 SIMATIC Manager 窗口工具栏中双击如图 3.40 所示的按钮，打开 NetPro 窗口，如图 3.41 所示。在此界面中，用户可以组态通信网络连接，包括网络连接的参数设置和网络中各个通信设备的参数设置，以及创建和修改链接表。在此可以建立子网和站点、连接站点和子网以及配置网络参数。它可以单独使用也可以与硬件组态配合使用。

图 3.40 组态网络按钮

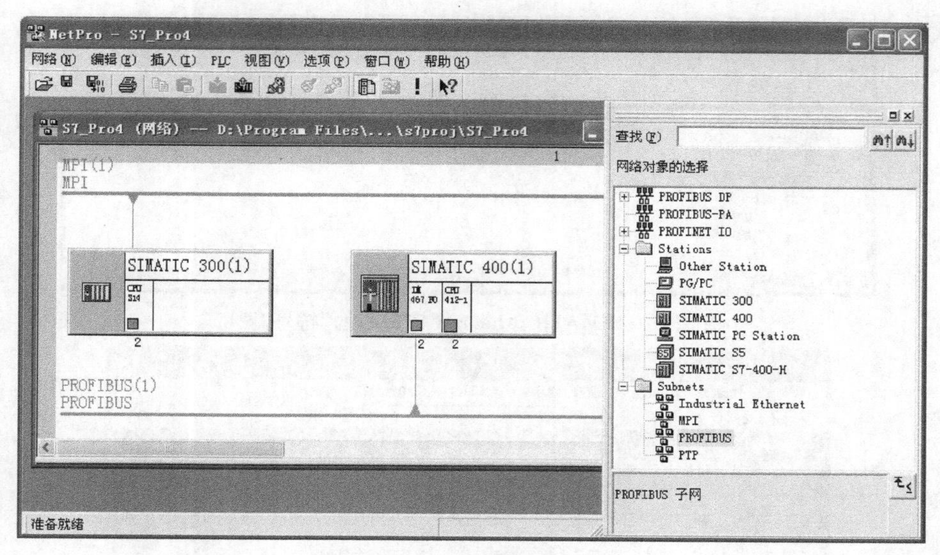

图 3.41　NetPro 窗口

(7) 编译保存

将 PLC 程序中的硬件组态和软件程序等转换为 CPU 机器码的过程称为“编译”。通过编译功能，可以对项目的结构、程序的语法等进行一次全面的检查。在完成硬件组态和参数设置后，可以先对项目的硬件部分进行编译和保存。在 HW Config 窗口和 NetPro 窗口工具栏中都有“保存和编译”按钮，如图 3.42 所示。按下此按钮，完成相应内容的编译和保存。

图 3.42　“保存和编译”按钮

3.2.4　定义符号

在程序中可以用绝对地址访问变量，但是使用符号地址可使程序更容易阅读和理解。例如，用符号“启动”代替绝对地址“I0.0”。

符号地址寻址方式通过符号访问存储单元。当然，使用符号寻址之前，用户必须使用符号编辑器为所需要寻址的存储区编辑符号并保存，只有编辑过的符号才可以在程序中使用。STEP7 定义的符号分全局符号和局部符号两种。

(1) 全局符号

全局符号在符号表中定义，可供程序中所有的块使用。符号表中的符号可以使用汉字。如图 3.43 所示，在 SIMATIC Manager 窗口的项目结构窗口中，选择 S7 程序，在右侧对象窗口中即出现“符号”图标。双击该图标，打开符号编辑器，如图 3.44 所示，在此可编辑全局符号。

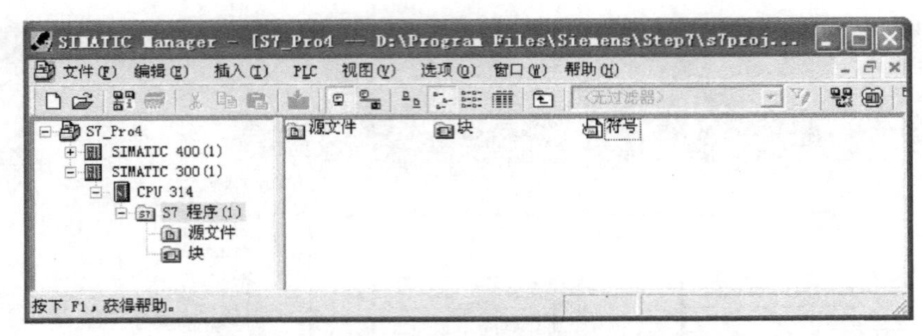

图 3.43　SIMATIC Manager 窗口中的“符号”图标

符号编辑器 - S7 程序(1) (符号)

符号表(S) 编辑(E) 插入(I) 视图(V) 选项(O) 窗口(W) 帮助(H)

S7 程序(1) (符号) -- S7_Pro4\SIMATIC 300(1)\CPU 314

	状态	符号	地址		数据类型	注释
1		电动机M1	Q	4.0	BOOL	
2		启动	I	0.0	BOOL	
3		停止	I	0.1	BOOL	
4						

按下 F1 获取帮助。 NUM

图 3.44　符号编辑器

使用符号编辑器中的菜单命令“符号表”→“导出”，可以导出符号表或导出选择的若干行符号，将它们保存在文本文件中；使用符号编辑器中的菜单命令“符号表”→“导入”，可以将其他应用程序生成的符号表导入当前打开的符号表。

(2) 局部符号

局部符号在程序块中的变量表中定义，定义的对象也只限于本程序块的参数、静态数据和临时数据等，只能在本程序块中有效。局部符号只能使用字母、数字和下划线，不能使用汉字。

3.2.5 创建逻辑块及编程

(1) 逻辑块的组成

逻辑块包括组织块 OB、功能块 FB、功能 FC、系统功能块 SFB 和系统功能 SFC。逻辑块由变量声明表、程序指令和属性组成。

在变量声明表中，用户可以设置变量名称、数据类型、地址和注释等各种参数。在程序指令部分，用户可以用梯形图 LAD、功能块图 FBD、语句表 STL 等编程语言来编写能被 PLC 执行的程序。块属性中可以存放块信息，如块的名称、符号名、作者、版本、由系统输入的时间标记、块所在的路径等。

(2) 选择输入程序的方式

根据生成程序时选用的编程语言，可以用增量输入模式或源代码模式(又称为文本模式、自由编辑模式)输入程序。

① 增量编辑器。

增量编辑器适用于梯形图 LAD、功能块图 FBD、语句表 STL 以及 S7-Graph 等编程语言，适合初学者使用。在增量输入模式中，当每一行或每个元素输入完毕后，增量编辑器立即对其进行语法检查，只有改正指出的错误才能完成当前的输入。通过检查的输入内容自动编译后保存到用户程序中。

在编辑语句之前，必须对所用的符号进行定义。如果没有可供使用的符号，则块将不能完整地进行编译，但是可以保存在计算机中。

② 源代码（文本）编辑器。

源代码（文本）编辑器适用于语句表STL、S7-SCL、S7-HiGraph等编程语言。在源代码编辑器中，用源代码文件的形式生成和编辑用户程序，再将该文件编译成各种程序块。这种编辑方式可以快速输入程序，适合水平较高的程序员使用。

源文件存放在项目中"S7程序"对象下的"源文件"文件夹中，一个源文件可以包含一个块或多个块的程序代码。用文本编辑器、STL和SCL来编程，生成OB、FB、FC、DB以及UDT(用户定义数据类型)的代码或整个用户程序。用户程序所有的块可以包含在一个文本文件中。

编译源文件时，将生成相应的块，并写入用户程序中。在对其进行编译之前，必须定义所有实用的符号。编译必须符合语言的规定语法，在编译过程中编译器将报告错误。只有将源文件编译成程序块后，才能执行语法检查。

(3) 选择编程语言

标准的STEP7软件包配备LAD、FBD、STL三种基本的编程语言。程序没有错误时，可以切换这三种语言。若STL编写的某个程序不能切换为LAD和FBD时，仍用STL表示。此外还有四种可选软件包的编程语言，即S7-SCL、S7-Graph、S7-Higraph和S7-CFC。

(4) 在逻辑块中创建程序

在SIMATIC管理器中用菜单命令"插入"→"S7块"生成逻辑块，也可以用鼠标右键单击管理器中右边的块工作区，在弹出的菜单中选择命令"插入新对象"生成新的块。双击工作区中的某一个块，将进入程序编辑器。如图3.45所示，创建了一个功能块FC1，双击FC1后进入FC1的程序编辑器。

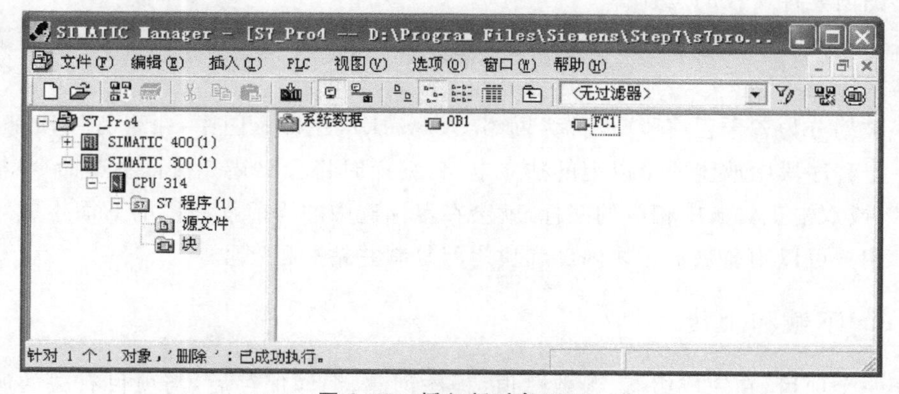

图3.45　插入新对象FC1

图 3.46 所示为 FC1 的程序编辑器。图 3.46 右上部的窗口是变量声明表，用户可以在变量声明表中生成变量和设置变量的各种参数。图 3.46 右下部分的窗口是程序指令代码区，用户在该区域编写能被 PLC 执行的程序。用户可以用梯形图、功能块图或语句表来生成程序。

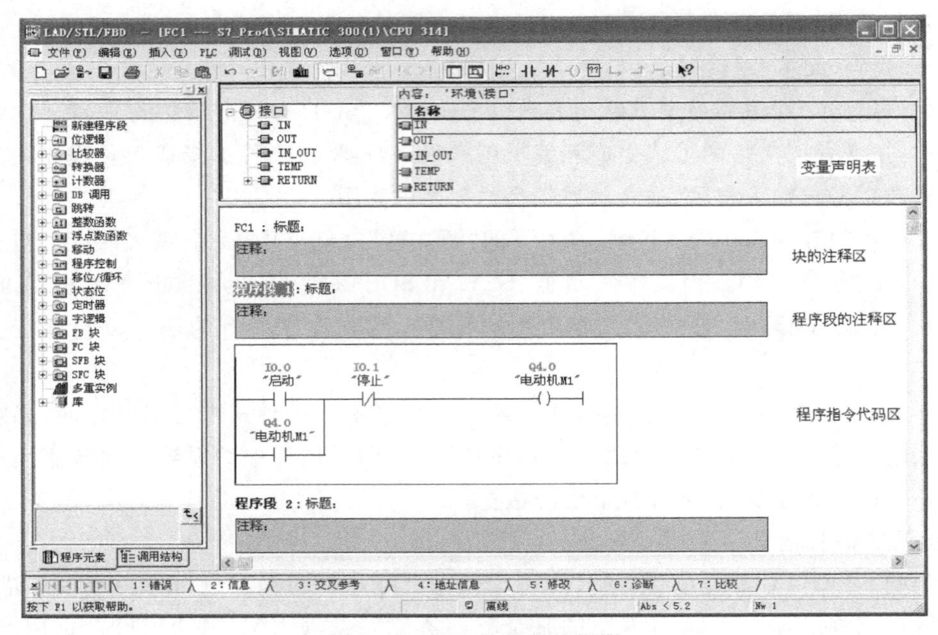

图 3.46 FC1 的程序编辑器

例如，使用梯形图编程，单击工具条上的触点或线圈图标，将在光标所在的位置放置一个触点或线圈。单击触点或线圈上面的红色问号“??.?”，输入绝对地址或符号地址。单击带箭头的转折线，可以生成分支电路或并联电路。

图 3.46 左边的窗口是指令的分类目录，用菜单命令“视图”→“总览”打开或关闭它。需要插入对象的时候，直接在指令分类目录中找到它，用鼠标双击或“拖放”它，就可以将它放置在梯形图内光标所在的位置。

在代码区输入一条语句或一个图形元素后，编辑器立即启动语法检查，发现的错误用红色的斜体字符显示。

程序被划分为若干程序段(也称为网络 Network)，在梯形图中，每个程序段都有编号。如果在一个程序段中放置两个以上的独立电路，编译时将会出错。执行菜单命令“插入”→“程序段”，或双击工具条中相应的图标，就会在鼠标选中的当前程序段的下面生成一个新的程序段。用户可以用剪贴板在块内部和块之间复制并粘贴程序段。

3.2.6 下载和上传

对于一个项目，在完成组态、参数赋值、程序创建、编译保存后，与项目有关的所有信息都保存在计算机上，计算机和 PLC 建立在线连接后，可以将整个系统数据(包括硬件组态、网络组态、用户程序等)或个别块下载到 PLC 中。

(1) 下载的准备工作

① 下载之前计算机与 CPU 之间必须建立连接，编程软件可以访问 PLC。

② 要下载的程序已编译好。

③ CPU 处在允许下载的工作模式(STOP 或 RUN-P)。

④ 下载用户程序之前应将 CPU 中的用户存储器复位，以保证 CPU 内没有旧的程序。可以用模式选择开关复位，也可以执行菜单命令“PLC”→“诊断/设置”→“工作模式”，使 CPU 进入 STOP 模式，再执行菜单命令“PLC”→“诊断/设置”→“清除/复位”复位存储器。

(2) 下载的方法

① 在离线模式的 SMATIC 管理器窗口中下载。

可以下载整个站，或是在管理器左边的目录窗口或块工作区中选择需要下载的块，用菜单命令“PLC”→“下载”将被选择的块下载到 CPU。也可以用工具条上的“下载”按钮完成下载。“下载”按钮如图 3.47 所示。

图 3.47　“下载”按钮

② 在离线模式的其他窗口下载。

对块编程或组态硬件、组态网络时，可以在当前窗口，用菜单命令“PLC”→“下载”或工具条上的“下载”按钮完成对当前编辑对象的下载。

③ 在线模式下载。

打开一个在线窗口查看 PLC，这时在“窗口”菜单中可以看到有一个在线的管理器，还有一个离线的管理器，可以用剪贴板赋值离线窗口中需要下载的块，然后将它粘贴到在线窗口中。可以一次下载所有的块，也可以只下载部分块。

(3) 上传程序

在 STEP7 中生成一个空项目，执行菜单“PLC”→“将站点上传到 PG”命令，单击弹出的“选择节点地址”对话框中的“视图”按钮，将会显示 MPI 网络中可以访问的站点。选中要上传的站点，单击“确定”按钮，开始上传站点的系统数据和块。上传的内容被保存在打开的项目中，该项目原来的内容将被覆盖。

打开在线窗口后，选中某些块，执行菜单“PLC”→“上传到 PG”命令，在离线窗口将会看到上传的块。

3.2.7　在线调试

系统调试的基本步骤如下：

① 硬件调试。

可以用变量表来测试硬件，通过观察 CPU 模块上的故障指示灯，或使用 STEP7 的 SIMATIC Manager 窗口菜单“PLC”→“诊断/设置”下的“硬件诊断”等故障诊断工具来诊断故障。

② 下载用户程序。

下载程序之前应将 CPU 的存储器复位，将 CPU 切换到 STOP 模式，下载用户程序时应同时下载硬件组态数据。

③ 排除停机错误。

启动时程序中的错误可能导致 CPU 停机，这时可以使用 SIMATIC Manager 窗口菜单“PLC”→“诊断/设置”下的“模块信息”工具诊断和排除编程错误。

④ 调试用户程序。

通过执行用户程序来检查系统的功能，可以在组织块 OB1 中逐一调用各程序块，一步一步地调试程序。在调试时应记录对程序的修改。调试结束后，保存调试好的程序。

常用的调试程序的方法有用程序状态功能调试和用变量表调试。

(1) 用程序状态功能调试

程序中的逻辑错误往往需要通过对程序的跟踪调试来查找，STEP7 提供了对程序状态检测和调试的功能。将经过编译的程序下载到 CPU，将 CPU 切换到 RUN 或 RUN-P 模式，打开逻辑块，单击工具条上如图 3.48 所示的“监视(开/关)”按钮，进入监控状态。

图 3.48 “监视(开/关)”按钮

图 3.49 所示为用梯形图程序的状态功能调试界面。图中绿色连线表示状态满足，即有“能流”流过；蓝色点状线表示状态不满足，没有能流流过；状态未知时为黑色实线。当然，线的类型和颜色可以在程序编辑界面，执行菜单命令“选项”→“自定义”，打开“自定义”对话框进行更改。

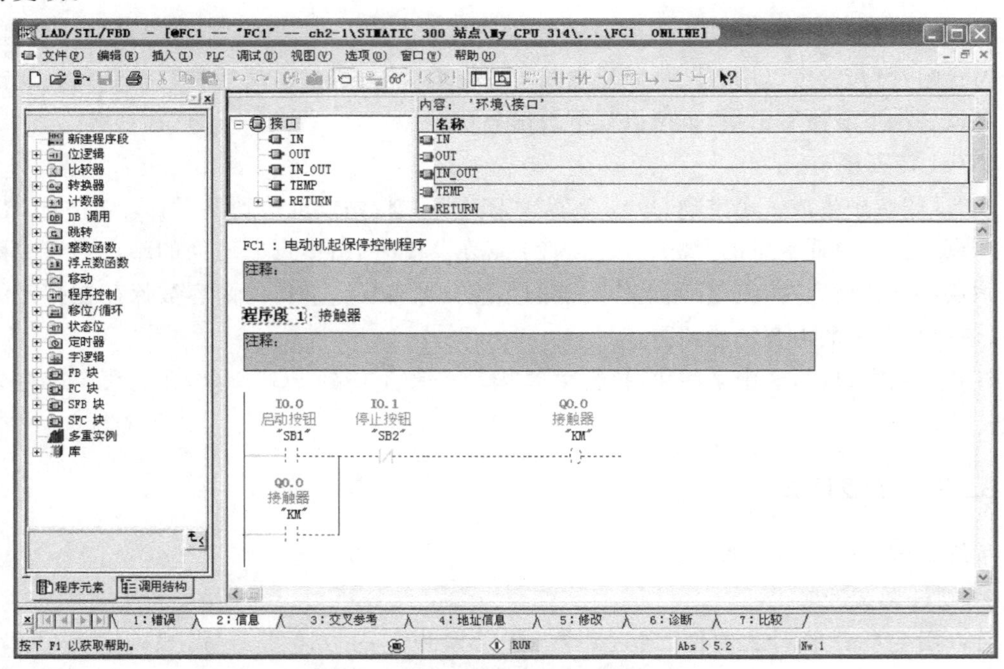

图 3.49 用梯形图程序的状态功能调试

图 3.50、图 3.51 分别为图 3.49 所示的程序用语句表程序状态功能和用功能块图程序状态功能调试的界面。在语句表编辑器中，右边窗口显示每条指令执行后的逻辑运算结果(RLO)、状态位(STA)、累加器 1 (STANDARD)、累加器 2(ACCU 2)和状态字(STATUS)等内容。

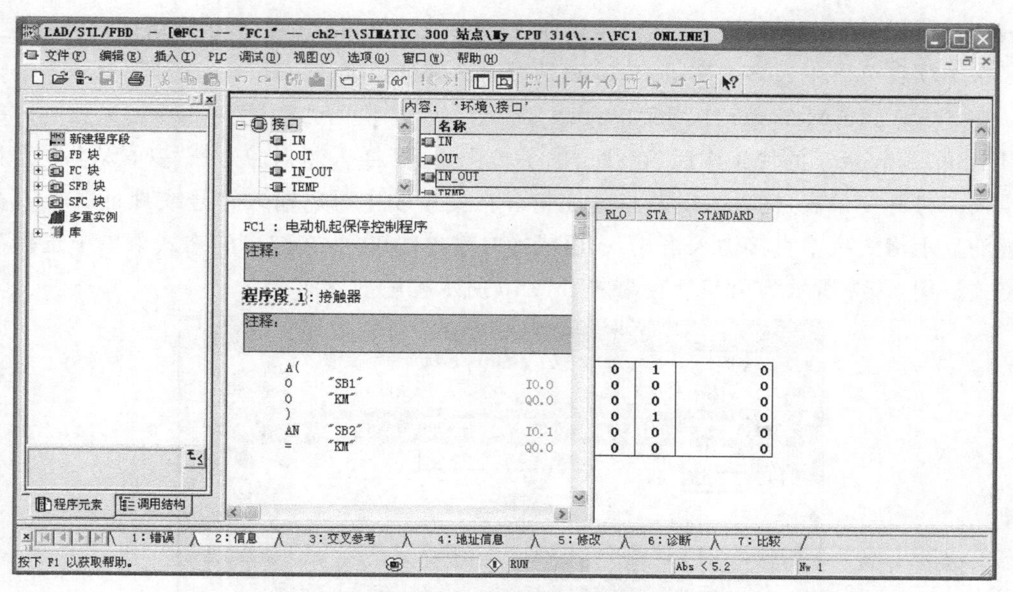

图 3.50　用语句表程序状态功能调试

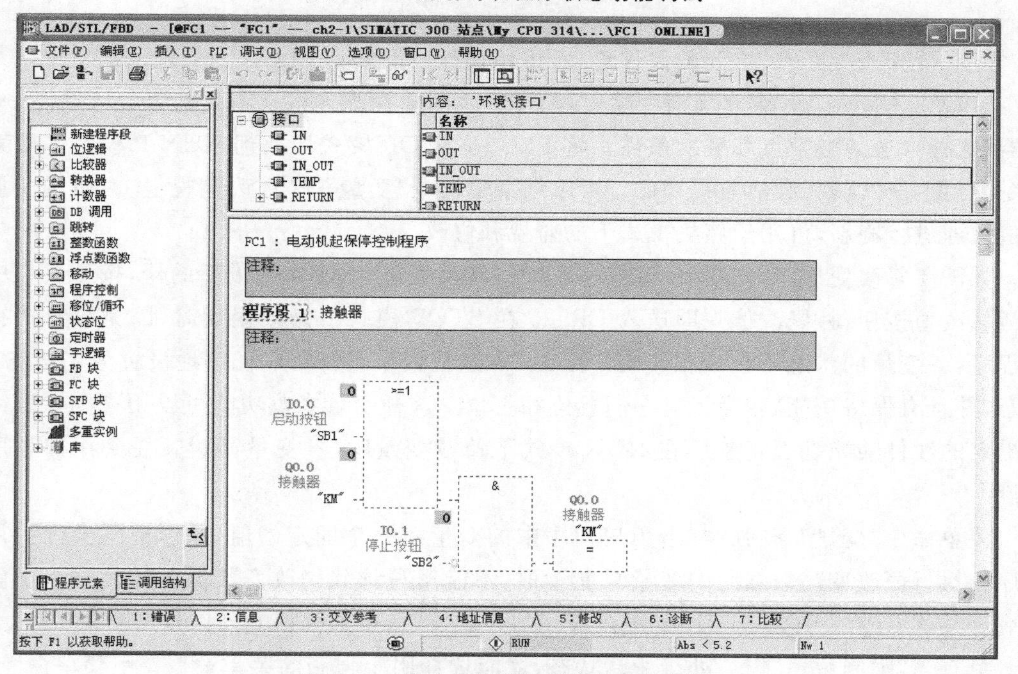

图 3.51　用功能块图程序状态功能调试

(2) 用变量表调试

用程序状态功能调试程序，在梯形图、功能块图或语句表程序编辑器中可以形象直观地监视程序的执行情况，找出程序设计中存在的问题。但是程序状态功能只能在屏幕上显示一小块程序，在调试较大的程序时，往往不能同时显示和调试某一部分程序所需的全部变量。用变量表调试可以有效地解决上述问题。

使用变量表可以在一个画面中同时监视、修改和强制用户感兴趣的全部变量。运用变量表还可以对外设输出赋值,定义变量被监视或赋予新值的触发点和触发条件。

一个项目可以生成多个变量表,以满足不同的调试要求。

在 SIMATIC Manager 中用菜单命令“插入”→“S7 块”→“变量表”,或用鼠标右键单击 SIMATIC Manager 的块工作区,在弹出的菜单中选择“插入新对象”→“变量表”生成新的变量表。打开变量表,输入需要监视的变量。在变量表中可以输入符号或地址。可以在变量表的显示格式栏中直接输入格式,或用鼠标右键单击该列,在弹出的格式菜单中选择需要的格式。图 3.52 所示为用变量表调试图 3.49 所示程序的界面。

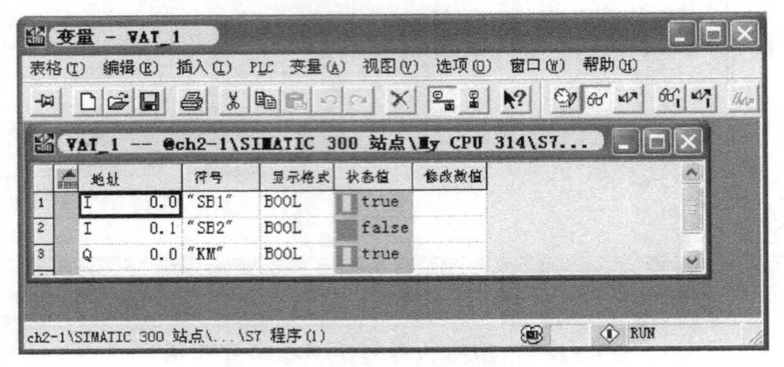

图 3.52　用变量表调试

建立计算机与 CPU 之间的硬件连接,将用户程序下载到 PLC。在变量表窗口中用菜单命令“PLC”→“连接到”建立当前变量表与 CPU 之间的在线连接。用菜单命令“变量”→“触发器”选择合适的触发点和触发条件。将 PLC 由 STOP 模式切换到 RUN-P 模式。用菜单命令“变量”→“监视”激活监视功能。可以用菜单命令“变量”→“更改监视值”对所选变量的数值立即进行刷新,可用于停机模式下的监视和修改。

如需要修改变量,首先在要修改的变量的“修改数值”栏输入变量新的值,按工具栏中的激活修改值按钮,将修改值立即送入 CPU。在 STOP 模式下修改变量时,因为没有执行用户程序,各变量的状态不会互相影响。I、Q、M 这些数字量都可以任意地设置为 1 状态或 0 状态,并且有保持功能,相当于对它们置位和复位。这种变量修改功能可以用来测试数字量输出点的硬件功能是否正常。在 RUN 模式下修改变量时,各变量同时又受到用户程序的控制。

菜单命令“变量”→“强制”给用户程序中的变量赋一个固定的值,这个值不会因为用户程序的执行而改变。被强制的变量只能读取,不能用写访问来改变其强制值。这一功能只能用于某些 CPU。强制功能用于用户程序的调试,例如用来模拟输入信号的变化。

只有当“强制数值”窗口处于激活状态,才能选择用于强制的菜单命令。用菜单命令“变量”→“显示强制值”打开该窗口,被强制的变量和它们的强制值都显示在窗口中。使用“强制”功能时,不正确的操作可能会危及人员的生命安全。强制作业只能用菜单命令“变量”→“停止强制”来删除或终止。关闭强制数值窗口或退出“监视和修改变量”应用程序并不能删除强制作业,强制功能不能用菜单命令“编辑”→“撤销”取消。

如果用菜单命令“变量”→“启用外设输出”解除输出的封锁,所有被强制的输出模块输出它们的强制值。

3.2.8　打印和归档

系统调试完成后，为防止因干扰、锂电池变化等原因使 RAM 中的用户程序丢失，可以将程序保存起来，也可以用打印机将梯形图、指令表等用户程序打印出来，连同其他技术文件一起存档。

(1) 打印项目文档

可以从 SIMATIC Manager 中直接打印项目内容，也可以打开相关对象进行打印。打印时，打开相应的对象，在相应的程序窗口中执行菜单命令“文件”→“打印”，根据弹出的对话框进行打印范围、打印份数等参数设置，然后单击“打印”即可。

通过 SIMATIC Manager 可以直接打印的内容有项目/库结构、对象列表、对象内容和消息等。通过打开相关项目可以打印项目的部分内容，如以梯形图、语句表或功能块图等语言表示的块、符号表、变量表、组态表和模块参数，诊断缓冲区的内容、参考数据、用户文本和文本库等。

(2) 项目归档

项目归档的目的是把整个项目的文档压缩到一个文件中，以方便备份和转移。

在 STEP7 的安装文件夹\Step7\S7bin 中，有 ARJ 和 PKZIP 文件，它们是归档程序。安装后即可进行项目归档操作。

打开 STEP7，在 SIMATIC Manager 中执行菜单命令“文件”→“归档”，弹出如图 3.53 所示的对话框。单击“浏览”按钮，可设置归档路径。选择需要压缩的项目名称，单击“确定”按钮完成归档。

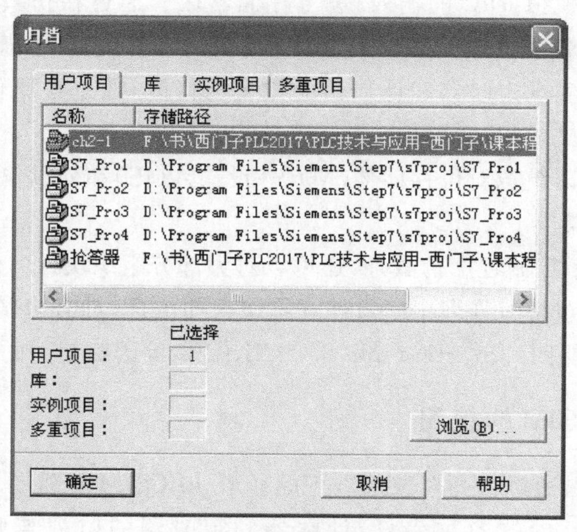

图 3.53　“归档”对话框

在 SIMATIC Manager 中执行菜单命令“文件”→“重新获取”，可解压已压缩的文件。

3.3 S7-PLCSIM 仿真软件

西门子仿真软件 S7-PLCSIM 是 STEP7 的可选软件包，它与 STEP7 编程软件集成在一起，用于在计算机上模拟 S7-300 和 S7-400 的程序执行过程，可以在开发阶段发现和排除错误，提高用户程序的质量、降低试车的费用。

如果有效安装了 S7-PLCSIM，则在 SIMATIC Manager 窗口工具栏的“打开/关闭仿真器”按钮显示为有效状态，否则显示为失效状态。“打开/关闭仿真器”按钮如图 3.54 所示。

图 3.54 “打开/关闭仿真器”按钮

3.3.1 S7-PLCSIM 的主要功能

S7-PLCSIM 可以在计算机上对 S7-300/400 PLC 的用户程序进行离线仿真与调试，因为 S7-PLCSIM 与 STEP7 是集成在一起的，仿真时计算机不需要连接任何 PLC 的硬件。

S7-PLCSIM 提供了用于监视和修改程序时使用的各种参数的简单的接口，例如使输入变量变为 ON 或 OFF。和实际 PLC 一样，在运行仿真 PLC 时可以使用变量表和程序状态等方法来监视和修改变量。

S7-PLCSIM 可以模拟 PLC 的输入/输出存储器区。通过在仿真窗口中改变输入变量的 ON/OFF 状态来控制程序的运行，通过观察有关输出变量的状态来监视程序运行的结果。S7-PLCSIM 可以实现定时器和计数器的监视与修改，通过程序使定时器自动运行，或者手动对定时器复位。

S7-PLCSIM 还可以模拟对位存储器(M)、外设输入(PI)和外设输出(PQ)以及存储在数据块中的数据的读写操作。

除了可以对数字量控制程序仿真外，还可以对大部分组织块(OB)、系统功能块(SFB)和系统功能(SFC)仿真，包括对许多中断事件和错误事件仿真，对语句表、梯形图、功能块图和用 S7-Graph (顺序功能图)、S7-HiGraph、S7-SCL、CFC 等语言编写的程序进行仿真。

3.3.2 S7-PLCSIM 的使用

用户程序的调试是通过视图对象来进行的。S7-PLCSIM 提供了多种视图对象，用它们可以实现对仿真 PLC 内的各种变量、计数器和定时器的监视与修改。对在 SIMATIC Manager 中已生成的项目，编写好用户程序，用 PLCSIM 调试程序的步骤如下：

① 单击 SIMATIC Manager 窗口工具栏的“打开/关闭仿真器” 按钮，或执行菜单命令“选项”→“模块仿真”打开“ S7-PLCSIM”窗口，如图 3.55 所示。窗口中出现 CPU 视图对象，同时自动建立了 STEP7 与仿真 CPU 的连接。此时仿真 PLC 的电源处于接通状态，

CPU 处于 STOP 模式。

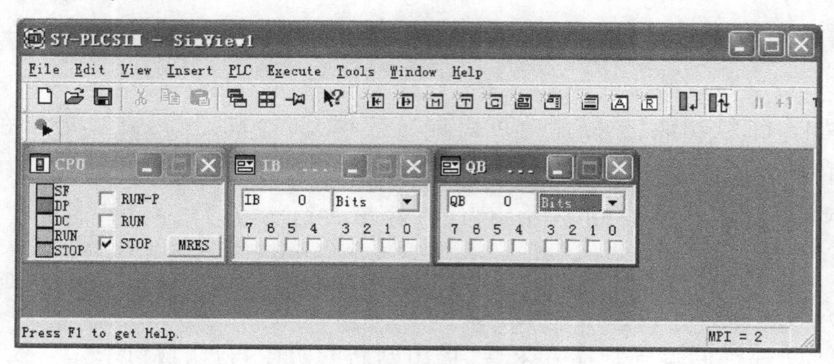

图 3.55　"S7-PLCSIM"窗口

② 在 SIMATIC 管理器中打开要仿真的用户项目，选中"块"对象，单击工具条中的"下载"按钮，或执行菜单命令"PLC"→"下载"，将所有的块下载到仿真 PLC 中。

③ 在 S7-PLCSIM 窗口工具条中单击如图 3.56 所示的"插入视图对象"按钮，创建输入变量 I、输出变量 Q、位存储器 M、定时器和计数器等的视图对象。视图对象也可以通过执行菜单命令"Insert"→"Input Variable"等来创建。输入和输出变量一般以字节中的位的形式显示，也可以根据需要选择二进制、十进制、十六进制、字符、字符串、日期等其他数据格式。

图 3.56　"插入视图对象"按钮

④ 用视图对象来模拟实际 PLC 的输入/输出信号，用它来产生 PLC 的输入信号，或通过它来观察 PLC 的输出信号和内部元件的变化情况，检查下载的用户程序是否能正确执行。

图 3.57 为图 3.49 所示的梯形图在仿真器中的调试界面。在 CPU 视图对象中单击 RUN，再在输入变量 IB 视图对象中用鼠标单击接通 I0.0，则 Q0.0 状态显示为接通。依此方法，继续操作输入变量 IB0 的其他位，观察 QB0 的变化情况，可完成程序调试。

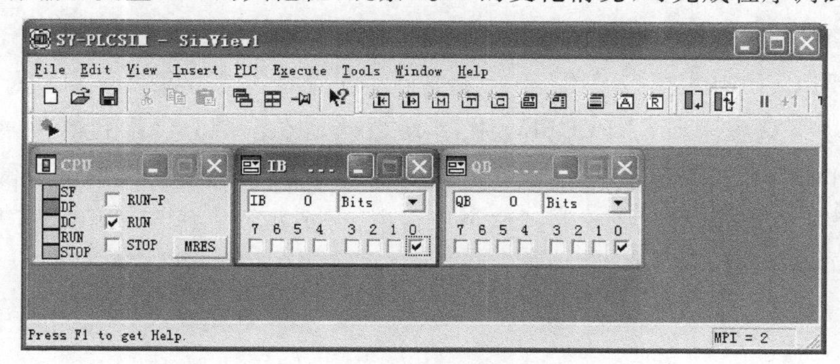

图 3.57　用 S7-PLCSIM 调试程序

3.3.3　S7-PLCSIM 与真实 PLC 的区别

S7-PLCSIM 为用户提供了方便、强大的模拟功能。与真实 PLC 相比，它的灵活性更强，提供了许多硬件 PLC 无法实现的功能，但在工作现场软件毕竟无法取代真实的硬件。用户在使用时需要了解它与真实 PLC 系统的差别。S7-PLCSIM 的下列功能在实际 PLC 上无法实现：

① 程序暂停/继续功能：暂停命令可以停止模拟 CPU 的运行，并且可以在暂停的指令处恢复程序执行。

② 程序执行周期：在模拟 CPU 中，可以选择单次扫描或连续扫描，而真实 CPU 没有单次扫描功能。

③ 立即响应：当操作对象的参数变化时，在模拟 CPU 中的存储器内容立即被修改，而不必像硬件 CPU 那样需要等到输入采样、输出刷新的阶段再进行修改。

④ 操作模式：模拟 CPU 和真实 CPU 都有 STOP、RUN 和 RUN-P 的模式，但模拟 CPU 在 STOP 模式下输出状态不发生变化。

⑤ 定时器操作：在模拟 CPU 中，允许定时器自动运行，允许手动输入定时值，可以对各个定时器进行单独复位或一起复位。

⑥ 手动触发中断组织块：在模拟 CPU 中，可以手动触发中断组织块 OB40～OB47、OB70、OB72、OB73、OB80、OB82、OB85、OB86。

⑦ 过程映像和外部存储器：在模拟 CPU 中，当对过程输入值做出改变时，S7-PLCSIM 立即将其复制到外部存储器中。下次扫描开始，外部输入值被写入过程映像寄存器，所考虑的变化不会丢失。同样地，当对过程输出值做出改变时，变化值会立即写入外部输出存储器。

⑧ 诊断缓冲区：S7-PLCSIM 不支持写到诊断缓冲区中的所有错误信息，如 CPU 的电池错误等。但 S7-PLCSIM 可以模拟大多数编程错误和 I/O 错误。

⑨ 转换操作方式：当从 RUN 模式变为 STOP 模式时，I/O 不会进入安全状态。

⑩ 不支持功能模块、通信、PID 程序的仿真。

⑪ 支持 4 个累加器模拟。

⑫ I/O：真实的 S7-300 系列 PLC 的 I/O 是自动配置的，一旦模块插入机架，CPU 自动识别。在 S7-PLCSIM 中，模拟 CPU 不能复制自动配置特性。如果要从自动配置了 I/O 的 S7-300 CPU 中下载程序到 S7-PLCSIM 中，系统数据是不包括 I/O 配置的。如果在 S7-300 的程序中使用 S7-PLCSIM，为了使 CPU 识别可支持的 I/O 模块，首先要下载硬件配置。即先要创建一个项目，将硬件配置复制到这个项目中，再将其下载到 S7-PLCSIM 中，之后才能下载程序块到 S7-PLCSIM 中。

3.4　实例分析:三相异步电动机正反转控制

3.4.1　实例说明

三相异步电动机正反转控制

图 3.58 所示为一个控制三相交流异步电动机正反转的继电-接触器控制电气原理图。按下正转启动按钮 SB2,接触器 KM1 吸合自锁,电动机正转。按下停止按钮 SB1,KM1 断电释放,电动机停止。按下反转启动按钮 SB3,接触器 KM2 吸合自锁,电动机反转。按下停止按钮 SB1,KM2 断电释放,电动机停止。

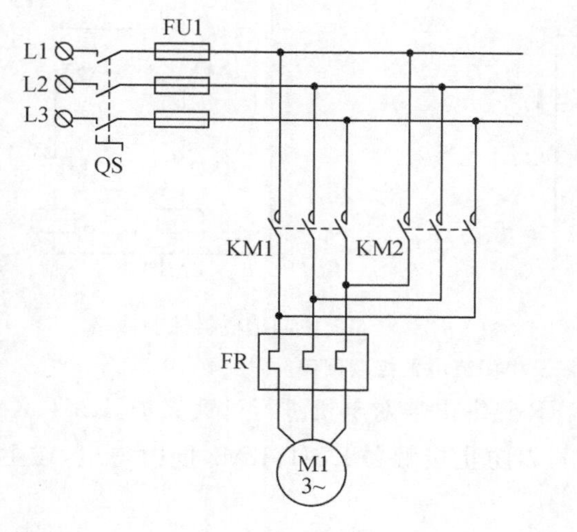

(a) 主电路

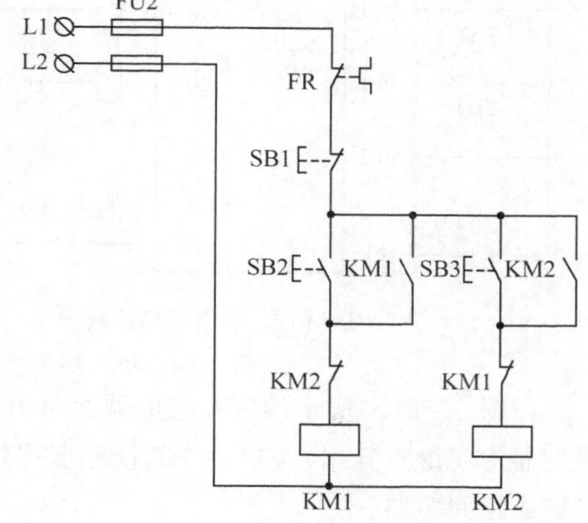

(b) 控制电路

图 3.58　控制三相交流异步电动机正反转的继电-接触器控制电气原理图

现将其改成 S7-300 PLC 控制,使用模块如图 3.59 所示,包括 PS307 2A(307-1BA00-0AA0)、CPU315-2DP(315-2AF02-0AB0)、DI16×DC 24 V(321-1BH02-0AA0)、DO16×DC 24 V/0.5 A(322-1BH01-0AA0)四个模块。

图 3.59　S7-300 模块

3.4.2　PLC 电气接线

PLC 输入/输出端口配置见表 3.2。PLC 端子接线及中间继电器控制回路如图 3.60

所示。由于输出模块额定电压为 24 V，所以需要用 PLC 控制中间继电器，再通过中间继电器回路控制线圈额定电压为 380 V 的正反转接触器。PLC 控制系统电动机的主电路与图 3.58(a)所示的继电-接触器控制系统的主电路相同。

表 3.2 输入/输出端口配置

输入设备	输入端口编号	输出设备	输出端口编号
停止按钮 SB1	I0.0	正转继电器 KA1	Q0.0
正转启动按钮 SB2	I0.1	反转继电器 KA2	Q0.1
反转启动按钮 SB3	I0.2	—	—

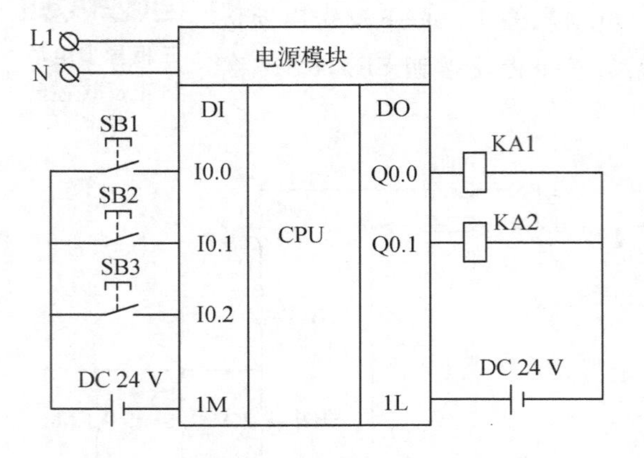

(a) PLC 输入/输出端口接线图

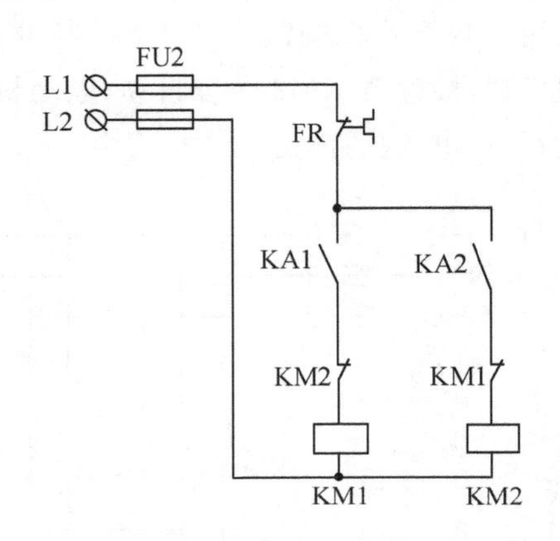

(b) 中间继电器控制回路

图 3.60 PLC 端子接线及中间继电器控制回路

在图 3.60(b)所示的中间继电器回路中，FR 热继电器对电机进行过载保护，KM1、KM2 接触器常闭触点互串，实现硬件的接触器连锁，以防止接触器 KM1、KM2 同时得电，在主电路造成相间短路。

3.4.3 使用 STEP7 编程实现电动机正反转控制

软件方面，通过用 STEP7 组态、编程实现，下面给出新建项目、硬件组态、编辑符号表、编程及用 S7-PLCSIM 仿真调试的具体步骤。

(1) 新建项目

① 双击桌面图标 STEP7，弹出如图 3.61 所示的 STEP7“新建项目”向导。

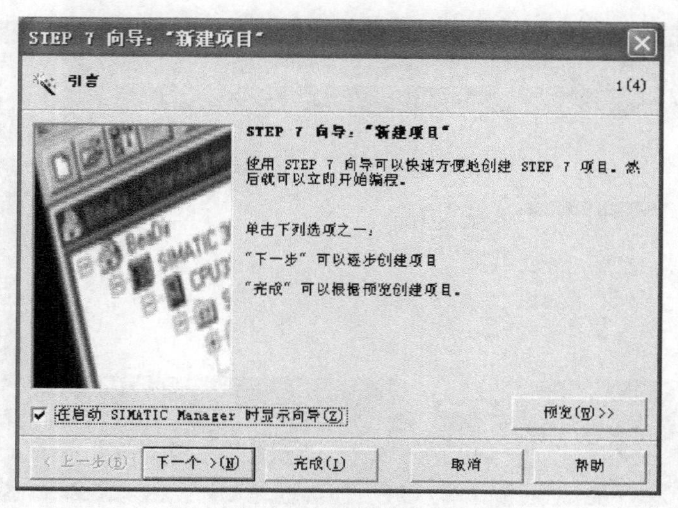

图 3.61　STEP7"新建项目"向导

② 单击图 3.61 中的"取消"按钮，在 SIMATIC Manager 窗口中执行菜单命令"文件"→"新建"，弹出如图 3.62 所示的"新建项目"对话框。

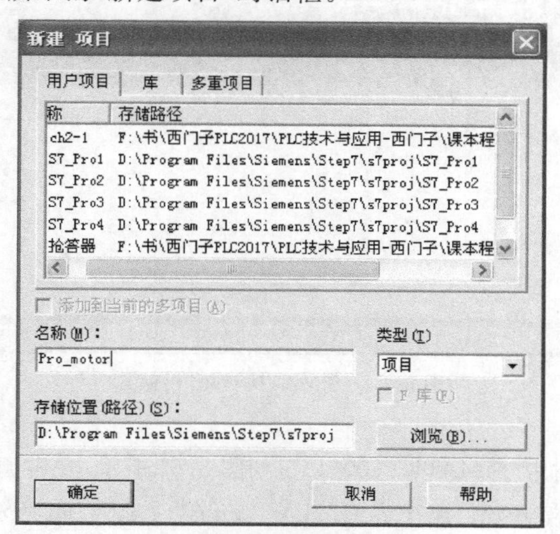

图 3.62　"新建项目"对话框

③ 在图 3.62 所示的对话框中输入项目名称"Pro_motor"，设置保存路径后单击"确定"按钮。在 SIMATIC Manager 窗口中出现项目"Pro_motor"。

④ 如图 3.63 所示，选中新建的项目，单击鼠标右键，单击"插入新对象"→"STMATIC 300 站点"菜单命令，于是在右侧的对象窗口中出现如图 3.64 所示的 SIMATIC 300(1)站点。

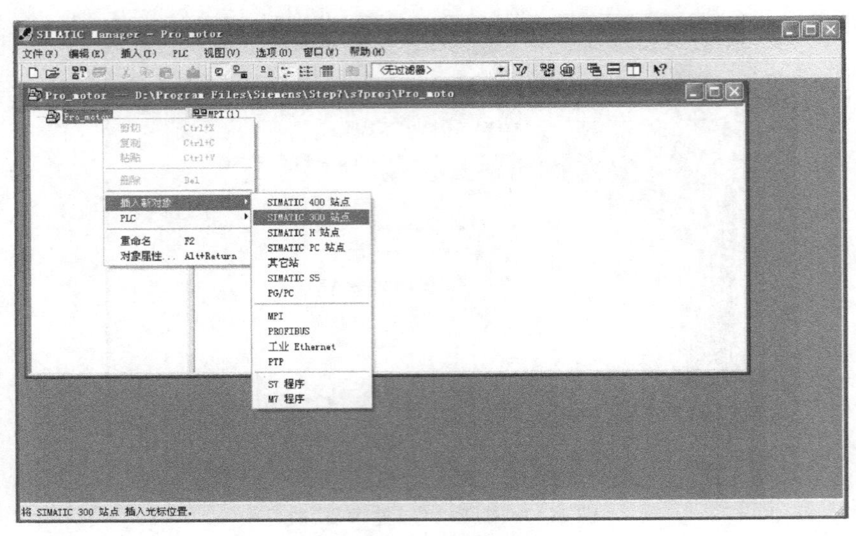

图 3.63 插入新对象

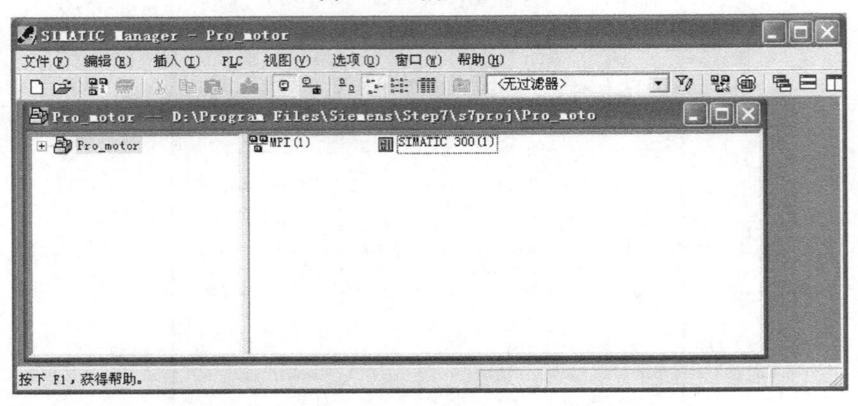

图 3.64 SIMATIC 300(1)站点

(2) 硬件组态

① 单击左侧项目树中“SIMATIC 300(1)”，如图 3.65 所示，在右侧对象窗口中出现“硬件”图标，双击“硬件”图标，打开硬件组态界面“HW Config”，如图 3.66 所示。

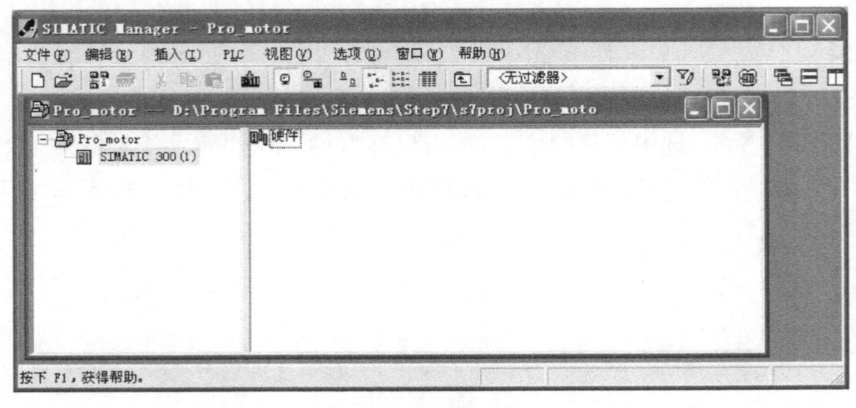

图 3.65 “硬件”图标

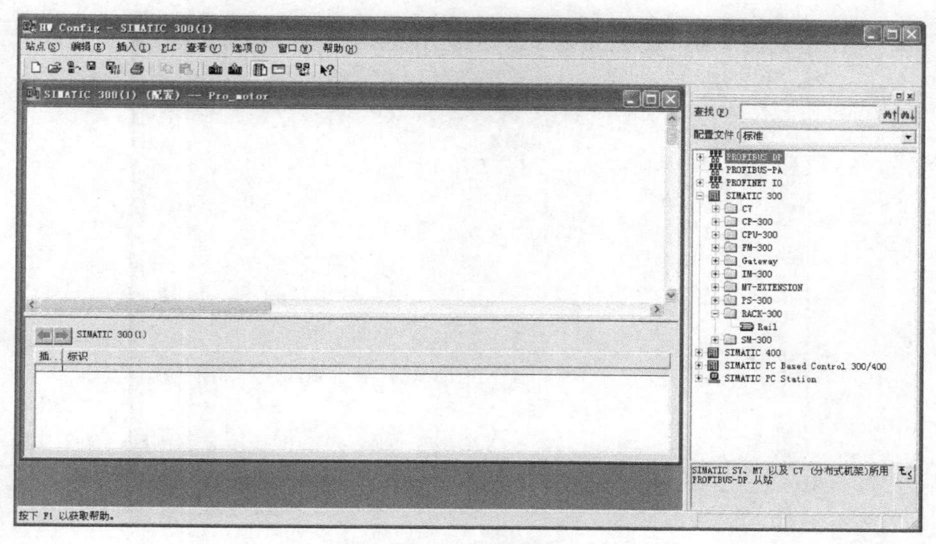

图 3.66　硬件组态界面

② 在“HW Config”界面中，先放置机架，如图 3.67 所示。

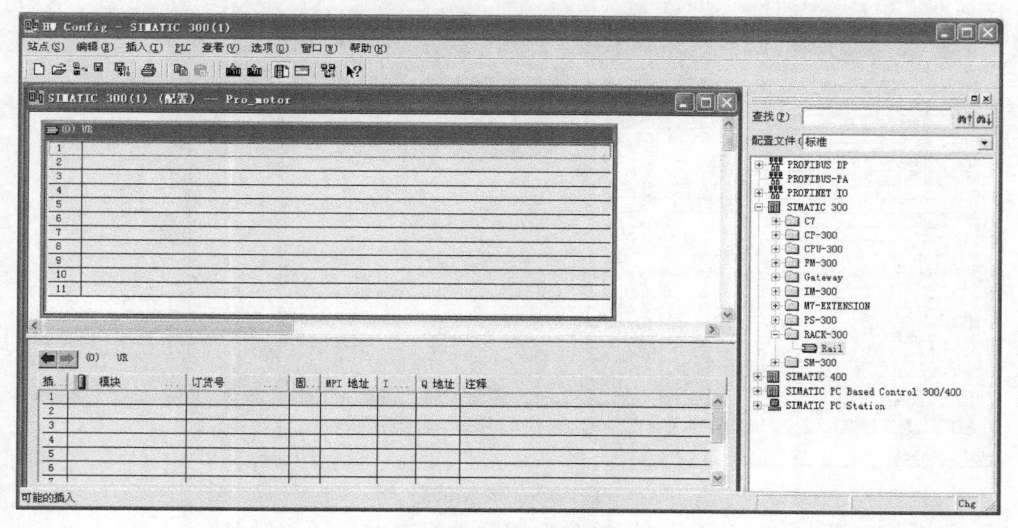

图 3.67　放置机架

③ 在机架的 1 号槽位放入电源模块，2 号槽位放入 CPU 模块，4 号槽位放入 DI 模块，5 号槽位放入 DO 模块。由于 DO 模块的默认首地址不是从 0 字节开始，所以可以双击它，通过弹出的如图 3.68 所示的对话框进行修改。修改完成后硬件组态如图 3.69 所示。

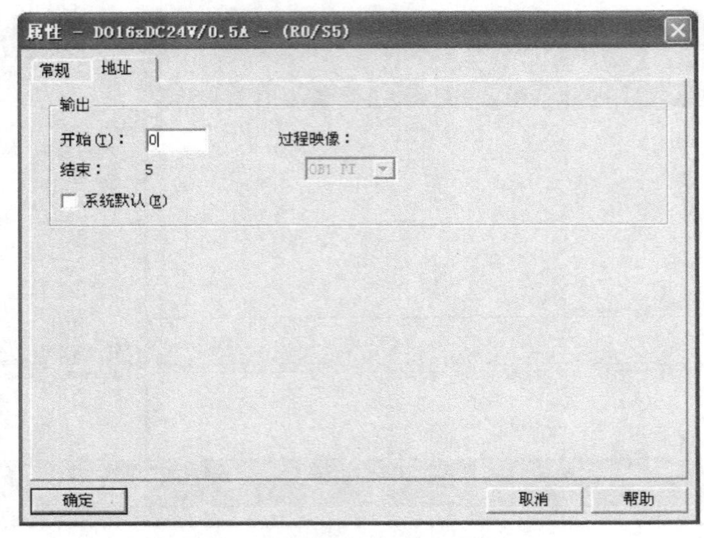

图 3.68　修改输出模块首地址

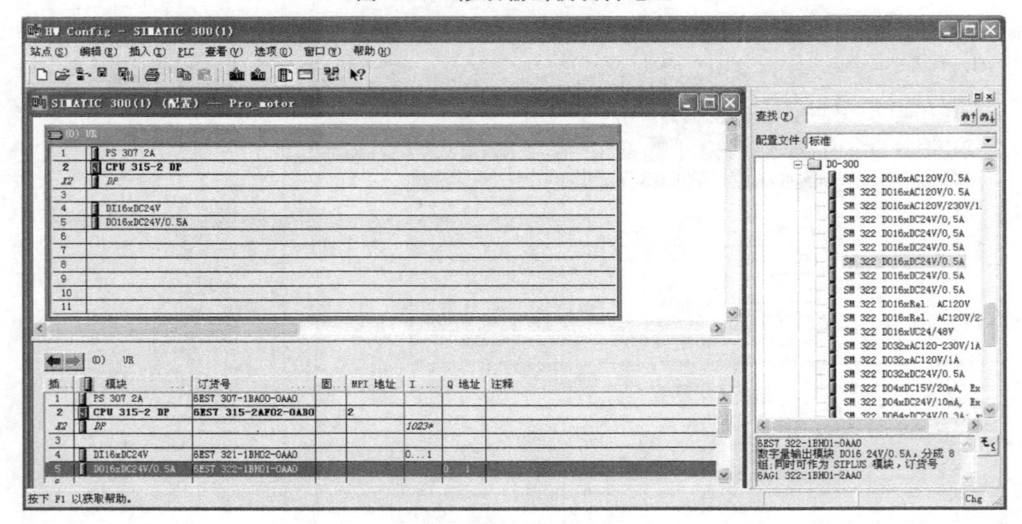

图 3.69　硬件组态

④ 单击工具栏中“保存和编译”按钮，完成硬件组态的编译和保存。

(3) 编辑符号表

如图 3.70 所示，在左侧项目树中单击“S7 程序(1)”，右侧对象窗口中出现“符号”图标。双击“符号”图标，打开符号编辑器。在符号编辑器中输入符号、地址，如图 3.71 所示。

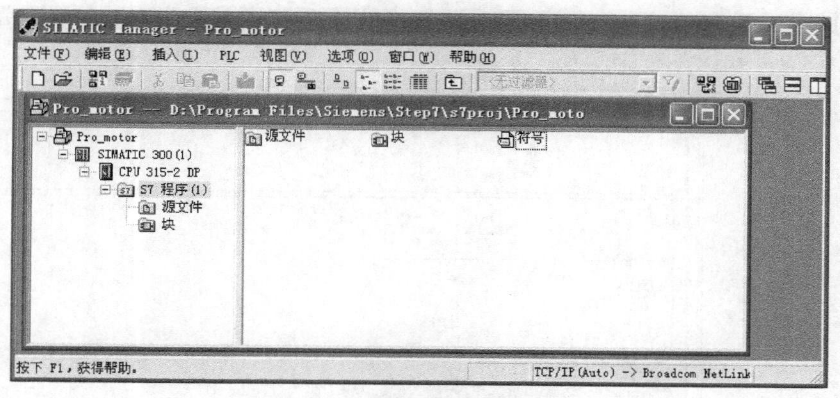

图 3.70 “符号”图标

符号编辑器 - S7 程序(1) (符号)

符号表(S) 编辑(E) 插入(I) 视图(V) 选项(O) 窗口(W) 帮助(H)

全部符号

S7 程序(1) (符号) -- Pro_motor\SIMATIC 300(1)\CPU 315-2 DP

	状态	符号	地址		数据类型	注释
1		SB1	I	0.0	BOOL	
2		SB2	I	0.1	BOOL	
3		SB3	I	0.2	BOOL	
4		电动机正转	Q	0.0	BOOL	
5		电动机反转	Q	0.1	BOOL	
6						

按下 F1 获取帮助。 NUM

图 3.71 编辑符号表

(4) PLC 编程

如图 3.72 所示，在左侧项目树中单击“块”，右侧对象窗口中出现“OB1”图标。双击“OB1”图标，打开“LAD/STL/FBD”编程窗口。在编程窗口中执行菜单命令“视图”→“LAD”，运用梯形图编程，输入程序如图 3.73 所示。程序输入完成后保存。

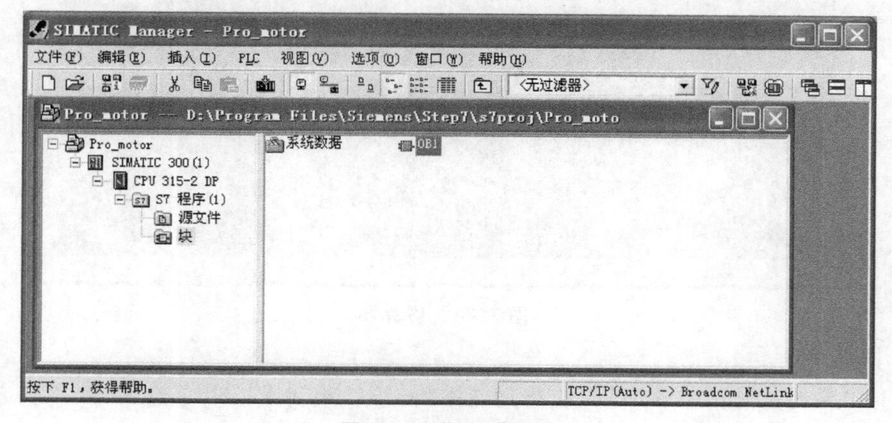

图 3.72 “OB1”图标

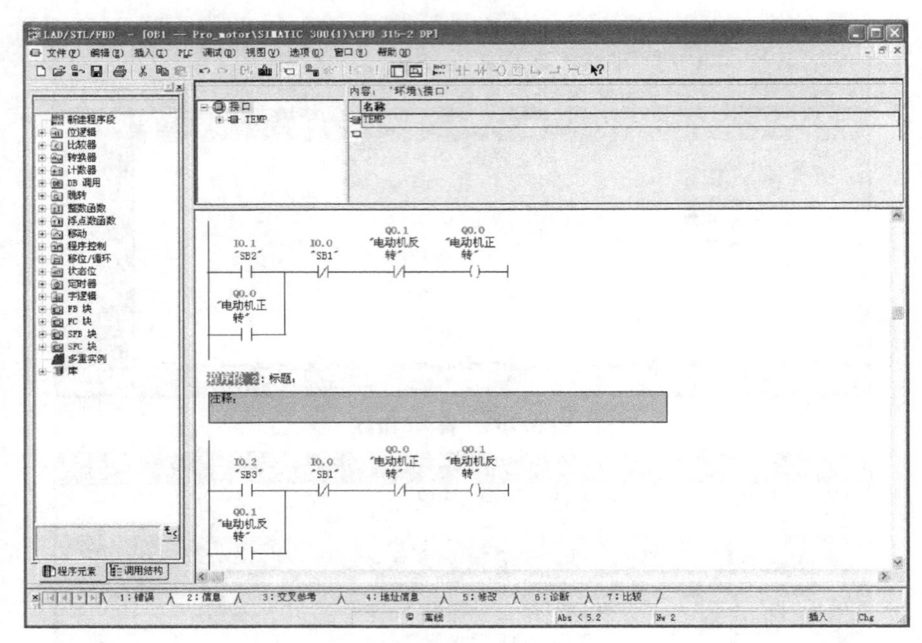

图 3.73 LAD 程序

(5) 下载到仿真器

在 SIMATIC Manager 窗口中单击工具栏中的"打开/关闭仿真器"按钮，打开如图 3.74 所示的仿真器，调整好需要监控的输入/输出视图对象。在 SIMATIC Manager 窗口中单击工具栏中的"下载"按钮，将项目硬件组态、软件编程等内容下载到仿真器。

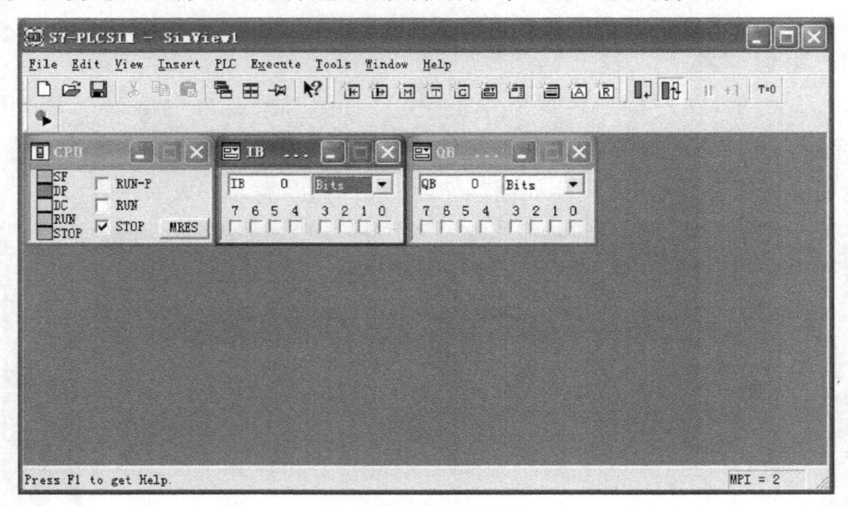

图 3.74 仿真器

(6) 调试分析

① 正转启动：如图 3.75 所示，在仿真器中将 CPU 设为 RUN，单击 I0.1，将其置为 ON，可以看到 Q0.0 也为 ON，表示电动机正转启动。单击 I0.1，将其置为 OFF，此时由于程序中的"自锁"，Q0.0 仍保持为 ON。此时，在"LAD/STL/FBD"窗口中单击工具栏中的"监视开/关"，

可以看到"能流"的流动情况,如图 3.76 所示。

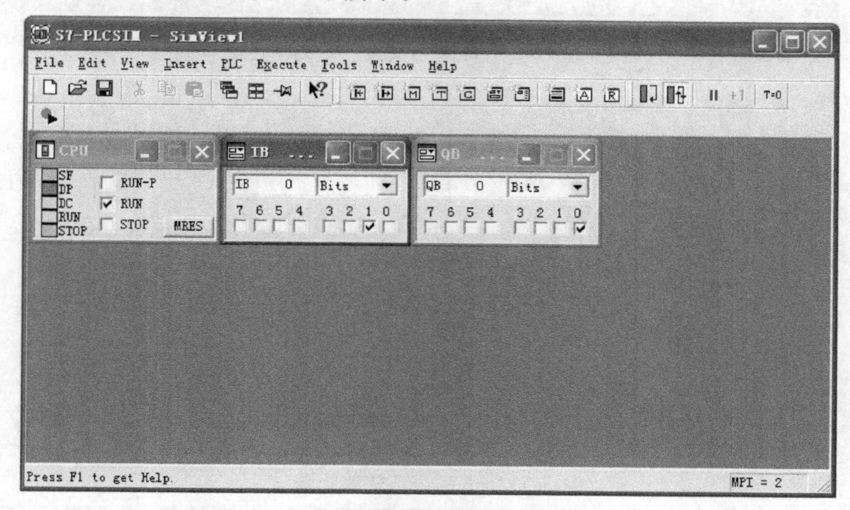

图 3.75　仿真器正转启动调试

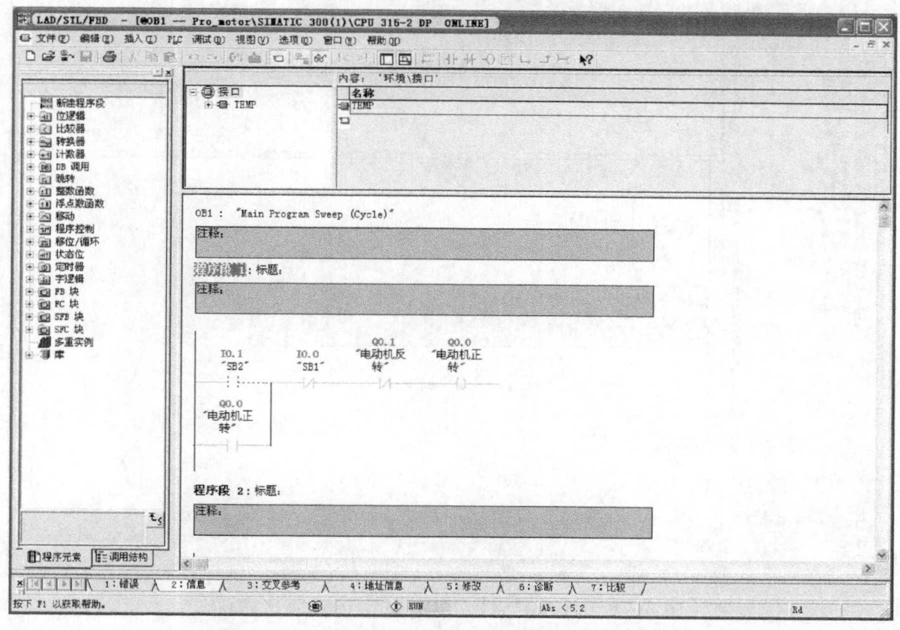

图 3.76　"LAD/STL/FBD"窗口正转启动调试

② 正转停止:如图 3.77 所示,在仿真器中单击 I0.0,将其置为 ON,可以看到 Q0.0 为 OFF,表示电动机停止。此时,在"LAD/STL/FBD"窗口中"能流"的流动情况如图 3.78 所示。

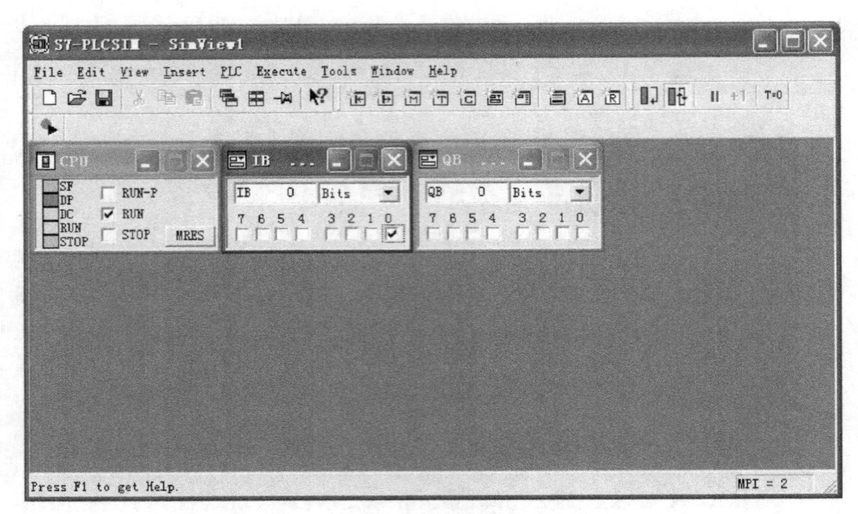

图 3.77 仿真器正转停止调试

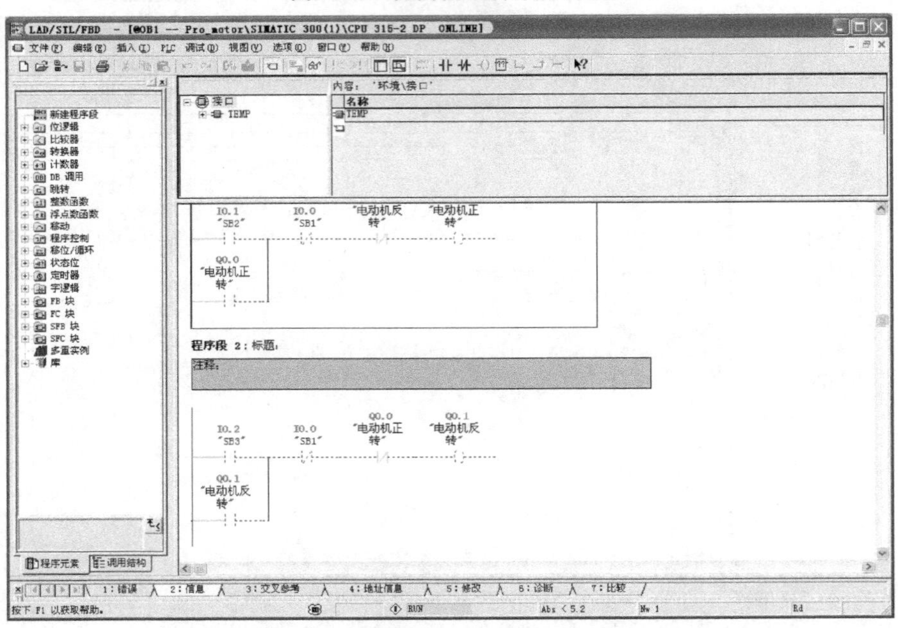

图 3.78 "LAD/STL/FBD"窗口正转停止调试

③ 反转启动：如图 3.79 所示，释放 I0.0，将其置为 OFF；单击 I0.2，将其置为 ON，可以看到 Q0.1 也为 ON，表示电动机反转启动。单击 I0.2 将其置为 OFF，由于程序中的"自锁"，Q0.1 仍保持为 ON。此时，在"LAD/STL/FBD"窗口，可以看到"能流"的流动情况，如图 3.80 所示。

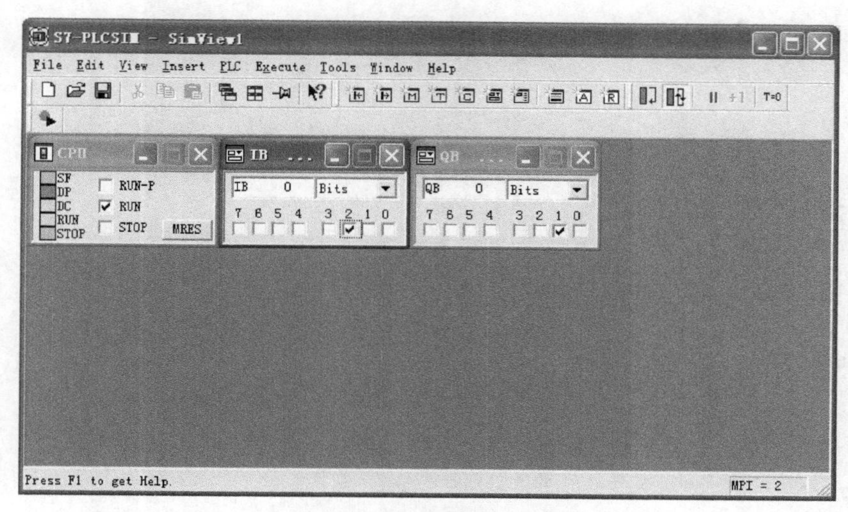

图 3.79　仿真器反转启动调试

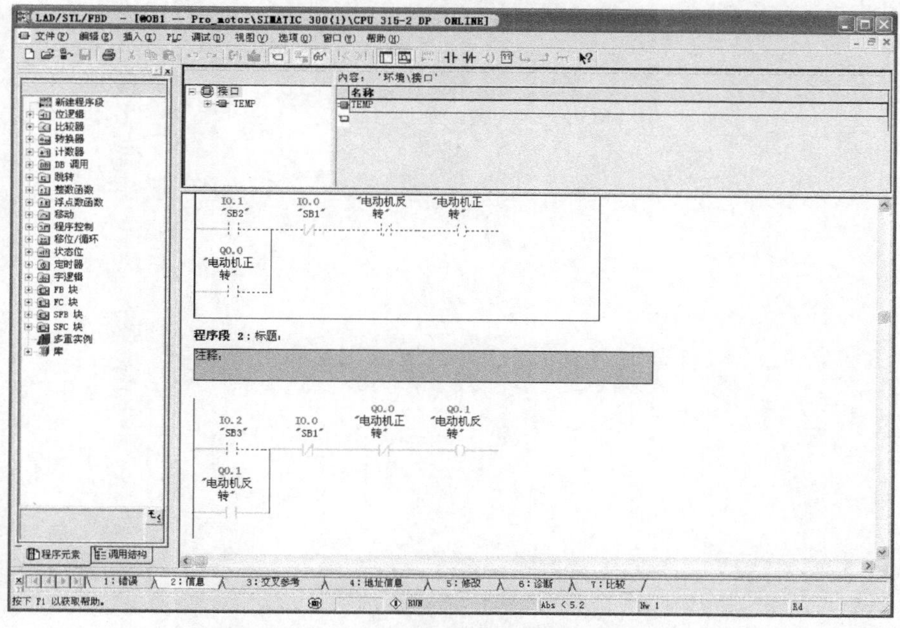

图 3.80　"LAD/STL/FBD"窗口反转启动调试

④ 反转停止：与正转停止过程类似，在仿真器中单击 I0.0，将其置为 ON，可以看到 Q0.1 为 OFF，表示电动机停止。

3.5 习 题

1. 在 STEP7 中如何创建一个新项目并进行硬件组态？
2. STEP7 中基本软件包中有哪些编程语言？
3. S7-PLCSIM 与真实 PLC 有哪些区别？

第 4 章　S7-300/400 的线性化编程

线性化编程类似于硬件继电接触器控制电路，整个用户程序放在循环控制组织块 OB1（主程序）中，循环扫描时不断地依次执行 OB1 中的全部指令。线性化编程具有不带分支的简单结构，即一个简单的程序块包含系统的所有指令。这种程序结构简单，不涉及功能块、功能、数据块、局部变量和中断等较复杂的概念，容易入门。

由于所有的指令都在一个块中，即使程序中的某些部分代码在大多数情况下并不需要执行，但循环扫描工作方式中每个扫描周期都要扫描执行所有的指令，CPU 额外增加了不必要的负担，没有被充分利用。此外，如果要求多次执行相同或类似的操作，线性化编程的方法需要重复编写相同或类似的程序。

4.1　指令的组成

指令是能执行的一种基本操作的描述，是程序的基本单元。用户程序是由若干条顺序排列的指令构成的，对应语句表（STL）和梯形图（LAD）等编程语言。

(1) 语句指令

一条语句指令由一个操作码和一个操作数组成。例如：

O　I1.2

是一条位逻辑操作指令，其中，“O”是操作码，它表示执行“或”操作；“I1.2”是操作数，它指出这是对输入继电器 I1.2 进行的操作。

① 操作码。

操作码给出要执行的功能，它告诉 PLC 的 CPU 应该做什么动作。

② 操作数。

操作数由标识符和参数组成。操作数为执行操作所需要的信息，它告诉 CPU 操作的对象是什么。但是有些语句指令不带操作数，它们的操作数是唯一的，隐含在指令中，例如“NOT”就是对逻辑操作结果（RLO）取反。

(2) 梯形图指令

梯形图指令用图形元素表示 PLC 要完成的操作。在 LAD 中，其操作码是用图文表示的，该图文形象地表明了 CPU 做什么，操作数的表示方法基本上和语句指令相同。例如：

Q0.0

——(S)——

在该梯形图指令中，——(S)——可以作为操作码，表示一个二进制的置位指令；Q0.0 是操作数，表示置位的对象。梯形图指令也可以将操作数隐含其中。

4.2 位逻辑运算指令

位逻辑指令处理两个数字："1"和"0"，这两个数字构成二进制数字系统的基础。数字"1"和"0"称为二进制数字或二进制位，可分别代表输入触点的闭合和断开，或者输出线圈的通电和断电。位逻辑指令的功能就是采集输入/输出信号状态(1 或者 0)，并根据布尔逻辑对它们进行组合运算，再将逻辑运算结果(1 或者 0)储存在状态字寄存器的 RLO 位上或输出线圈位上，如位存储器 M 或者输出映像存储器 Q 等。

位逻辑指令的类型及其含义见表 4.1 和表 4.2。

表 4.1 LAD 位逻辑指令表

LAD 位逻辑指令	说明
——| |——	常开触点
——|/|——	常闭触点
——(SAVE)	将 RLO 存入 BR 存储器
XOR	位异或
——( )	输出线圈
——(#)——	中间输出
——|NOT|——	信号流反向
——(S)	线圈置位
——(R)	线圈复位
SR	复位优先触发器
RS	置位优先触发器
——(N)——	RLO 下降沿检测
——(P)——	RLO 上升沿检测
NEG	地址下降沿检测
POS	地址上升沿检测

表4.2 STL位逻辑指令表

STL位逻辑指令		说明
基本STL位逻辑指令	A	与
	AN	与非
	O	或
	ON	或非
	X	异或
	XN	异或非
	O	先与后或
嵌套STL位逻辑指令	A(	"与"操作嵌套开始
	AN(	"与非"操作嵌套开始
	O(	"或"操作嵌套开始
	ON(	"或非"操作嵌套开始
	X(	"异或"操作嵌套开始
	XN(	"异或非"操作嵌套开始
	)	嵌套闭合
其他STL位逻辑指令	=	赋值
	CLR	RLO清零
	FN	下降沿检测
	FP	上升沿检测
	NOT	RLO取反
	R	复位
	S	置位
	SAVE	将RLO存入BR寄存器
	SET	RLO置位

4.2.1 触点和线圈指令

在LAD中通常使用类似继电器控制电路中的触点符号及线圈符号来表示触点和线圈指令，触点有常开触点和常闭触点；线圈有输出线圈和中间输出线圈。

触点表示一个位信号的状态，地址可以选择I、Q、M、DB、L数据区。在LAD中常开触点符号为"──┤ ├──"，与继电器的常开触点相似，对应的元件被操作时，其常开触点闭合，否则对应常开触点复位，即触点仍处于断开的状态。常闭触点符号为"──┤/├──"，与继电器的常闭触点相似，对应的元件被操作时，其常闭触点断开，否则，对应常闭触点复位，即触点保持闭合状态。

线圈指令对一个位信号进行赋值，地址可以选择Q、M、DB、L数据区，线圈可以作为输出信号、程序处理的中间点，当触发条件满足时，线圈被赋值为1，当条件不再满足时，线圈被赋值为0。在LAD中，线圈输出指令总为"──(　)"，与继电器控制电路中继电器的线圈一样，如果有电流(信号流)流过线圈(RLO＝1)，则元件被驱动，与其对应的常开触点闭合，常闭触点断开；如果没有电流流过线圈(RLO＝0)，则元件被复位，与其对应的常开触点断开，常闭触点闭合。输出线圈总是在程序段的最右边，输出线圈等同于 STL 程序中的赋值指令(用等于号“＝”表示)。

梯形图设计中，如果一个逻辑串很长，不便于编辑或者需要得到逻辑处理的中间状态时，可以使用中间输出指令“——(＃)——”将逻辑串分成几段，前一段的逻辑运算结果可以作为中间输出存储在存储器 M 中，该存储位可以当作一个触点出现在其他的逻辑串中，中间输出只能放在梯形图逻辑串的中间，不能出现在逻辑串的两端。

如图 4.1 所示的示例说明了触点、线圈及中间输出指令的用法。该例中左图的 Network 1 中间指令的作用就是将此处的 RLO 的值存在位存储器 M0.0 中，以便 Network 2 中使用该存储器。一般中间指令用在复杂的逻辑串中，简单的逻辑串一般都等效于 Network 3，采用输出线圈连续使用的方法来编写程序。

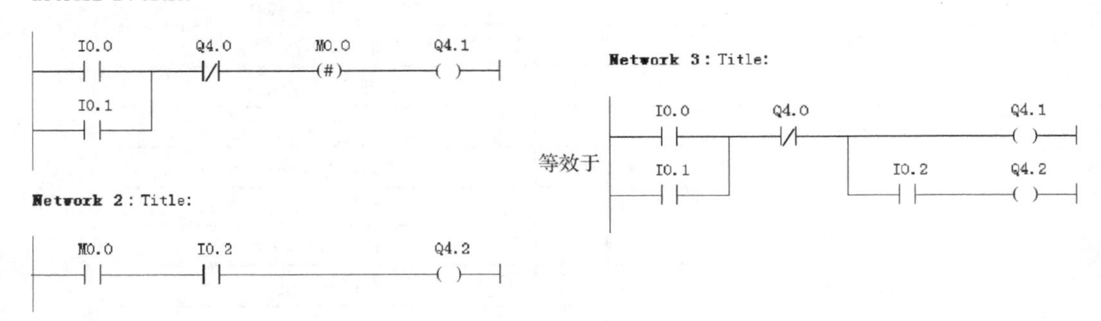

图 4.1　触点、线圈及中间输出指令示例

4.2.2　基本逻辑指令

基本逻辑指令有“与”“或”“异或”“取反”。

逻辑与指令在梯形图中是用串联的触点回路表示的，只有当两个触点的输入状态都是“1”时，输出为“1”。两者中，只要有一个为“0”，则输出为“0”。逻辑与指令在 STL 指令中的“A”表示对原变量(常开触点)执行逻辑与操作。“AN”表示对反变量(常闭触点)执行逻辑与操作。

如图 4.2 所示的示例说明了逻辑与指令的用法，其中包括“A”和“AN”的不同。

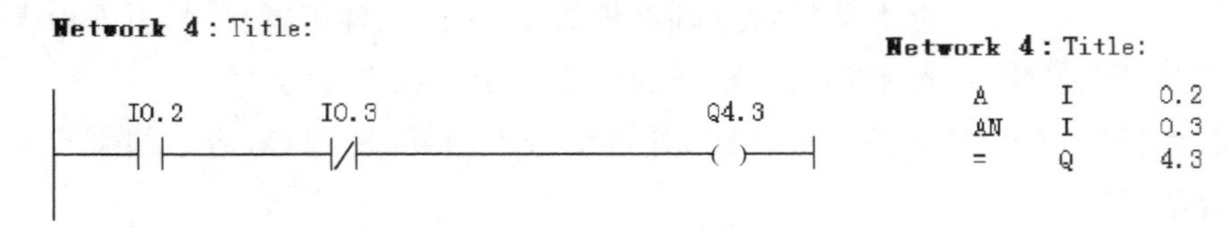

图 4.2　逻辑与指令示例

逻辑或指令在梯形图中是用并联的触点回路表示的，只要有一个触点的输入状态为“1”，则输出为“1”；若两者都为“0”，则输出为“0”。逻辑或指令在 STL 指令中的“O”表示对

原变量(常开触点)执行逻辑或操作。“ON”表示对反变量(常闭触点)执行逻辑或操作。

如图 4.3 所示的示例说明了逻辑或指令的用法,其中包括“O”和“ON”的不同。

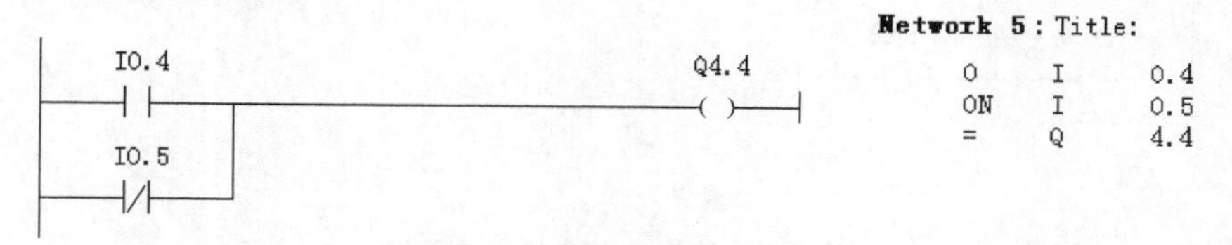

图 4.3　逻辑或指令示例

逻辑异或指令只有当一个触点的输入状态为“1”,另一个触点的输入状态为“0”时,输出为“1”;如果两个触点状态同时为“1”或同时为“0”,则输出为“0”。在 STL 指令中的“X”表示对原变量(常开触点)执行逻辑异或操作,“XN”表示对反变量(常闭触点)执行逻辑异或操作。

图 4.4 说明了异或指令的用法,图 4.5 说明了同或指令的用法。

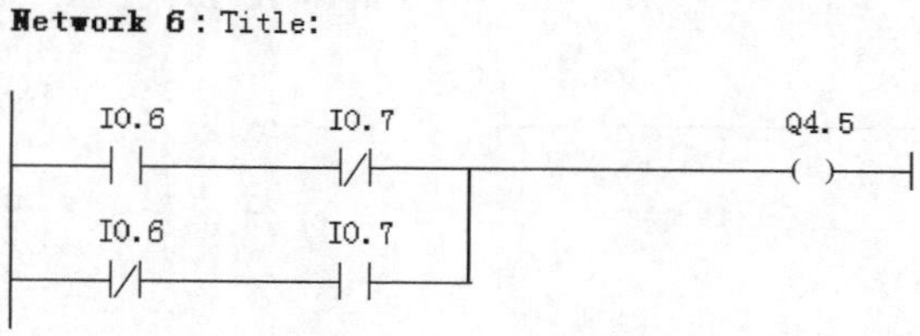

Network 6 : Title:

I0.6　I0.7　Q4.5
I0.6　I0.7

Network 6 : Title:

```
X     I     0.6
X     I     0.7
=     Q     4.5
```

图 4.4　异或电路示例

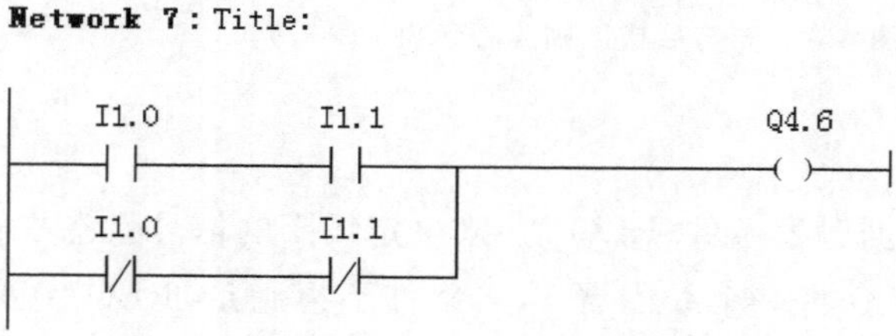

Network 7 : Title:

I1.0　I1.1　Q4.6
I1.0　I1.1

Network 7 : Title:

```
X     I     1.0
XN    I     1.1
=     Q     4.6
```

图 4.5　同或电路示例

4.2.3　嵌套指令

与运算嵌套开始 A(、与非运算嵌套开始 AN(、或操作嵌套开始 O(、或非运算嵌套开始 ON(、异或运算嵌套开始 X(、同或运算嵌套开始 XN(可以将 RLO 和 OR 位以及一个函数代码保存到嵌套堆栈中,最多可有 7 个嵌套堆栈输入项。

使用嵌套结束)指令,打开括号组 A(、AN(、O(、ON(、X(、XN(的语句,可以从嵌套堆栈中删除一个输入项,恢复 OR 位,根据函数代码,将包含在堆栈条目中的 RLO 与当前 RLO 互连,并将结果分配给 RLO。如果函数代码为“AND(与)”或“AND　NOT(与非)”,则也包括 OR 位。与嵌套指令的用法如图 4.6 所示。

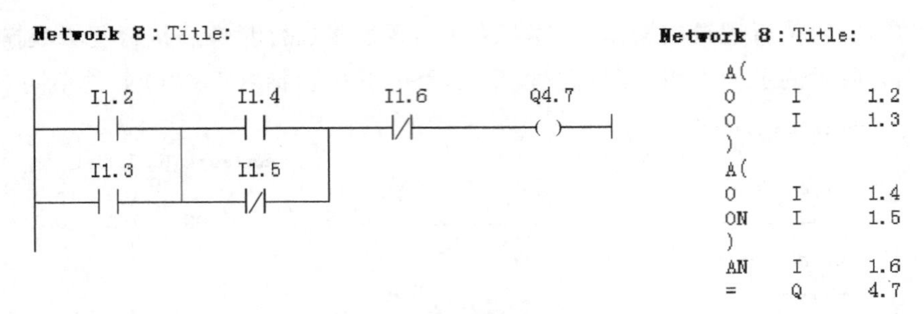

图 4.6　与嵌套指令的用法示例

"先与后或(O)"指令根据先与后或规则对与运算结果执行或运算。当逻辑串是串并联的复杂组合时，CPU 的扫描顺序是先与后或，遇到括号时则先扫描括号内的指令，再扫描括号外的指令。对于 STL 先与后或的操作可不使用括号，先或后与操作规则必须使用括号来改变自然扫描式顺序，所以或嵌套指令很少使用，如图 4.7 所示的例子就是采用先与后或的原则来编写程序，所以可以不采用嵌套指令。

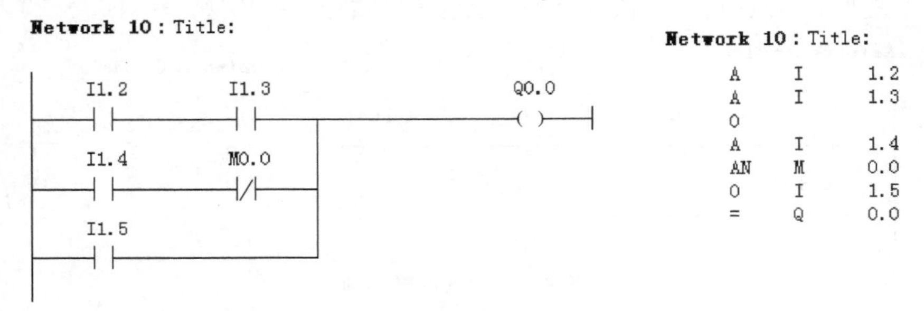

图 4.7　先与后或原则编程示例

4.2.4　置位复位指令

置位(S)和复位(R)指令，根据触发条件(RLO 值)来决定线圈的信号状态是否改变。当触发条件满足(RLO＝1)，置位指令将一个线圈置 1，当条件不再满足(RLO＝0)，线圈值保持不变，只有触发复位指令才能将线圈值复位为 0。同样地，当触发条件满足(RLO＝1)，复位指令将一个线圈置 0，当条件不再满足(RLO＝0)，线圈值保持不变，只有触发置位指令才能将线圈置位为 1。置位和复位指令的使用方法如图 4.8 所示，其时序图如图 4.9 所示。

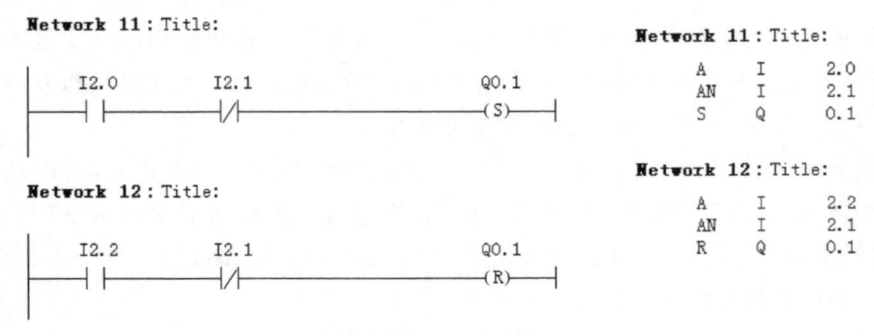

图 4.8　置位和复位指令的用法示例

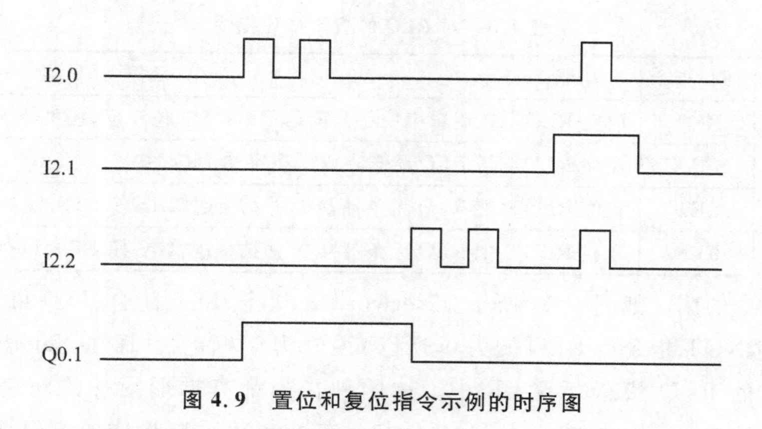

图 4.9　置位和复位指令示例的时序图

4.2.5　RS 和 SR 触发器指令

在 LAD 中 RS 和 SR 触发器具有触发器优先级，RS 触发器为"置位优先"型触发器，当置位信号 S 和复位信号 R 同时为 1 时，触发器最终为置位状态；SR 触发器为"复位优先"型触发器，当置位信号 S 和复位信号 R 同时为 1 时，触发器最终为复位状态。

但是对于 RS 触发器和 SR 触发器，如果置位输入端(S 端)为 1，则触发器置位，此后即使置位输入端变为 0，触发器仍然保持置位状态不变。如果复位输入端(R 端)为 1，则触发器复位，此后即使复位输入端变为 0，触发器仍然保持复位状态不变。所以 RS 触发器和 SR 触发器指令的基本功能与置位指令 S 和复位指令 R 的功能相同，所以编程时 RS 和 SR 指令完全可以被置位和复位指令代替。如图 4.10 所示的信号的时序图说明了示例中的 RS 触发器和 SR 触发器对 R 端和 S 端信号的响应及其优先级。

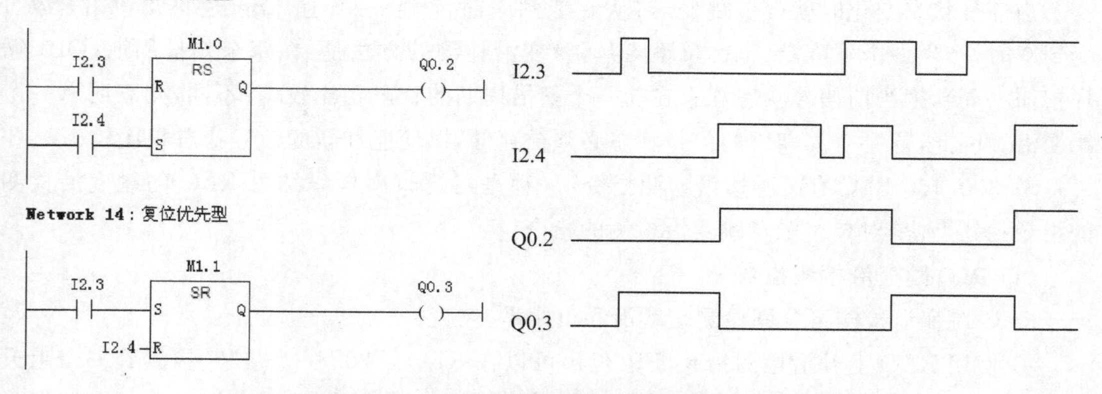

图 4.10　RS 触发器和 SR 触发器的梯形图与工作时序图

4.2.6　对 RLO 的直接操作指令

在 STEP7 中，可用表 4.3 中的指令来直接改变逻辑操作结果 RLO 的状态。

表 4.3 对 RLO 的直接操作指令

LAD 指令	STL 指令	功能	说 明
—┤NOT├—	NOT	取反 RLO	在逻辑串中将当前的 RLO 状态位变反,还可令 STA 位置 1
—(SAVE)	SAVE	保存 RLO	把 RLO 状态存入状态字的 BR 位中
无	SET	置位 RLO	把 RLO 无条件置 1,并结束逻辑串;使 STA 置 1,OR、/FC 清 0
无	CLR	复位 RLO	把 RLO 无条件置 0,并结束逻辑串;使 STA、OR、/FC 清 0

这几条指令的用法如图 4.11 所示。Network 1 中,设 I0.0 闭合、I0.1 断开,则 RLO 应该为 1,但经过 NOT 指令后 RLO 变为 0,所以 Q0.0 为 0(断电)。而在 Network 2 中 SAVE 指令是将当前的 RLO 状态存入 BR 中。这两种指令都有梯形图和语句表两种形式,而 Network 3 和 Network 4 中的 SET 和 CLR 却只有语句表形式,图中的 SET 指令使得 RLO 为 1,并将 Q0.1 和 Q0.2 赋值为 1;CLR 指令使得 RLO 为 0,并将 M1.0 和 Q0.3 赋值为 0。

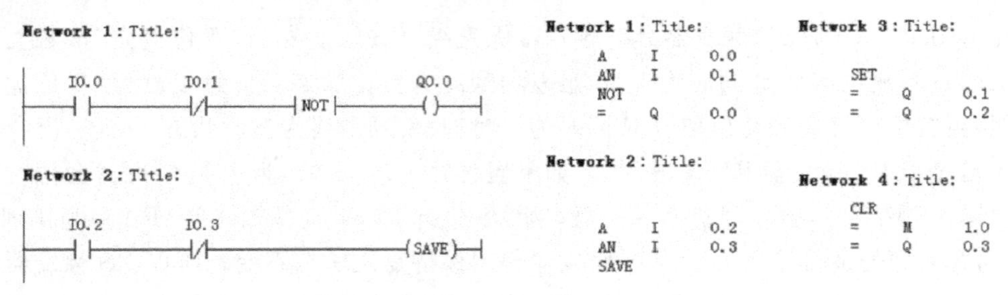

图 4.11 对 RLO 的直接操作指令示例

4.2.7 边沿检测指令

当信号状态变化时就产生跳变沿:从 0 变到 1 时,产生一个上升沿(也称正跳沿);从 1 变到 0 时,产生一个下降沿(也称负跳沿)。跳变沿检测的方法是:在每个扫描周期(OB1 循环扫描一周),把当前信号状态和它在前一个扫描周期的状态相比较,若不同,则表明有一个跳变沿。因此,前一个周期中的信号状态必须被存储,以便能和新的信号状态相比较。

S7-300/400 PLC 有两种边沿检测指令:一种是对逻辑串操作结果 RLO 的跳变沿检测的指令;另一种是对单个触点跳变沿检测的指令。

(1) RLO 跳变沿检测指令

RLO 跳变沿检测可分别检测正跳沿和负跳沿。

① 使用 RLO 上升沿检测指令(FP〈位〉)可以在 RLO 从"0"变为"1"时检测到一个上升沿,并以 RLO=1 显示。在每一个程序扫描周期内,RLO 位的信号状态将与上一个周期中获得的 RLO 位信号状态进行比较,看是否有变化,上一个周期的 RLO 信号状态必须保存在沿标志位地址(〈位〉)中,以便进行比较。如果在当前和先前的 RLO"0"状态之间发生变化(检测到上升沿),则在该指令执行后,RLO 位将为"1"。

② 使用 RLO 下降沿检测指令(FN〈位〉)可以在 RLO 从"1"变为"0"时检测到下降沿,并以 RLO=1 显示。在每一个程序扫描周期内,RLO 位的信号状态将与上一个周期中获得

的 RLO 位信号状态进行比较，看是否有变化。上一个周期的 RLO 信号状态必须保存在沿标志位地址(〈位〉)中，以便进行比较。如果在当前和先前的 RLO“1”状态之间发生变化(检测到下降沿)，则在该指令执行后，RLO 位将为“1”。

RLO 跳变沿检测指令和操作数见表 4.4。

表 4.4　RLO 跳变沿检测指令格式

指令名称	LAD 指令	STL 指令	操作数	数据类型	存储区
RLO 正跳沿检测	〈位地址〉 ——(P)——	FP〈位地址〉	〈位地址〉 用于存储 RLO 状态	BOOL	I、Q、M、D、L
RLO 负跳沿检测	〈位地址〉 ——(N)——	FN〈位地址〉			

如图 4.12 所示为 RLO 跳变沿检测指令在 LAD 和 STL 两种情况下的用法，图 4.13 说明了该例子中相关信号的时序图，从时序图可以看出，M1.1 和 M1.2 是用来存储 I0.4 和 I0.5 的与逻辑运算的 RLO 的值，和当前的值进行比较，如果有正跳沿，则 Q0.1 输出一个扫描周期的高电平；反之，如果有负跳沿，则 Q0.2 输出一个扫描周期的高电平。

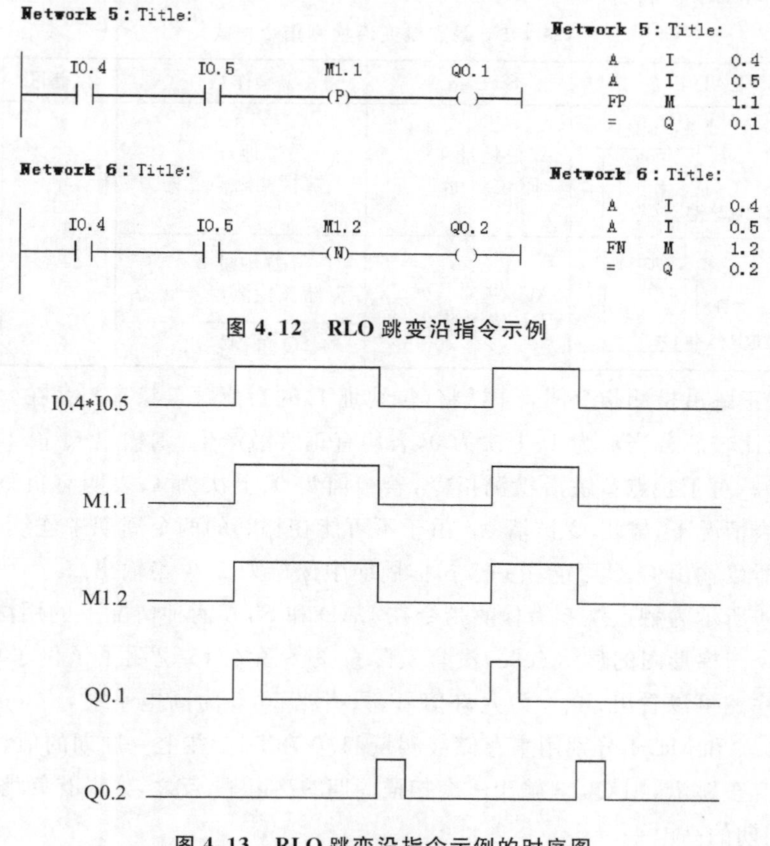

图 4.12　RLO 跳变沿指令示例

图 4.13　RLO 跳变沿指令示例的时序图

(2) 触点跳变沿检测指令

触点跳变沿检测可分别检测正跳沿和负跳沿，其格式见表 4.5。

① 触点正跳沿检测指令。

在 LAD 中以功能框表示，它有三个输入端，一个连接允许输入端，而〈位地址 1〉为被检测的触点，第三个输入端 M_BIT 所接的〈位地址 2〉存储上一个扫描周期触点的状态。有一个输出端 Q，当触点状态从 0 到 1 时，输出端 Q 接通一个扫描周期。

POS(地址上升沿检测指令)可以将〈地址 1〉的信号状态与存储在〈地址 2〉中的先前扫描的信号状态进行比较。如果当前的 RLO 状态为“1”，而先前的状态为“0”(上升沿检测)，则在操作之后，RLO 位将为“1”。

② 触点负跳沿检测指令。

在 LAD 中以功能框表示，它有三个输入端，一个连接允许输入端，而〈位地址 1〉为被检测的触点，第三个输入端 M_BIT 所接的〈位地址 2〉存储上一个扫描周期触点的状态。有一个输出端 Q，当触点状态从 1 到 0 时，输出端 Q 接通一个扫描周期。

NEG(地址下降沿检测指令)可以将〈地址 1〉的信号状态与存储在〈地址 2〉中的先前扫描的信号状态进行比较。如果当前的 RLO 状态为“1”，而先前的状态为“0”(上升沿检测)，则在操作之后，RLO 位将为“1”。

表 4.5 触点跳变沿检测指令格式

指令名称	LAD 指令	STL 指令	操作数	存储区	数据类型
触点正跳沿检测	<位地址1> POS 允许 Q <位地址2> M_BIT	A(A〈位地址 1〉 FP〈位地址 2〉)	〈位地址 1〉 被检测触点状态	BOOL	I、Q、M、D、L
触点负跳沿检测	<位地址1> NEG 允许 Q <位地址2> M_BIT	A(A〈位地址 1〉 FN〈位地址 2〉)	〈位地址 2〉 存储被检测触点状态		Q、M、D
			Q 单稳输出		M、D、L

执行触点正跳沿检测指令时，CPU 将〈位地址 1〉的当前触点状态与存在〈位地址 2〉的上次触点状态相比较。若当前为 1、上次为 0，表明有正跳沿产生，则输出 Q 置 1；其余情况下，输出 Q 被清 0。对于触点负跳沿检测指令，若当前为 0、上次为 1，表明有负跳沿产生，则输出 Q 置 1；其余情况下，输出 Q 被清 0。由于不可能在相邻的两个周期中连续检测到正跳沿(或负跳沿)，所以输出 Q 只可能在一个扫描周期中保持为 1(单稳输出)。

如图 4.14 所示为触点跳变沿检测指令在 LAD 和 STL 两种情况下的用法，其中语句表中的 BLD 指令与梯形图的显示有关，没有实际意义。图 4.15 说明了该例子中相关信号的时序图，从时序图可以看出，I0.6 为允许信号，只有当 I0.6 为高电平时，方可进行触点跳变沿的检测，M1.3 和 M1.4 分别用来存储被测量 I1.0 和 I1.1 在上一周期的值，和当前的值进行比较，如果有正跳沿，则 Q0.3 输出一个扫描周期的高电平；反之，如果有负跳沿，则 Q0.4 输出一个扫描周期的高电平。

Network 7 : Title:

Network 7 : Title:

```
A      I      0.6
A(
A      I      1.0
BLD    100
FP     M      1.3
)
=      Q      0.3
```

Network 8 : Title:

Network 8 : Title:

```
A      I      0.6
A(
A      I      1.1
BLD    100
FN     M      1.4
)
=      Q      0.4
```

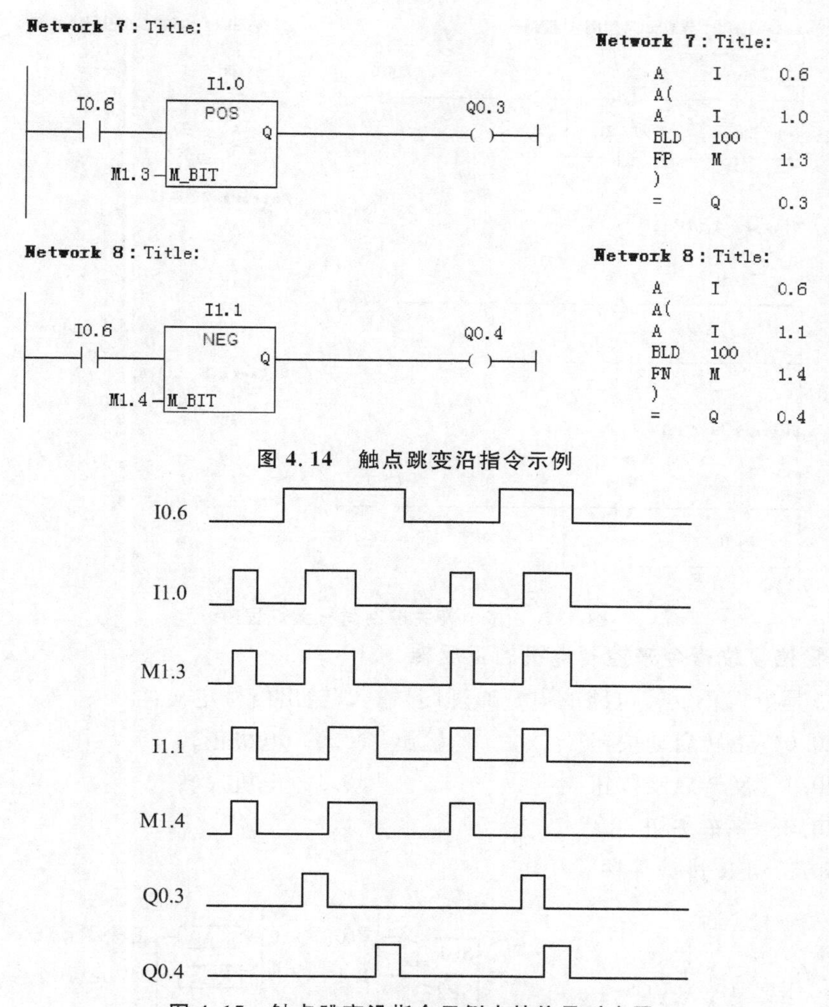

图 4.14　触点跳变沿指令示例

图 4.15　触点跳变沿指令示例中的信号时序图

另外,需要注意的是,在梯形图中,触点跳变沿检测方块和前述的 RS 触发器方块可被看作一个特殊的常开触点:若方块 Q 为 1,则触点闭合;若 Q 为 0,则触点断开。

4.2.8　位逻辑指令的应用实例

(1) 多个开关控制同一盏灯

在实际家用电路中,经常需要多个开关控制同一盏灯的亮灭。例如,一个房间中有四个开关 I1.1、I1.2、I1.3 和 I1.4 可以同时控制灯 Q4.0,当任意按其中的一个开关时,灯亮;再按一个开关时,灯熄灭,以此类推,可以实现四个开关控制同一盏灯,程序如图 4.16 所示。

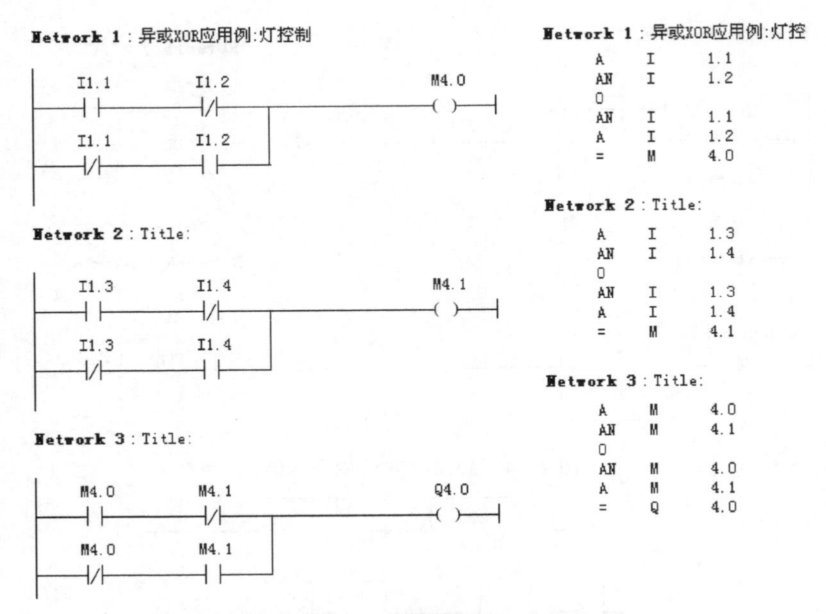

图 4.16　多个开关控制同一盏灯程序

(2) 用置位复位指令来控制电机的正反转

图 4.17 是电机正反转电路的电气原理图，输入/输出信号定义：

输入：I0.0　正转启动按钮　　　　输出：Q0.0　电机正转

I0.1　反转启动按钮　　　　　　　Q0.1　电机反转

I0.2　停车按钮

I0.3　FR 过载保护

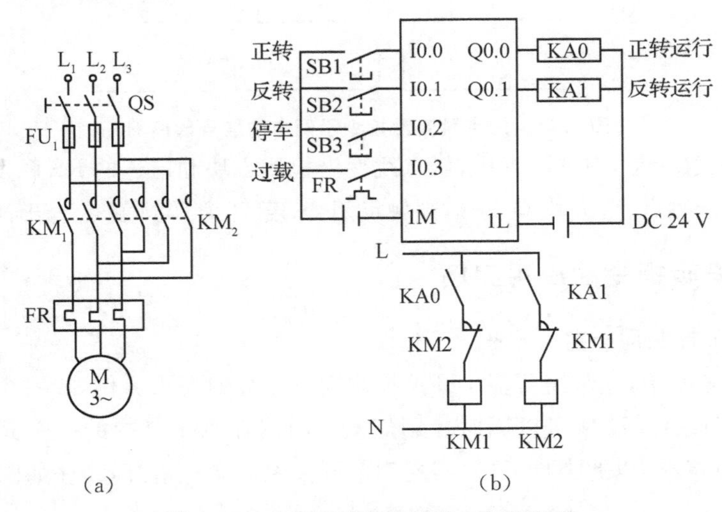

图 4.17　电机正反转电路的电气原理图

程序如图 4.18 所示，实现电机能正/反转、停车；正/反转可任意切换。在反转输出 Q0.1、停止按钮 I0.2 断开的情况下，按下正转输入按钮 I0.0，此时正转输出 Q0.0 接通并保持，电机正转。反转的情况类似。该程序可实现电机的正-停-反控制。

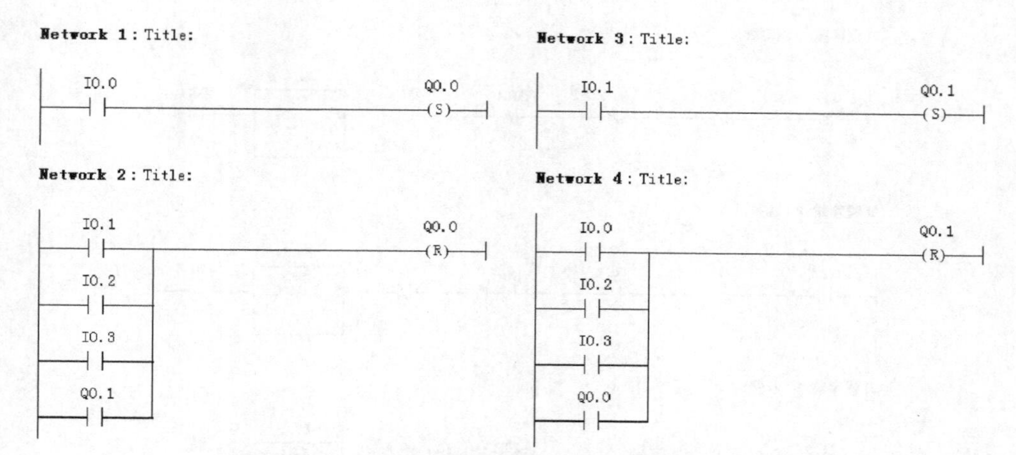

图 4.18 采用置位复位指令的电机正反转电路程序图

(3) 四人抢答器控制

四人抢答器设计要求如下：一人按下抢答按钮，接通本组抢答信号灯，告诉主持人和观众本组获得抢答权，同时切断其他各组信号灯电路，信号灯只能亮一盏；进入下一轮抢答时，主持人按下复位按钮，清除上一轮抢答信号，抢答重新开始。另外，主持人按下复位按钮10 s后，如果没有人抢答，此题作废，进入下一轮抢答。

四人抢答器有4个按钮作为输入信号，分别接I1.1、I1.2、11.3、11.4，主持人的复位按钮对应I1.5，每人对应的输出灯为Q0.1、Q0.1、Q0.3、Q0.4。系统的I/O分配表见表4.6。程序如图4.19所示。

表 4.6 I/O分配表

信号	符号	I/O地址	功能
输入信号	SB1	I1.1	第1组抢答按钮(常开)
	SB2	I1.2	第2组抢答按钮(常开)
	SB3	I1.3	第3组抢答按钮(常开)
	SB4	I1.4	第4组抢答按钮(常开)
	SB5	I1.5	主持人复位按钮(常开)
输出信号	HL1	Q0.1	第1组抢答信号灯
	HL2	Q0.2	第2组抢答信号灯
	HL3	Q0.3	第3组抢答信号灯
	HL4	Q0.4	第4组抢答信号灯

程序段 1：标题：

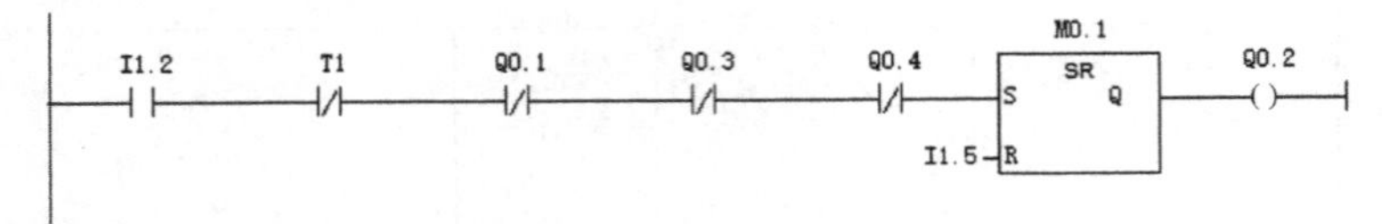

程序段 2：标题：

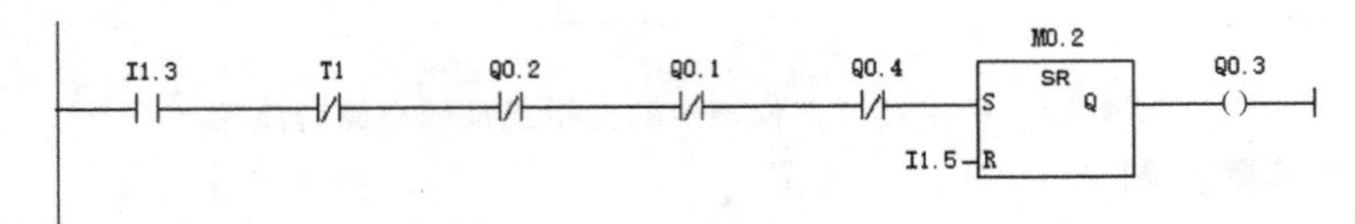

程序段 3：标题：

I1.3　T1　Q0.2　Q0.1　Q0.4　M0.2　SR　S　Q　I1.5　R　Q0.3

程序段 4：标题：

I1.4　T1　Q0.2　Q0.3　Q0.1　M0.3　SR　S　Q　I1.5　R　Q0.4

程序段 5：标题：

I0.5　M0.6 (N)　M1.1 (S)

程序段 6：标题：

M1.1　T1 (SD)　S5T#10S

程序段 7：标题：

I1.5　M2.0 (P)　M1.1 (R)

图 4.19　四人抢答器程序

(4) 小车往复运动控制

本例的小车往复运行示意图如图 4.20 所示，该系统的 I/O 分配表见表 4.7。该系统有三个限位开关，分别是中间限位开关I0.0、左限位开关I0.2 和右限位开关 I0.1，初始状态时，小车停在中间，限位开关 I0.0＝ON；按下启动按钮 I0.3，小车按图 4.20 所示顺序往复运动，按下停止按钮I0.4，小车需要停在初始位置（中间）。

小车往复运动控制

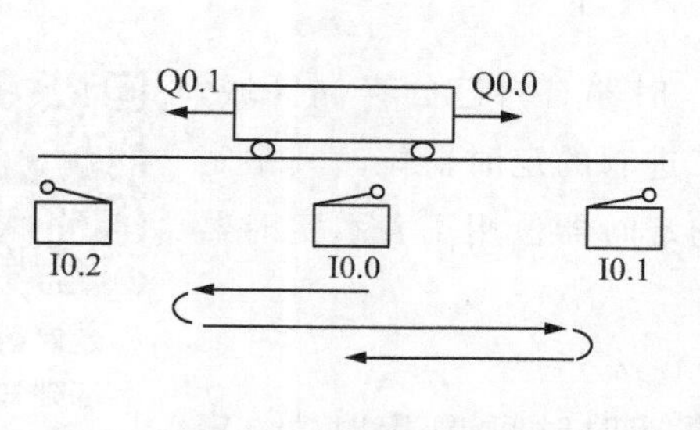

图 4.20　小车往复运动示意图

表 4.7　I/O 分配表

I/O 编号	说明
I0.0	中间限位开关
I0.1	右限位开关
I0.2	左限位开关
I0.3	启动按钮
I0.4	停止按钮
Q0.0	小车右行
Q0.1	小车左行

如图 4.21 所示是小车往复运动的程序图，该程序采用了上升沿检测指令和置位复位指令等，该程序的核心问题是按下停止按钮时，小车并不是立即停止，而是要回到原位(中间位置)才停，所以要对停止信号加自锁保持，小车回到原位后再清除停止信号。

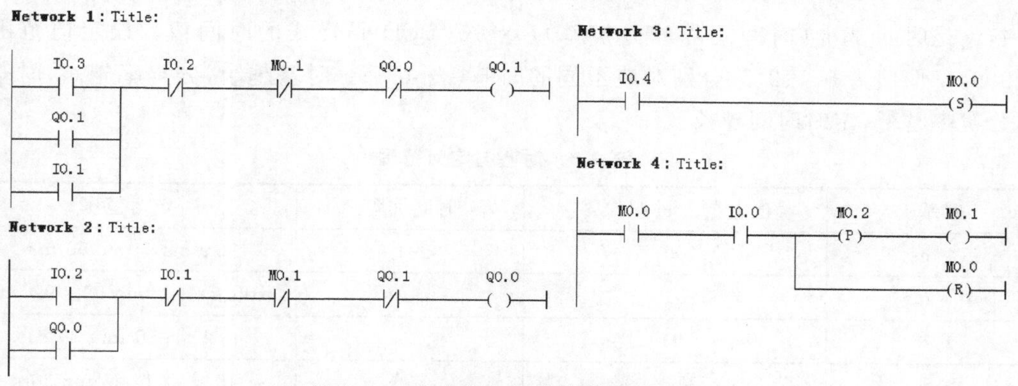

图 4.21　小车往复运动的梯形图程序

4.3　定时器指令

定时器相当于继电器电路中的时间继电器，用于产生时间序列，以实现等待、监控、测量时间间隔等。

在 S7-300/400 系列 PLC 的 CPU 存储器中，为定时器保留有存储区，该存储区为每个定时器保留一个 16 位定时器字和一个二进制的定时器位。定时器字用来存放它当前的定时时间值，定时器触点的状态由定时器位的状态来决定。用定时器地址(T 和定时器号，例如 T3)来存取它的时间值和定时器位。带位操作数的指令存取定时器位，带字操作数的指令存取定时器的时间值。

不同的 CPU 模块所支持的定时器数目不等。因此，在使用定时器时，定时器的地址编号必须在有效的范围之内。

4.3.1 定时器的基础知识

定时器的
基础知识

定时器是一种由位和字组成的复合单元，定时器有自己的存储区域，每个定时器都有一个 16 位的定时器字和一个二进制的定时器位。其中定时器的定时器字用于存放当前定时值；二进制的定时器位用于表示定时器触点的状态。

(1) 定时时间的设定

定时器的使用和时间继电器一样，也要设置定时时间，即定时值。定时值的设定有两种方法。

① 直接表示法。

直接表示法仅在语句表指令(STL)中使用，其指令格式如下：

W＃16＃wxyz

其中，w 是时间基准(时间间隔或分辨率)，xyz 是 BCD 码格式的时间值。设定值范围为 1～999，w 取值为 0、1、2、3，分别对应不同的时基(表 4.8)。时基越小，分辨率越高；时基越大，分辨率越低，定时时间越长。

表 4.8 时基与定时范围

时基	时基的二进制代码	时间间隔	定时范围
10 ms	00	0.01 s	10 ms～9 s 990 ms
100 ms	01	0.1 s	100 ms～1 min 39 s 990 ms
1 s	10	1 s	1 s～16 min 39 s
10 s	11	10 s	10 s～2 h 46 min 30 s

S7 中定时时间由时基和定时值组成，定时时间为时基和定时时间设定值的乘积。时基也称为定时器的计时单位，是定时器可以控制的最高精度(时间间隔)。定时时间也称为计时范围，是定时器的有效控制时间。所以定时时间＝时基×定时值。例如，W＃16＃3025＝10 s×25＝250 s。在定时器开始工作后，定时值不断递减，递减至零表示时间到，定时器会进行相应动作。

图 4.22 以 W＃16＃2116 为例说明了定时器字的格式，其中定时器字的第 0～11 位表示定时时间设定值，以 3 位 BCD 码格式存放，使用范围是 0～999；第 12～13 位表示定时器的时基值(所谓时基是时间基准的简称)。

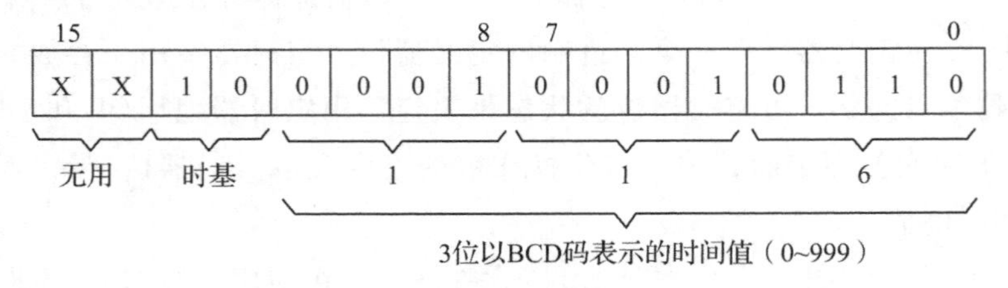

图 4.22 定时器字

② S5 时间表示法。

S5 时间表示法在 STL、LAD 以及梯形图方块中都能用，其指令格式如下：

S5T ＃ aHbbMccSdddMS

其中，aH 表示 a 小时，bbM 表示 bb 分钟，ccS 表示 cc 秒，dddMS 表示 ddd 毫秒。定时范围为 1 MS～2 H 46 M 30 s(1 ms～9990 s)。这里时基是由 CPU 自行选定的，原则是在满足定时范围的要求下，时基单位根据设定时间值自动选择满足定时范围的最小时基。

S7-300/400 系列 PLC 的定时时间设定需要通过 S7 的装载指令 L 进行。可以用两种方法设定时间与选择时间单位。其允许设定的最大时间值为 9990 s(2 h 46 min 30 s)。

(2) 定时器的表达形式

定时器的表达形式见表 4.9。对于 LAD 编程语言，定时器的操作分为 S5 定时器块图指令和定时器线圈指令。S5 定时器块图指令包括脉冲定时器(S-PULSE)、扩展脉冲定时器(SE-PEXT)、延时接通定时器(SD-ODT)、保持型延时接通定时器(SS-ODTS)和延时断开定时器(SF-OFFDT)。定时器线圈指令包括：——(SP)(脉冲定时器输出线圈)、——(SE)(扩展脉冲定时器输出)、——(SD)(延时接通定时器输出线圈)、——(SS)(保持型延时接通定时器输出线圈)和——(SF)(延时断开定时器线圈输出)。

表 4.9　定时器指令的表达形式

类型	LAD		STL	功能描述
	方块图	线圈		
脉冲定时器	Tno S_PULSE S　Q TV　BI R　BCD	Tno ——(SP)—— 定时值	SP　Tno	延时关断 由正脉冲触发，并且需要保持为“1”。开始运行时，输出为“1”；定时时间到，输出为“0”
扩展脉冲定时器	Tno S_PEXT S　Q TV　BI R　BCD	Tno ——(SE)—— 定时值	SE　Tno	延时关断 由正脉冲触发，不需要保持为“1”。开始运行时，输出为“1”；定时时间到，输出为“0”
延时接通定时器	Tno S_ODT S　Q TV　BI R　BCD	Tno ——(SD)—— 定时值	SD　Tno	延时接通 由正脉冲触发，并且需要保持为“1”。开始运行时，输出为“0”；定时时间到，输出为“1”

续表

类型	LAD		STL	功能描述
	方块图	线圈		
保持型延时接通定时器	Tno S_ODTS S Q TV BI R BCD	Tno ——(SS)—— 定时值	SS Tno	延时接通 由正脉冲触发，不需要保持为"1"。开始运行时，输出为"0"；定时时间到，输出为"1"
延时断开定时器	Tno S_OFFDT S Q TV BI R BCD	Tno ——(SF)—— 定时值	SF Tno	延时关断 由下降沿触发，并且不需要保持为"1"。开始运行时，输出为"1"；定时时间到，输出为"0"

定时器块图指令为一个指令块，包含触发条件、定时器复位、预置值等与定时器相关的所有条件参数；定时器线圈指令将与定时器相关的条件参数分开使用，可以在不同的程序段中对定时器参数进行赋值和读取。

STL 编程语言的定时器指令与 LAD 编程语言的定时器线圈指令的使用方式相同。L 指令以整数的格式将定时器的定时剩余值写入累加器 1 中；LC 指令以 BCD 码的格式将定时器的定时剩余值和时基一起写入累加器 1 中；使用普通复位指令 R 可以将定时器复位(禁止启动)。

表 4.9 中各符号的含义如下：

Tno 为定时器的编号，其范围与 CPU 的型号有关。

S 为启动信号，当 S 端出现上升沿，延时启动指定的定时器。

R 为复位信号，当 R 端出现上升沿，延时定时器复位，当前值清零。

TV 为设定时间值输入，最大设定时间为 9990 s，输入格式按 S5 系统时间格式，如 S5T＃10S、S5T＃1H20M30S 等。

Q 为定时器输出。定时器启动后，剩余时间非 0 时，Q 输出为 1；定时器停止或剩余时间为 0 时，Q 输出为 0。该端可以连接位变量，如 Q0.0 等，也可以悬空。

BI 端口以整数格式显示或输出剩余时间，采用十六进制形式，如 16＃0034、16＃00FB 等。该端口可以接各种字存储器，也可以悬空。

BCD 端口以 BCD 码格式显示或输出剩余时间，采用 S5 系统时间格式，如 S5T＃10S、S5T＃1H20M30S、S5T＃10M10S 等。该端口可以接各种字存储器，如 QW0、MW10 等，也可以悬空。

——(SP)——为脉冲定时器指令，用来设置脉冲定时器编号；其他的类推。

4.3.2 脉冲定时器(SP)指令

脉冲定时器(SP)详解

图 4.23 说明了脉冲定时器的方块图指令在 LAD 中的用法及其相应的 STL 指令，而图 4.24是脉冲定时器的线圈指令在 LAD 中的用法及其相应的 STL 指令，两图实现的功能是一样的。其中，STL 中的"L"为累加器

1 的装载指令，可将定时器的定时值作为整数装入累加器 1；“LC”为 BCD 装载指令，可将定时器的定时值作为 BCD 码装入累加器，“T”为传送指令，可将累加器 1 的内容传送给指定的字节、字或双字单元。

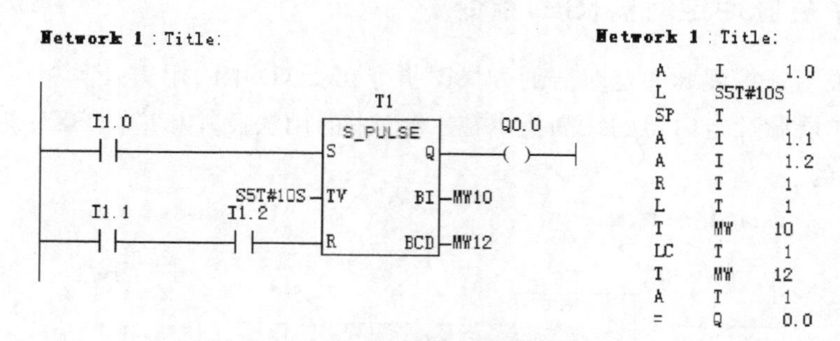

图 4.23　脉冲定时器的方块图指令用法

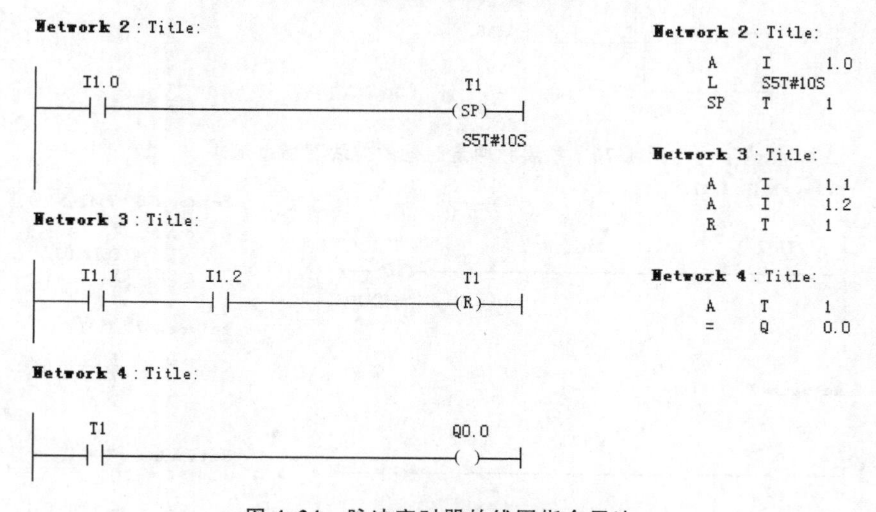

图 4.24　脉冲定时器的线圈指令用法

该例子的时序图如图 4.25 所示，从图 4.25 可以看出，如果 I1.1 和 I1.2 逻辑与运算后的信号(R 信号)的 RLO 为 0，且 I1.0(S 信号)出现上升沿，则脉冲延时型定时器启动，启动的同时，其触点 T1 也接通，此后只要 I1.0 信号的 RLO 保持 1，定时器就继续运行，在定时器运行期间，只要剩余时间不为零，其常开触点闭合，同时输出 Q0.0 为 1，直到定时器时间 t 达到后触点 T1 断开。但如果 I1.0 接通的保持时间小于定时时间 t，那么在 I1.0 断开的同时定时器的触点 T1 也同时断开。

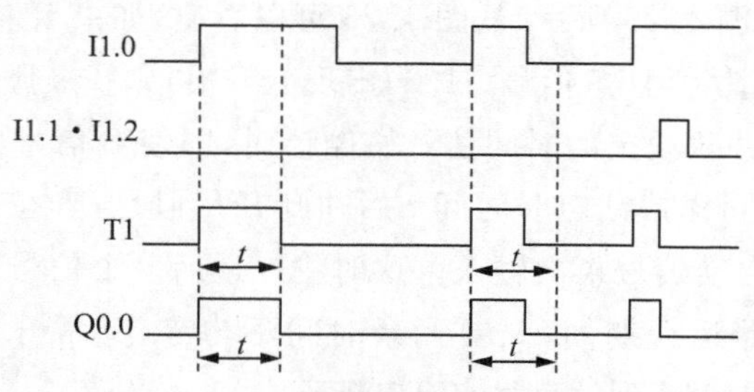

图 4.25　图 4.23 示例的信号时序图

无论何时，只要 R 信号的 RLO 出现上升沿，定时器就立即复位，并使定时器的常开触点断开，Q 输出为零，同时剩余时间清零。

4.3.3 扩展脉冲定时器(SE)指令

图 4.26 说明了扩展脉冲定时器的方块图指令在 LAD 中的用法及其相应的 STL 指令，而图 4.27 是扩展脉冲定时器的线圈指令在 LAD 中的用法及其相应的 STL 指令，两图实现的功能是一样的。

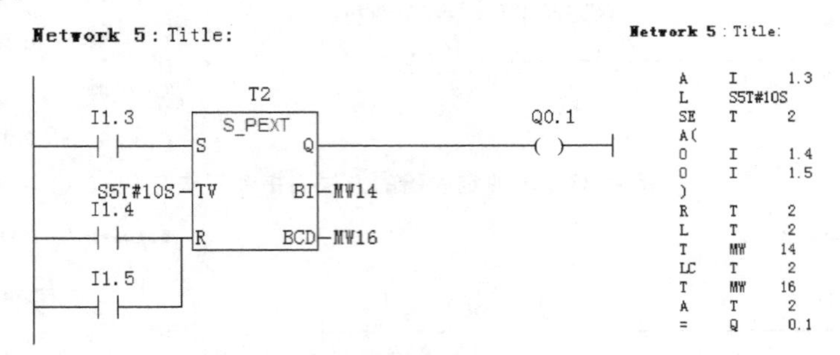

图 4.26 扩展脉冲定时器的方块图指令用法

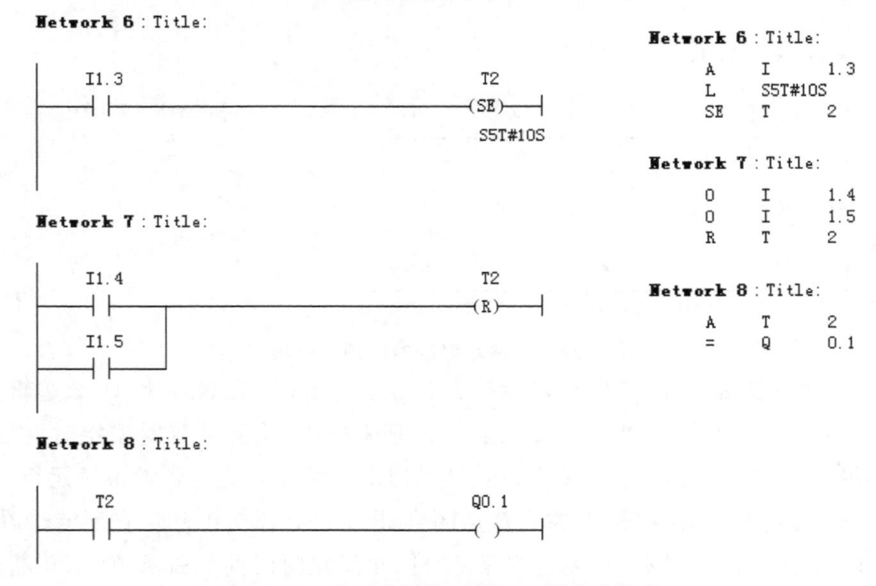

图 4.27 扩展脉冲定时器的线圈指令用法

该例子的时序图如图 4.28 所示，从图 4.28 可以看出，如果 R 信号(I1.4 和 I1.5 逻辑或运算后的信号)的 RLO 为 0，且 S 信号(I1.3)出现上升沿，则扩展脉冲定时器启动，启动的同时，其触点 T2 也接通，并从设定的时间值开始倒计时，即使 S 信号的保持时间小于定时值，定时器的触点 T2 也能同样持续定时时间 t 后才断开。但是，若在启动信号断开后，定时器进入“断开延时”阶段，启动信号再次输入。这时将以最后一个信号输入作为启动信号，重新执行延时动作，在定时器运行期间，只要剩余时间不为零，其常开触点 T2 闭合，同时输出 Q0.1 为 1，直到定时器时间 t 到达后触点 T2 断开。

无论何时，只要 R 信号的 RLO 出现上升沿，定时器就立即复位，并使定时器的常开触点断开，Q 输出为零，同时剩余时间清零。

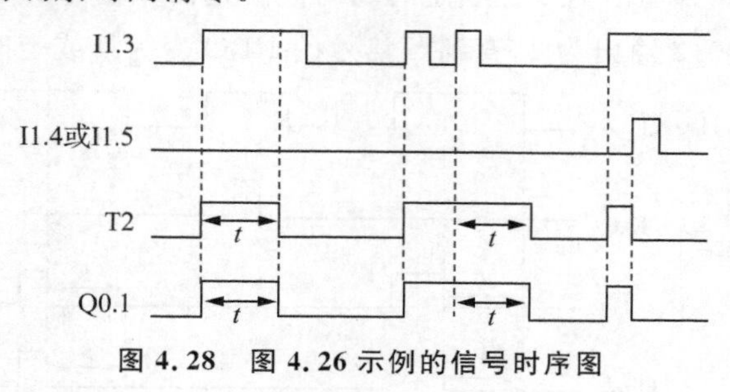

图 4.28　图 4.26 示例的信号时序图

4.3.4　接通延时定时器(SD)指令

图 4.29 说明了接通延时定时器的方块图指令在 LAD 中的用法及其相应的 STL 指令，从图中可以看出由于 BCD 端口悬空，所以对应的 STL 指令出现了 NOP 0 空指令，此指令不影响程序的运行；而图 4.30 是接通延时定时器的线圈指令在 LAD 中的用法及其相应的 STL 指令，两图实现的功能是一样的。

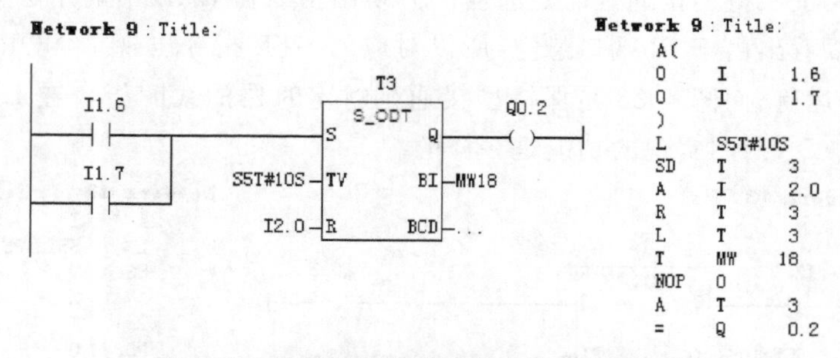

图 4.29　接通延时定时器的方块图指令用法

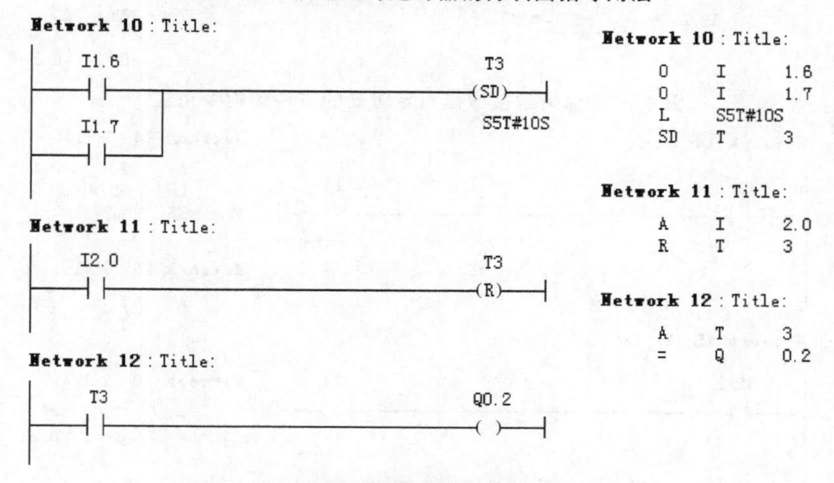

图 4.30　接通延时定时器的线圈指令用法

该例子的时序图如图 4.31 所示，从图 4.31 可以看出，如果 R 信号(I2.0)的 RLO 为 0，且 S 信号(I1.6 和 I1.7 逻辑或运算后的信号)出现上升沿，则定时器启动，并从设定的时间

(该例为 10 s)开始倒计时,如果在定时器结束之前,S 信号的 RLO 出现下降沿,定时器就立即停止运行并复位,Q0.2 输出为零。当定时器时间到达而 S 信号的 RLO 仍为 1 时,定时期常开触点闭合,同时 Q0.2 输出为 1,直到 S 信号的 RLO 变为 0 或定时器被复位。

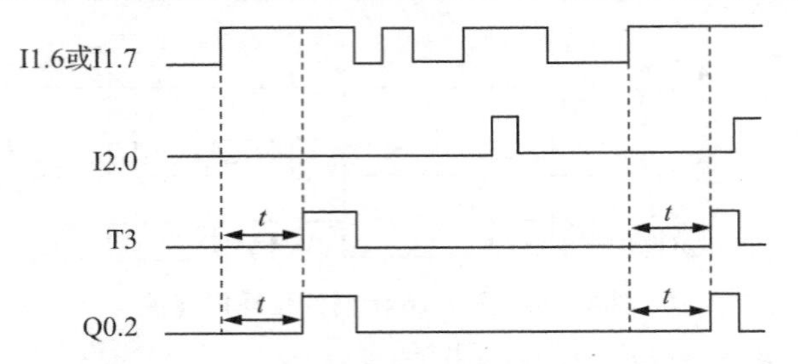

图 4.31 图 4.29 示例中的接通延时定时器(SD)信号时序图

无论何时,只要 R 信号的 RLO 出现上升沿,定时器就立即复位,并使定时器的常开触点断开,Q 输出为零,同时剩余时间清零。

4.3.5 保持型接通延时定时器(SS)指令

图 4.32 说明了保持型接通延时定时器的方块图指令在 LAD 中的用法及其相应的 STL 指令,从图中可以看出由于 BI 端口悬空,所以对应的 STL 指令出现了 NOP 0 空指令,此指令不影响程序的运行;而图 4.33 是保持型接通延时定时器的线圈指令在 LAD 中的用法及其相应的 STL 指令,两图实现的功能是一样的。

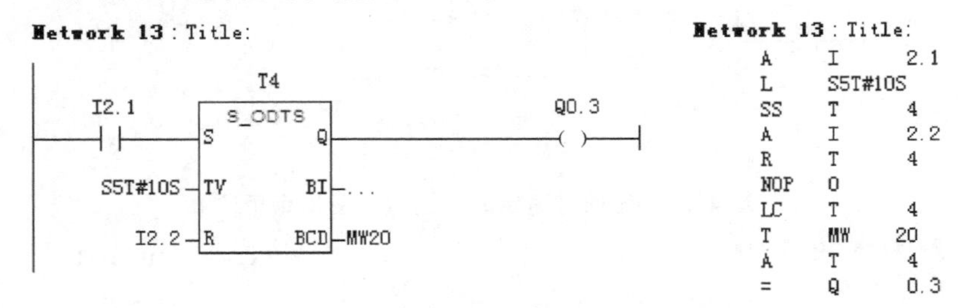

图 4.32 保持型接通延时定时器的方块图指令用法

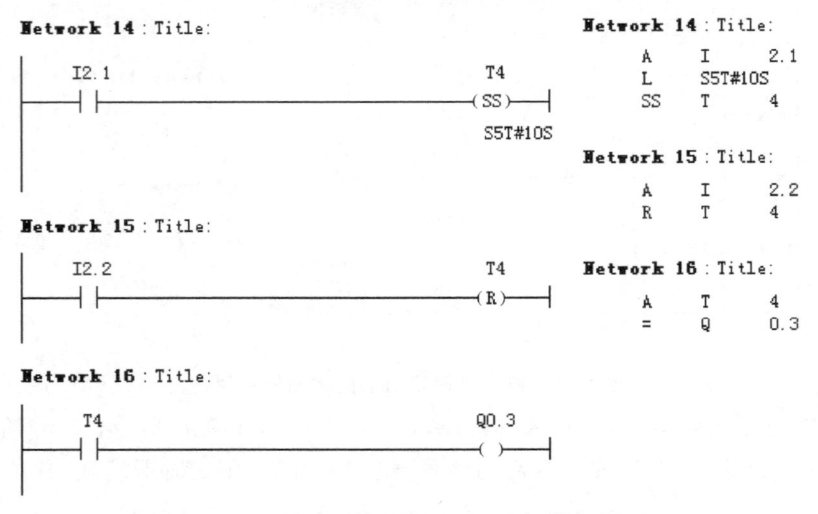

图 4.33 保持型接通延时定时器的线圈指令用法

该例子的时序图如图 4.34 所示，从图 4.34 可以看出，如果 R 信号(I2.2)的 RLO 为 0，且 S 信号(I2.1)的上升沿到达，定时器便保持这一 S 信号，不管 S 信号接通的时间是否大于设定的时间 t，定时器总是保持延时状态，到达设定时间 t 后，定时器触点接通。但是，若在启动信号断开后，定时器进入"保持延时"阶段，S 信号再一次输入，这时将以最后一次输入的上升沿作为 S 信号，重新进行延时时间 t 的计算。保持型接通延时定时器使用结束后，必须用复位信号对其进行复位。

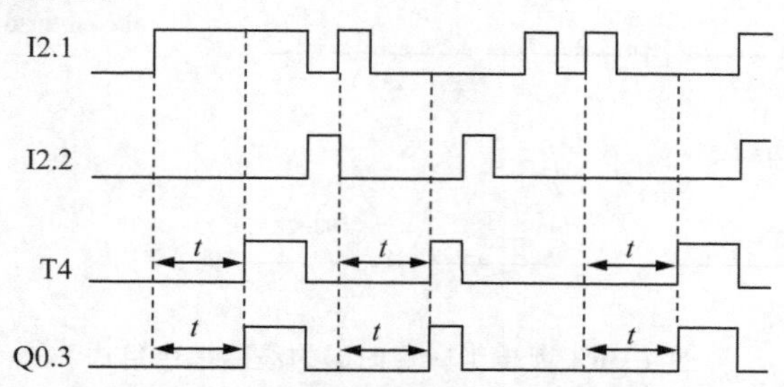

图 4.34　图 4.32 示例中的保持型接通延时定时器(SS)信号时序图

无论何时，只要 R 信号的 RLO 出现上升沿，定时器就立即复位，并使定时器的常开触点断开，Q 输出为零，同时剩余时间清零。

4.3.6　断电延时定时器(SF)指令

图 4.35 说明了断电延时定时器的方块图指令在 LAD 中的用法及其相应的 STL 指令，从图中可以看出由于 BI 端口和 BCD 端口都悬空，所以对应的 STL 指令出现了两条 NOP 0 空指令，此指令不影响程序的运行；而图 4.36 是断电延时定时器的线圈指令在 LAD 中的用法及其相应的 STL 指令，两图实现的功能是一样的。

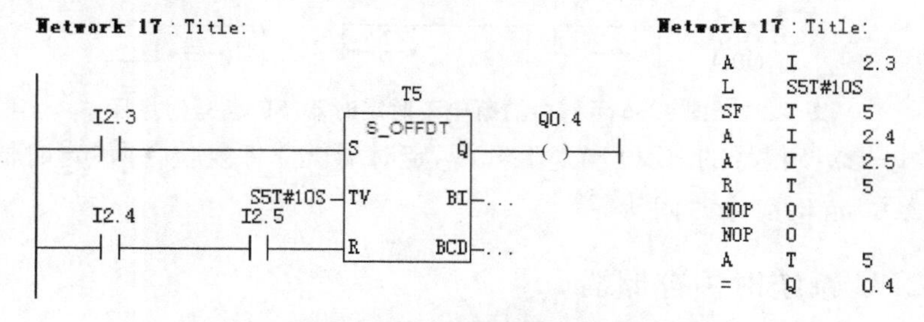

图 4.35　断电延时定时器的方块图指令用法

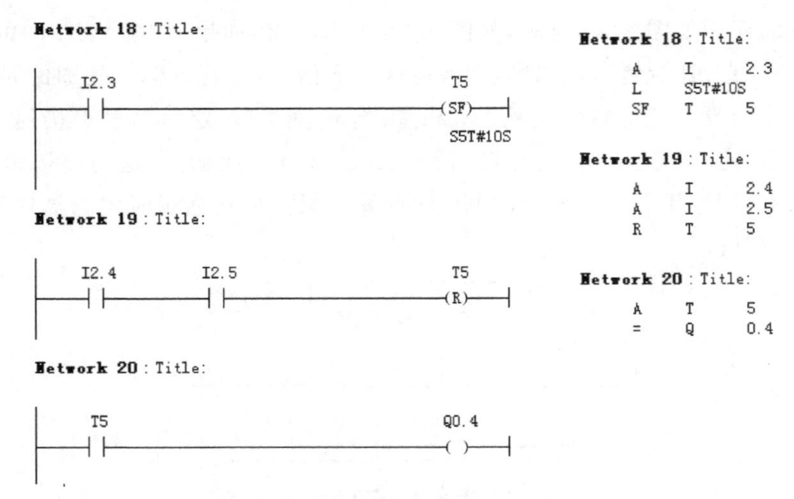

图 4.36 断电延时定时器的线圈指令用法

该例子的时序图如图 4.37 所示，从图 4.37 可以看出，如果 R 信号(I2.4 和 I2.5 逻辑与的值)的 RLO 为 0，且 S 信号(I2.3)的下降沿到达，延时触点保持定时时间 t 后才断开，Q0.4 输出为 0。但是，若在 S 信号恢复断开后，定时器进入“断开延时”阶段，S 信号再一次输入，这时将以最后一次信号断开点作为断开延时时间计算的起点，重新进行计时。

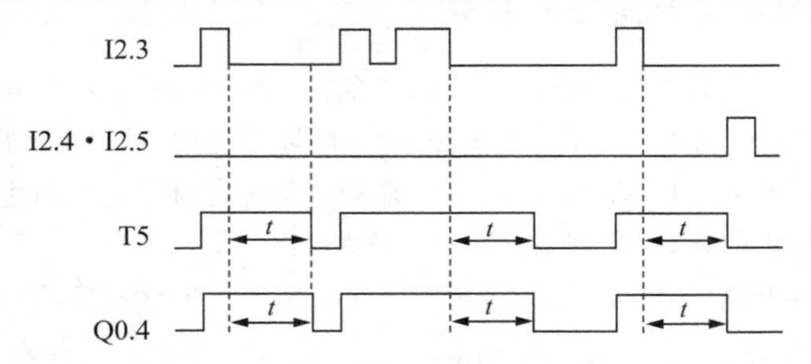

图 4.37 图 4.35 示例中的断电延时定时器(SF)信号时序图

无论何时，只要 R 信号的 RLO 出现上升沿，定时器就立即复位，并使定时器的常开触点断开，Q 输出为零，同时剩余时间清零。

4.3.7 CPU 系统时钟存储器

S7-300 系列 PLC 除了在 STEP7 编程软件提供前面介绍的五种定时器以外，还可以使用 CPU 系统时钟存储器(Clock Memory)实现精确的定时功能。要使用该功能，须在硬件组态环境下用鼠标双击 CPU 模块，打开 CPU 属性对话框，选择 Cycle/Clock Memory 属性选项卡，然后勾选“Clock Memory”选项激活该功能，设置 Clock Memory，如图 4.38 所示。

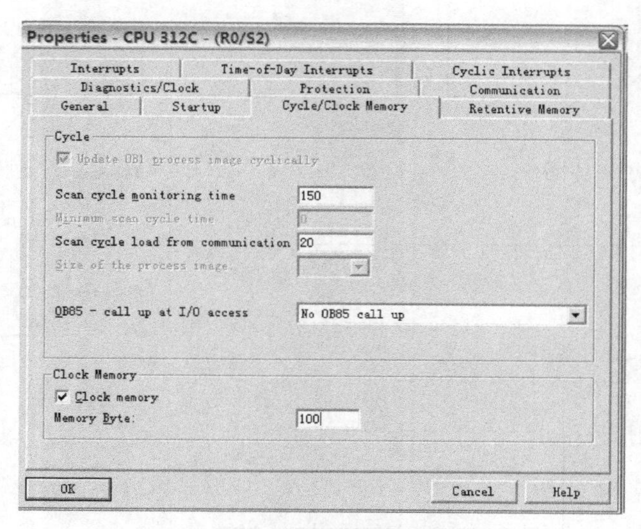

图 4.38　设置 CPU 系统时钟存储器

在"Memory Byte"区域输入想为该项功能设置的地址，如需要使用 MB100，则直接输入 100。Clock Memory 的功能是定义各位的变化规律按照不同频率的方波(占空比为 50%)来改变，各位的周期及频率见表 4.10。如果在硬件配置中设置了该项功能，就可以在编程时使用该存储器来获得不同频率的方波信号。

表 4.10　Clock Memory 各位的周期及频率变化表(以 MB100 为例)

位序	M100.7	M100.6	M100.5	M100.4	M100.3	M100.2	M100.1	M100.0
周期/s	2	1.6	1	0.8	0.5	0.4	0.2	0.1
频率/Hz	0.5	0.625	1	1.25	2	2.5	5	10

4.3.8　定时器指令的应用示例

(1) 方波发生器

方波信号是一种常用的控制信号，可用于控制间歇铃声等。我们可以采用多种编程方法来实现方波信号，这里介绍两种。

① 用接通延时定时器(SD)产生占空比可调的方波发生器，梯形图和语句表程序如图 4.39 所示。Q0.0 方波输出，定时器 T1 设置输出 Q0.0 为 1 的时间，定时器 T2 设置输出为 0 的时间，这里占空比是 40%。该梯形图运行中的截图如图 4.40 所示，截图会显示定时器的剩余时间和通断情况。

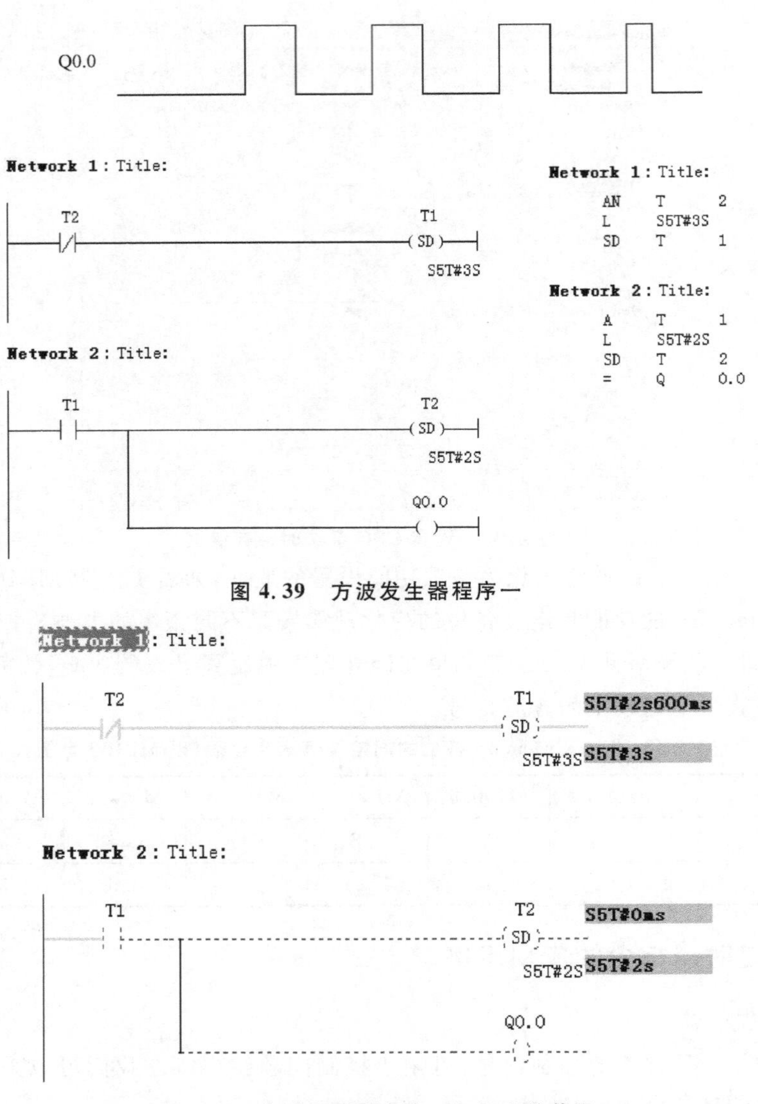

图 4.39 方波发生器程序一

图 4.40 方波发生器程序一运行中的截图

② 用定时器梯形图方块产生占空比可调的方波发生器。Q4.0 为方波输出，关断延时定时器 T1(S-OFFDT 方块)设置输出 Q0.0 为 1 的时间(2 s)，接通延时定时器 T2(S-ODT 方块)设置输出 Q0.0 为 0 的时间(3 s)，占空比为 2∶5。程序如图 4.41 所示，(a)是 LAD 程序，(c)是其对应的 STL 程序，(b)是运行中的 LAD 程序。从图中我们可以看出，运行中会显示定时器的剩余时间的十六进制形式和 S5T 格式。

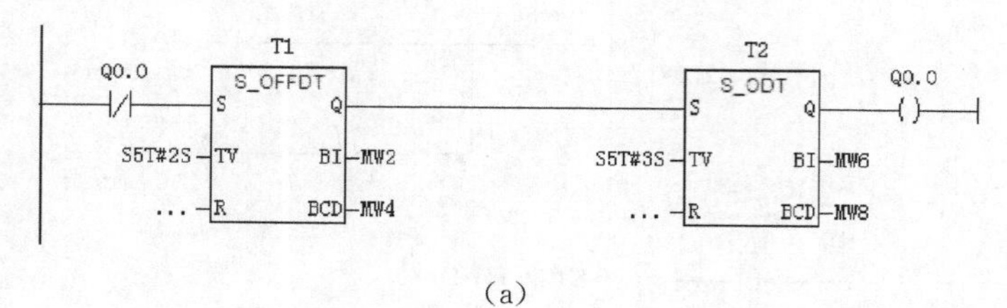

(a)

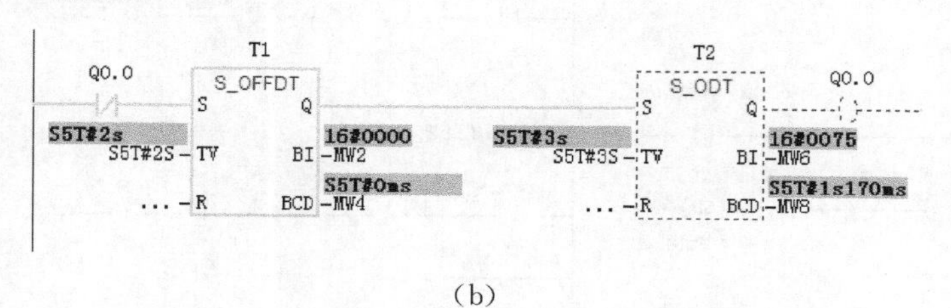

(b)

Network 1: Title:

```
A(
AN    Q      0.0
L     S5T#2S
SF    T      1
NOP   0
L     T      1
T     MW     2
LC    T      1
T     MW     4
A     T      1
)
L     S5T#3S
SD    T      2
NOP   0
L     T      2
T     MW     6
LC    T      2
T     MW     8
A     T      2
=     Q      0.0
```

(c)

图 4.41　方波发生器程序二

(2) 传输带

如图 4.42 所示是由三条传输带和漏斗组成的物料三级运输系统，为防止物料堆积，要求按下启动按钮 I0.0 后 A 传输带（Q0.0）首先开始工作，10 s 后 B 传输带（Q0.1）自动启动，再过 10 s 以后 C 传输带（Q0.2）自动启动，按下停止按钮，停机的顺序和启动的顺序正好相反，间隔也是 10 s。

传输带实例

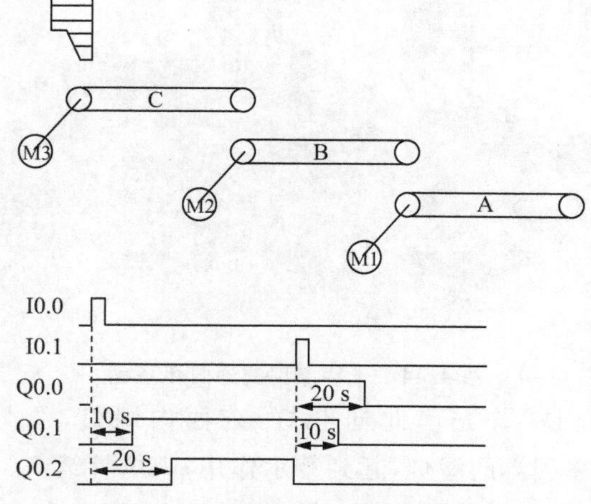

图 4.42　三级运输系统工作示意图

根据上述要求编写的工作程序如图 4.43 所示。

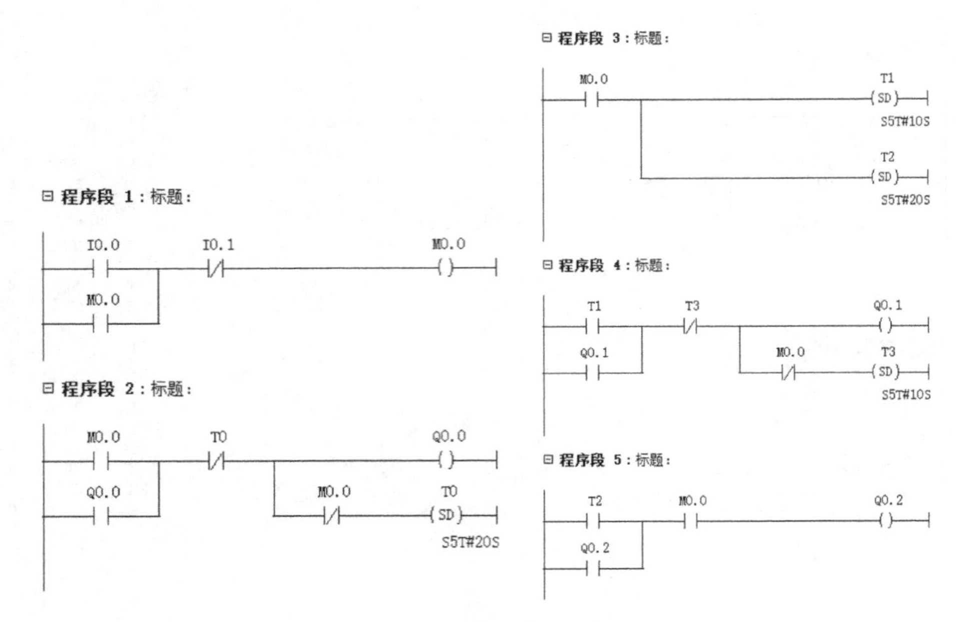

图 4.43 三级运输系统程序图

(3) 十字路口交通灯

如图 4.44 所示为双干道交通信号灯设置示意图。信号灯的动作受开关总体控制，按一下启动按钮(常开按钮)，信号灯系统开始工作，并周而复始地循环动作；按一下停止按钮(常开按钮)，所有信号灯都熄灭。

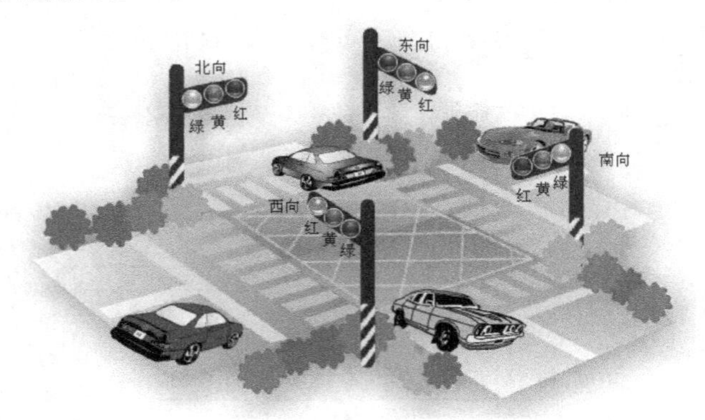

图 4.44 十字路口交通灯示意图

信号灯的工作流程是：首先南北向红灯，东西向绿灯，绿灯持续 25 s后，变为以 1 Hz 频率闪烁的绿灯，起到警示作用；闪烁持续 5 s后，东西向绿灯熄灭，东西向黄灯点亮，黄灯持续 5 s后熄灭，东西向红灯、南北向绿灯同时点亮，南北向绿灯持续 45 s后，变为以 1 Hz 频率闪烁的绿灯，起到警示作用；闪烁持续 5 s后，南北向绿灯熄灭，南北向黄灯点亮，黄灯持续 5 s后熄灭，南北向红灯、东西向绿灯同时点亮……如此周而复始。信号灯的控制时序如图 4.45 所示。

十字路口交通灯实例

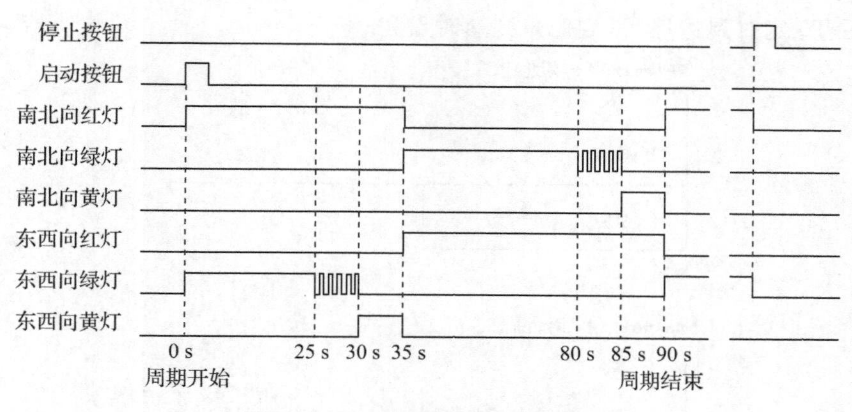

图 4.45 交通信号灯工作时序图

交通信号灯控制程序比较复杂，所以在这里分为周期控制、定时时序设计、南北向信号灯设计和东西向信号灯设计四个部分来介绍。

① 周期控制程序。

如图 4.46 所示，周期控制信号在启动按钮按下的瞬间开始生效，在停止按钮按下的瞬间变为无效，由 M0.0 这个中间触点来体现，由此可编写出周期控制程序。

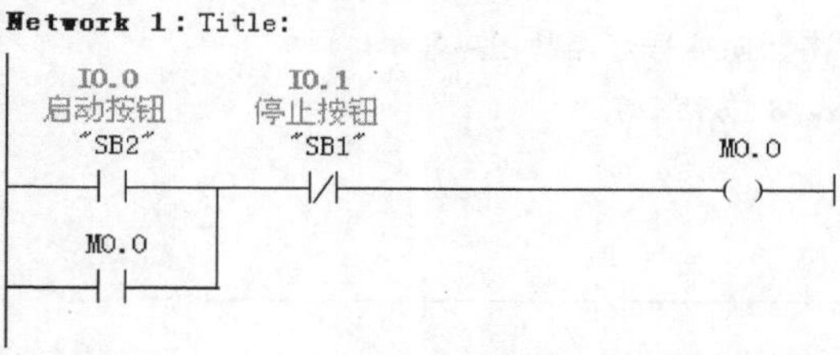

Network 1：Title:

I0.0
启动按钮
"SB2"
I0.1
停止按钮
"SB1"
M0.0
M0.0

图 4.46 十字路口交通信号灯周期控制程序段

② 定时时序设计。

定时时序由 M0.0 控制，由各定时器具体实现控制程序，如图 4.47 所示。

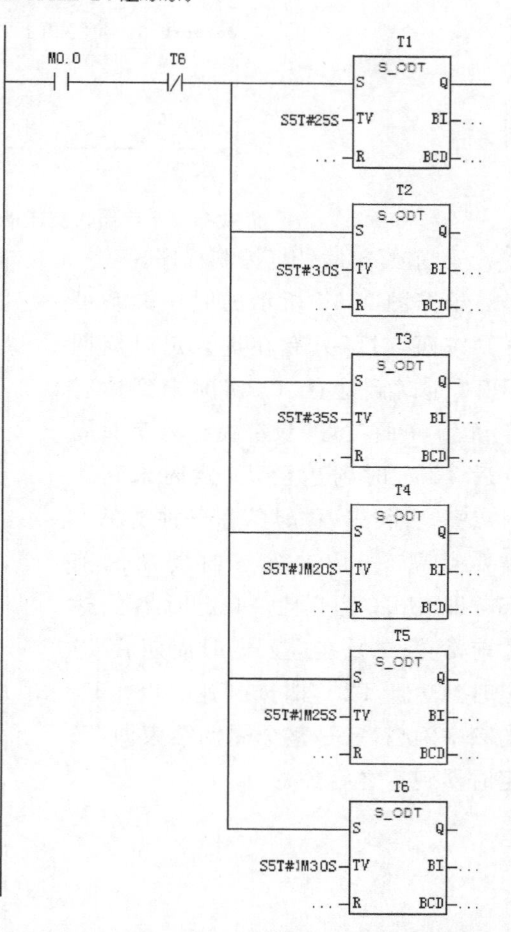

图 4.47 十字路口交通信号灯定时时序程序段

③ 南北向信号灯控制程序。

根据如图 4.48 所示的时序关系可知，“南北红灯”在两种情况下需要点亮：一是进入定时周期的前 35 s，即 M0.0 为 1 且 T3 定时器到达之前；二是整个周期结束，即 T6 定时器到达之后。“南北绿灯”只有在进入定时周期后 T3 定时到达且 T4 定时未到达时常亮，在 T4 定时到达且 T5 定时未到达时以 1 Hz 的频率闪亮。“南北黄灯”只有在进入定时周期后 T5 定时到达且 T6 定时未到达时点亮。

Network 3：南北红灯

M0.0 T3 Q0.0 南北红灯 "L1_R"
T6

Network 4：南北绿灯

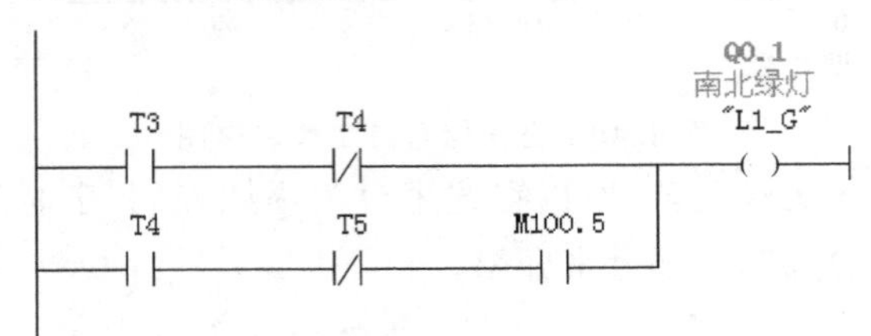

Network 5：南北黄灯

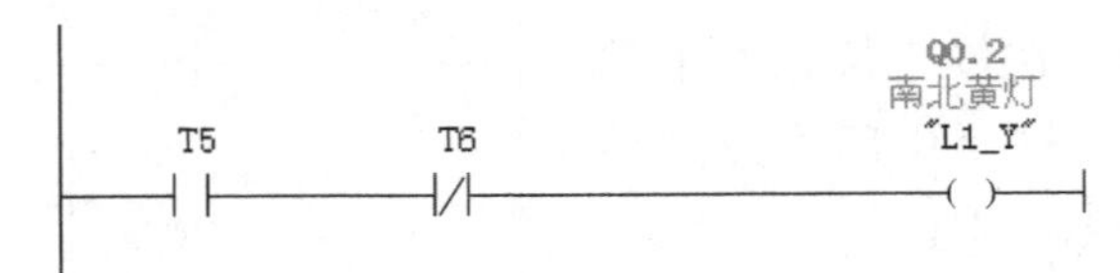

图 4.48 十字路口交通信号灯南北向信号灯控制程序段

④ 东西向信号灯控制程序。

根据图 4.49 所示的时序关系可知，“东西红灯”只有在进入定时周期后 T3 定时到达且 T6 定时未到达时点亮。“东西黄灯”只有在进入定时周期后 T2 定时到达且 T3 定时未到达时点亮。而“东西绿灯”在三种情况下需要点亮：一是进入定时周期的前 25 s 即 M0.0 为1 且 T1 定时器到达之前常亮；二是在进入定时周期后 T1 定时到达且 T2 定时未到达时以 1 Hz 的频率闪亮；三是整个周期结束即 T6 定时器到达之后常亮。

Network 6：东西红灯

T3 T6 Q0.3 东西红灯 "L2_R"

Network 7：东西绿灯

M0.0 T1 Q0.4 东西绿灯 "L2_G"
T1 T2 M100.5
T6

Network 8：东西黄灯

T2 T3 Q0.5 东西黄灯 "L2_Y"

图 4.49 十字路口交通信号灯东西向信号灯控制程序段

4.4　计数器指令

在生产过程中常常要对现场发生动作的次数进行记录并据此发出控制命令，如要计算车库内停车的数量、生产车间内生产的工件的数量等，计数器就是为了实现这一功能而开发的。

4.4.1　计数器的理论知识

(1) 计数器的存储器区

S7 CPU 的存储器中有为计数器保留的存储区，为每个计数器地址保留一个 16 位字和一个二进制计数器位。计数器字用来存放它的当前计数值，计数器触点的状态由计数器位的状态来决定。用计数器地址（C 和计数器号，如 C2）来存取当前计数值和计数器位，带位操作数的指令存取计数器位，带字操作数的指令存取计数器的计数值。只有计数器指令能访问计数器存储器区。梯形图指令集支持 256 个计数器，地址范围是 C0～C255，其地址范围因 CPU 具体型号不同而有差异。

在 CPU 中保留一块存储区作为计数器计数值存储区，每个计数器占用两个字节，称为计数器字，计数器字中的第 0～11 位表示计数值（BCD 码格式），计数范围是 0～999。当计数值达到上限 999 时，累加停止；计数值到达下限 0 时，将不再减小。对计数器进行置数（设置初始值）操作时，累加器 1 低字中的内容被装入计数器字，计数器的计数值将以此为初值增加或减小。可以用多种方式为累加器 1 置数，但要确保累加器 1 低字符合所规定的格式。当计数器字的计数值为 BCD 码 116 时，计数器单元中的各位如图 4.50 所示，用格式 C＃116 表示 BCD 码 116。

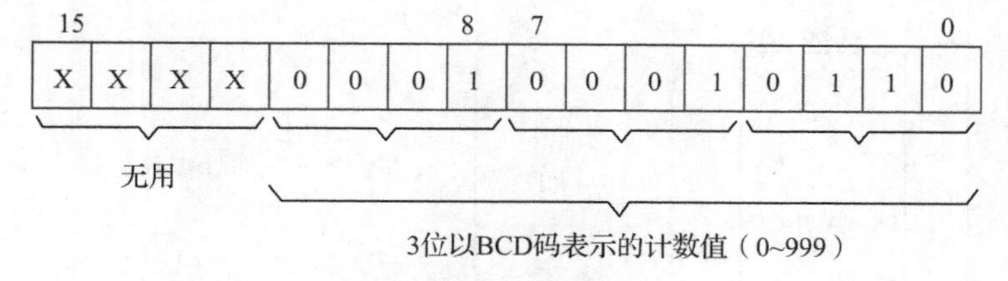

图 4.50　计数器的字

(2) 计数值的动作过程

在其他型号的 PLC 中，甚至是德国西门子的 S7-200 PLC，计数器的设定值都与"计数到"的概念相关联，也就是说在常规中，当计数达到设定值时，计数器输出触点（计数器的位）有动作。但 S7-300 PLC 的计数器与此不同，只要当前计数值不为 0，计数器的输出为 1，即其常开触点闭合，常闭触点打开。

然而"计数到，计数器输出有动作"的概念在生产过程中是经常用到的，可 S7-300 PLC 的计数器却不符合这一概念，即不符合常规，所以编程者常用以下两种方法来实现"计数到"。

① 加法计数器。

置计数初值时，计数器输出不动作，输出为 0，在当前计数值大于 0 时，其输出为 1。实际上加法计数器工作时，计数值一般都大于 0，输出一般都为 1，不变化。此时可查看当前剩余计数值，然后将其和预想的值做比较，如果相等，则执行对应的操作，以此来实现“计数到”的概念。后续章节会举例。

② 减法计数器。

先把设定的计数初值送入计数器的字中，计数器输出会立即从 0 到 1 产生一个正跳变。在当前计数值大于 0 时，计数器输出为 1；当减法计数器减到 0，即当前计数值等于 0 时，计数器输出从 1 变为 0，产生一个负跳变沿。再用负跳变沿检测指令，实现计数器的“计数到”，也可以用计数器的常闭触点和装计数值的允许信号的常开触点串联来实现计数器的“计数到”。

综上所述，无论是加法计数器还是减法计数器，只要当前计数值等于 0，则计数器输出为 0；若当前计数值大于 0，则计数器输出为 1，复位时计数器清 0，其输出为 0。

(3) 计数值的表达形式

在 S7-300/400 系列 PLC 中计数器的指令形式见表 4.11。

表 4.11　计数器的指令形式

指令名称	梯形图		STL	说明
	方块图	线圈		
减计数器	Cno S_CD CD　Q S　CV PV　CV_BCD R	Cno —(CD)	CD	减计数器
加计数器	Cno S_CU CU　Q S　CV PV　CV_BCD R	Cno —(CU)	CU	加计数器
加/减计数器	Cno S_CUD CU　Q CD　CV S　CV_BCD PV R	—	—	—

续表

指令名称	梯形图		STL	说明
	方块图	线圈		
计数器置初值	—	Cno ——(SC) C＃xxx	S	计数器置初值，如S C12
计数器复位	—	—	R	复位计数器，如R C12
计数器重新启动	—	—	FR	重新启动计数器，如FR C1
计数器写入累加器	—	—	L	以整数形式将当前的计数器写入累加器1，如L C3
	—	—	LC	把当前的计数值以BCD码形式装入累加器1，如LC C3

使用LAD编程，计数器指令分为两种：一是计数器方块图指令，包括加计数器、减计数器、加/减计数器方块图指令，计数器中包含计数器复位、预置等功能；二是计数器线圈指令，包括加、减计数器线圈指令，使用计数器线圈指令时，必须与预置计数器值指令、计数器复位指令结合使用。

使用STL编程，计数器指令只有加计数器CU和减计数器CD两个指令；S、R指令为位操作指令，可以对计数器进行预置初值和复位操作。

表4.11中方块图中的符号含义如下：

① Cno为计数器的编号，其编号范围与CPU的具体型号有关。

② CU为加计数器输入端，该端每出现一个上升沿，计数器自动加1，当计数器的当前值为999时，计数器保持为999，加1操作无效。

③ CD为减计数器输入端，该端每出现一个上升沿，计数器自动减1，当计数器的当前值为0时，计数器保持为0，减1操作无效。

④ S为预置信号输入端，该端出现上升沿的瞬间，将计数初值作为当前值。

⑤ PV为计数初值输入端，可以通过字存储器(如MW2、IW4等)为计数器提供初值，也可以直接输入BCD码形式的立即数，此时立即数的格式为C＃xxx，如C＃5、C＃116等。

⑥ R为计数器复位信号的输入端。任何情况下，只要该端出现上升沿，计数器就会马上复位，复位后计数器的当前值为0，输出也为0。

⑦ Q为计数器状态输出端，只要计数器的当前值不为0，计数器的状态就为1。该端可以连接位存储器，如Q0.0、M1.0等，也可以悬空，Q的状态与计数器Cno的状态相同。

⑧ CV为以二进制格式输出(或显示)的计数器当前值，如16＃0012、16＃00CF等。该端口可以连接各种字存储器，如MW2、QW4等，也可以悬空。

⑨ CV_BCD是以BCD码格式输出(或显示)的计数器当前值，如C＃12、C＃6等。该端口可以连接各种字存储器，如MW2、QW4等，也可以悬空。

4.4.2 加/减计数器(S_CUD)

图 4.51 说明了加/减计数器(可逆计数器)的方块图指令在 LAD 中的用法及其相应的 STL 指令,而图 4.52 是加/减计数器的线圈指令在 LAD 中的用法及其相应的 STL 指令,两图实现的功能是一样的。

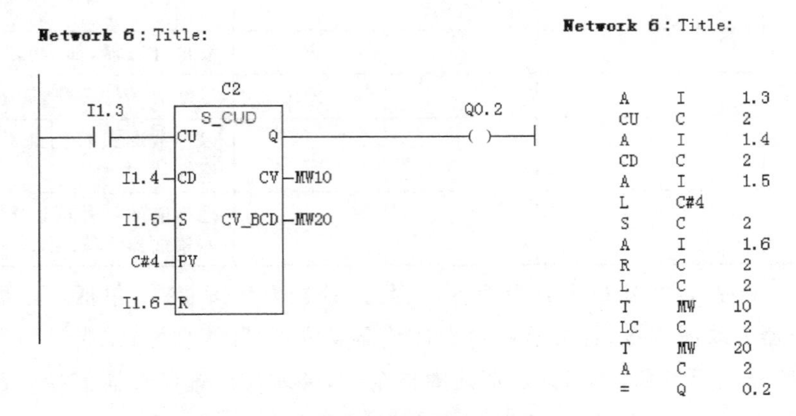

图 4.51 可逆计数器的方块图指令用法

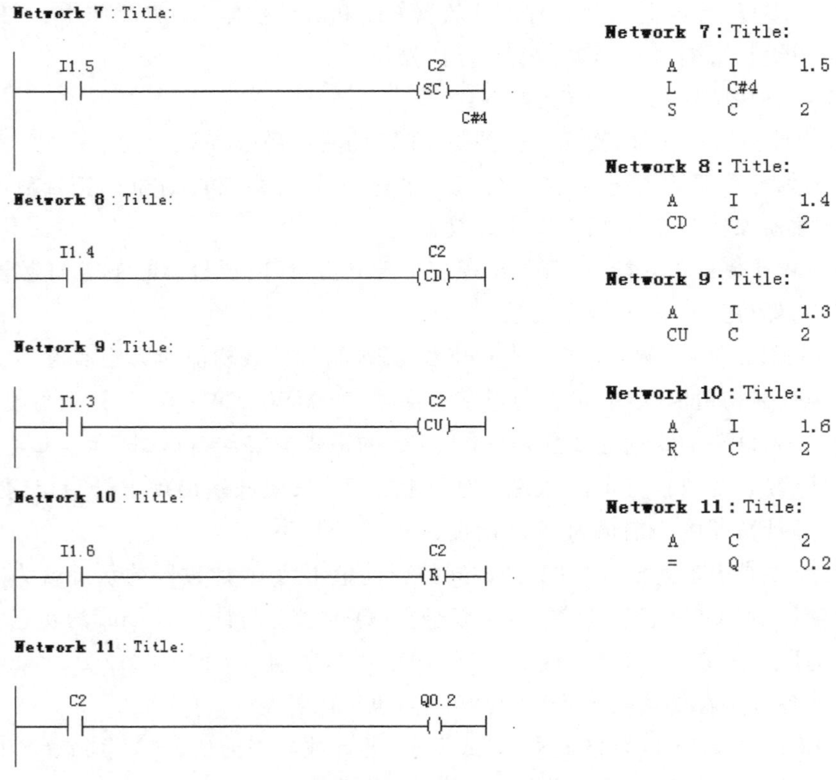

图 4.52 可逆计数器的线圈指令用法

示例中,I1.3 每出现一次上升沿,C2 就自动加 1,I1.4 每出现一次上升沿,C2 就自动减 1,当前值保存在 MW10(十六进制整数)和 MW20(BCD 码格式)中;如果 C2 的当前计数值不为 0，则 Q0.2 就为 1，否则，Q0.2 为 0；当 I1.5 出现上升沿时，计数器的当前值将被立即置为 4（由 C♯4 决定），同时 Q0.2 为 1，以后将从 4 开始计数；如果 I1.6 出现上升沿，则计数器的当前值立即置 0，同时 Q0.2 为 0，以后 C2 将从 0 开始计数。可逆计数器的功能示意图如图 4.53 所示。

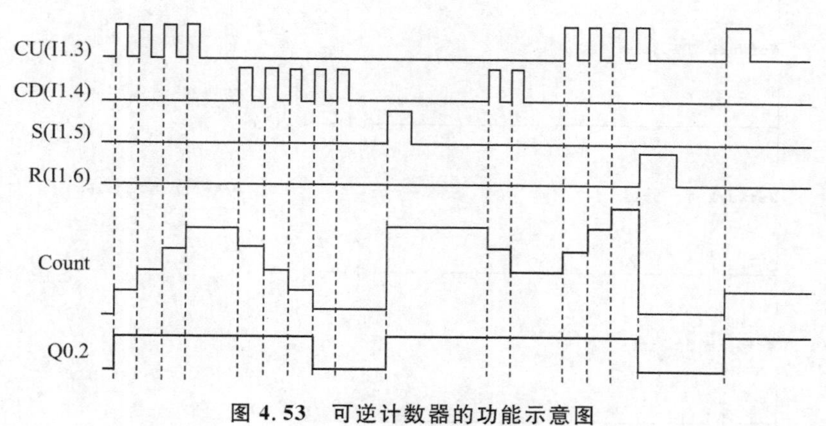

图 4.53　可逆计数器的功能示意图

4.4.3　加计数器（S_CU）

图 4.54 说明了加计数器的方块图指令在 LAD 中的用法及其相应的 STL 指令，而图 4.55是加计数器的线圈指令在 LAD 中的用法及其相应的 STL 指令，两图实现的功能是一样的，只是线圈指令中不能存储该计数器的当前值。

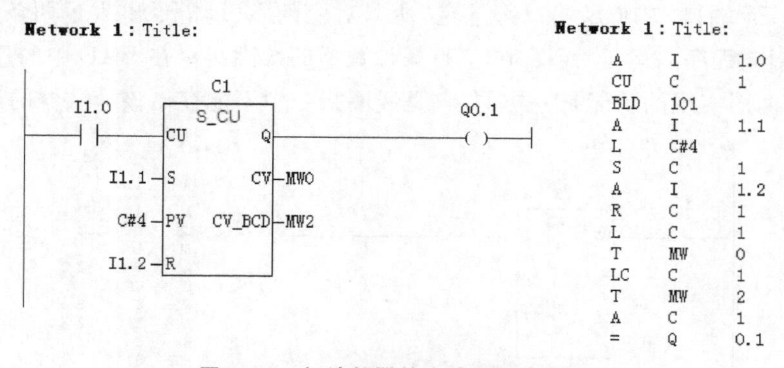

图 4.54　加计数器的方块图指令用法

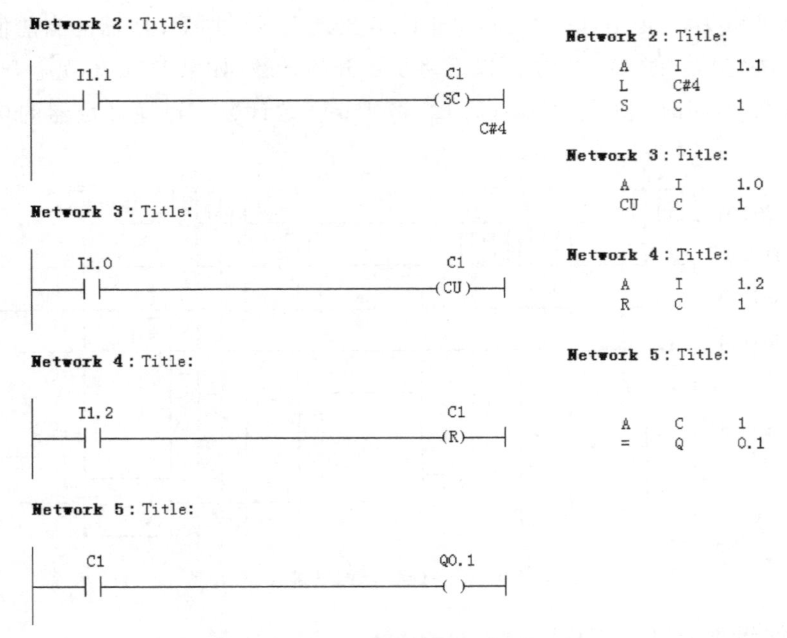

图 4.55 加计数器的线圈指令用法

4.4.4 减计数器(S_CD)

图 4.56 说明了减计数器的方块图指令在 LAD 中的用法及其相应的 STL 指令,从图中可以看出由于 BI 端口和 BCD 端口都悬空,所以对应的 STL 指令出现了两条 NOP 0 空指令,此指令不影响程序的运行;而图 4.57 是减计数器的线圈指令在 LAD 中的用法及其相应的 STL 指令,两图实现的功能是一样的,只是线圈指令中不能存储该计数器的当前值。

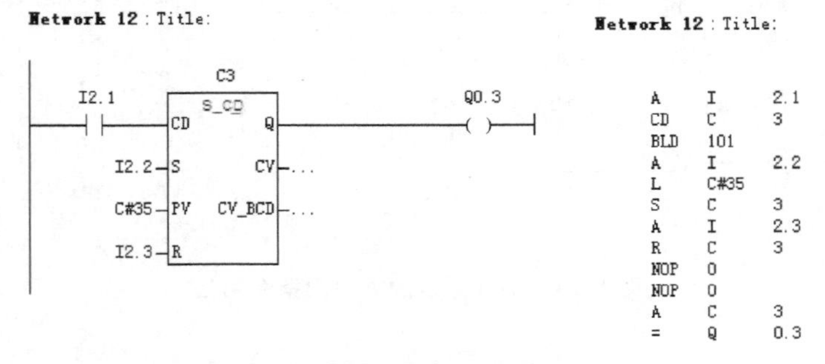

图 4.56 减计数器的方块图指令用法

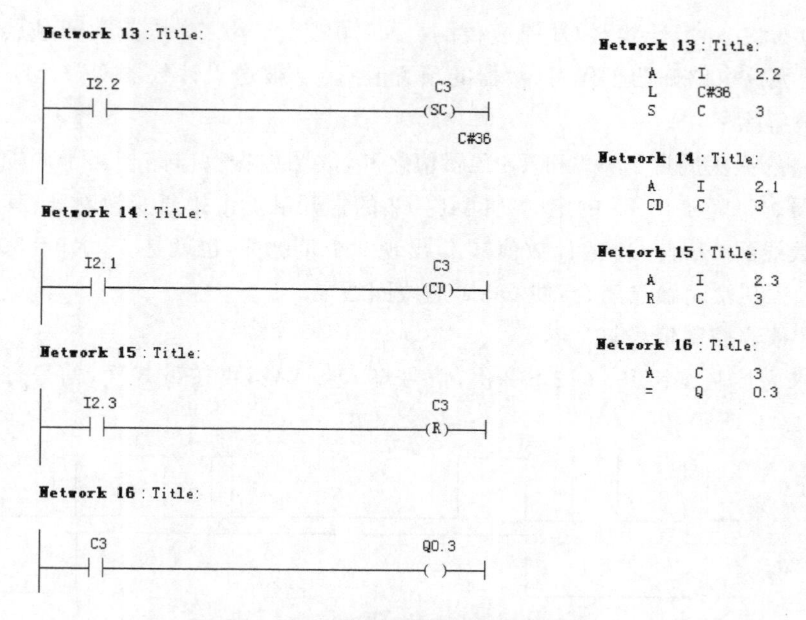

图 4.57　减计数器的线圈指令用法

4.4.5　计数器指令的应用示例

(1) 用计数器扩展定时器的定时范围

S7-300/400 的定时器的最长定时时间为 9990 s，如果需要更长的定时时间，我们可以使用计数器指令来扩展定时器的范围，如图 4.58 所示的实例就是用计数器和定时器配合使用来实现一个 36 h 的扩展定时电路。

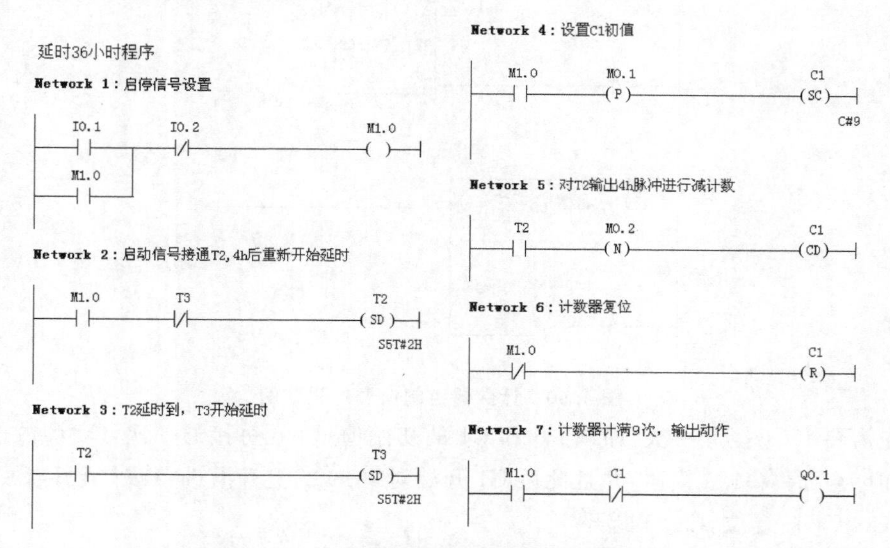

图 4.58　计数器扩展定时器范围实例程序

I0.1 为启动按钮，I0.2 为停止按钮，由于它们不是自锁按钮，所以这里用 M1.0 这个辅助触点作为其启动/停止信号，M1.0 为 1 时启动，M1.0 为 0 时停止。

M1.0 为 0 状态时，计数器 C1 是复位的。M1.0 变为 1 状态时，其常开触点接通，使 T2 和 T3 组成的振荡电路开始工作，计数器的预置值 C＃9 被送入计数器 C1。M1.0 的常闭触点断开，C1 被解除复位。

振荡电路的振荡周期为 T2 和 T3 预置值之和，故图中振荡电路相当于周期为 4 h 的时钟脉冲发生器。每隔 4 h，T3 的定时时间到，T2 的常开触点由接通变为断开，其脉冲的下降沿通过减计数线圈 CD 使 C1 的计数值减 1，出现 9 个负脉冲，也就是 4 h×9＝36 h 后，C1 的当前值减为 0。其常闭触点闭合，使 Q0.1 的线圈通电。

(2) 用计数器控制信号灯

控制要求为控制按钮 I0.0 按下 3 次，信号灯 Q4.0 亮；再按下 3 次，信号灯灭。相应的时序图如图 4.59 所示。

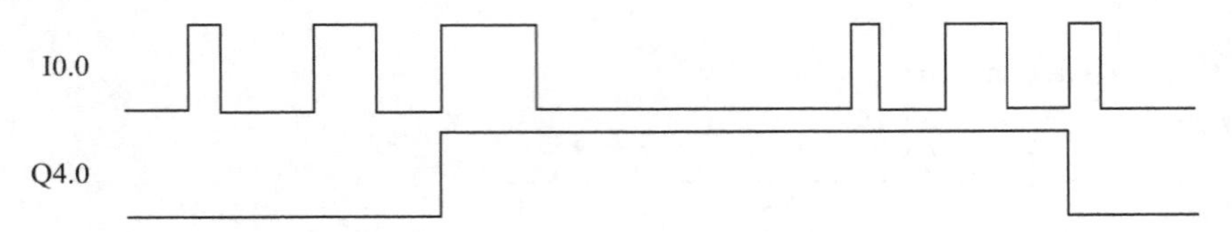

图 4.59 计数器控制信号灯时序图

其控制程序如图 4.60 所示。

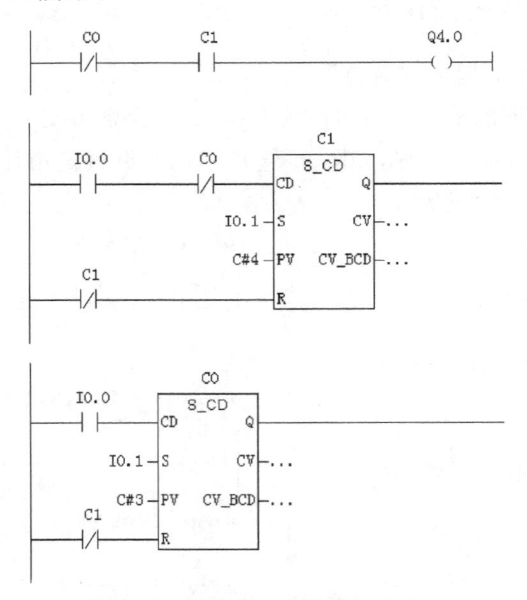

图 4.60 计数器控制信号灯程序图

首先需要 I0.1 接通一次，加载 C0 和 C1 的初始值，I0.0 每接通一次，C0 计数值减 1；当 C0 计数值为 0 时，Q4.0 接通，并且此后 C1 开始对 I0.0 的上升沿进行减计数；当 C1 计数值为 0 时，C0、C1 被复位，Q4.0 断开。

(3) 停车场车位的计数控制

某停车场有 50 个停车位，其入口处与出口处各有一个接近开关，用来检测车辆的进入与驶出。当停车场尚有停车位时，尚有车位指示灯 Q4.0 点亮，入口处的栏杆才可以打开，车辆可以进入停车场停放。若停车位已满，则车位已满指示灯 Q4.1 将点亮，并且入口处的栏杆不能打开，车辆无法进入。PLC 的 1/0 配置如下：

停车场车位的计数控制实例

输入　　I1.1 为停车场入口接近开关 S1

　　　　I1.0 为停车场出口接近开关 S2

　　　　I1.5 为计数器复位按钮 SB1

　　　　I2.0 为系统启动开关 SA1

　　　　I2.2 为入口栏杆启动按钮 SB3

输出　　Q4.0 为尚有停车位指示灯

　　　　Q4.1 为入口栏杆控制信号

　　　　Q4.2 为停车位已满指示灯

梯形图如图 4.61 所示。

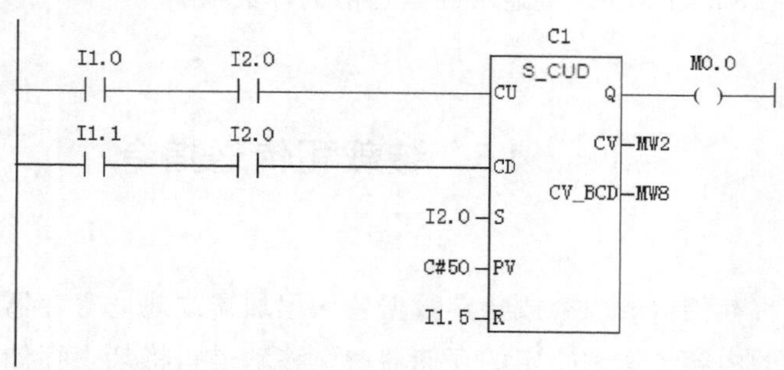


```
Network 2 : Title:
  M0.0      I2.0                  Q4.0
--| |-------| |-------------------( )--

Network 3 : Title:
  M0.0      I2.0            I2.2          Q4.1
--| |-------| |-------------| |-----------( )--

Network 4 : Title:
  M0.0               I2.0                 Q4.2
--| |------|NOT|-----| |------------------( )--
```

图 4.61　停车场车位的计数控制程序图

由如图 4.61 所示的梯形图可以看出：

在 Network 1 中，C1 为加/减可逆计数器，预置停车场的车位数为 50，每次有车辆进入时对输入脉冲进行减 1 计数，有车辆从出口出来时对输入脉冲进行加 1 计数，计数器的当前值就是停车场的车位数。

在 Network 1～Network 4 中，合上系统启动开关 SA1，触点 I2.0 闭合，启动停车场控制系统，同时将计数器的预置值装载到计数器字中，由于 S 端只有在上升沿的时候进行操作，因此在控制过程中该信号保持“1”，不影响计数器工作。

在 Network 1 中，当车辆到达进口处时，接近开关 S2 动作，触点 I1.1 闭合，计数器 C1 进行减 1 计数，计数器 C1 的 Q 端输出高电平，M0.0 置 1。在 Network 2 中，触点 M0.0 已经闭合，由于触点 I2.0 已闭合，因此 Q4.0 得电，使尚有车位指示灯亮；在 Network 3 中，触点 M0.0 闭合，由于触点 I2.0 已闭合，按下入口栏杆启动按钮 SB3，触点 I2.2 闭合，Q4.1 得电，入口栏杆开启，允许车辆进入；在 Network 4 中，触点 M0.0 闭合，通过 NOT 指令，使 Q4.2 不能得电，但是当车辆已满时，M0.0 断开，通过 NOT 指令，使 Q4.2 得电，使车辆已满指示灯点亮。

当车辆离开停车场到达出口处时，接近开关 S1 动作，I1.0 得电，触点 I1.0 闭合，计数器 C1 进行加 1 计数。

计数器 C1 的 MW2 与 MW8 中显示的是当前的计数值。

4.5 装载和传送指令

数据装载是指将存储器的内容或特定数据装入累加器或地址寄存器中。传送是指将累加器或地址寄存器的内容传送到指定的存储器中。移动是指将某一存储器的内容或特定的数据移动到另一存储器中。

数据装载与传送指令用于在各个存储区之间交换数据及存储区与过程输入/输出模板之间交换数据。CPU 在每次扫描时无条件地执行数据装载与传送指令，而不受 RLO 的影响。

在西门子 PLC 中，数据装载和传送指令必须经过一个载体，这个载体就是累加器。累加器是 CPU 中的一种专用寄存器，可以作为“缓冲器”。数据的传送和变换一般是通过累加器进行的，而不是在存储区直接进行。在 S7-300 PLC 中，有两个 32 位的累加器：累加器 1 与累加器 2，当执行装入指令 L 时，将数据装入累加器 1 中，累加器 1 中原有的数据被移入累加器 2 中，累加器 2 中原有的数据被覆盖。当执行传送指令 T 时，将累加器 1 中的数据传送到目标存储区中，而累加器 1 中的内容保持不变。L 和 T 指令可以对字节(8 位)、字(16 位)、双字(32 位)数据进行操作，当数据长度小于 32 位时，数据在累加器 1 中右对齐(低位对齐)，其余各位填 0。

装入(Load,L)指令将源操作数装入累加器 1，而累加器 1 原有的数据移入累加器 2。装入指令可以对字节(8 位)、字(16 位)、双字(32 位)数据进行操作。传输(Transfer,T)指令将累加器 1 中的内容写入目标存储区中，累加器 1 中的内容保持不变。

数据装载指令 L 和数据传送指令 T 可以完成下列区域的数据交换：

① 输入/输出存储区 I/O 与位存储区 M、过程输入存储区 PI、过程输出存储区 PQ、定时

器 T、计数器 C、数据区 D 的数据交换。

② 过程输入/输出存储区 PI/PQ 与位存储区 M、定时器 T、计数器 C、数据区 D 的数据交换。

③ 定时器 T、计数器 C 与过程输入/输出存储区 PI/PQ、位存储区 M、数据区 D 的数据交换。

STL 编程语言指令分为装载指令和传送指令，其中包含地址寄存器的处理指令。具体指令见表 4.12。

表 4.12　STL 的装载指令和传送指令

指令类型	指令	说明
装载指令	L 〈操作数〉	将数据装入累加器 1 中，累加器 1 中原有内容移动到累加器 2
	L　STW	将状态字的内容装入累加器 1
	LAR1　〈D〉	将累加器 1 中的内容装入地址寄存器 1
	LAR1	将累加器 1 中的内容装入地址寄存器 1。装入 AR1 的内容可以是立即数或者是存储区、地址寄存器 2(AR2)中的内容。如果在指令中没有给出操作数，则将累加器 1 中的内容直接装入 AR1
	LAR2	将累加器 1 中的内容装入地址寄存器 2。装入 AR2 的内容可以是立即数或者是存储区的内容。如果在指令中没有给出操作数，则将累加器 1 中的内容直接装入 AR2
	LAR1　AR2	将地址寄存器 2 中的内容装入地址寄存器 1
	LAR2　〈D〉	将两个双整数(32 位指针)装入地址寄存器 2
	LC　〈定时器/计数器〉	将指定定时器的剩余时间值和时基或者是指定计数器的当前计数值以 BCD 码格式装入累加器 1，累加器 1 中原有内容装入累加器 2
传送指令	T　〈操作数〉	将累加器 1 中的内容传送到目的地址，累加器 1 中内容不变
	T　STW	将累加器 1 的 0～8 位传送到状态字
	TAR1	将地址寄存器 1 中的内容传送到累加器 1
	TAR1　〈D〉	将地址寄存器 1 中的内容传送到目的地(32 位指针)
	TAR1　AR2	将地址寄存器 1 中的内容传送到地址寄存器 2
	TAR2	将地址寄存器 2 中的内容传送到累加器 1
	TAR2　〈D〉	将地址寄存器 2 中的内容传送到目的地(32 位指针)
交换	CAR	交换地址寄存器 1 和地址寄存器 2 中的内容

下面分别对表 4.12 中的指令举例说明。L、LC、T 指令示例见表 4.12，和地址寄存器相关的装载和传送指令示例见表 4.13。

表 4.13 L、LC、T 指令示例

指令	说明
L 116	将一个 16 位整型常数装入累加器 1 的低字中
L L＃168	将一个 32 位整数常数立即装入累加器 1 中
L B＃16＃CF	将一个 8 位十六进制常数立即装入累加器 1 中
L DW＃16＃2FFC_03CF	将一个 32 位十六进制常数立即装入累加器 1 中
L 2＃1010_0101_0101_1010	将一个 16 位二进制常数装入累加器 1 中
L 'LOVE'	将 4 个字符装入累加器 1 中
L C＃99	将 16 位计数常数装入累加器 1 中
L S5T＃8S	将 16 位 S5 定时器型时间常数装入累加器 1 中
L 1.0E+5	将 32 位实型常数装入累加器 1 中
L P＃I4.0	将 32 位指向 I4.0 的指针装入累加器 1 中
L D＃2009_09_09	将 16 位日期值装入累加器 1 中
L T＃2D_3H_4M_5S	将 32 位时间值装入累加器 1 中
L IB0	将输入字节 IB0 装入累加器 1 的低字节中
L MB12	将存储字节 MB12 装入累加器 1 的低字节中
L DBB12	将数据字节 DBB12 装入累加器 1 的低字节中
L DIW12	将背景数据字 DIW12 装入累加器 1 的低字节中
L LD52	将本地数据双字 LD52 装入累加器 1 中
L C2	将计数器 C2 的当前计数值以二进制格式装入累加器 1 中
LC T1	将定时器 T1 的当前值以 BCD 码格式装入累加器 1 中
T QB2	将累加器 1 低字的低字节传送给输出字节 QB2
T MW10	将累加器 1 低字传送给存储字 MW10
T DBD4	将累加器 1 传送给数据双字 DBD4

表 4.14 和地址寄存器相关的装载和传送指令示例

指令	说明
LAR1	将累加器 1 中的内容装入 AR1
LAR1 P＃I1.0	将输入位 I1.0 的地址指针装入 AR1
LAR1 P＃M10.2	将一个 32 位的指针常数装入 AR1
LAR1 P＃3.5	将指针数据 3.5 装入 AR1
LAR1 MD12	将存储双字 MD12 中的内容装入 AR1
LAR1 DBD12	将数据双字 DBD12 中的内容装入 AR1
LAR1 DID20	将背景数据双字 DID20 中的内容装入 AR1
LAR2 LD180	将本地数据双字 LD180 中的内容装入 AR2

续表

指令	说明
LAR1　AR2	将 AR2 中的内容传送给 AR1
TAR1	将 AR1 中的内容传送给累加器 1
TAR1　DBD2	将 AR1 中的内容传送给数据双字 DBD2
TAR1　DID20	将 AR1 中的内容传送给背景数据双字 DID20
TAR1　LD180	将 AR1 中的内容传送给本地数据双字 LD180
TAR2　AR1	将 AR1 中的内容传送给 AR2

除了上面列举的 STL 指令外，在梯形图中有一个方块传输指令 MOVE（表 4.15）。方块传输指令 MOVE 为字节(B)、字(W)或双字(D)数据对象赋值，只有使能输入端 EN 为 1，才执行传输操作，使输出 OUT 等于输入 IN，并使输出 ENO 为 1，ENO 的逻辑状态总与 EN 一致。如果希望 IN 无条件地传输给 OUT，则把 EN 端直接连接至左母线。

表 4.15　方块传输指令 MOVE

LAD 方块	参数	数据类型	说明
MOVE EN　ENO IN　OUT	EN	布尔	允许输入
	ENO	布尔	允许输出
	IN	8、16、32 位的所有数据类型	源操作数(可为常数)
	OUT	8、16、32 位的所有数据类型	目的操作数

使用 MOVE 指令，能传送数据长度为 8 位字节、16 位字或 32 位双字的基本数据类型(包括常数)。实际应用中 IN 端操作数可以是常数、I、Q、M、D、L 等类型，OUT 端操作数可以是 Q、M、D、L 等类型。如果要传送用户定义的数据类型，如数组或结构等，必须使用系统功能块移 BLKMOV(SFC20)。

如果指令框的 EN 输入有能流并且执行时无错误，则 ENO 将流传给下一元件。如果执行过程中有错误，能流在出现错误的指令框终止。ENO 可以与下一指令框的 EN 端相连，即几个指令框可以在一行中串联，只有前一个指令框被正确执行，后一个才能被执行。MOVE 在梯形图中的应用如图 4.62 所示。

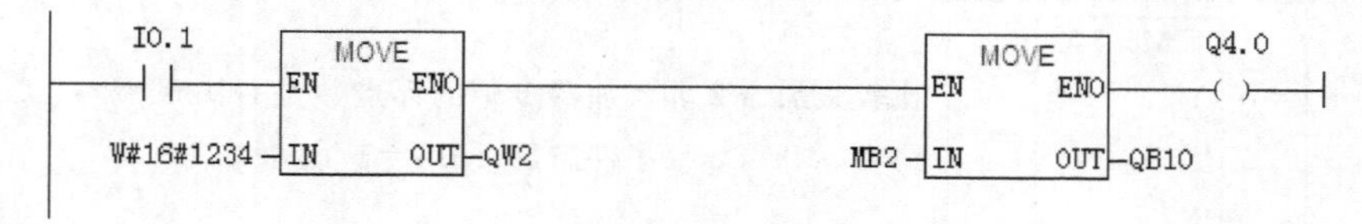

图 4.62　MOVE 方框图的应用程序

4.6 比较指令

4.6.1 比较指令介绍

比较指令介绍

比较指令用来比较两个数据的大小，但是这两个数据必须具有相同的数据类型，按照比较的数据类型可以分为整数比较指令、双整数比较指令和实数比较指令，指令助记符分别为 I、D 和 R。这三种类型中，比较指令的用法基本相同。按照想要比较的情况可以分为等于（＝＝）、不等于（＜＞）、大于（＞）、小于（＜）、大于等于（＞＝）、小于等于（＜＝）。被比较的数的数据类型可以是 I、Q、M、L、D 或常数。具体情况见表 4.16。由于比较指令较多，为了方便描述，整数比较指令 CMP ?I 用来比较两个整数字的大小，用指令助记符 I 表示整数；双精度整数比较指令 CMP ?D 用来比较两个双字的大小，用指令助记符 D 表示双整数；实数比较指令 CMP ?R 用来比较两个实数的大小，用指令助记符 R 表示实数。每一个？都对应着＝＝、＜＞、＞、＜、＞＝、＜＝六种情况。

表 4.16 比较指令

STL 指令	梯形图指令	说明
?I	CMF ?I IN1 IN2	比较累加器 2 和累加器 1 低字中的整数是否满足＝＝、＜＞、＞、＜、＞＝、＜＝，如果条件满足，RLO＝1
?D	CMP ?D IN1 IN2	比较累加器 2 和累加器 1 中的双整数是否满足＝＝、＜＞、＞、＜、＞＝、＜＝，如果条件满足，RLO＝1
?R	CMF ?R IN1 IN2	比较累加器 2 和累加器 1 中的浮点数是否满足＝＝、＜＞、＞、＜、＞＝、＜＝，如果条件满足，RLO＝1

梯形图中的方框比较指令相当于一个常开触点，可以与其他触点串联和并联。比较指令框的使能输入和使能输出均为 BOOL 变量，可以取 I、Q、M、L、D 或常数。在使能输入信号为 1 时，比较 IN1 和 IN2 输入的两个操作数。如果被比较的两个数满足指令指定的条件，比较结果为“真”，等效触点闭合。

16 位状态字寄存器中 7 号位 CC1 和 6 号位 CC0 分别称为条件码 1 和条件码 0，可以表示比较指令的执行结果，反映累加器 2、1 中两个数的关系，如 00 表示=，01 表示<，10 表示>，11 表示非法浮点数。比较指令影响状态字，用指令测试状态字的有关位，可以得到更多的信息。

4.6.2　比较指令应用示例

(1) 应用比较指令的方波发生器

比较指令
应用实例

本书前面章节介绍了用多个定时器组成的方波发生器，下面我们介绍应用比较指令和定时器的方波发生器。如图 4.63 所示，T1 接通延时定时器，I1.1 的常开触点及 M0.0 的常闭触点同时接通时，T1 开始定时，其剩余时间值从预置时间值 5 s 开始递减。减至 0 时，T1 的常闭触点断开，使它的 Q 输出变为 0 状态，T1 的常闭触点闭合，又从预置时间值开始定时。

T1 的剩余时间（单位为 10 ms），以十六进制被写入 MW40，初始值为十六进制数 1F4（十进制 500），与十进制常数 200 比较。剩余时间大于等于 200（2000 ms）时，比较指令等效的触点闭合，Q0.0 的线圈通电，通电时间为 3 s。剩余时间小于 200 时，比较指令等效的触点断开，Q0.0 的线圈断电 2 s，通过改变和 MW40 比较的数字（本例为 200）可以改变该方波的占空比。

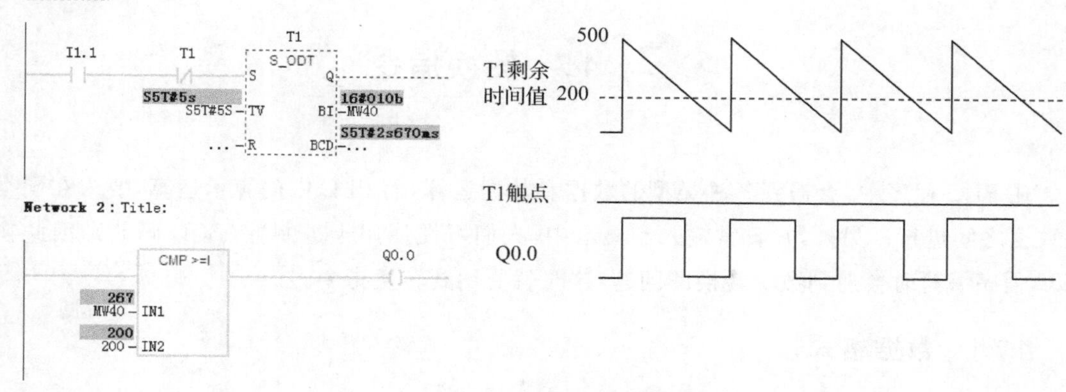

图 4.63　应用比较指令的方波发生器

(2) 两台电动机的单按钮控制

通常一个电路的启动和停止控制是由 2 个按钮分别完成的，当一个 PLC 控制多个这种需要启停操作的电路时，将占用很多的 I/O 资源。一般 PLC 的 I/O 点是按 3∶2 的比例配置的，由于大多数被控系统是输入信号多、输出信号少，有时在设计一个不太复杂的控制系统时，也会面临输入点不足的问题，因此用单按钮实现启停控制很重要。

设某设备有两台电动机，对应的地址分别为 Q0.0 和 Q0.1，按钮的地址为 I2.1，要求实现一个按钮同时对两台电动机的控制。第 1 次按按钮时只有电动机 Q0.0 工作；第 2 次按按钮时电动机 Q0.0 停车，电动机 Q0.1 工作；第 3 次按按钮时两台电动机同时停车。

该例用计数器及比较指令实现 2 台电动机的单按钮启停控制。如图 4.64 所示，可用操作按钮控制计数器的加 1 操作，然后用比较指令判断计数器的当前值是否为 1、2 或 3。如果计数器的当前值为 1，则启动电动机 Q0.0；如果计数器的当前值为 2，则启动电动机 Q0.1，同时关闭电动机 Q0.0；如果计数器的当前值为 3，则复位计数器，同时关闭电动机 Q0.1。

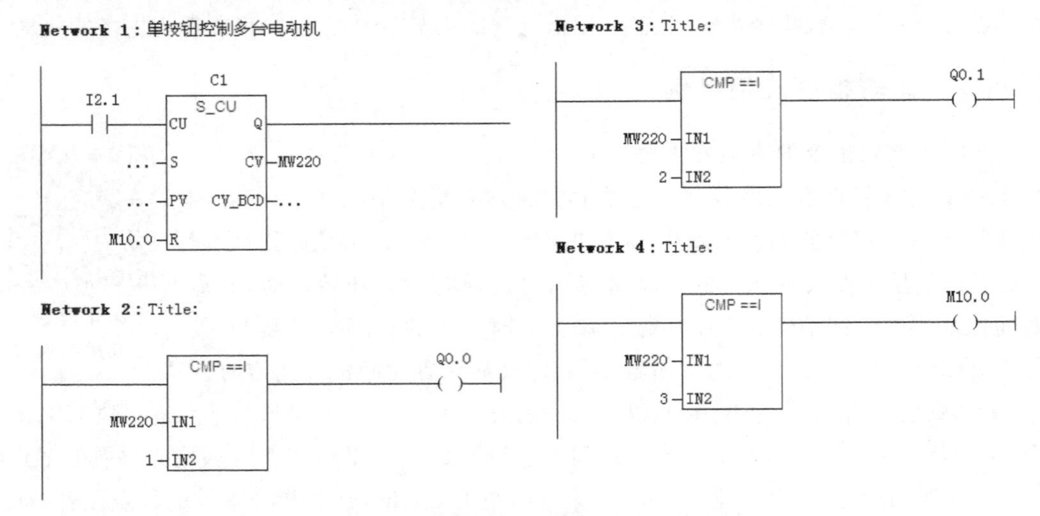

图 4.64 单按钮控制两台电动机程序

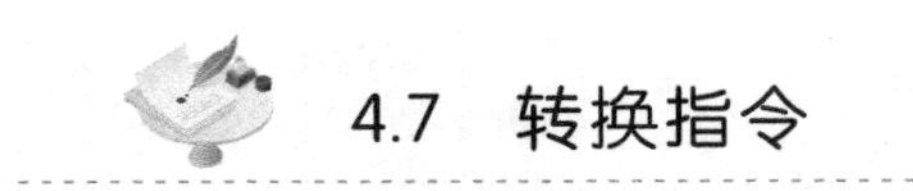

4.7 转换指令

在 PLC 程序中，会遇到各种类型的数据和数据运算，而 PLC 中的算术运算，要求在同类型数据之间进行。另外，在日常输入和显示中，人们习惯使用十进制数（BCD 码数），因此在 PLC 程序编写时会遇到数字转换的问题，这时就要用到转换指令。

4.7.1 数据格式

在介绍指令之前，先把 STEP7 中常用的数据格式复习一下。

(1) BCD 码格式

即十进制数的每一位用二进制数表示，因为每位最大的数是 9，所以需要 4 位二进制数才能表示（1001），BCD 码数分为 16 位和 32 位、正数和负数。在 STEP7 中，16 位的 BCD 码数由 3 位 BCD 码构成，数值范围为－999～＋999；32 位的 BCD 码数由 7 位 BCD 码构成，数值范围为－9999999～＋9999999。二进制整数和双整数都是以补码的形式存储与处理的。

16 位格式的 BCD 码的第 0～11 位用来表示 3 位 BCD 码，每 4 位（0～3、4～7、8～11）二进制数分别表示 1 位 BCD 码，第 15 位用来表示 BCD 码的符号，正数为 0，负数为 1；第 12、13、14 位未用，一般取与符号位相同的数。例如，BCD 码的正数 123 的存储格式如图 4.65(a)所示，BCD 码的负数－456 的存储格式如图 4.65(b)所示。32 位格式的 BCD 码的第 0～27 位用来表示 7 位 BCD 码，每 4 位（0～3、4～7、8～11、12～15、16～19、20～23、24～27）二进制数分别表示 1 位 BCD 码；第 31 位是 BCD 码的符号位，正数为 0，负数为 1；第 28、29、30

位未用，一般取与符号位相同的数。例如，BCD 码的正数 24987 的存储格式如图 4.65(c)所示，BCD 码的负数－24458 的存储格式如图 4.65(d)所示。

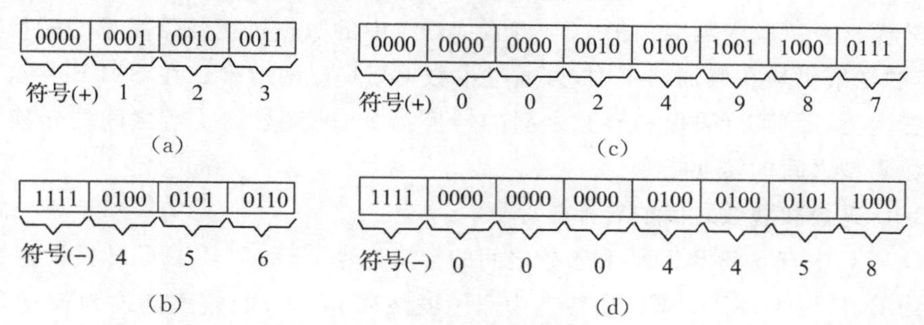

图 4.65 BCD 码数的存储格式

(2) 整数(INT)、双整数(DINT)格式

整数和双整数的二进制数格式分为正数和负数、16 位和 32 位，其中 32 位整数又称长整数或双整数。用最高的位(第 15 位或者第 31 位)表示符号，0 为正数，1 为负数。16 位整数的范围为－32768～＋32767；32 位整数的范围为－2147483648～＋2147483647。负整数用二进制的补码(原码取反加 1)表示，16 位整数的存储格式如图 4.66 所示，32 位整数的存储格式类似。

正16位整数(243)存储格式

15	14	13	12	11	10	9	8	7	6	5	4	3	2	1	0
0	0	0	0	0	0	0	0	1	1	1	1	0	0	1	1

负16位整数(–243)存储格式

15	14	13	12	11	10	9	8	7	6	5	4	3	2	1	0
1	1	1	1	1	1	1	1	0	0	0	0	1	1	0	1

图 4.66 整数的存储格式

(3) 实数(REAL)格式

STEP7 中的实数是按照 IEEE 标准表示的，在存储器中，实数占用两个字节(32 位)，即存放实数(浮点数)需要一个双字(32 位)，最高的第 31 位是符号位，0 为正数，1 为负数。可以表示的数的范围是 1.175495×10^{-38}～3.402823×10^{38}。

$$实数值=(\text{sign})(1+f)\times2^{e-127}$$

式中，sign 为符号，f 为底数(尾数)，e 为指数。

例如，0.375(定点数)或 3.25E－1(浮点数)，其实数存储格式如图 4.67 所示。

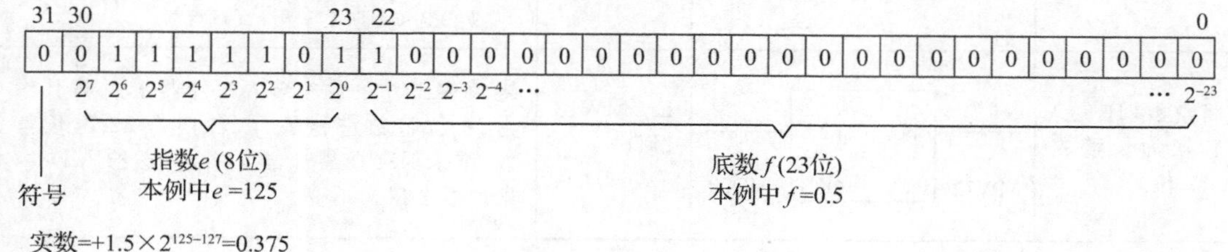

图 4.67 实数的存储格式

4.7.2 数据转换指令

数据转换指令读取参数 IN 的内容，将累加器 1 中的数据进行数据类型的转换或改变其符号，转换的结果仍然在累加器 1 中，可通过参数 OUT 查询结果。在 STEP7 中，转换指令可以分为三大类，即 BCD 码数和整数之间的转换指令、长整数和实数之间的转换指令以及整数和实数码型之间的转换指令。

(1) BCD 码数和整数之间的转换指令

S7-300 PLC 中有 5 条 BCD 码和整数之间的转换指令，分别是 BCD 码转换为整数 BCD_I、整型转换为 BCD 码 I_BCD、BCD 码转换为双精度整数 BCD_DI、整型转换为长整型 I_DI 和长整型转换为 BCD 码 DI_BCD。指令的说明和用法见表 4.17。

表 4.17 BCD 码数和整数之间的转换指令

功能	梯形图示例	STL 示例	示例解读
将 3 位 BCD 码转换为整数	BCD_I: EN, ENO; MW10–IN, OUT–MW20	L MW10 BTI T MW20	将 MW10 中的内容装入累加器 1 低字，并将其作为 3 位 BCD 码进行编译，转换为整数(16 位)，结果保存在累加器 1 中，传送给 MW20，累加器 2 保持不变 如果 BCD 编码出现无效码，会引起转换错误，并使 CPU 进入 STOP 状态
将整数(16 位)转换为 3 位 BCD 码	I_BCD: EN, ENO; IW4–IN, OUT–QW4	L IW4 ITB T QW4	将 IW4 中的内容装入累加器 1 低字，并将其作为 16 位整数进行编译，转换为 3 位 BCD 码，结果保存在累加器 1 中，传送给 QW4，累加器 2 保持不变 如果该整数超过 BCD 编码的范围(－999～999)，则 OV＝1、OS＝1
将 7 位 BCD 码转换为长整数(32 位)	BCD_DI: EN, ENO; MD4–IN, OUT–QD0	L MD4 BTD T QD0	将 MD4 中的内容装入累加器 1，并将其作为 7 位 BCD 码进行编译，转换为长整数(32 位)，结果保存在累加器 1 中，传送给 QD0，累加器 2 保持不变 如果 BCD 编码出现无效码，会引起转换错误，并使 CPU 进入 STOP 状态
将长整数(32 位)转换为 7 位 BCD 码	DI_BCD: EN, ENO; MD0–IN, OUT–MD12	L MD0 DTB T MD12	将 MD0 中的内容装入累加器 1，并将其作为 32 位长整数进行编译，转换为 7 位 BCD 码，结果保存在累加器 1 中，传送给 MD12，累加器 2 保持不变 如果该整数超过 BCD 编码的范围(－9999999～9999999)，则 OV＝1、OS＝1
将整数(16 位)转换为长整数(32 位)	I_DI: EN, ENO; MW12–IN, OUT–MD20	L MW12 ITD T MD20	将 MW12 中的内容装入累加器 1，并将其作为 16 位整数进行编译，转换为 32 位长整数，结果保存在累加器 1 中，传送给 MD20，累加器 2 保持不变

(2) **长整数和实数之间的转换指令**

S7-300 PLC 中有 5 条长整数和实数之间的转换指令，分别是长整型转换为浮点数指令 DI_R、取整为长整型指令 ROUND、截断长整型部分指令 TRUNC、上限指令 CEIL、向下取整指令 FLOOR。具体功能见表 4.18。

表 4.18　长整数和实数之间的转换指令

分类	功能	梯形图示例	STL 示例	示例解读
长整数转换为实数	将长整数(32 位)转换为实数	DI_R —EN　ENO— MD16—IN　OUT—MD20	L　MD16 DTR T　MD20	将 MD16 中的内容装入累加器 1，并将其作为 32 位长整数进行编译，转换为 32 位实数，结果保存在累加器 1 中，传送给 MD20
实数转换为长整数	将实数转换为最接近的整数	ROUND —EN　ENO— MD0—IN　OUT—MD4	L　MD0 RND T　MD4	将 MD0 中的内容装入累加器 1，并将其作为实数进行编译，转换为与该实数最接近的整数，如果被转换的实数位于奇数和偶数的中间，则取偶数，结果保存在累加器 1 中，传送给 MD4 (例：+99.5→+100；−101.5→−102)
	截取实数的整数部分	TRUNC —EN　ENO— ID0—IN　OUT—QD0	L　ID0 TRUNC T　QD0	将 ID0 中的内容装入累加器 1，并将其作为实数进行编译，截取其整数部分，转换为长整数，保存在累加器 1 中，传送给 QD0 (例：+99.5→+99；−101.9→−101)
	将实数转换为大于或者等于该实数的最小整数	CEIL —EN　ENO— ID0—IN　OUT—MD16	L　ID0 RND+ T　MD16	将 ID0 中的内容装入累加器 1，并将其作为实数进行编译，转换为大于或者等于该实数的最小整数，保存在累加器 1 中，传送给 MD16 (例：+99.5→+100；−101.9→−101)
	将实数转换为小于或者等于该实数的最大整数	FLOOR —EN　ENO— MD16—IN　OUT—QD0	L　MD16 RND- T　QD0	将 MD16 中的内容装入累加器 1，并将其作为实数进行编译，转换为小于或者等于该实数的最大整数，保存在累加器 1 中，传送给 QD0 (例：+99.5→+99；−101.9→−102)

另外，因为实数的范围远大于 32 位整数，所以有的实数不能成功地转换为 32 位整数。如果被转换的实数格式非法或超出了 32 位整数的表示范围，则在累加器 1 中得不到有效的转换结果，而且状态字中的 OS 和 OV 被置 1。

(3) **整数和实数码型之间的转换指令**

S7-300 PLC 中有 5 条整数和实数码型之间的转换指令，分别是 16 位整数二进制反码指令 INV_I、长整数的二进制反码指令 INV_DI、实数的取反指令 NEG_R、16 位整数二进制补码指令 NEG_I 和长整数的二进制补码指令 NEG_DI。具体功能见表 4.19。

表 4.19 整数和实数码型之间的转换指令

功能	梯形图示例	STL 示例	示例解读
对整数(16 位)求反码	INV_I EN ENO MW0 - IN OUT - MW2	L MW0 INVI T MW2	将 MW0 中的内容装入累加器 1 的低字中,并对其求二进制的反码(逐位求反,即 1 变为 0,0 变为 1),结果保存在累加器 1 中,传送给 MW2
对长整数(32 位)求反码	INV_DI EN ENO MD2 - IN OUT - MD2	L MD2 INVD T MD2	将 MD2 中的内容装入累加器 1,并对其求二进制的反码,结果保存在累加器 1 中,传送给 MD2
对实数(32 位)求反	NEG_R EN ENO MD10 - IN OUT - MD20	L MD10 NEGR T MD20	将 MD10 中的内容装入累加器 1,并将其作为实数编辑,对其求反(原数 * —1),结果保存在累加器 1 中,传送给 MD20
对整数(16 位)求补码	NEG_I EN ENO IW0 - IN OUT - QW0	L IW0 NEGI T QW0	将 IW0 中的内容装入累加器 1 的低字中,并对其求补码(反码+1),保存在累加器 1 的低字中,传送给 QW0
对长整数(32 位)求补码	NEG_DI EN ENO ID0 - IN OUT - QD0	L ID0 NEGD T QD0	将 ID0 中的内容装入累加器 1 中,并对其求补码(反码+1),保存在累加器 1 中,传送给 QD0

4.8 数学运算指令

数学运算指令包括基本算术运算指令、扩展算术运算指令和字逻辑运算指令。这些指令是否执行与 RLO 无关,也不会对 RLO 产生影响。

4.8.1 基本算术运算指令

基本算术运算指令主要是加、减、乘、除四则运算,数据类型为整型 INT、双整型 DINT 和实数 REAL。

算术运算指令是在累加器 1、2 中进行的,累加器 1 是主累加器,累加器 2 是辅助累加器,与主累加器进行运算的数据存储在累加器 2 中。在执行算术运算指令时,累加器 2 中的值作为被减数和被除数,而算术运算的结果则保存在累加器 1 中,累加器 1 中原有的数据被运算结果所覆盖,累加器 2 中的值保持不变,如图 4.68 所示。对于有 4 个累加器的 CPU,累加器 3 的内容复制到累加器 2,累加器 4 的内容传送到累加器 3,累加器 4 原有内容保持不变。

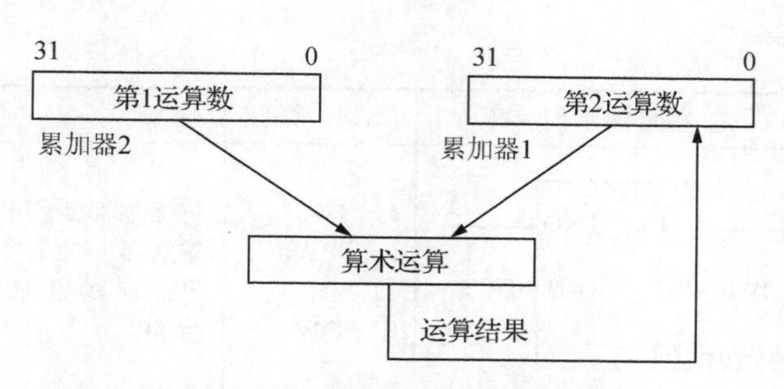

图 4.68　算术运算中累加器的使用情况

CPU在执行算术运算指令时，对状态字中的逻辑操作结果(RLO)位不产生影响，但是对状态字中的条件码1(CC1)、条件码0(CC0)、溢出(OV)、溢出状态保持(OS)位产生影响，可用位操作指令或条件跳转指令对状态字中的这些标志位进行判断操作。例如，有效的运算结果分别为0、负数、正数时，状态字的影响情况见表4.20。其他无效的运算结果对状态字的影响不再赘述，有需要的时候可以查阅指令的帮助文档。

表 4.20　运算结果对状态字的影响

运算结果	CC1	CC0	OV	OS
0	0	0	0	无影响
负数	0	1	0	无影响
正数	1	0	0	无影响

基本算术运算指令的指令格式和具体示例说明见表4.21～表4.23。

表 4.21　整数算术运算指令

功能	梯形图示例	STL示例	示例解读
整数(16位)加法	ADD_I —EN　ENO— MW0—IN1　OUT—MW4 MW2—IN2	L　MW0 L　MW2 +I T　MW4	将累加器2的低字(MW0中的内容)加上累加器1的低字(MW2中的内容)，结果保存在累加器1的低字中，传送给MW4
整数(16位)减法	SUB_I —EN　ENO— MW6—IN1　OUT—MW10 MW8—IN2	L　MW6 L　MW8 -I T　MW10	将累加器2的低字(MW6中的内容)减去累加器1的低字(MW8中的内容)，结果保存在累加器1的低字中，传送给MW10
整数(16位)乘法①	MUL_I —EN　ENO— MW12—IN1　OUT—MW16 MW14—IN2	L　MW12 L　MW14 *I T　MW16	将累加器2的低字(MW12中的内容)乘以累加器1的低字(MW14中的内容)，结果保存在累加器1的低字中，传送给MW16

续表

功能	梯形图示例	STL 示例	示例解读
整数(16 位)除法[2]	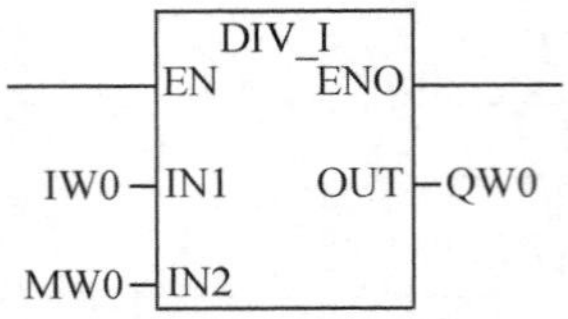 DIV_I EN ENO IW0 — IN1 OUT — QW0 MW0 — IN2	L IW0 L MW0 /I T QW0	将累加器 2 的低字(IW0 中的内容)除累加器 1 的低字(MW0 中的内容),结果保存在累加器 1 的低字中,传送给 QW0
加整数常数(16 位)[4]	—	—	将累加器 1 的低字加 16 位整数常数,结果保存在累加器 1 的低字中

表 4.22 长整数算术运算指令

功能	梯形图示例	STL 示例	示例解读
长整数(32 位)加法	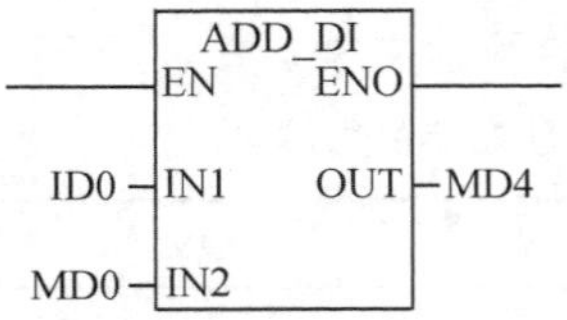 ADD_DI EN ENO ID0 — IN1 OUT — MD4 MD0 — IN2	L ID0 L MD0 +D T MD4	将累加器 2(ID0 中的内容)加上累加器 1(MD0 中的内容),结果保存在累加器 1 中,传送给 MD4
长整数(32 位)减法	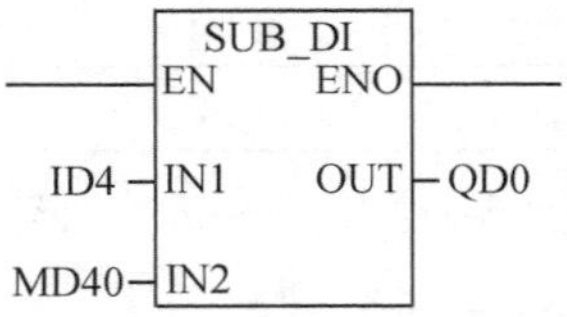 SUB_DI EN ENO ID4 — IN1 OUT — QD0 MD40 — IN2	L ID4 L MD40 -D T QD0	将累加器 2(ID4 中的内容)减去累加器 1(MD40 中的内容),结果保存在累加器 1 中,传送给 QD0
长整数(32 位)乘法	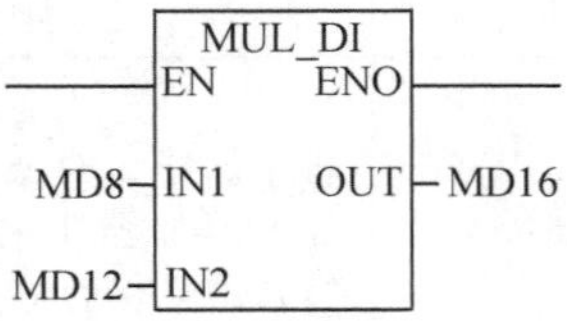 MUL_DI EN ENO MD8 — IN1 OUT — MD16 MD12 — IN2	L MD8 L MD12 *D T MD16	将累加器 2(MD8 中的内容)乘累加器 1(MD12 中的内容),结果保存在累加器 1 中,传送给 MD16
长整数(32 位)除法[3]	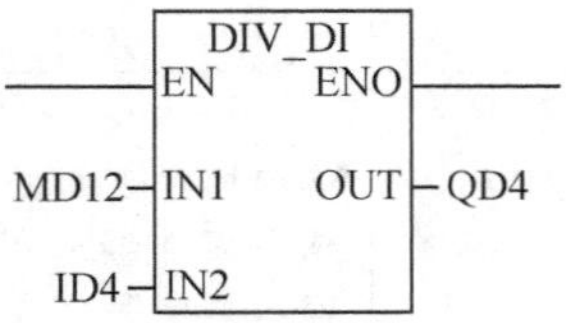 DIV_DI EN ENO MD12 — IN1 OUT — QD4 ID4 — IN2	L MD12 L ID4 /D T QD4	将累加器 2(MD12 中的内容)除累加器 1(ID4 中的内容),结果保存在累加器 1 中,传送给 QD4
长整数(32 位)取余[3]	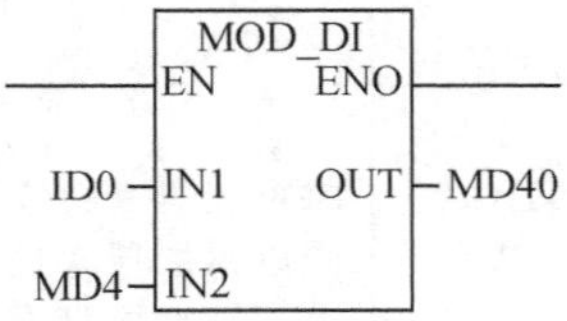 MOD_DI EN ENO ID0 — IN1 OUT — MD40 MD4 — IN2	L ID0 L MD4 MOD T MD40	将累加器 2(ID0 中的内容)除累加器 1(MD4 中的内容),余数保存在累加器 1 中,传送给 MD40
加整数常数(32 位)[4]	—	—	将累加器 1 加 32 位整数常数,结果保存在累加器 1 中

表 4.23　实数算术运算指令

功能	梯形图示例	STL 示例	示例解读
实数加法	ADD_R EN　ENO MD0 – IN1　OUT – MD8 MD4 – IN2	L　MD0 L　MD4 +R T　MD8	将累加器 2(MD0 中的内容)加上累加器 1(MD4 中的内容),结果保存在累加器 1 中,传送给 MD8
实数减法	SUB_R EN　ENO MD12 – IN1　OUT – MD20 MD16 – IN2	L　MD12 L　MD16 -R T　MD20	将累加器 2(MD12 中的内容)减去累加器 1(MD16 中的内容),结果保存在累加器 1 中,传送给 MD20
实数乘法	MUL_R EN　ENO MD0 – IN1　OUT – MD8 MD4 – IN2	L　MD0 L　MD4 *R T　MD8	将累加器 2(MD0 中的内容)乘累加器 1(MD4 中的内容),结果保存在累加器 1 中,传送给 MD8
实数除法	DIV_R EN　ENO MD4 – IN1　OUT – MD40 MD0 – IN2	L　MD4 L　MD0 /R T　MD40	将累加器 2(MD4 中的内容)除累加器 1(MD0 中的内容),结果保存在累加器 1 中,传送给 MD40

基本算术运算指令的一般用法见表 4.21～表 4.23,对一些特殊之处(表 4.21 和表4.22 中①②③④)说明如下:

① 语句表中的整数乘法指令“*I”将累加器 1、2 低字的 16 位整数相乘,32 位双整数运算结果在累加器 1 中,所以 STL 指令中输出可以是双字。如果整数乘法的运算结果超出了 16 位整数允许的范围,OV 和 OS 位还是 1。但是梯形图中的整数乘法指令输出变量 OUT 的数据类型为 INT(整数),所以梯形图中的整数乘法指令的乘积为 16 位,而不是 32 位。

② 整数除法运算时,用方块指令(DIV_I)在 OUT 处输出“商”(舍去余数),用 STL 指令(/I)时,“商”存于累加器 1 低字中,“余数”存于累加器 1 高字中。

③ 长整数除法指令能得 32 位的商,余数被丢掉。可以用 MOD 指令来求双整数除法的余数。

④ 执行“+〈16 位常数〉”或“+〈32 位常数〉”指令时,累加器 1 的内容与 16 位或 32 位整数常数相加,运算结果保存到累加器 1 中。该指令只有 STL 形式,无梯形图方块形式。

4.8.2　扩展算术运算指令

对于实数来说,S7-300/400 除了提供加、减、乘、除四则运算指令之外,还提供了取绝对值、取平方、取平方根、取自然对数、基于 e 的指数运算、三角函数等扩展的算术运算指令,指令的具体用法见表 4.24。

表 4.24 扩展的算术运算指令

功能	梯形图示例	STL 示例	示例解读
实数取绝对值	ABS EN ENO MD8-IN OUT-MD8	L MD8 ABS T MD8	将累加器 1(MD8 中的内容)取绝对值,结果保存在累加器 1 中,传送给 MD8
实数取平方根	SQRT EN ENO MD0-IN OUT-MD4	L MD0 SQRT T MD4	计算累加器 1(MD0 中的内容)的平方根,结果保存在累加器 1 中,传送给 MD4
实数取平方	SQR EN ENO MD4-IN OUT-MD8	L MD4 SQR T MD8	计算累加器 1(MD4 中的内容)的平方,结果保存在累加器 1 中,传送给 MD8
实数自然对数运算	LN EN ENO MD8-IN OUT-MD12	L MD8 LN T MD12	计算累加器 1(MD8 中的内容)的自然对数值,结果保存在累加器 1 中,传送给 MD12
实数自然指数运算	EXP EN ENO MD20-IN OUT-MD24	L MD20 EXP T MD24	计算累加器 1(MD20 中的内容)的自然指数值,结果保存在累加器 1 中,传送给 MD24
实数正弦运算	SIN EN ENO MD28-IN OUT-MD32	L MD28 SIN T MD32	计算累加器 1(MD28 中的内容)的正弦,结果保存在累加器 1 中,传送给 MD32
实数余弦运算	COS EN ENO MD36-IN OUT-MD40	L MD36 COS T MD40	计算累加器 1(MD36 中的内容)的余弦,结果保存在累加器 1 中,传送给 MD40
实数正切运算	TAN EN ENO MD0-IN OUT-MD16	L MD0 TAN T MD16	计算累加器 1(MD0 中的内容)的正切,结果保存在累加器 1 中,传送给 MD16
实数反正弦运算	ASIN EN ENO MD4-IN OUT-MD8	L MD4 ASIN T MD8	计算累加器 1(MD4 中的内容)的反正弦,结果保存在累加器 1 中,传送给 MD8
实数反余弦运算	ACOS EN ENO MD8-IN OUT-MD24	L MD8 ACOS T MD24	计算累加器 1(MD8 中的内容)的反余弦,结果保存在累加器 1 中,传送给 MD24
实数反正切运算	ATAN EN ENO MD0-IN OUT-MD4	L MD0 ATAN T MD4	计算累加器 1(MD0 中的内容)的反正切,结果保存在累加器 1 中,传送给 MD4

4.8.3 字逻辑运算指令

字逻辑运算指令对两个 16 位字或 32 位双字的两个字逐位进行逻辑运算，可以进行逻辑“与”、逻辑“或”和逻辑“异或”运算。参与字逻辑运算的两个字，一个在累加器 1 中，另一个可以在累加器 2 中，也可以在指令中用立即数（常数）的形式给出。字逻辑运算的结果存放在累加器 1 的低字中，双字逻辑运算的结果存放在累加器 1 中，累加器 2 的内容保持不变。如果字逻辑运算的结果为 0，状态字的 CC1 位为 1，反之为 0。在任何情况下，状态字的 CC0 和 OV 位被清 0。字逻辑运算指令见表 4.25。

表 4.25 字（双字）逻辑运算指令

<table>
<tr><th>功能</th><th>梯形图示例</th><th>STL</th><th>示例</th></tr>
<tr><td>字“与”</td><td>WAND_W
EN ENO
IN1 OUT
IN2</td><td>AW</td><td rowspan="6">示例 1 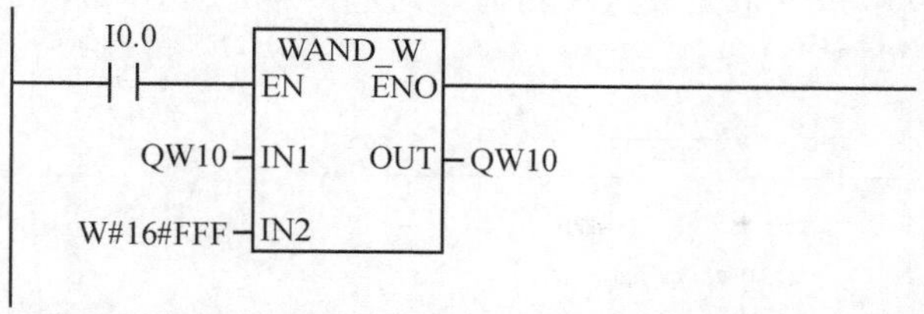
I0.0
WAND_W
EN ENO
QW10 IN1 OUT QW10
W#16#FFF IN2
该例是用梯形图实现字逻辑“与”的程序，该操作将 QW10 和十六进制常数 0FFF 进行“与”。如果 I0.0＝1，则执行指令。功能是只取 QW10 的位 0 到位 11，其余位被清零

示例 2
L QD0 //将 QD0 的内容装入累加器 1
OD D＃16＃0000 00FF //将累加器 1 中的内容与 D＃16＃0000 00FF 逐位相“或”，结果存在累加器 1 中
T QD0 //将累加器 1 中的运算结果传送到 QD0 中
该例是用语句表实现双字逻辑“或”的程序，该操作将 QD0 的低 8 位置 1，其余各位保持不变</td></tr>
<tr><td>字“或”</td><td>WOR_W
EN ENO
IN1 OUT
IN2</td><td>OW</td></tr>
<tr><td>字“异或”</td><td>WXOR_W
EN ENO
IN1 OUT
IN2</td><td>XOW</td></tr>
<tr><td>双字“与”</td><td>WAND_DW
EN ENO
IN1 OUT
IN2</td><td>AD</td></tr>
<tr><td>双字“或”</td><td>WOR_DW
EN ENO
IN1 OUT
IN2</td><td>OD</td></tr>
<tr><td>双字“异或”</td><td>WXOR_DW
EN ENO
IN1 OUT
IN2</td><td>XOD</td></tr>
</table>

4.8.4 算术运算指令应用实例

(1) 用浮点数指数指令和对数指令求 6 的四次方

计算公式为

$$6^4 = \mathrm{EXP}(4 \times \mathrm{LN}6) = 4096$$

对应的程序为

```
L  L#6          //装入双整数常数
DTR             //将双整数转换为实数
LN
L  4.0          //装入实数常数
*R
EXP
RND             //将浮点数转换成整数
T  MW10
```

(2) 生产线产品统计

在一些产品的生产线上需要对产品进行计数打包，这里以饮料生产线为例。一般 12 瓶饮料装一箱，所以这里以 12 瓶为单位进行打包，包装数需要计算并显示。本例就利用转换指令和算术指令来完成这一功能。对应的程序如图 4.69 所示。

Network 1 : Title:

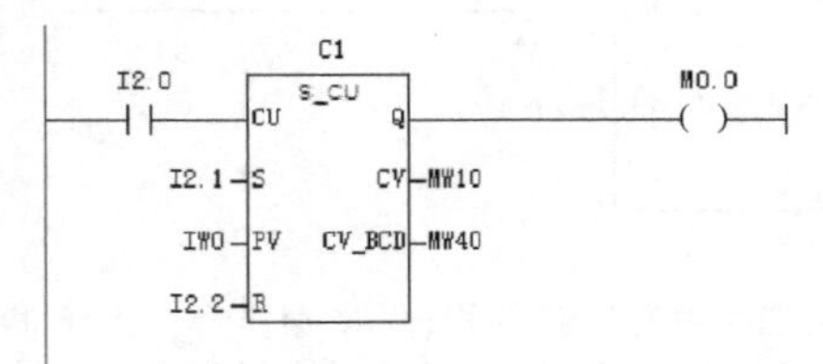

Network 2 : Title:

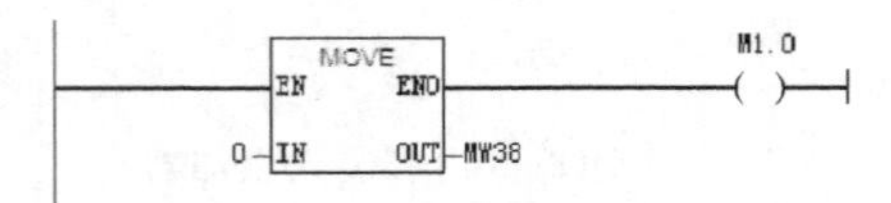

Network 3 : Title:

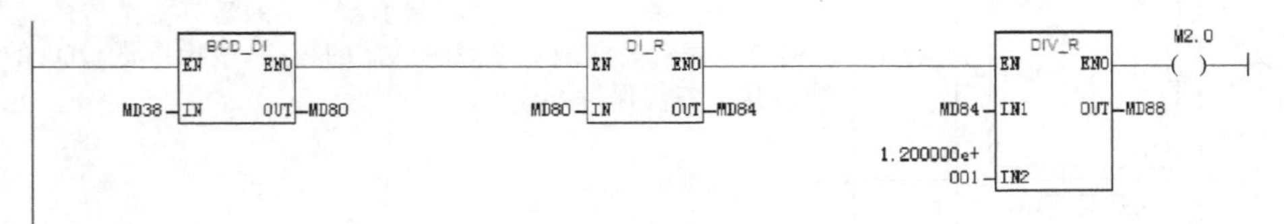

Network 4 : Title:

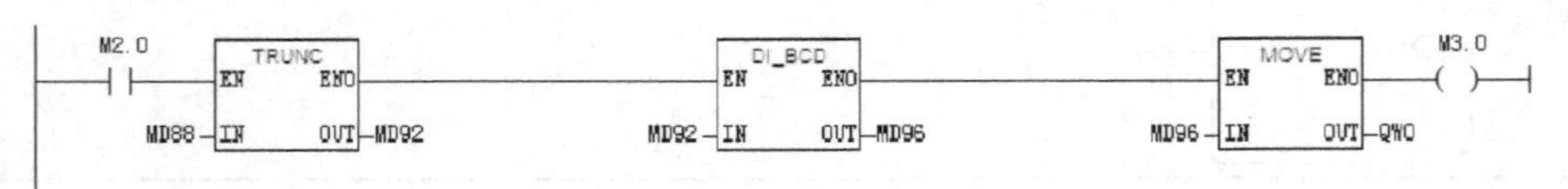

图 4.69 生产线产品统计程序

该例中，Network 1的功能是在I2.0上升沿到来的时候进行加计数，当前的计数值以BCD码的形式保存在MW40中。

Network 2的功能是将MW38清零，以便后面使用MD38。

Network 3的功能是先将MD38中的BCD码转换成双整数，再转换成实数，最后进行除以12的运算。

Network 4的功能是将得到的数先取整，然后转换成BCD码，最后通过QW0输出。

4.9　移位和循环指令

4.9.1　移位指令

移位指令分为有符号数移位指令和无符号数移位指令。其中，有符号数移位指令包括整数右移指令和双整数右移指令，无符号数移位指令包括字左移指令、字右移指令、双字左移指令和双字右移指令。

无符号数移位指令中，执行移位指令移空的位会用0补上，最后移出的位的信号状态会载入状态字的CC1位中。状态字的CC0位和OV位会被复位为0。有符号数移位时，移空的位会用符号位的信号状态(0表示正，1表示负)补上，最后移出的位的信号状态会载入状态字的CC1位中。状态字的CC0位和OV位会被复位为0。

对于LAD的基本移位指令，待移位的数值由输入端口IN给定，移动的位数由输入端口N给定，移位后的结果保存在输出端口OUT指定的存储区中，EN为使能输入信号，ENO为使能输出信号，EN和ENO具有相同的状态，当EN的信号为1时，该移位的方框指令才会被激活。

对于STL形式的基本移位指令，可将累加器1低字中的内容进行移动，结果保存在累加器1中，移位指令中需要移位的位数可以使用两种方法指定：指令带参数的方法和移位数目由累加器2(ACC2)的低字字节中的数值指定。

指令带参数的方法是指指令本身指定移位的位数。例如：SLW　6就是将累加器1中的内容左移6位，16位指令允许的数值范围为0～15，32位指令允许的数值范围为0～32。

移位数目由累加器2的低字字节中的数值指定，可能的数值范围为0～255。当16位指令指定移位数目大于16，32位指令指定移位数目大于32时，始终产生相同的结果(ACCU1＝16＃0000、CC1＝0或ACCU1＝16＃FFFF、CC1＝1)。

移位指令的具体说明见表4.26。

表 4.26　移位指令

分类	STL	梯形图	说明	示例
有符号数右移	SSI 或 SSI 数值	SHR_I EN ENO IN OUT N	有符号整数右移，有效移位位数为 0～15，空出位用符号位填充，正数用 0，负数用 1，最后移出的位送 CC1	示例 1 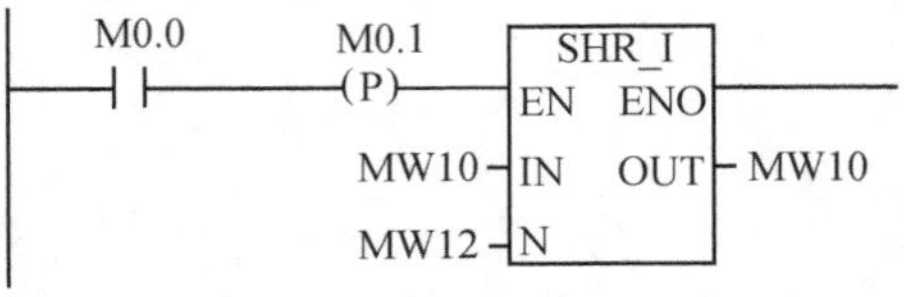 M0.0　M0.1 (P)　SHR_I EN ENO MW10 - IN OUT - MW10 MW12 - N 说明：当 M0.0 上升沿的时候，将 MW10 中的内容进行整数右移，移动的位数是 MW12 中的数值，移动后的结果保存在 MW10 中
	SSD 或 SSD 数值	SHR_DI EN ENO IN OUT N	有符号双整数右移，有效移位位数为 0～31，空出位用符号位填充，正数用 0，负数用 1，最后移出的位送 CC1	
无符号数移位	SLW 或 SLW 数值	SHL_W EN ENO IN OUT N	字左移，有效移位位数为 0～15，空出位用 0 填充，最后移出的位送 CC1	示例 2 L　MD10　　//将数字装入累加器 1 SSD　6　　//右移 6 位 T　MD0　　//将结果传输给 MD0
	SRW 或 SRW 数值	SHR_W EN ENO IN OUT N	字右移，有效移位位数为 0～15，空出位用 0 填充，最后移出的位送 CC1	示例 3 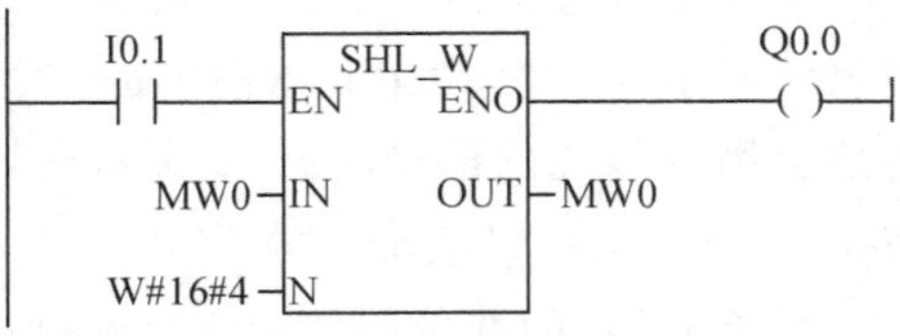 I0.1　SHL_W EN ENO　Q0.0 ( ) MW0 - IN OUT - MW0 W#16#4 - N 说明：当 I0.1 为 1 时，将 MW0 中的内容向左移动 4 位，结果保存在 MW0 中
	SLD 或 SLD 数值	SHL_DW EN ENO IN OUT N	双字左移，有效移位位数为 0～31，空出位用 0 填充，最后移出的位送 CC1	示例 4 L　+6　　//将+6 装入累加器 1 L　MW12　　//累加器 1 移入累加器 2，将 MW12 移入累加器 1 SRW　　//右移 6 位 T　MW0　　//将结果传输给 MW0
	SRD 或 SRD 数值	SHR_DW EN ENO IN OUT N	双字右移，有效移位位数为 0～31，空出位用 0 填充，最后移出的位送 CC1	

4.9.2　循环指令

循环指令可实现双字的循环左移和右移，是将输入 IN 的所有内容向左或向右逐位循环移位。移空的位将用被移出输入 IN 的位的信号状态补上。循环移位指令最后移出的位的信号状态会载入状态字的 CC1 位中。状态字的 CC0 位和 OV 位会被复位为 0。

循环指令分为不带进位循环和带进位循环，其中带进位的循环指令只有 STL 指令。不带进位循环移位指令的动作过程是：将累加器 1 中的内容移动指定的位数，移出的位填补空出的位，最后移出的位同时赋值给状态字的 CC1 位，但 CC1 位不参与移位。所以不带进位循环移位是 ACC1 里面的 32 位做循环移位。带进位循环移位指令的动作过程是：将累加器 1 中的内容移动 1 位，移出的位装入 CC1 中，CC1 位移到空出的位，CC1 位也参与移位。带进位循环移位是 ACC1 里面的 32 位和 CC1 位同时做循环移位，实际上是 33 位循环移位。

不带进位循环移位的位数可以由指令带参数的方法指定，允许值为 0～31；也可以由累加器 2 的低字节值指定，允许值为 0～255。而带 CC1 的循环移位指令只移一位，隐含在 STL 指令中。

循环指令的具体说明见表 4.27。

表 4.27　循环指令

STL	梯形图	说明	示例
RLD 或 RLD 数值	ROL_DW EN　ENO IN　OUT N	双字循环左移，有效移位位数为 0～31，空出位用移出位填充，最后移出的位送 CC1	示例 1 I0.1 ROR_DW EN　ENO MD0 — IN　OUT — MD4 W#16#4 — N 说明：当 I0.1 为 1 时，MD0 的内容循环右移 4 位，移动后的结果保存在 MD4 中
RRD 或 RRD 数值	ROR_DW EN　ENO IN　OUT N	双字循环右移，有效移位位数为 0～31，空出位用移出位填充，最后移出的位送 CC1	
RLDA	—	累加器 1 带 CC1 循环左移，累加器 1 的内容和 CC1 一起进行循环左移 1 位，CC1 移入累加器 1 的第 0 位，累加器 1 的第 31 位移入 CC1	示例 2 L　MD10　　//将 MD10 装入累加器 1 RLDA　　//带 CC1 循环左移 1 位 T　MD0　　//将结果传输给 MD0
RRDA	—	累加器 1 带 CC1 循环右移，累加器 1 的内容和 CC1 一起循环右移 1 位，CC1 移入累加器 1 的第 31 位，累加器 1 的第 0 位移入 CC1	

4.9.3　移位和循环指令应用实例

移位和循环指令应用实例

现代生活中，霓虹灯的应用越来越广泛，霓虹灯的控制方式多种多样，PLC 控制也是其最广泛使用的控制方式。本实例为一简单的彩灯控制，一般采用移位指令来设计彩灯，控制要求是：按下启动按钮 I1.0，16 盏彩灯按照 Q0.7……Q0.0、Q1.7……Q1.0 的顺序依次间隔 1 s 点亮，待全部彩灯都点亮 3 s 后，再按 Q1.0……Q1.7、Q0.0……Q0.7 的顺序依次间隔 1 s 熄灭，全灭 3 s 后，再次按照 Q0.7……Q0.0、Q1.7……Q1.0 的顺序依次间隔 1 s 点亮，如此循环往复，按下停止按钮 I1.1 后，所有彩灯熄灭。其梯形图的程序如图 4.70 所示。

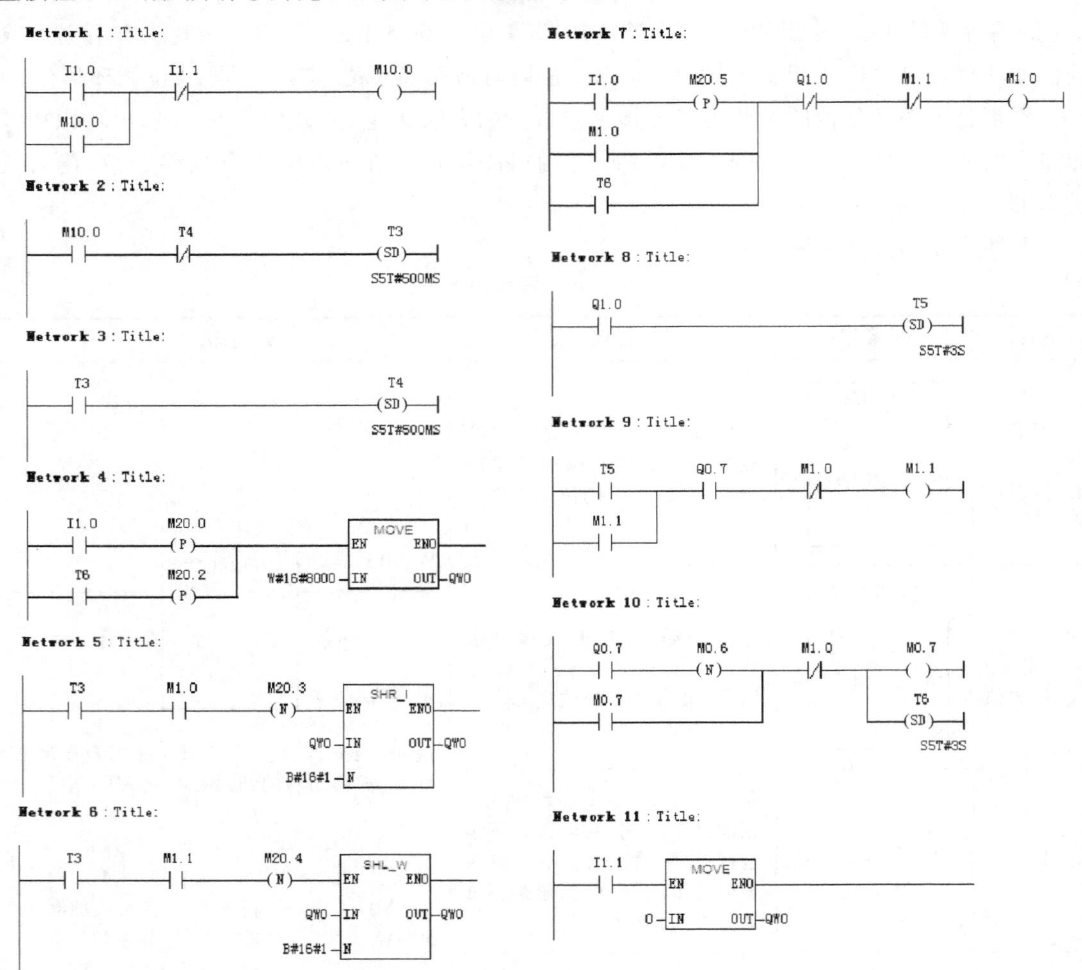

图 4.70 彩灯循环控制程序

程序解读：Network 1 为启动/停止按钮的整体周期控制，用辅助存储位 M10.0 来完成；Network 2 和 Network 3 形成一个周期为 1 s 的方波 T3，所以 T3 每来一个下降沿 QW0 就移一位；Network 4 的功能是为 QW0 赋一个初值，这个值使得 Q0.7 点亮；Network 5、Network 6、Network 7 和 Network 9 的功能是控制彩灯左移或者右移；而 Network 8 和 Network 10 的功能是移位到最左侧或者最右侧的时候延时 3 s；Network 11 的功能是使用停止按钮熄灭所有彩灯。

4.10　习　题

1. Q1.2是输出第几个字节第几位？MD16中对应的最低8位的字节是多少？

2. M4.0、MB4、MW4、MD4有什么区别？

3. 对触点的边沿检测指令与RLO的边沿检测指令有什么区别？

4. S7-300 PLC有几种形式的定时器？

5. 脉冲定时器和扩展脉冲定时器有何区别？

6. 简述接通延时定时器SD的工作原理，包括S、R、TV、Q、BI、BCD各个信号的动作情况。

7. 时钟存储器有什么功能？怎样设置时钟存储器？

8. 对于RS和SR触发器而言，当S和R两个输入端均为1时，触发器为什么状态？

9. S7-300 PLC的计数器有几种计数方式？

10. 用线圈表示的计数器与用功能框表示的计数器有何区别？

11. 将如图所示的梯形图转换为STL和功能块图形式。

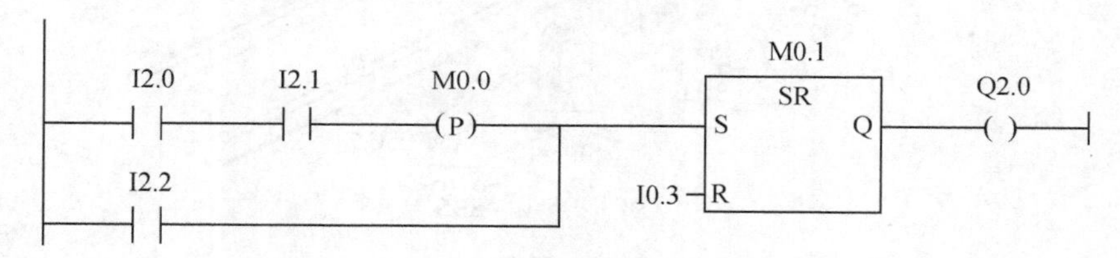

第11题图

12. 编写PLC控制程序，使Q0.0输出周期为10 s、占空比为40%的连续脉冲信号。

13. 设计一个楼道灯光延时点亮的控制程序，要求按下开灯开关后，至少延时1 h楼道灯才自动点亮，如楼房管理员晚上5点下班时打开开关，到6点天黑楼道灯才自动点亮。

14. 分别用不同的定时器设计以下程序：按下启动按钮I0.0，Q2.0控制的电动机运行2 h后自动断电，同时Q2.1控制的制动电磁铁通电制动，5 s后自动断开。

15. 某设备有三台鼓风机，试用LAD和STL设计程序，控制要求为：当设备处于运行状态时，如果有两台或两台以上风机工作，则指示灯常亮，指示“正常”；如果仅有一台风机工作，则该指示灯以0.5 Hz的频率闪烁，指示“一级报警”；如果没有风机工作，则指示灯以2 Hz的频率闪烁，指示“严重报警”。当设备不运转时，指示灯不亮。

16. 用计数器与定时器配合设计一个延时16 h的定时器扩展程序。

17. 为了扩大计数范围，设计一个能计数12000的计数器。

18. 信号灯的单按钮控制，用1个按钮控制一个指示灯，要求第1次操作按钮指示灯亮，第2次操作按钮指示灯闪亮，第3次操作按钮指示灯灭，如此循环，试编写LAD控制程序。

19. 编写能完成下面的算式的程序：

$$\frac{30\times30-1}{50-1}$$

20. 编写求 8 的立方的程序。

21. 设计一个自动控制小车运行方向的程序，如图所示，工作要求如下：

（1）当小车所停位置 SQ 的编号大于呼叫位置编号 SB 时，小车向左运行至呼叫位置时停止。

（2）当小车所停位置 SQ 的编号小于呼叫位置编号 SB 时，小车向右运行至呼叫位置时停止。

（3）当小车位置 SQ 的编号与呼叫位置编号相同时，小车不动作。

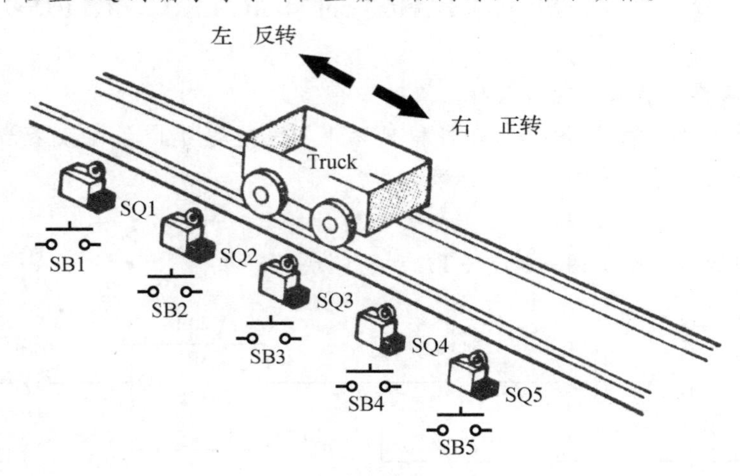

第 21 题图

第 5 章　S7-300/400 的非线性化编程

STEP7 不仅提供了第 4 章讲述的线性化编程的方法，还提供了非线性化编程的方法。非线性化编程有两种：一种是模块化编程，另一种是结构化编程。

所谓模块化编程，是把一项控制任务分成若干个独立任务的程序块，并放在不同的功能(FC)、功能块(FB)中，而组织块 OB1 中的指令决定块的调用和执行，被调用的块执行结束后返回到组织块 OB1 中该程序块的调用点，继续执行 OB1，该过程如图 5.1(a)所示。该例为搅拌器示例，分为配方 A、配方 B、混合器和排空四个模块，模块化编程中 OB1 起着主程序的作用，功能 FC 或者功能块 FB 承担着不同的过程任务，相当于主循环程序的子程序。功能(FC)和功能块(FB)不传递，也不接收参数，不存在重复利用的程序代码，其本质上就是划分块的线性编程。

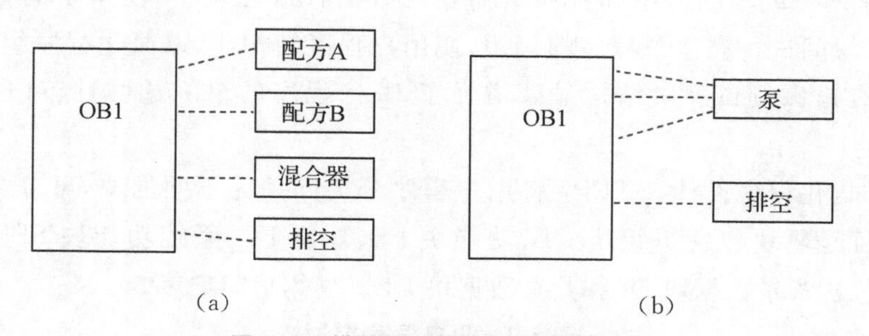

图 5.1　模块化、结构化编程示意图

同时，控制任务被分成不同的块，易于几个人同时编程，相互之间互不影响，并且易于程序的调试和故障的查找，OB1 中的程序包含调用不同块的指令，由于每次循环时只要调用所需要的相关程序块，所以有助于提高 CPU 的利用效率。综上所述，模块化编程程序结构清晰、可读性强、调试方便。

结构化编程是将复杂的自动化任务分解为能够反映过程的工艺、功能或可反复多次处理的小任务，这些小任务用相应的程序块(或逻辑块)表示，程序运行时所需的大量数据和变量存储在数据块中。结构化程序把过程要求的类似或相关的功能进行分类，这些程序块是相对独立的，它们被 OB1 或别的块调用。在给功能块编程时使用的是形参，但可以根据需要在不同的地方以不同的实参进行调用，每个块可能被多次调用，以实现对具有相同过程工艺要求的被控对象的控制，如图 5.1(b)所示。同一个搅拌器的示例就分为泵的控制和排空两个块，在调用配方 A 和配方 B 时，可以使用不同的参数设置完成。

结构化编程有如下优点：

① 程序只需要生成一次，显著减少了编程时间。

② 块只在用户存储器中保存一次，显著降低了存储器用量。

③ 块可以被程序任意次调用，可将块设计得非常灵活，例如打包程序块，打包的数量可以通过参数传递进来。

结构化编程可简化程序设计过程，减少代码长度，提高编程效率，比较适用于较复杂的自动控制任务的设计。

5.1 用户程序的基本结构

PLC 中的程序分为操作系统和用户程序。操作系统用来实现与特定的控制任务无关的功能、处理 PLC 的启动、刷新输入/输出的过程映像表、调用用户程序、处理中断和错误、管理存储区和处理通信等。用户程序由用户在 STEP7 中生成，然后将其下载到 CPU。用户程序包括用户特定的自动化任务所需要的所有功能，例如指定 CPU 暖启动或热启动的启动条件、处理过程数据、指定对中断的响应、处理程序正常运行中的干扰等。

STEP7 将用户编写的程序和程序所需要的数据存放在块中，使单个的程序部件标准化。在块内和块间进行类似子程序的调用，使用户程序结构化，以简化程序组织结构，使程序易于修改、查错和调试。块结构显著增强了 PLC 程序的组织透明性、可理解性和可维护性。

为支持结构化程序设计，STEP7 将用户程序分类归并为不同的块，可分为逻辑块和数据块两大类，而逻辑块包含组织块 OB、功能块 FB、功能 FC、系统功能块 SFB 和系统功能 SFC，数据块包含背景数据块 DI 和共享数据块 DB。具体功能见表 5.1。

表 5.1 用户程序中的块

块		说明
逻辑块	组织块 OB	操作系统和用户程序的接口，决定用户程序的结构
	功能块 FB	用户编写的包含经常使用的功能的子程序，有专用的存储区
	功能 FC	用户编写的包含经常使用的功能的子程序，无专用的存储区
	系统功能块 SFB	集成在 CPU 模块中，通过 SFB 调用系统功能，有专用的存储区
	系统功能 SFC	集成在 CPU 模块中，通过 SFC 调用系统功能，无专用的存储区
数据块	背景数据块 DI	调用 FB 和 SFB 时用于传递参数的数据块，在编译过程中自动生成数据
	共享数据块 DB	存储用户数据的数据区域，供所有的块共享

OB1 是主程序循环块，在任何情况下，它都是需要的。功能块实际上是用户子程序，分为带“记忆”的功能块 FB 和不带“记忆”的功能块 FC。FB 带有背景数据块，在 FB 块结束时继续保持，即被“记忆”；功能块 FC 没有背景数据块。数据块是用户定义的用于存取数据的

存储区,可以被打开或关闭;DB可以是属于某个FB的背景数据块,也可以是通用的全局数据块,用于FB或FC。S7的CPU还提供标准系统功能块,集成在S7 CPU中的功能程序库是操作系统的一部分,无须将其作为用户程序下载到PLC中,用户可以直接调用它们。STEP7调用块过程示意图如图5.2所示。

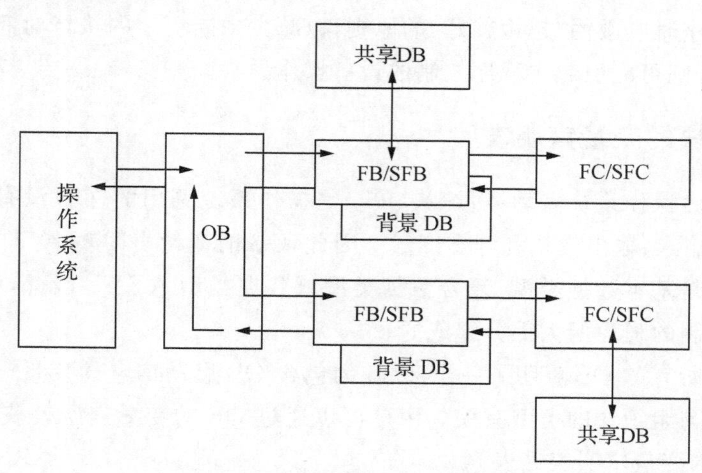

图5.2 STEP7调用块过程示意图

5.2 组织块

组织块(OB)是CPU操作系统和用户程序的接口,操作系统可以调用,用于控制程序的循环扫描和中断程序的执行、PLC的热启动和错误处理等。组织块由操作系统调用,组织块中的程序是用户编写的。

STEP7提供了大量的组织块用于执行用户程序。OB被嵌在用户程序中,根据某个事件的发生,执行相应的中断,并自动调用相应的OB。S7 PLC的组织块用来创建在特定的时间执行的程序或响应特定事件的程序,例如延时中断OB、外部硬件中断OB和错误处理OB等。

中断处理用来实现对特殊内部事件或外部事件的快速响应。如果没有中断,CPU循环执行组织块OB1。CPU检测到中断源的中断请求时,操作系统在执行完当前程序的当前指令后(断点处),立即响应中断。CPU暂停正在执行的程序,调用中断源对应的中断组织块(OB)。执行完中断组织块后,返回被中断的程序的断点处继续执行原来的程序。

有中断事件发生时,如果没有下载对应的组织块,CPU将会进入STOP模式。即使生成和下载一个空的组织块,出现对应的中断事件时,CPU也不会进入STOP模式。

PLC的中断源可能来自I/O模块的硬件中断,或者来自CPU模块内部的软件中断,例如时间中断、延时中断、循环中断和编程错误引起的中断。

一个OB的执行被另一个OB中断时,操作系统对现场进行保护。被中断的OB的局部数据压入 L 堆栈(局部数据堆栈),被中断的断点处的现场信息保存在 L 堆栈(中断堆栈)和 B 堆栈(块堆栈)中。中断程序不是由逻辑块调用,而是在中断事件发生时由操作系统调用。因为不能预知系统何时调用中断程序,中断程序不能改写其他程序中可能正在使用的存储器,中断程序应尽可能地使用局部变量。

编写中断程序时应遵循"越短越好"的原则,以减少中断程序的执行时间,减少对其他事件处理的延迟,否则可能引起主程序控制的设备操作异常。

5.2.1 组织块的变量声明表

组织块只能由操作系统启动,组织块(OB)是操作系统调用的,OB 没有背景数据块,也不能为 OB 声明输入、输出变量和静态变量。因此,OB 的变量声明表中只有临时变量。OB 的临时变量可以是基本数据类型、复合数据类型或数据类型 ANY。因此,组织块是由变量声名表和用户编制的程序两大部分组成的。

操作系统为所有的 OB 声明了一个 20 B 的包含 OB 启动信息的变量声明表,声明表中变量的具体内容与组织块的类型有关。用户可以通过 OB 的变量声明表获得与启动 OB 有关的信息。OB 的变量申明表见表 5.2。

表 5.2 组织块的变量申明表

地址	内容
0	事件级别与标识符。例如 OB40 为 B#16#11,表示硬件中断被激活
1	用代码表示与启动 OB 的时间有关的信息
2	优先级,例如时间延时中断 OB20 的优先级为 3
3	OB 的块号,例如 OB16 的块号为 16
4~11	附加信息,例如 OB1 的第 4、5 个字节为备用;第 6、7 个字节组成的字为上一次 OB1 的循环时间(ms);第 8、9 个字节组成的字为自 CPU 启动最短一次 OB1 的循环时间(ms);第 10、11 个字节组成的字为自 CPU 启动最长一次 OB1 的循环时间(ms)
12~19	OB 被启动的日期和时间(年、月、日、时、分、秒、毫秒与星期)

5.2.2 组织块的分类

组织块可分为如下几类:

① 循环执行的组织块:需要连续执行的程序安排在 OB1 中,执行完后又开始新的循环。

② 启动组织块:用于系统的初始化,在 CPU 上电或操作模式改为 RUN 时,根据不同的启动方式来执行 OB100~OB102 中的一个。

③ 定期执行的组织块:有日期时间中断组织块(OB10~OB17)和循环中断组织块(OB30~OB38),可以根据日期时间或时间间隔执行中断。

④ 事件驱动的组织块:有延时中断(OB20~OB23)、硬件中断(OB40~OB47)、异步错误中断(OB80~OB87)和同步中断(OB121、OB122)。

⑤ 背景组织块:如果 CPU 设置的最小扫描时间比实际的扫描时间长,在循环结束后

CPU 可执行背景组织块 OB90,避免循环等待时间。

OB 块分类的示意图如图 5.3 所示。

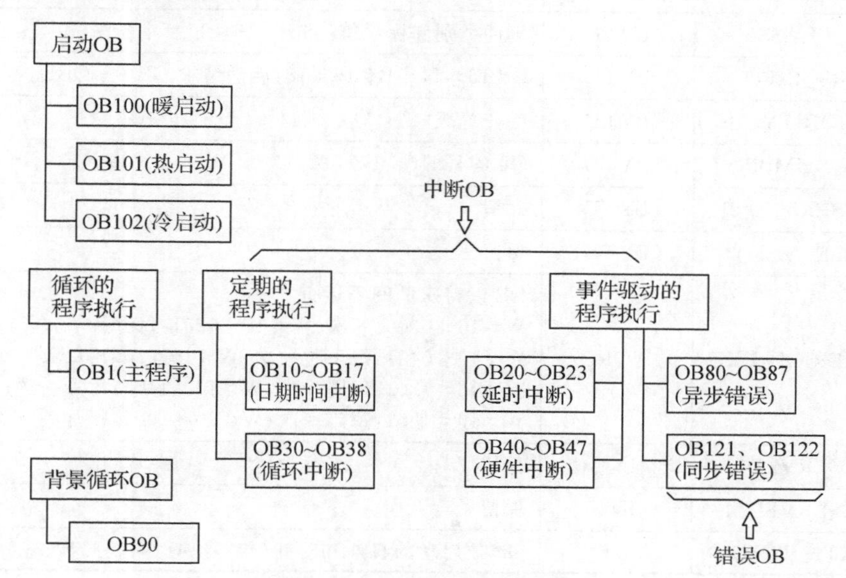

图 5.3　OB 块的分类情况

5.2.3　组织块应用实例

(1) 日期时间中断组织块

日期时间中断组织块可以在某一特定的日期和时间单次运行,也可以从设定的日期时间开始,周期性地重复运行,例如每分钟、每小时、每天、每月、每个月末。对于每月执行的时间中断 OB,只可将 1,2,…,28 日作为起始日期。

S7-300/400 系列的 CPU 可以使用的日期时间中断有 8 个(OB10～OB17),某个型号的 CPU 能够使用哪一个中断,要视其型号而定,例如 S7-300 系列 PLC(CPU318 除外)只能使用 OB10。

要启动时间中断,必须先设置中断,然后再将其激活。时间中断有以下 4 种可能的启动方式。

① 自动启动时间中断:一旦使用 STEP7 设置并激活了时间中断,即自动启动时间中断。

② 使用 STEP7 设置时间中断,然后通过调用程序中的 SFC30 “ACT_TINT”来激活它。

③ 通过调用系统功能 SFC28 “SET_TINT”来设置时间中断的开始时间和周期,通过调用系统功能 SFC30 “ACT_TINT”来激活它。

④ 使用 SFC39～SFC42 禁用或延迟和重新启用时间中断。

表 5.3 给出了日期时间中断(以 OB10 为例)的变量申明表,其地址为 L0.0～L19.7,地址为 L20.0 以上的本地数据允许用户定义。

表 5.3 日期时间中断的变量申明表

变量	数据类型	说明
OB10_EV_CLASS	BYTE	事件类别和标识符：如 B#16#11=中断激活
OB10_STRT_INFO	BYTE	B#16#11～B#16#18：启动请求 OB10～OB17
OB10_PRIORITY	BYTE	优先等级“2”
OB10_OB_NUMBR	BYTE	OB 编号(10～17)
OB10_RESERVED_1	BYTE	保留
OB10_RESERVED_2	BYTE	保留
OB10_PRERIOD_EXE	WORD	OB 以特殊的间隔运行： W#16#0000：一次；W#16#0201：每分钟一次； W#16#0401：每小时一次；W#16#1001：每天一次； W#16#1201：每周一次；W#16#1401：每月一次； W#16#1801：每年一次；W#16#2001：每月底
OB10_RESERVED_3	INT	保留
OB10_RESERVED_4	INT	保留
OB10_DATE_TIME	DT	OB 被启动的日期和时间(年、月、日、时、分、秒、毫秒与星期)

【例 5.1】 使用 STEP7 设置并激活时间中断。要求每分钟中断一次，调用 OB10。

组织块应用实例

首先建立一个完整的项目，打开其硬件组态图，如图 5.4 所示，在硬件组态界面，双击机架上的 CPU312C，将弹出 CPU 属性界面。在 CPU 属性界面单击“Time-of-Day Interrupts(时刻中断)”，打开时间中断设置界面，如图 5.5 所示，选择“激活”，要求每分钟执行并写上开始执行 OB10 的日期和时间，图中的开始日期时间是 2017 年 9 月 2 日 18 时 50 分，然后单击“OK”按钮。最后在硬件组态界面单击“保存和编译”快捷图标 ，完成保存和编译。

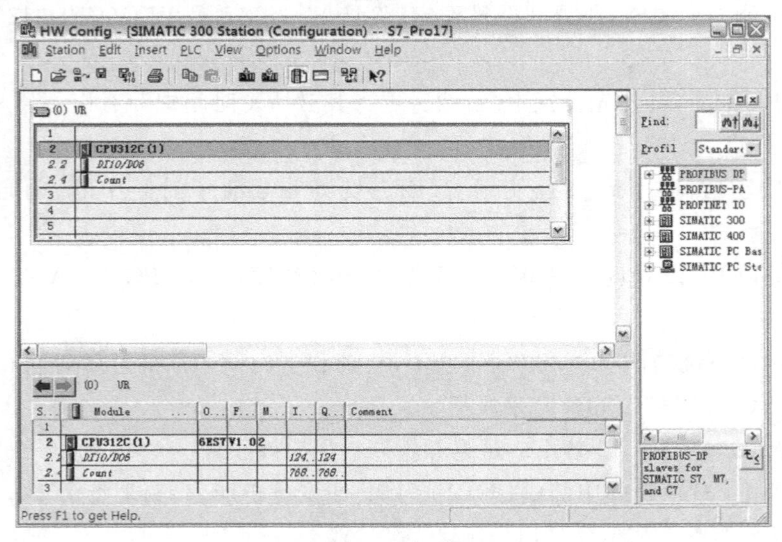

图 5.4 硬件组态图

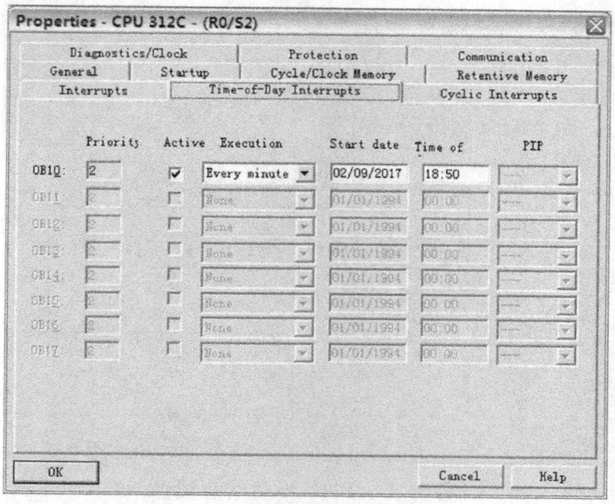

图 5.5　设置日期时间中断

在管理界面单击“Blocks”，然后在右边块的目录下单击鼠标右键，在弹出的界面中单击“Insert New Object”→“Organization Block”命令，如图 5.6 所示。在生成组织块的过程中，选择组织块 OB10 并写上一些相关的信息，如图 5.7 所示，然后单击“OK”按钮。

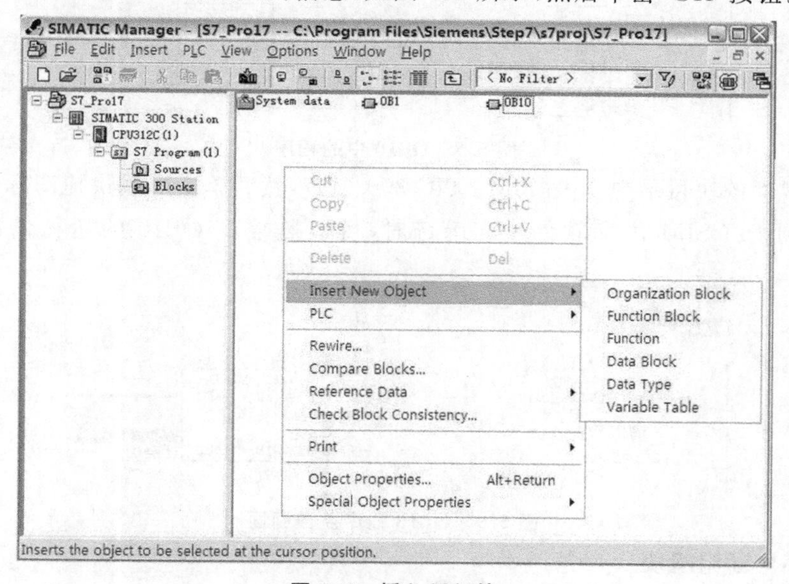

图 5.6　插入组织块

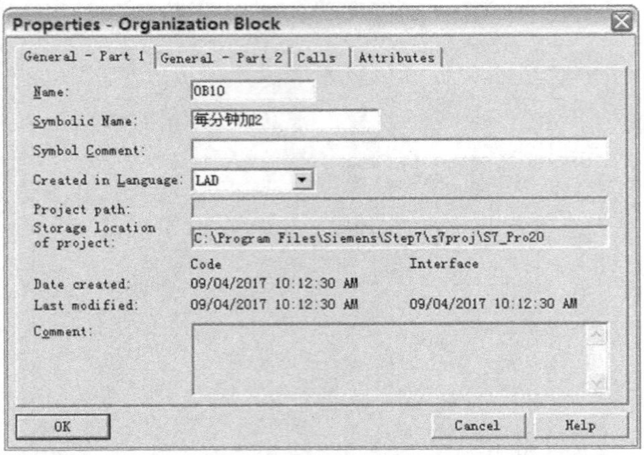

Properties - Organization Block
General - Part 1
General - Part 2
Calls
Attributes
Name:
OB10
Symbolic Name:
每分钟加2
Symbol Comment:
Created in Language:
LAD
Project path:
Storage location of project:
C:\Program Files\Siemens\Step7\s7proj\S7_Pro20
Code
Interface
Date created:
09/04/2017 10:12:30 AM
Last modified:
09/04/2017 10:12:30 AM
09/04/2017 10:12:30 AM
Comment:
OK
Cancel
Help

图 5.7　OB10 相关信息设置

在管理界面的块目录中双击 OB10 的图标，打开 OB10 编程界面，如图 5.8 所示。该程序实现每过一分钟，MW4 加上 2，并且在 MW8 中显示 STEP7 的间隔。

Network 1: Title:
ADD_I
EN
ENO
MW4
IN1
OUT
MW4
2
IN2
MOVE
EN
ENO
#OB10_
PERIOD_EXE
IN
OUT
MW8

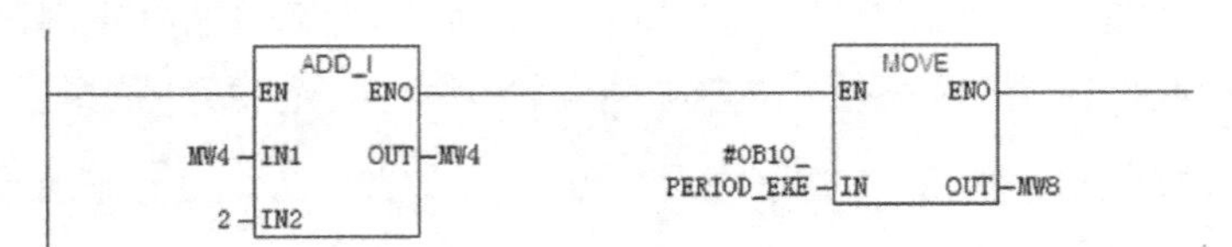

图 5.8　OB10 中的程序

在管理界面的块目录中单击"SIMATIC 300 (1)"，然后单击下载快捷图标，把整个项目的信息下载到 PLCSIM 仿真软件中。运行时，可以监控到 OB10 的运行情况，如图 5.9 所示。

Network 1: Title:
ADD_I
EN
ENO
0
MW4
IN1
OUT
2
MW4
2
2
IN2
MOVE
EN
ENO
16#00000201
#OB10_
PERIOD_EXE
IN
OUT
16#00000201
MW8

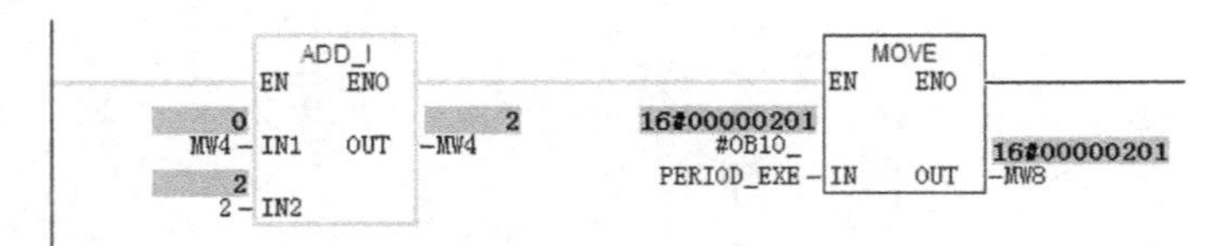

图 5.9　OB10 程序监控画面

(2) 循环中断组织块

循环中断组织块用于按精确的时间间隔循环执行中断程序，S7 提供了 9 个循环中断 OB(OB30～OB38)，可以按指定的固定时间间隔来中断用户程序。大多数 S7-300 CPU 只能使用 OB35，其余的 CPU 可以使用的循环中断 OB 的个数与 CPU 的型号有关。循环中断 OB 的等距启动时间是由时间间隔和相位偏移量决定的。

用户编写程序时，必须确保每个循环中断 OB 的运行时间远远小于其时间间隔。如果时间间隔过短，还没有执行完循环中断程序又开始调用它，将会产生时间错误事件，调用 OB80。如果没有创建和下载 OB80，CPU 将进入 STOP 模式。一般情况下时间间隔不能小于 5 ms。

用户编写程序时可使用SFC39～SFC42来禁用或延迟，并重新启用循环中断。使用SFC39来取消激活循环中断，使用SFC40来激活循环中断。

表5.4给出了循环中断(以OB35为例)的变量申明表，其地址为L0.0～L19.7，地址为L20.0以上的本地数据允许用户定义。

表5.4　循环中断的变量申明表

变量	数据类型	说明
OB35_EV_CLASS	BYTE	事件类别和标识符：如B#16#11＝中断激活
OB35_STRT_INFO	BYTE	B#16#30：具有特殊标准的循环中断OB的启动请求(适用于H系列) B#16#31～B#16#39：启动请求OB30～OB38
OB35_PRIORITY	BYTE	OB30～OB38优先等级“7～15”
OB35_OB_NUMBR	BYTE	OB编号(30～38)
OB35_RESERVED_1	BYTE	保留
OB35_RESERVED_2	BYTE	保留
OB35_PHASE_OFFSET	WORD	相位偏移量(ms)
OB35_RESERVED_3	INT	保留
OB35_EXC_FREQ	INT	时间间隔(ms)
OB35_DATE_TIME	DT	OB被启动的日期和时间(年、月、日、时、分、秒、毫秒与星期)

【例5.2】　使用STEP7设置并激活循环中断。要求每1000 ms中断一次，调用OB35。并且按下按钮I1.2，系统会禁止循环中断，按下按钮I1.1后系统重新开始每1000 ms中断调用OB35一次。

首先建立一个完整的项目，打开其硬件组态图，在硬件组态界面，双击机架上的CPU，将弹出CPU属性界面。在CPU属性界面单击“Cyclic Interrupts(循环中断)”，打开循环中断设置界面，如图5.10所示。由“周期性中断”选项卡可知只能使用OB35，其循环周期的默认值为100 ms，将它修改为1000 ms，然后单击“OK”按钮。最后在硬件组态界面单击“保存和编译”快捷图标，完成保存和编译。

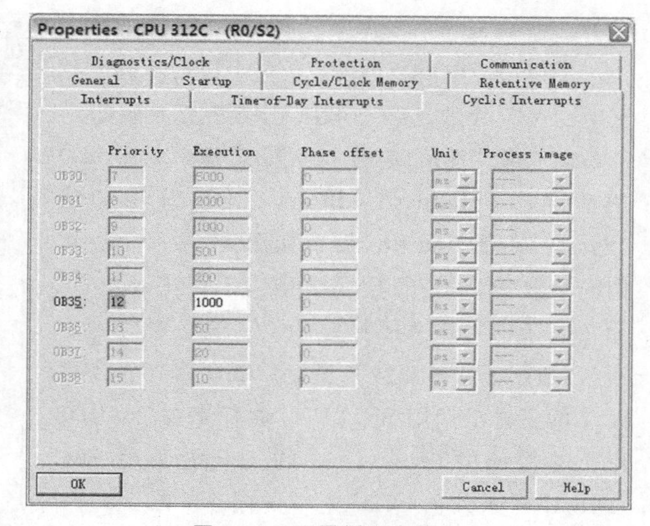

图5.10　设置循环中断

设置并编译完成后，在管理界面单击“Blocks”，然后在右边块的目录下单击鼠标右键，在弹出的界面中单击“Insert New Object”→“Organization Block”，插入 OB35，然后单击“OK”按钮。在 OB35 中编写程序，如图 5.11 所示。程序拟实现每调用一次 OB35，就使得 MW4 中的内容加上整数“3”，再存入 MW4 中。

OB35 : "Cyclic Interrupt"

Network 1: Title:

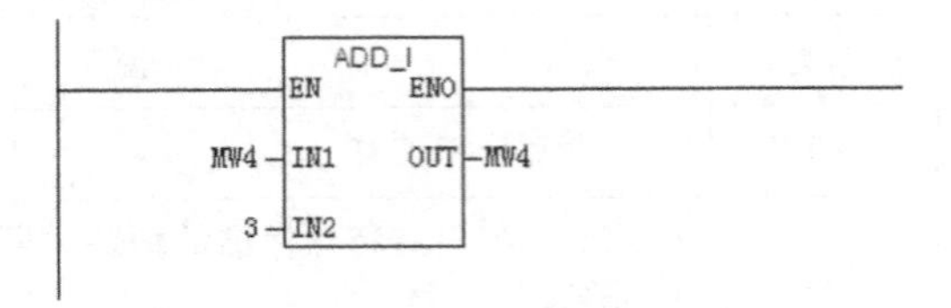

图 5.11　OB35 组织块中的程序

在主程序 OB1 编写程序，如图 5.12 所示。

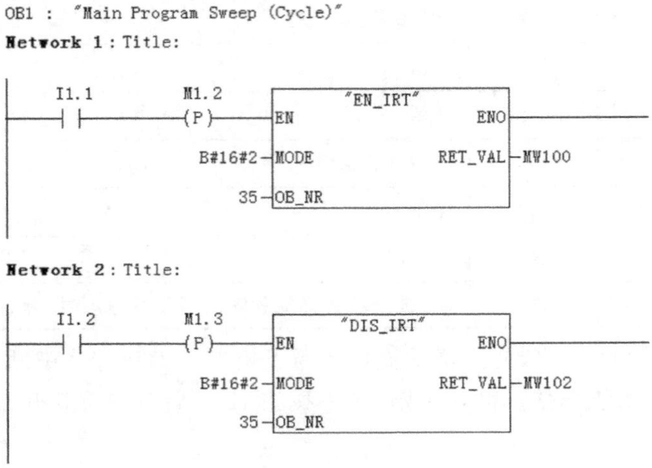

OB1 : "Main Program Sweep (Cycle)"

Network 1 : Title:

I1.1　M1.2 (P)　"EN_IRT"　EN　ENO

B#16#2 MODE　RET_VAL MW100

35 OB_NR

Network 2 : Title:

I1.2　M1.3 (P)　"DIS_IRT"　EN　ENO

B#16#2 MODE　RET_VAL MW102

35 OB_NR

图 5.12　OB1 主程序

图 5.12 中的 SFC40“EN_IRT”和 SFC39“DIS_IRT”分别是激活和禁止中断与异步错误的系统功能。它们的寻找路径是库(Libraries)→标准库(Standard Library)→系统功能块(System Function Blocks)，如图 5.13 所示。它们的参数 MODE 的数据类型为 BYTE，MODE 为 2 时激活 OB_NR 指定的 OB 编号对应的中断，必须用十六进制数来设置。OB1 程序实现在 I1.1 的上升沿调用 SFC“EN_IRT”来激活 OB35 对应的循环中断，在 I1.2 的上升沿调用 SFC“DIS IR7”来禁止 OB35 对应的循环中断。

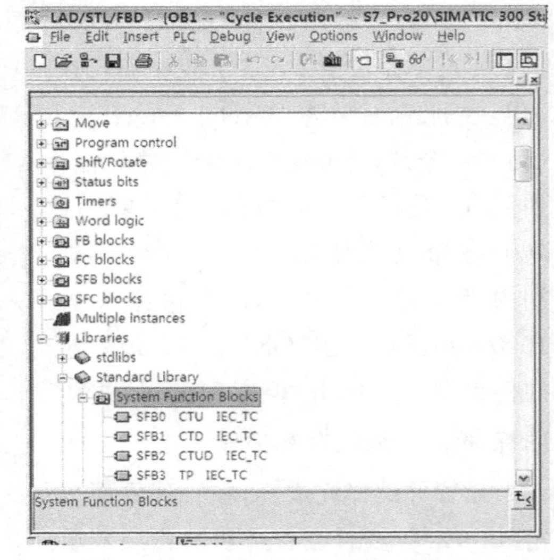

图 5.13　SFC40 和 SFC39 的寻找路径

将所有组态和程序下载到仿真软件 PLCSIM 中进行模拟运行，进入 RUN 模式后，可以看到每秒MW4的值加3。用鼠标模拟产生I1.2的脉冲，循环中断被禁止，MW4停止加3。用鼠标模拟产生I1.1的脉冲，循环中断被激活，MW4又开始加3。仿真过程中的OB35和OB1的截图如图5.14所示。

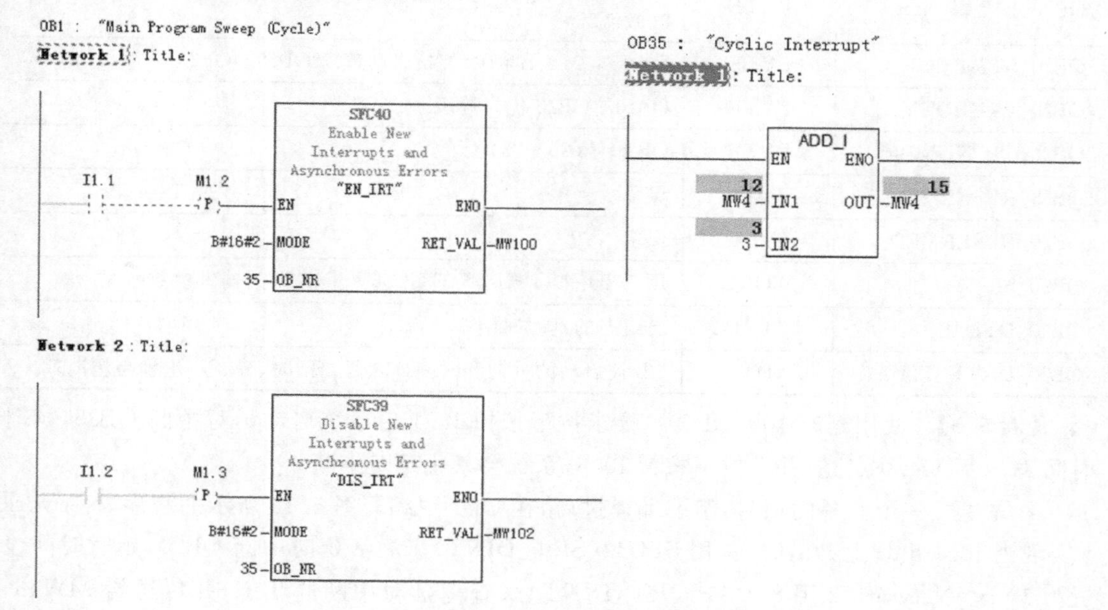

图5.14　例5.2仿真截图

(3) 延时中断组织块

PLC的普通定时器的工作与扫描工作方式有关，其定时精度较差。如果需要高精度的延时，应使用延时中断OB。用SFC32“SRT_DINT”启动延时中断，延迟时间是SFC32的一个输入参数。延迟时间为1～60000 ms，精度为1 ms。当用户程序调用SFC32(SRT_DINT)时，需要提供OB编号、延迟时间和用户专用的标识符。延时时间到即触发中断，调用SFC32指定的OB。还可使用SFC33取消尚未启动的延时中断，可以使用SFC34访问延时中断组织块的状态。可使用SFC39～SFC42来禁用或延迟，并重新启动延迟中断。

S7提供多达4个在指定延迟后执行的OB(OB20～OB23)。CPU316及以下的CPU只能使用OB20，只有当CPU处于RUN模式下时才会执行延时OB。暖启动或冷启动将清除延时中断OB的启动事件。

设置延时中断，最基本的步骤是：调用SFC32“SRT_DINT”，并将延时中断OB作为用户程序的一部分下载到CPU。

如果发生了操作系统试图启动一个尚未装载的OB，并且用户在调用SFC32“SRT DINT”时指定了其编号，或在完全执行延时OB之前发生延时中断的下一个启动事件，操作系统将调用异步错误OB。

表5.5给出了延时中断(以OB20为例)的变量申明表，其地址为L0.0～L19.7，地址为L20.0以上的本地数据允许用户定义。

表 5.5 延时中断的变量申明表

变量	数据类型	说明
OB20_EV_CLASS	BYTE	0～3 位＝1，表示时间等级；4～7 位是标识，如果等于 1 表示 OB 被激活
OB20_STRT_INF	BYTE	B＃16＃21～B＃16＃24：启动请求 OB20～OB23
OB20_PRIORITY	BYTE	OB20～OB23 优先等级 3～6
OB20_OB_NUMBR	BYTE	OB 编号(20～23)
OB20_RESERVED_1	BYTE	保留
OB20_RESERVED_2	BYTE	保留
OB20_SIGN	WORD	用户 ID：来自调用 SFC32“SRT_DINT”的输入参数
OB20_DTIME	TIME	已组态的延时时间
OB20_DATE_TIME	DT	OB 被启动的日期和时间(年、月、日、时、分、秒、毫秒与星期)

【例 5.3】 使用延时中断 OB20。要求按下按钮 I0.1 后系统启动延时中断 OB35，延时时间 10 s 后 Q4.0 点亮，并且按下按钮 I0.3，系统会禁止延时中断。

首先建立一个完整的项目，组态编译过后，在 OB1 中编写图 5.15 所示的程序，Network 1 实现当 I0.1 出现上升沿时，调用 SFC32(SRT_DINT)来激活延时中断 OB20，延时时间设置为 10 s。Network 2 用 SFC34(QRT_DINT)来查询延时中断的状态，并传送给 MW46。Network 3 实现当 I0.3 出现上升沿时，调用 SFC33(CAN_DINT)来取消延时中断 OB20，Network 4 实现当 OB20 没有被激活时，使得 M1.5＝1，Network 5 实现当取消错误M0.6＝1 时，复位错误标志 Q4.1。

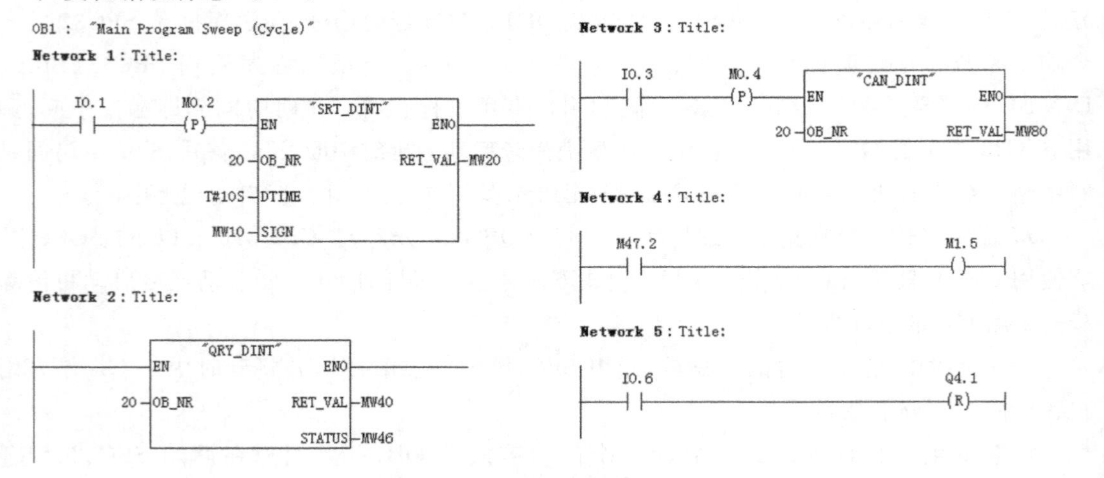

图 5.15 例 5.3 中主程序 OB1

在管理界面的块目录中插入 OB20 和 OB85 两个组织块，在 OB20 中编写如图 5.16(a)所示的程序并保存；在 OB85 中编写如图 5.16(b)所示的程序并保存。

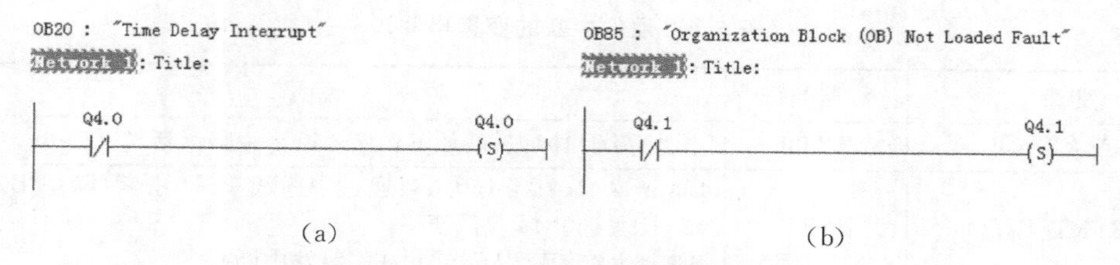

图5.16 例5.3中OB20和OB85程序

最后在管理界面把延时中断的整个项目下载到PLCSIM仿真软件中。当把CPU切换到运行模式时，可以看到M47.4=1，说明OB20已经下载到CPU中。当按下按钮I0.1启动延时中断时，M47.2=1；当延时时间达到10 s，Q4.0=1。当按下按钮I0.3取消延时中断或达到延时时间后，M47.2=0。仿真中，各输入/输出的情况如图5.17所示，该图中显示的是延时时间已到，此时M47.2=0，Q4.0=1。

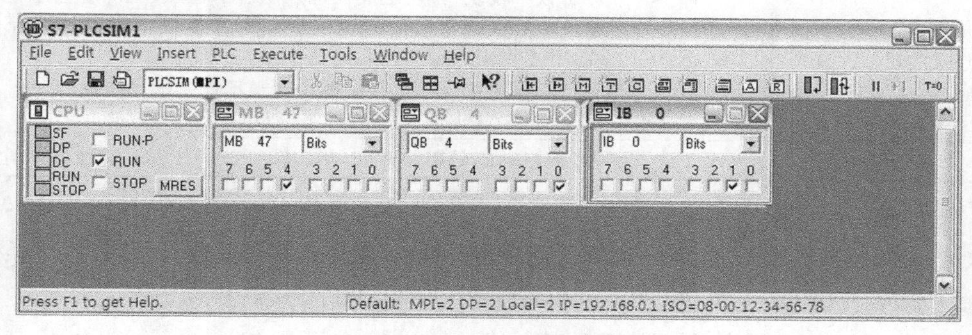

图5.17 例5.3仿真情况图

(4) 硬件中断组织块

硬件中断组织块(OB40～OB47)用于对信号模块(SM，即输入/输出模块)、通信处理器(CP)和功能模块(FM)的信号变化进行中断响应。具有硬件中断功能的上述模块将中断信号传送到CPU时，将触发硬件中断。S7提供了8个独立的硬件中断，每一中断都具有自己的OB。但是绝大多数S7-300 CPU只能使用OB40。

如果在处理某硬件中断的同时，又出现了其他硬件中断事件，新的中断按以下方法处理：如果出现的是同一模块同一通道产生的完全相同的中断事件，那么新的中断事件将丢失，即不处理它。如果出现的是同一模块其他通道或其他模块的中断事件，新的请求将被记录，当前的中断组织块执行完后，再处理被记录的中断。

对于具有中断能力的通信处理器(CP)和功能模块(FM)，可以使用STEP7软件在硬件组态时按照向导的对话框设置相应的参数来设置中断。

对于具有中断能力的数字量信号模块(SM)，可以使用STEP7软件在硬件组态时设置硬件中断，也可以使用SFC55～SFC57为模块的硬件中断分配参数来设置硬件中断。对于具有中断能力的数字量信号模块(SM)，在硬件组态时，可选择在输入信号的上升沿或下降沿触发硬件中断。也可以使用SFC39～SFC42来禁用或延迟，并重新启用硬件中断。

表5.6给出了硬件中断(以OB40为例)的变量申明表，其地址为L0.0～L19.7，地址为L20.0以上的本地数据允许用户定义。

表 5.6 硬件中断的变量申明表

变量	数据类型	说明
OB40_EV_CLASS	BYTE	事件等级和标识符：如 B#16#11＝中断激活
OB40_STRT_INFO	BYTE	B#16#41～B#16#44：通过中断线 1～4 中断（其中 B#16#42～B#16#44 仅限于 S7-400） B#16#45：WinAC，通过 PC 触发中断
OB40_PRIORITY	BYTE	OB40～OB47 优先等级 16～23
OB40_OB_NUMBR	BYTE	OB 编号（40～47）
OB40_RESERVED_1	BYTE	保留
OB40_IO_FLAG	BYTE	输入模块：B#16#54；输出模块：B#16#55
OB40_MDL_ADDR	WORD	触发中断的模块的逻辑地址（起始字节）
OB40_POINT_ADDR	WORD	对于数字模块：模块上具有输入状态的位域（位 0 对应于第一个输入），可在给定模块的说明中找到为模块中的通道分配的从 OB40_POINT_ADDR 起始的位 对于模拟模块：位域，指出哪个通道已超出哪个限制 对于 CP 或 IM：模块中断状态（与用户程序无关）
OB40_DATE_TIME	DT	OB 被启动的日期和时间（年、月、日、时、分、秒、毫秒与星期）

【例 5.4】 使用硬件中断 OB40。要求按以下设置产生两个硬件中断：I2.2 上升沿和输入 I2.3 下降沿，其中 I2.2 上升沿触发硬件中断 OB40，使得 Q4.0 置位，I2.3 下降沿触发硬件中断 OB40，使得 Q4.0 复位。I2.0 启动硬件中断，I2.1 禁止硬件中断。

首先建立一个完整的项目，打开其硬件组态图，在硬件组态界面，双击机架上的“DI4xNAMUR，Ex”4 点数字输入模块，将弹出其属性对话框。在“Addresses”下将其输入起始地址修改为“2”，在“Inputs”下勾选两个硬件中断触发信号：I2.2 上升沿和输入 I2.3 下降沿，如图 5.18 所示，最后在硬件组态界面单击“保存和编译”快捷图标，完成保存和编译。

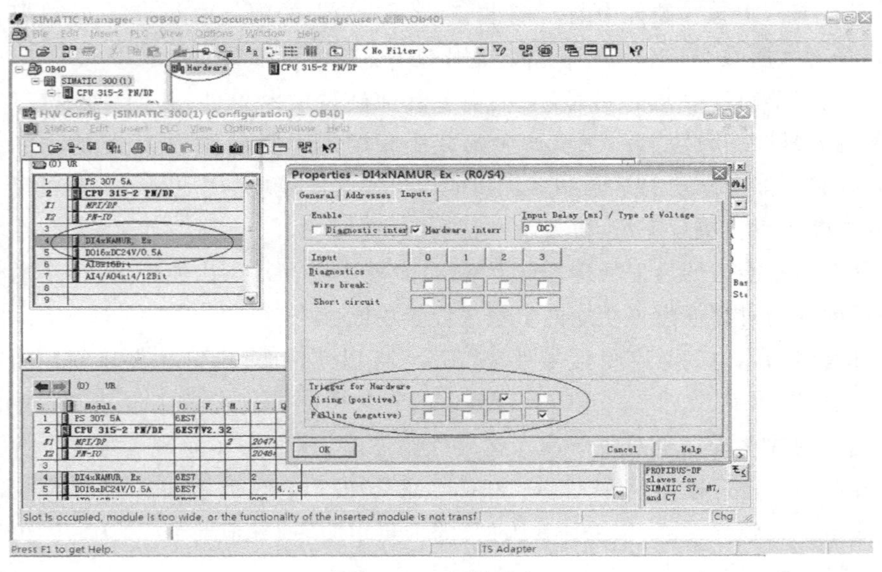

图 5.18 硬件组态

在 OB1 中编写如图 5.19 所示的程序，Network 1 实现当 I2.0 出现上升沿时，调用 SFC40(EN_IRT)来激活硬件中断 OB40，Network 2 实现当 I2.1 出现上升沿时，调用 SFC39 (DIS_IRT)来取消硬件中断 OB40。

OB1 : "Main Program Sweep (Cycle)"

Network 1：I2.0上升沿，调用SFC40激活硬件中断OB40

I2.0　M10.1 (P)　"EN_IRT"　EN　ENO　B#16#2 MODE　RET_VAL MW10　40 OB_NR

Network 2：I2.1上升沿，调用SFC39禁止硬件中断OB40

I2.1　M10.2 (P)　"DIS_IRT"　EN　ENO　B#16#2 MODE　RET_VAL MW12　40 OB_NR

图 5.19　例 5.4 的 OB1 主程序

在 OB40 中编写如图 5.20 所示的程序，Network 1 保存产生中断的模块的起始字节地址和模块内的位地址，Network 2 和 Network 3 实现的是：如果是 I2.2 产生的中断，则置位 Q4.0；如果是 I2.3 产生的中断，则置位 Q4.0。

OB40 : 硬件中断

Network 1：保存产生中断的模块的起始字节地址和模块内的位地址

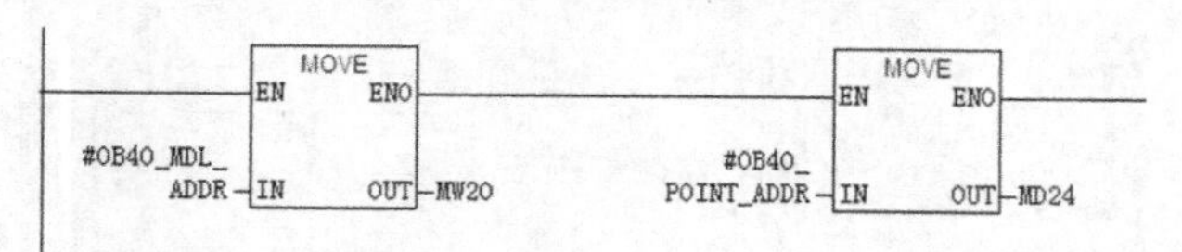

Network 2：如果是I2.2产生的中断，将Q4.0置位

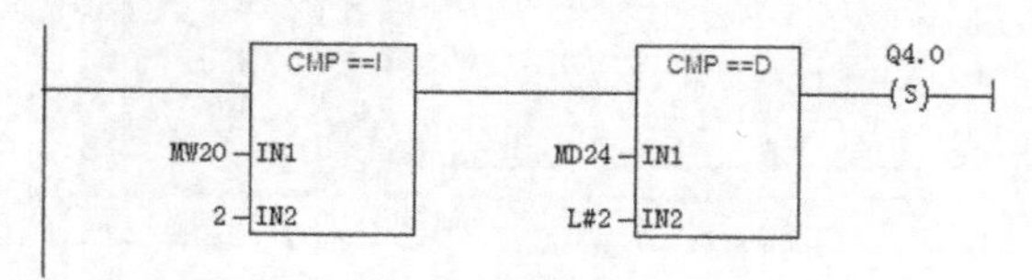

Network 3：如果是I2.3产生的中断，将Q4.0复位

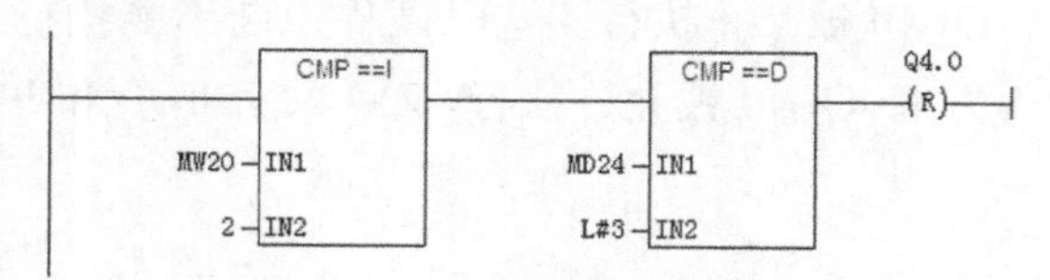

图 5.20　例 5.4 的 OB40 程序

将所有的硬件和程序都下载到 PLCSIM 中，将仿真 PLC 切换到 RUN-P 模式。执行 PLCSIM 的菜单命令"Execute"→"Trigger Error OB"→"Hardware Interrupt (OB40-OB47)"，打开"Hardware Interrupt OB(40-47)"对话框，过程如图 5.21 所示。

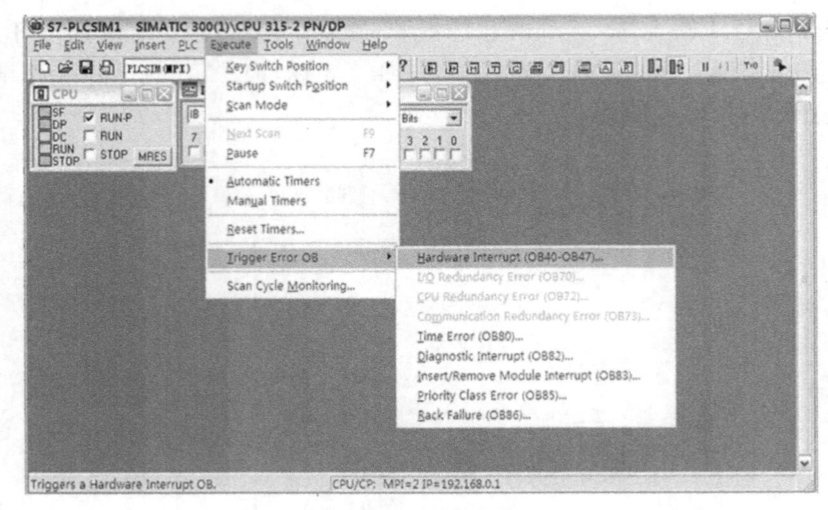

图 5.21 仿真过程图

弹出的对话框如图 5.22 所示，在文本框“Module address”内输入模块的起始地址 2，在文本框“Module status(POINT-ADDR)”内输入模块内的位地址 2。单击“Apply”按钮，在“Interrupt OB”显示框内自动显示出对应的 OB 编号 40。触发 I2.2 的上升沿中断，CPU 调用 OB40，Q4.0 被置 1；如果将“Module status(POINT-ADDR)”的位地址改为 3，模拟I2.3 产生的中断，单击“Apply”按钮，在松开按钮时，Q4.0 被复位为 0，同时关闭对话框。

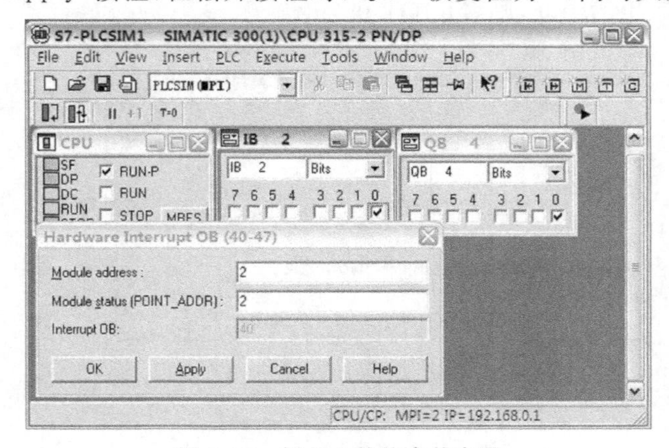

图 5.22 例 5.4 的仿真状态图

单击 PLCSIM 中 I2.1，OB40 被禁止执行。这时硬件中断不能执行，因而 Q4.0 不能被置位，再单击 I2.0 对应的小方框，OB40 被允许执行，又可以用 I0.0 和 I0.1 产生的硬件中断来控制 Q4.0。

5.3 数据块

数据块(DB)用来分类存储用户程序运行所需的大量数据或变量值,这也是用来实现各逻辑块之间的数据交换、数据传递和共享数据的重要途径。数据块丰富的数据结构,有助于程序高效率地管理复杂的变量组合,提高程序设计的灵活性。与逻辑块不同,数据块只有变量声明部分,没有程序指令部分。

数据块定义在 S7 CPU 的存储器中,用户可在存储器中建立一个或多个数据块。每个数据块可大可小,但 CPU 对数据块数量及数据总量有限制,如对于 CPU314,用作数据块的存储器最多为 8 KB,用户定义的数据总量不能超出这个限制。在编写程序时,对数据块必须遵循先定义后使用的原则,否则,将造成系统错误。

根据访问方式的不同,这些数据可以在全局符号表或共享数据块(又称全局数据块)中声明,称为全局变量;也可以在 OB、FC 和 FB 的变量声明表中声明,此时称其为局部变量。当块被执行时,变量将固定地存储在过程映像区(PII 或 PIQ)、位存储器区(M)、数据块(DB)或局部堆栈(L)中。

5.3.1 数据块的数据结构

在 STEP7 中,数据块的数据类型可以采用基本数据类型、复杂数据类型或用户定义数据类型(UDT)。在第 2 章中已经讲述过数据类型,下面仅对数据块的数据类型进行简单归纳。

(1) 基本数据类型

基本数据类型的长度不超过 32 位,可利用 STEP7 基本指令处理,能完全装入 S7 处理器的累加器中。基本数据类型包括:

① 位数据类型:BOO、BYTE、WORD、DWORD、CHAR。

② 数字数据类型:INT、DINT、REAL。

③ 定时器类型:S5TIME、TIME、DATE、TIME_OF_DAY。

(2) 复杂数据类型

复杂数据类型只能结合共享数据块的变量声明使用。复杂数据类型可大于 32 位,用装入指令不能把复杂数据类型完全装入累加器,一般要利用库中的标准块处理复杂数据类型。复杂数据类型包括时间(DATE_AND_TIME)、矩阵(ARRAY)、结构(STRUCT)和字符串(STRING)等类型。

(3) 用户定义数据类型

STEP7 允许利用数据块编辑器将基本数据类型和复杂数据类型组合成长度大于 32 位的用户定义数据类型(User-Defined data Type,UDT)。用户定义数据类型不能存储在 PLC 中,只能存放在硬盘上的 UDT 块中。可以将用户定义数据类型作为“模板”建立数据块,以节省录入时间，还可将其用于建立结构化数据块，建立包含几个相同单元的矩阵，在带有给定结构的 FC 和 FB 中建立局部变量。

5.3.2 数据块的分类

S7 系列 PLC 具有很强大的数据块功能。数据块是用于存放执行用户程序所需变量的数据区，分为背景数据块(Instance Data Block，DI)和共享数据块(Shared Date Block，DB)。

STEP7 按数据生成的顺序自动为数据块中的变量分配地址。

(1) 背景数据块

背景数据块是与某个 FB 或 SFB 相关联的，其内部数据的结构与其对应的 FB 或 SFB 的变量声明表一致，只能用于被指定的 FB 访问，因此在创建背景数据块时，必须指定它所属的 FB，并且该 FB 必须已经存在。在调用一个 FB 时，也必须指明背景数据块的编号和符号。背景数据块用作“私有存储器区”，即用作功能块(FB)的“存储器”。FB 的参数和静态变量安排在它的背景数据块中。

背景数据块中的数据信息不是由用户编辑的，而是由程序编辑器生成的，它们是 FB 变量声明表中的内容(不包括临时变量 TEMP)，也应首先生成功能块 FB，然后生成它的背景数据块。功能块 FB 建好后，创建背景数据块的方法为：在 Blocks 目录下的右侧空白区域单击右键，在弹出的快捷菜单中选择“Insert New Object”→“Data Block”，即插入了一个 DB，如图 5.23 所示。在弹出的对话框的“Name and Type”中填写 DB 的名称，如“DB1”，选择“Instance DB”和已经建立的功能块(如“FB1”)，“Symbolic Name”和“Symbol Comment”为可选项，可分别填入“电动机 1 的数据块 DB1”和“电动机的数据块”，填写完成后单击“OK”按钮，就完成了背景数据块的插入和属性设置，如图 5.24 所示。

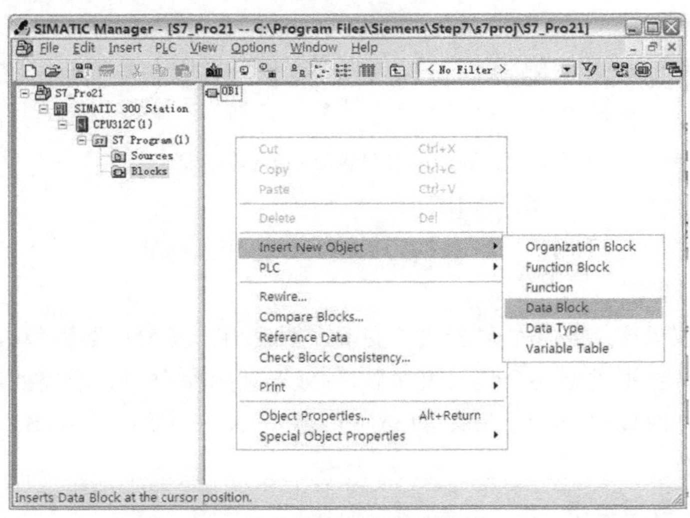

图 5.23 插入数据块示意图

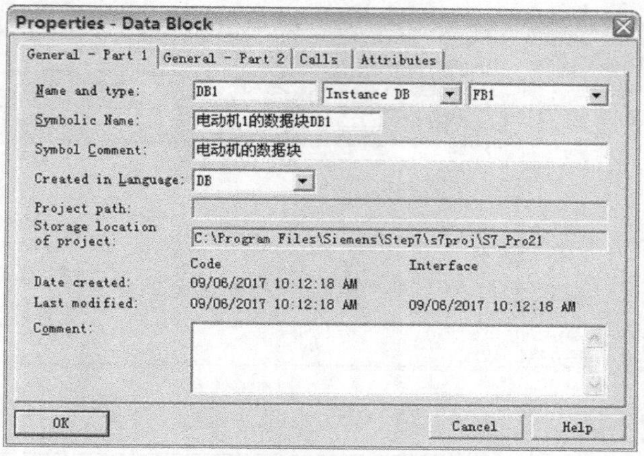

图 5.24　设置背景数据块示意图

(2) 共享数据块

共享数据块主要为用户程序提供一个可保存的数据区，其数据结构和大小并不依赖于特定的程序块，而是由用户自己定义的。共享数据块又称全局数据块，用于存储全局数据，所有逻辑块（OB、FC、FB）都可以访问共享数据块存储的信息。

共享数据块中的数据不会被删除，具有数据保护功能，其数据容量与具体的 PLC 有关。共享数据块的生成方法为：在 Blocks 目录下的右侧空白区域单击右键，在弹出的快捷菜单中选择“Insert New Object”→“Data Block”，即插入了一个 DB。在弹出的对话框的“Name and Type”中填入共享数据块名称，选择“Shared Data Block”，则 FB 选项框自动变灰不能选择。

利用 LAD/STL/FBD S7 程序编辑器或用已经生成的用户定义数据类型可建立共享数据块。当调用 FB 时，系统将产生背景数据块。

背景数据块和共享数据块有不同的用途，任何 FB、FC 或 DB 均可读写存放在共享数据块中的数据。背景数据块是 FB 运行时的工作存储区，它存放 FB 的部分运行变量。调用 FB 时，必须指定一个相关的背景数据块。作为规则，只有 FB 块才能访问存放在背景数据块中的数据。

一般情况下，每个 FB 都有一个对应的背景数据块，一个 FB 也可以使用不同的背景数据块。如果几个 FB 需要的背景数据完全相同，为节省存储器，则可以定义一个背景数据块，供它们分别使用。通过多重背景数据，也可将几个 FB 需要的不同的背景数据定义在一个背景数据块中，以优化数据管理。

各数据块在 CPU 的存储器中是没有区别的，只是由于打开方式不同，才在打开时有背景数据块和共享数据块之分。原则上，任何一个数据块都可以当作背景数据块或共享数据块使用。实际上，一个数据块被 FB 当作背景数据块使用时，必须与 FB 的要求格式相符。

共享数据块 DB1 建立后，可以在 S7 的块文件夹内双击右侧页面的数据块 DB1 的图标，启动 LAD/STL/FBD S7 程序编辑器，并打开数据块。以前面所创建的 DB1 为例，DB1 的原始窗口如图 5.25 所示，数据块窗口的第 1 行和最后 1 行分别标有“STRUCT（结构）”和“END-STRUCT（结束结构）”。

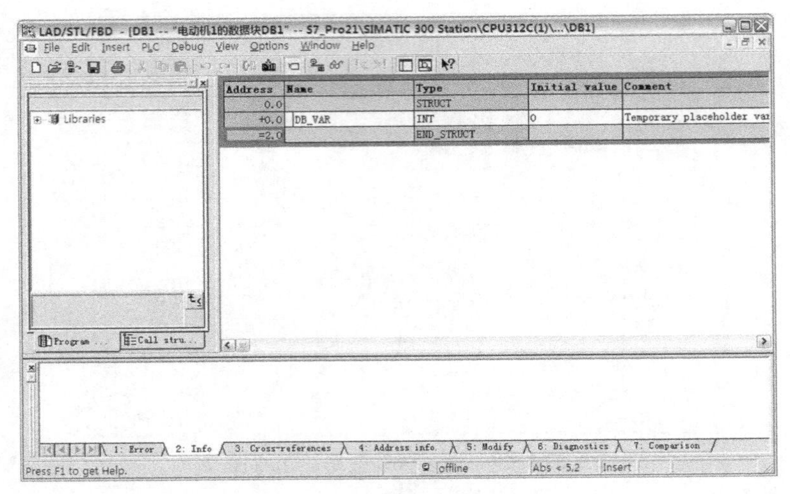

图 5.25 共享数据块编辑原始图

在数据块编辑窗口现有的结构框架下，输入需要的变量即可。变量定义完成后，应单击确认。如果没有错误，则需要单击下载按钮，像逻辑块一样将数据块下载到 CPU 或者仿真软件中。如图 5.26 所示，该共享数据块定义了一个名为 PRESS 的 2＊3 的数组，数据类型是 INT，初始值为“4，5，－4，3(0)”，其中 3(0)表示后三个元素都是 0，这是一种简化的写法。当数据块第一次存盘时，若用户没有明确声明实际值，则初值将被作为实际值。随后定义一个名为 stack 的结构，该结构包括总量(AMOUNT)数据，类型为整数 INT；速度(SPEED)数据，类型为整数 INT；温度(TEMPRATURE)数据，类型为实数 REAL；结束(END)数据，类型为 BOOL。初始值可修改，也可直接采用其默认值。最后定义一个单独的变量 VOLTAGE，类型为整数 INT，初值为 10。

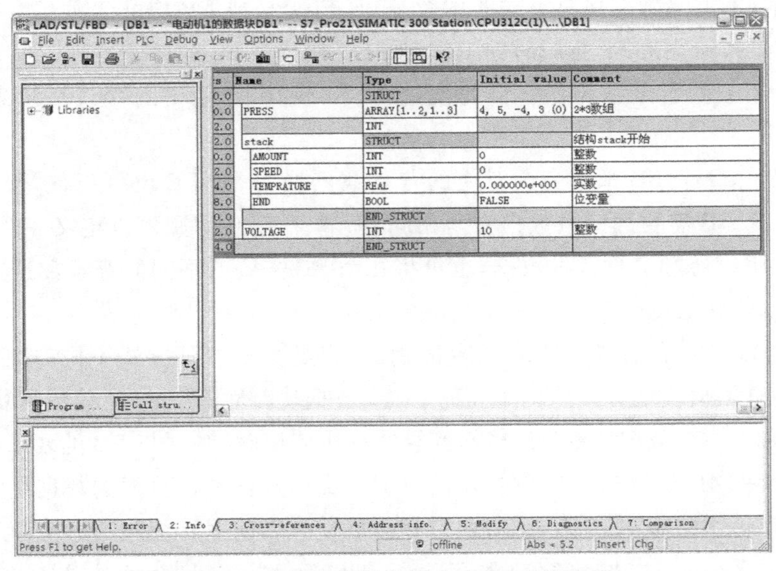

图 5.26 共享数据块编辑完成图(声明视图)

数据块有两种显示方式，即声明显示方式和数据显示方式，用菜单命令“View”→“Declaration View”和“View”→“Data View”可分别来指定这两种显示方式。图 5.26 即声明视图，而图 5.27 即数据视图。由两图可见，声明视图以树状结构显示数据，而数据视图则显示每一个元素的值。

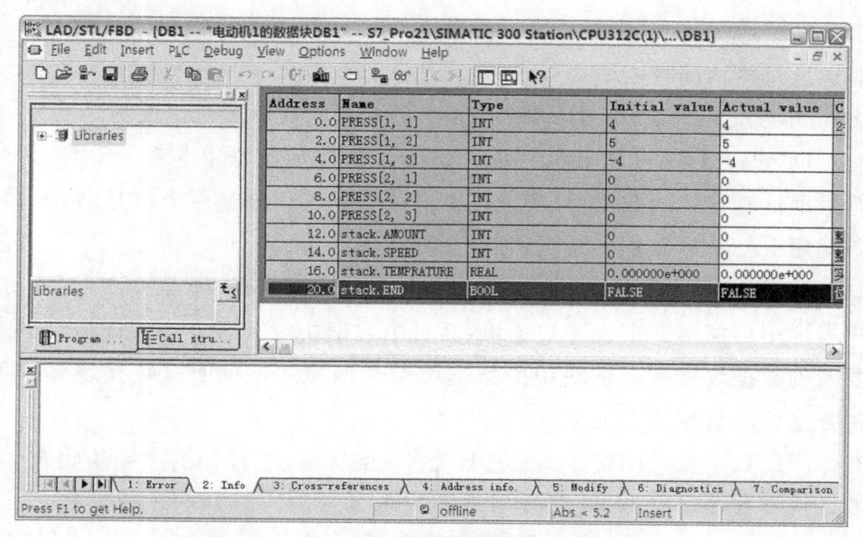

图 5.27 共享数据块编辑完成图(数据视图)

5.3.3 访问数据块

在用户程序中可能存在多个数据块，而每个数据块的数据结构并不完全相同。因此，在访问数据块时，必须指明要访问哪一个数据块(数据块编号)，访问哪一个数据(数据类型与位置)。

在 STEP7 中有两种访问数据块中数据的方式：传统访问方式(先打开后访问)和直接访问方式。

(1) 传统访问方式

在访问某数据块中的数据前，先“打开”这个数据块，也就是将数据块号(数据块的起始地址)装入数据块寄存器。这样对存放在数据块中的数据，就可利用数据块起始地址加偏移量的方法来访问，可用指令“OPN DB”打开共享数据块(自动关闭之前打开共享数据块)或用指令“OPN DI”打开背景数据块(自动关闭之前打开背景数据块)。如果在创建数据块时，给数据块定义了符号名(如 Motor_DB)，也可以使用指令 OPN“Motor_DB”打开数据块。如果 DB 已经打开，则可用装入(L)或传送(T)指令访问数据块。例如：

```
OPN    DB 6
L      DBW 16
OPN    DB 12
T      DBW 30
```

(2) 直接访问方式

直接访问方式就是在指令中间同时给出数据块的编号和数据块中的地址。可以用绝对地址,也可以用符号地址直接访问数据块。使用绝对地址访问数据块时,必须手动定位程序中的数据块单元;采用符号地址时,就可以很容易地用源程序调整。数据块中的存储单元的地址由两部分组成,如 DB1.DBW2,表示数据块 DB1 的第 2 个数据字。

用绝对地址直接访问数据块如下所示:

```
L   DB1.DBW2        //打开数据块 DB1,并装入地址为 2 的字数据单元
T   DB1.DBW4        //将数据传送到数据块 DB1 的数据字单元 DBW4
```

要用符号地址直接访问数据块,必须在符号表中为 DB 分配一个符号名,同时为数据块中的数据单元用 LAD/STL 程序编辑器分配符号名,如:

```
L   "My_DB".VI      //打开符号名为"My_DB"的数据块,并装入名为 VI 的数据单元
```

在用户程序中可能定义了许多数据块,而每个数据块中又有许多不同类型的数据,因此访问时需要明确数据块号和数据块中的数据类型与位置。根据明确数据块号的不同方法,可以用多种方法访问数据块中的数据。

若没有专门的数据块关闭指令,在打开一个数据块时,先打开的数据块将自动关闭。由于有两个数据块寄存器(DB 和 DI 寄存器),所以最多可同时打开两个数据块。一个作为背景数据块,数据块的起始地址存储在 DI 寄存器中;另一个作为共享数据块,数据块的起始地址存储在 DB 寄存器中。打开背景数据块,可以自动实现调用 FB,由于调用 FB 时使用 DI 寄存器,所以一般不在 FB 程序中用 OPN DI 指令打开数据块。

5.4 功能块和功能

一个程序由许多部分(子程序)组成,STEP7 将这些部分称为逻辑块,并允许块间的相互调用。块的调用指令中止当前块(调用块)的运行调用,然后执行被调用块的所有指令。一旦被调用块执行完成,调用指令的块继续执行调用指令后的指令,如图 5.28 所示给出了块的调用过程。调用块可以是任何逻辑块,被调用块只能是功能块(除 OB 外的逻辑块)。

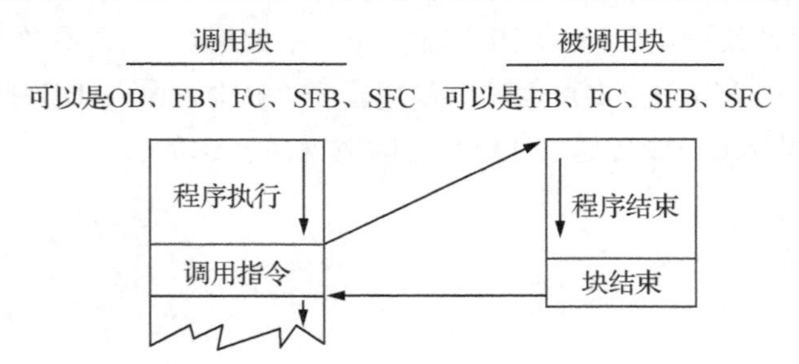

图 5.28 块的调用示意图

功能块由两个主要部分组成：一部分是每个功能块的变量声明表，变量声明表声明此块的局部数据；另一部分是逻辑指令组成的程序，程序要用到变量声明表中给出的局部数据。

当调用功能块时，须提供块执行时要用到的数据或变量，也就是将外部数据传递给功能块，这被称为参数传递。参数传递的方式使得功能块具有通用性，可被其他块调用，以完成多个类似的控制任务。

功能块与功能一样，都是用户自己编写的程序模块，可以被其他程序块(OB、FB、FC)调用，这与C语言中的函数非常类似，而且它也有自己的参数。在FB中以名称的方式给出的参数称作形式参数(形参)，在调用FB时给形式参数赋的具体数值就是实际参数(实参)。

FB与FC不同的是，FB拥有自己的存储区，即背景数据块，而FC没有自己的存储区。

在调用任何一个FB时，都必须指定一个背景数据块。当调用FB时，如果没有传递实参，则将使用背景数据块中保存的值。

创建一个FB的方法为：在Blocks目录下的右侧空白区域单击右键，在弹出的快捷菜单中选择“Insert New Object”→“Function Block”，即插入了一个FB，在弹出的对话框中填入FB的名称，如“FB1”，输入符号名和注释，并选择编程语言，如“LAD”，单击“OK”按钮，就完成了功能块FB1的插入和属性设置。

创建一个FC的方法为：在管理器中打开Blocks文件夹，用鼠标右键单击右边的窗口，在弹出的菜单中选择“Insert New Object”→“Function”。

5.4.1　变量声明表

第3章第3节介绍的符号表编辑的对象用于整个PLC程序的所有信号的符号地址，而这一章节中所用的逻辑块的局部变量所需要的符号地址必须通过变量声明表进行定义、编辑与添加。

为了使程序易于理解，可以给变量指定符号，符号表中定义的变量是全局变量，可供所有的逻辑块使用。

每个逻辑块前部都有一个变量声明表，在变量声明表中定义逻辑块要用到的局域数据。局域数据分为参数和局域变量两大类，局域变量(只在它所在的一个块中有效)又包括静态变量和临时变量(暂态变量)两种。参数是在调用块和被调用块间传递的数据，静态变量和临时变量是供逻辑块本身使用的数据。

(1) 变量声明表的打开和作用

打开某一逻辑块的程序编辑器窗口，在程序编辑器窗口的右侧页面上半部分为“变量声明表”的显示页面，右侧页面的下半部分为程序指令编辑部分，左侧页面为编程元素分类目录区，如图5.29所示。如果将图5.29中变量声明区与程序编辑区的水平分隔条拉至程序编辑器区的顶部，将不再显示变量声明表，但它仍然存在；将分隔条下拉，将再次显示变量声明表。

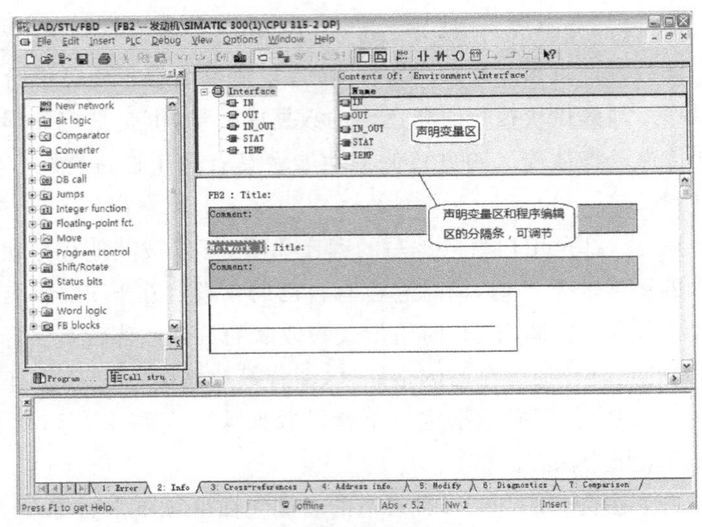

图 5.29 变量声明区示意图

在变量声明表中，用户应声明本块中专用的变量、块的形参和参数的系统属性。声明变量的作用如下：

① 声明变量后，在本地数据堆栈中为临时变量即局部变量。局部变量(TMEP)保留一个有效存储空间，对于功能块，还要为联合使用的背景数据块的静态变量(STAT)保留空间。

② 当设置"IN(输入)""OUT(输出)""IN_OUT(输入/输出)"类型参数时，用户还要在程序中声明块调用的接口。

③ 通过设置系统特性，用户为信息和连接组态操作接口功能分配特殊的属性，以及参数的过程控制组态。

④ 当用户给某功能块声明变量时，除了临时变量外，它们将自动出现在功能块对应的背景数据块中。每个背景数据块中的数据在结构中声明。

逻辑块中的变量声明表和指令部分是紧密联系的，由于在变量声明中为进行编程所指定的名称也将用于指令表中，即在指令部分的程序中要用到变量声明表中的名称，因此，变量声明表中的任何变化都将影响整个指令部分的程序。但文字注释内容的修改，一个新变量的不正确输入，改变初始值或删除一个未使用的变量，均对指令部分没有影响。

(2) 局部变量的分类

在STEP7中，局部变量按照信号的性质与用途可以分为以下五种类型(表5.7)。

表5.7 局部变量的类型

变量	类型	说明
输入变量	IN	为逻辑块中需要的输入信号，由调用该逻辑块的其他逻辑块提供具体的信号来源（实际参数）
输出变量	OUT	为逻辑块执行完成的结果输出，它可以返回给调用该逻辑块的其他逻辑块，结果输出的具体位置（实际参数）由调用该逻辑块的其他逻辑块提供
输入/输出变量	IN_OUT	输入/输出变量兼有输入变量与输出变量的特性，变量的初值由调用该逻辑块的其他逻辑块提供，但是在执行过程中，其状态将被逻辑块所修改，修改后的结果仍然返回给调用该逻辑块的其他逻辑块
临时变量	TEMP	临时变量在程序执行过程中所需要的中间状态暂存单元，在程序执行完成后不需要保存
静态变量	STAT	静态变量仅用于功能块FB，从逻辑块执行完到下一次调用它，静态变量的状态保持不变，静态变量只在FB的即时数据块中使用

(3) 变量声明表的编辑

变量声明表的编辑方法与符号表基本相同，但需要注意以下几点。

① 变量声明表的名称需要通过编辑输入，但必须遵守下述规则：块中的局域变量名必须以字母开始，并只能由英语字母、数字和下划线组成，不能使用汉字，但是在符号表中定义的共享数据的符号名可以使用其他字符（包括汉字）。在程序中，操作系统在局域变量前面自动加上“#”号，共享变量名被自动加上双引号，共享变量可以在整个用户程序中使用。

② 变量声明表中局部变量的地址在编辑时不需要输入，即不需要指定存储器地址。根据各变量的数据类型，程序编辑器会自动地为所有局部变量指定存储器地址。

③ 变量声明表的数据类型需要指定，可以根据需要选择二进制位（Bool）、字节（Byte）、字（Word）、双字（Dword）、整数（Int）、双字长整数（Dint）、浮点数（Real）、S5时间（S5Time）等。

④ 局部变量绝对地址以L进行存储，可以使用二进制位信号（如L1.0等）、字节信号（如LB2等）和字信号（如LW2等）。

⑤ 不同类型的逻辑块可以使用的变量类型有所不同。

对于功能块FB，操作系统为参数及静态变量分配的存储空间是背景数据块，这样参数变量在背景数据块中留有运行结果备份。在调用FB时若没有提供实际参数，则功能块使用背景数据块中的数值，操作系统在L堆栈中给FB的临时变量分配存储空间。

对于功能块FC，操作系统在L堆栈中给FC的临时变量分配存储空间，由于没有背景数据块，因而FC不能使用静态变量，输入、输出、I/O参数以指向实际参数的指针形式存储在操作系统为参数传递而保留的额外空间中。

对于组织块OB来说，其调用是由操作系统管理的，用户不能参与，因此OB只有定义在L堆栈中的临时变量。

⑥ 变量声明表中所显示、定义的内容对于不同类型的变量有所不同。例如，对于临时

变量“TEMP”只有名称、数据类型、地址与注释四项内容。

⑦ 在变量声明表的“初始值”栏中可以设定变量的初始值，但是 STEP7 可以根据变量的类型自动生成默认值，所以编辑时一般也可以不输入初值。

变量声明表显示页面的左侧为变量表的树状结构，右侧为变量详细视图。双击变量表树状结构的相应图标，即可打开变量声明表的编辑页面。例如，双击“IN”，在表的右侧将显示该类型局域变量的详细情况，如图 5.30 所示。

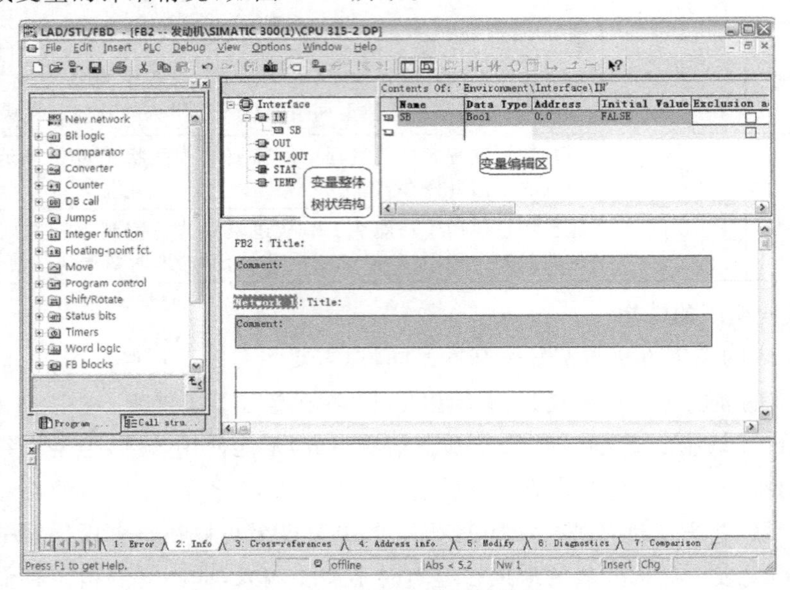

图 5.30 变量声明区编辑图

变量声明表编辑完成后，执行菜单命令“File”→“Save”，可以将当前编辑的变量声明表连同项目一起保存；而执行菜单命令“File”→“Save as”可改变文件名和文件夹保存位置。

5.4.2 功能应用实例

功能分用户编写的功能(FC)和系统预先定义的功能(SFC)两种，功能都没有存储区。功能在程序分级结构中位于组织块的下面。为使一个功能能被 CPU 处理，必须在程序分级结构中的上一级调用它。

功能 FC 如果由用户编写，完成用户需要的功能，这个功能为用户功能。由于在编程时需要很多标准的特定功能，为了简化用户编程，西门子公司把一些标准的特定功能附加在 STEP7 的库指令里面，供编程人员随意调用，这些功能称为库指令功能或简称库功能。因此，FC 功能分为用户功能和库功能。

功能 FC 的调用分为条件调用和无条件调用，用梯形图调用功能 FC 时，功能 FC 的 EN 输入端在能流流入时执行块，反之则不执行；条件调用时，EN 端受到触点电路的控制。功能 FC 被正确执行时，ENO 为 1，反之为 0。

功能 FC 没有背景数据，不能给 FC 的局部变量分配初值，所以必须给 FC 分配时参，STEP7 为 FC 提供了一个特殊的输出参数——RETURN(RET_VAL)。调用 FC 时，可以指定一个地址作为实参来存储返回值。

【例 5.5】 编写一个功能。要求按下启动按钮 I0.0，Q4.0 以 2 s 亮 2 s 灭进行闪烁，按下停止按钮 I0.1，Q4.0 停止闪烁。

功能应用实例

本例编写 FC1 和 FC2 两个功能，FC1 用来实现按钮的启停控制，FC2 用来控制 LED 灯的闪烁。

首先进行硬件的组态工作，完善项目中的目录，并在块目录中插入两个功能 FC1 和 FC2，如图 5.31 所示。

图 5.31　完善例 5.5 项目的目录

双击图 5.31 中的 FC1 图标，表示打开 FC1 的编程界面，然后在 FC1 的局域变量表里定义输入、输出等符号参数，如图 5.32 所示的变量申明部分，最后完成启动/停止功能的控制逻辑程序，如图 5.32 所示的程序编写部分。

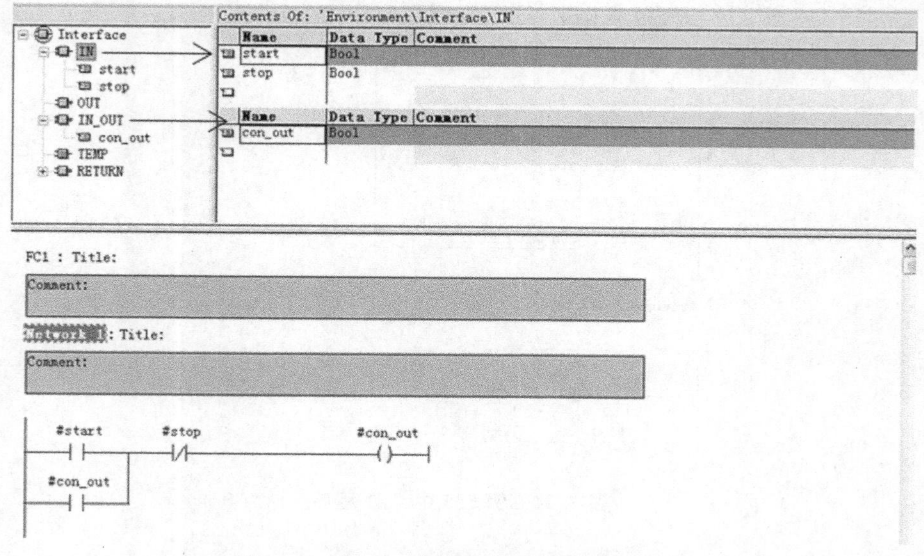

图 5.32　例 5.5 中 FC1 的局部变量和程序

双击图 5.31 中的 FC2 图标，表示打开 FC2 的编程界面，然后在 FC2 的局域变量表里定义输入、输出等符号参数，如图 5.33 所示的变量申明部分，最后完成 LED 灯闪烁功能的控制逻辑程序，如图 5.33 所示的程序编写部分。

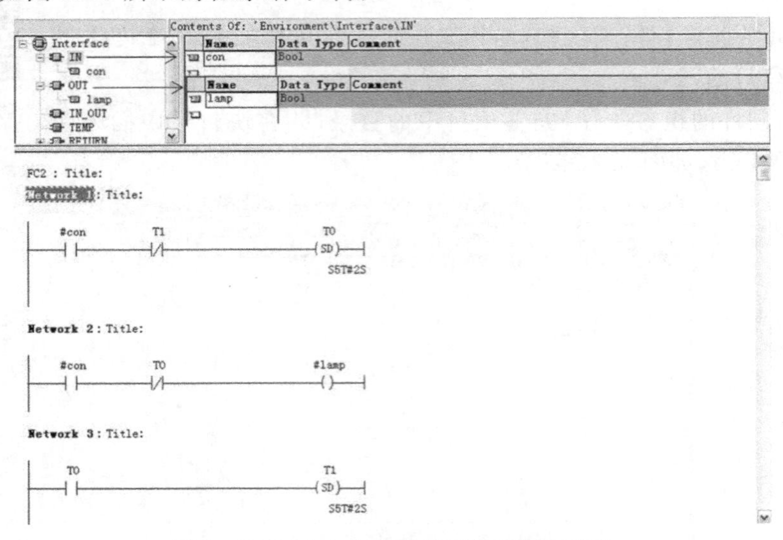

图 5.33 例 5.5 中 FC2 的局部变量和程序

为使一个功能能够被 CPU 处理，必须在程序分级结构中的上一级调用它，本例在 OB1 里调用 FC1 和 FC2，如图 5.34 所示。根据控制功能的需要，可以有条件或无条件调用。最后把项目中所有信息下载到 CPU 中即可实现需要的控制。

在控制系统中有多个同样的启动/停止控制单元，可以调用一个相同的功能（使用参数传递），在每个调用中写上相应的输入/输出参数就可以完成控制。

OB1 : "Main Program Sweep (Cycle)"
Network 1: Title:

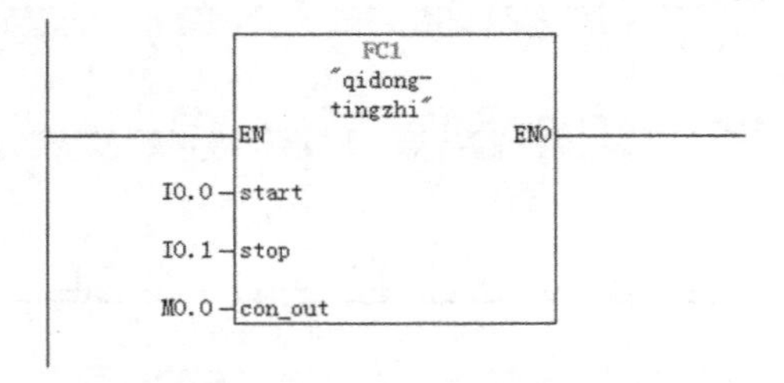

Network 2: Title:

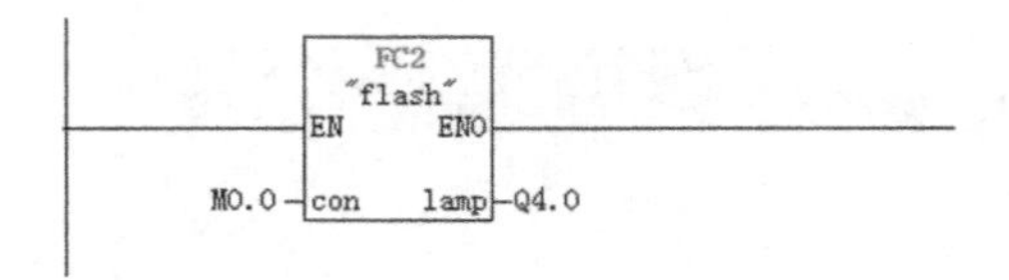

图 5.34 例 5.5 中 OB1 程序

5.4.3　功能块应用实例

功能块分用户编写的功能块(FB)和系统预先定义的功能块(SFB)两种,功能块都有存储区。功能块在程序分级结构中位于组织块的下面。为使一个功能块能被CPU处理,必须在程序分级结构中的上一级调用它。

功能块FB的调用分为条件调用和无条件调用,用梯形图调用功能块FB时,功能块FB的EN输入端在能流流入时执行块,反之则不执行;条件调用时,EN端受到触点电路的控制。功能块FB被正确执行时,ENO为1,反之为0。

功能块FB必须有背景数据,所以在调用FB之前,应该为它生成一个一个的背景数据块,调用时应指定其背景数据块的名称。新建数据块时应选择数据块的属性为背景数据块,并设置调用它的FB的名称。调用功能块时应将实参赋值给形参,如果调用时没有给形参赋以实参,功能块就调用背景数据块中形参的数值,该数值可能是在功能块的变量声明表中设置的形参的初值,也可能是上一次调用时储存在背景数据块中的数值。

下面通过相应的实例来讲解FB的应用。

【例5.6】　编写一个星三角电动机启动的功能块。要求实现油泵和水泵两种泵的星三角延时启动,两者的延时时间分别为油泵10 s、水泵15 s。

功能块应用实例

首先进行硬件的组态工作,并完善项目中的目录。在块目录中先插入一个功能块FB1,然后在块目录中插入数据块,在数据块生成功能块的过程中需要选择块的编号(本例是DB1)及附加信息,特别注意这时需要指明DB1属于哪一个功能块(本例是FB1)。利用同样的方法插入DB2,也指明属于哪一个功能块(本例是FB1)。完善好的块目录如图5.35所示。

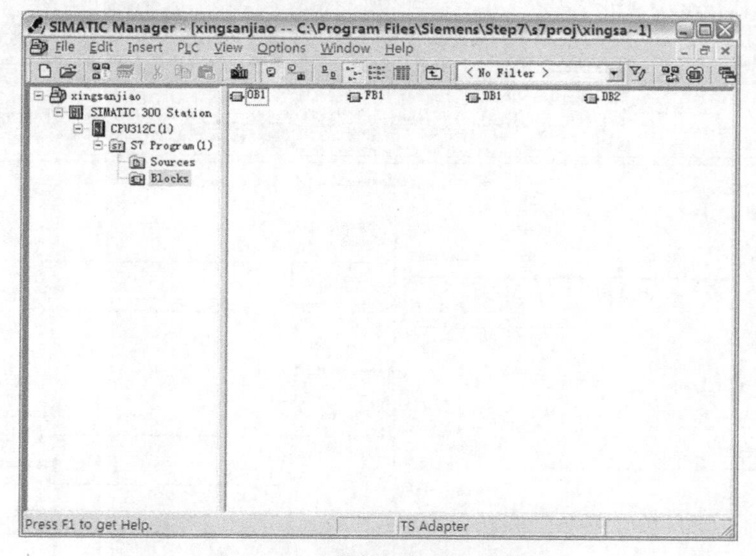

图5.35　完善例5.6项目的目录

在管理界面单击“S7 Program”，双击“Symbols”图标，可以打开全局符号表，在全局符号表中可以编辑全局符号，如图 5.36 所示。

Symbol Editor - [S7 Program(1) (Symbols) -- xingsanjiao\SIMATIC 300 Station\CPU312C(1)]

Symbol Table Edit Insert View Options Window Help

All Symbols

	Statu	Symbol	Address		Data typ		Comment
1		Cycle Execution	OB	1	OB	1	
2		shui_data	DB	1	FB	1	
3		shui_sanjiao	Q	0.0	BOOL		
4		shui_timer	T	1	TIMER		
5		shui_xingxing	Q	0.1	BOOL		
6		shui_zhu	Q	0.2	BOOL		
7		shuibeng_start	I	0.0	BOOL		
8		shuibeng_stop	I	0.1	BOOL		
9		you_data	DB	2	FB	1	
10		you_sanjiao	Q	1.0	BOOL		
11		you_timer	T	2	TIMER		
12		you_xingxing	Q	1.1	BOOL		
13		you_zhu	Q	1.2	BOOL		
14		youbeng_start	I	1.0	BOOL		
15		youbeng_stop	I	1.1	BOOL		
16							

Press F1 to get Help. NUM

图 5.36 例 5.6 的全局符号表

双击图 5.35 中的 FB1 图标，表示打开 FB1 的编程界面，然后在 FB1 的局域变量表里定义输入、输出等符号参数，如图 5.37 所示的变量申明部分，最后完成星三角延时启动程序，如图 5.37 所示的程序编写部分。

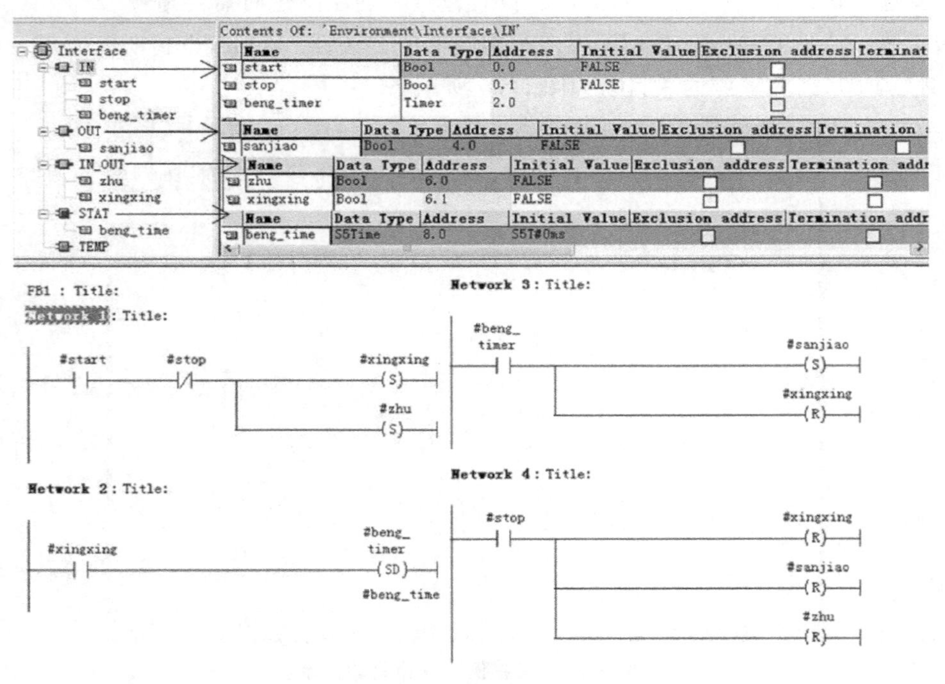

图 5.37 例 5.6 中 FB1 的局部变量和程序

在管理界面的块目录中打开DB1。打开的方法是双击块目录中的DB1,自动弹出数据块的参数分配方式对话框,如图5.38所示,单击"Yes"按钮,默认以"数据视图"方式打开数据块,如图5.39所示。

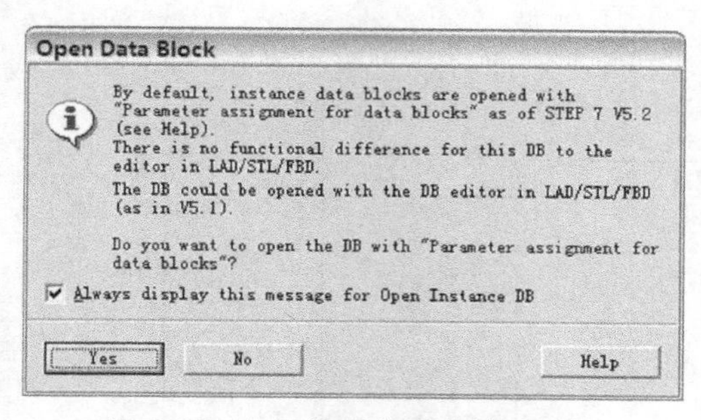

图5.38 打开数据块弹出的对话框

在如图5.39所示的"数据视图"界面中可以编辑数据块的当前值及在线监控数据块,并可以将当前值下载至PLC,无须下载整个块。

DB1 -- xingsanjiao\SIMATIC 300 Station\CPU312C(1)

	Address	Declaration	Name	Type	Initial value	Actual value	Comment
1	0.0	in	start	BOOL	FALSE	FALSE	
2	0.1	in	stop	BOOL	FALSE	FALSE	
3	2.0	in	beng_timer	TIMER	T 0	T 0	
4	4.0	out	sanjiao	BOOL	FALSE	FALSE	
5	6.0	in_out	zhu	BOOL	FALSE	FALSE	
6	6.1	in_out	xingxing	BOOL	FALSE	FALSE	
7	8.0	stat	beng_time	S5TIME	S5T#0MS	S5T#10S	

图5.39 例5.6中背景数据块DB1的内容

例如,改变如图5.39所示的DB1中的"beng_time"的当前值,单击DB1中名称为"beng_time"的"Actual value"一栏并改写为"SST#10S",然后单击菜单栏的"Save",就把DB1的"beng_time"当前值更改为"S5T#10S"了。用同样的方法将DB2中"beng_time"的"Actual value"改写为"SST#15S",如图5.40所示。这样就实现了调用不同的数据块,以及油泵和水泵星三角启动不同的延时时间设置。

DB2 -- xingsanjiao\SIMATIC 300 Station\CPU312C(1)

	Address	Declaration	Name	Type	Initial value	Actual value	Comment
1	0.0	in	start	BOOL	FALSE	FALSE	
2	0.1	in	stop	BOOL	FALSE	FALSE	
3	2.0	in	beng_timer	TIMER	T 0	T 0	
4	4.0	out	sanjiao	BOOL	FALSE	FALSE	
5	6.0	in_out	zhu	BOOL	FALSE	FALSE	
6	6.1	in_out	xingxing	BOOL	FALSE	FALSE	
7	8.0	stat	beng_time	S5TIME	S5T#0MS	S5T#15S	

图5.40 例5.6中背景数据块DB2的内容

为使一个功能块能够被 CPU 处理，必须在程序分级结构中的上一级调用它，本例在 OB1 中两次调用 FB1，实现油泵和水泵的星三角延时启动，如图 5.41 所示。背景数据块分别为 DB1 和 DB2。

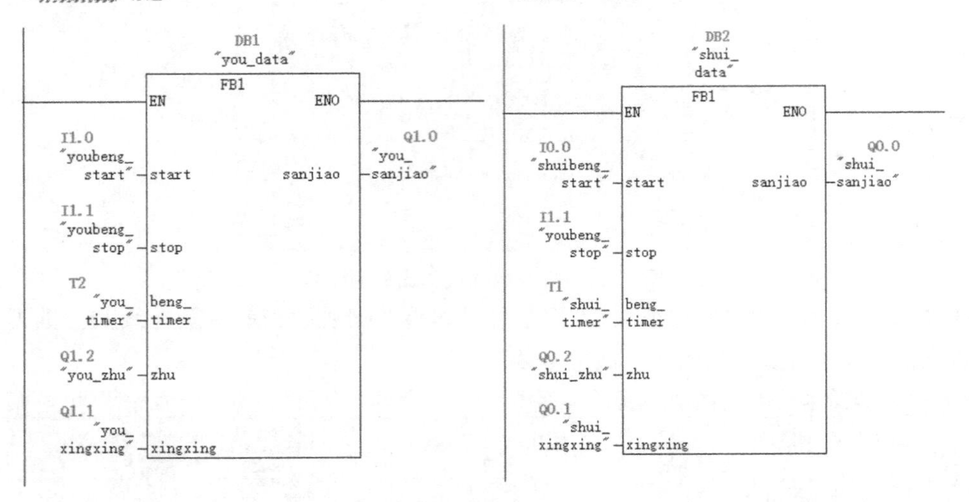

图 5.41　例 5.6 中 OB1 程序

方框的左边是块的输入参数和输入/输出参数，右边是输出参数。方框内的 start 等是 FB1 的变量声明表中定义的 IN 和 OUT 参数，称为"形式参数"(Formal Parameter)，简称为"形参"。方框外的符号地址"youbeng_start"等是形参对应的"实际参数"(Actual Parameter)，简称为"实参"。形参是局部变量在逻辑块中的名称，实参是调用块时指定的具体的输入、输出参数。调用功能或功能块时应将实参赋值给形参，并保证实参与形参的数据类型一致。

5.5 模块化编程综合实例

5.5.1 饮料灌装生产线实例

饮料灌装生产线实例

模拟一个饮料灌装线的控制系统，系统中有两条饮料灌装线和一个操作员面板，一条灌装线上有一个电机驱动传送带；两个瓶子传感器能够检测到瓶子经过，并产生电平信号，传送带的中部上方有一个可控制的灌装漏斗，打开即可开始灌装，当传送带中部的传感器检测到瓶子经过时，传送带停止传动，灌装漏斗打开并开始灌装。一号线，灌装时间为 5 s(小瓶)，2 号线灌装时间为 10 s(大瓶)，灌装完毕后，传送带继续传动。位于传送带末端的传感器，对灌装完毕的瓶子计数。在控制面板部分有 4 个点动式按钮分别控制每条灌装线的启动和停止，一个总控制按钮，可以停止所有生产线；两个状态指示灯，分别表示生产线的运行状态；两个数码管显示器分别显示每条线灌装的数目。

步骤一：硬件组态。完成相应的硬件组态，根据现有的 PLC 相关模块的型号选择合适的电源模块、CPU 模块、DI 模块和 DO 模块进行组态，如果没有实体 PLC，只是采用 PLCSIM 进行仿真，那么只要选择合适的 CPU 组态编译就可进行单机仿真，如图 5.42 所示。

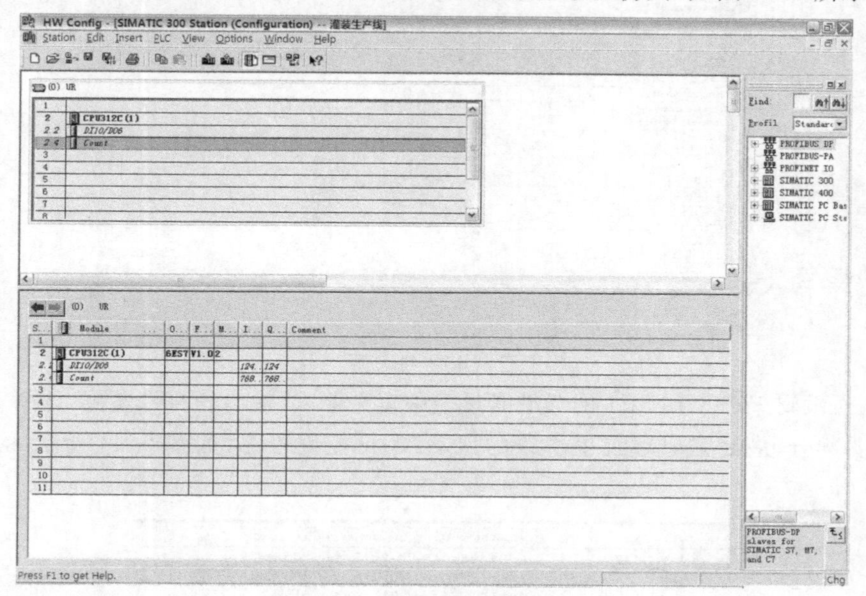

图 5.42　硬件组态

根据任务描述，可以将上述系统功能划分为以下两个子功能：

① 启停，操作控制，负责将用户操作面板的输入逻辑信号转换为灌装线的启停信号。

② 灌装线控制，负责处理灌装定时和满瓶计数，为灌装线传送带电机和灌装漏斗提供控制信号，向数码管提供 BCD 码技术。第一个子功能由一个功能 FC1 实现，第二个子功能由一个功能块 FB1 实现，两条灌装线的定时时间分别保存在两个背景数据块 DB1 和 DB2 中。

步骤二：编辑符号表。在“S7 程序”目录下双击“符号”图标，打开符号表。符号表可以为绝对地址，如 I2.0、Q0.0，并提供一个符号名，如 tingzhi_quanbu、xian_1_zhuangtai，以便编程及程序阅读，如图 5.43 所示，对符号表进行编译并保存。

Symbol Editor - [S7 Program(1) (Symbols) -- 灌装生产线\SIMATIC 300 Station\CPU312C(1)]

Symbol Table Edit Insert View Options Window Help

All Symbols

	Statu	Symbol	Address		Data typ		Comment
1		jishu_1	C	1	COUNTER		
2		jishu_2	C	2	COUNTER		
3		Cycle Execution	OB	1	OB	1	
4		xianshi_1	QW	4	WORD		
5		xianshi_2	QW	6	WORD		
6		zhuangru_1	Q	0.2	BOOL		
7		zhuangru_2	Q	0.4	BOOL		
8		zhuangruzhuangtai_1	M	2.0	BOOL		
9		zhuangruzhuangtai_2	M	2.1	BOOL		
10		xian_1_zhuangtai	Q	0.0	BOOL		
11		xian_2_zhuangtai	Q	0.1	BOOL		
12		dianji_1	Q	0.3	BOOL		
13		dianji_2	Q	0.5	BOOL		
14		zhuangruchuangan_1	I	2.5	BOOL		
15		zhuangruchuangan_2	I	2.7	BOOL		
16		zhuangmanchuangan_1	I	2.6	BOOL		
17		zhuangmanchuangan_2	I	3.0	BOOL		
18		qidong_L1	I	2.1	BOOL		
19		qidong_L2	I	2.3	BOOL		
20		tingzhi_quanbu	I	2.0	BOOL		
21		tingzhi_L1	I	2.2	BOOL		
22		tingzhi_L2	I	2.4	BOOL		
23		dingshi_1	T	1	TIMER		
24		dingshil_2	T	2	TIMER		
25		VAT_1	VAT	1			
26		xian1	DB	1	FB	1	
27		xian2	DB	2	FB	1	
28							

Press F1 to get Help. NUM

图 5.43 符号表

步骤三：编辑 FC1。在 FC1 的局域变量表中定义输入、输出等符号参数，如图 5.44 所示的变量申明部分，最后完成罐装生产线的启动/停止控制程序，如图 5.44 所示的程序编写部分。

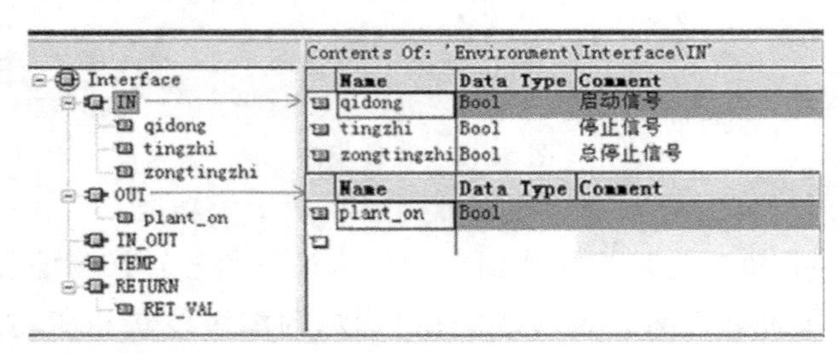

FC1 : Title:

Network 1: Title:

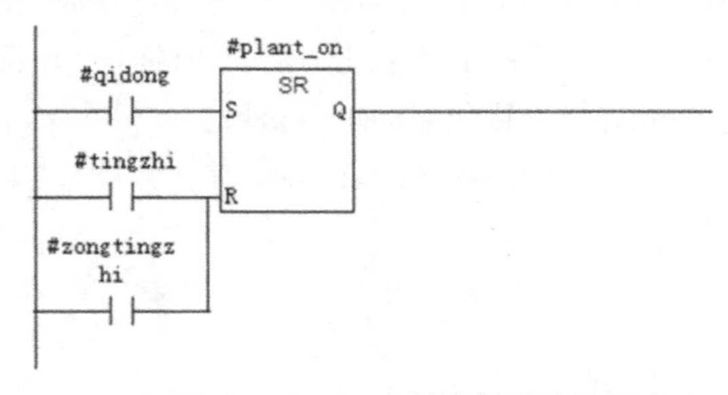

图 5.44 FC1 中的变量申明和程序

步骤四：编辑 FB1。在 FB1 的局域变量表中定义输入、输出等符号参数，如图 5.45 所示，然后在 FB1 中完成罐装生产线的罐装和计数控制程序，如图 5.46 所示的程序编写部分。

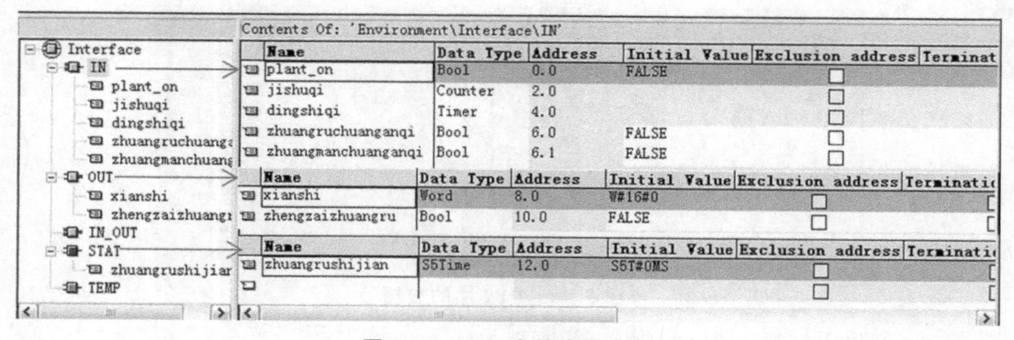

图 5.45　FB1 中的变量申明

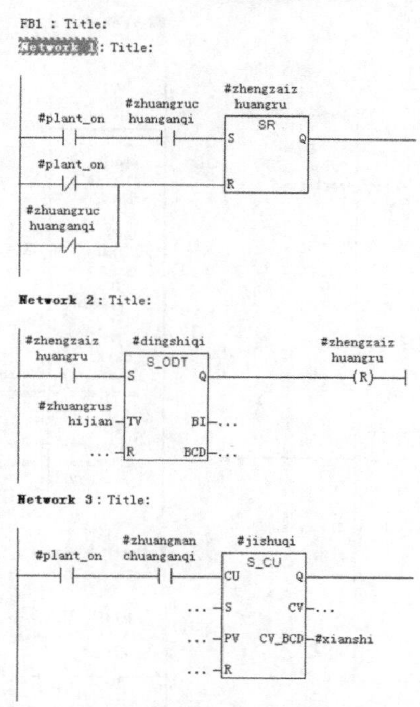

图 5.46　FB1 中的梯形图程序

步骤五:编辑 DB1 和 DB2。特别注意,这时需要指明 DB1 和 DB2 都是属于功能块 FB1 的背景数据块。DB1 和 DB2 分别为线 1 和线 2 的背景数据,改变图 5.47 所示的 DB1 中的"zhuangrushijian"的实际值为"S5T＃5S",然后单击菜单栏的"Save"按钮保存。用同样的方法改变图 5.48 所示的 DB2 中的"zhuangrushijian"的实际值为"S5T＃10S"。这样就实现了调用不同的数据块,以及小瓶和大瓶不同罐装时间的设置。

DB1 -- 灌装生产线\SIMATIC 300 Station\CPU312C(1)

	Address	Declaration	Name	Type	Initial value	Actual value	Comment
1	0.0	in	plant_on	BOOL	FALSE	FALSE	
2	2.0	in	jishuqi	COUNTER	Z 0	Z 0	
3	4.0	in	dingshiqi	TIMER	T 0	T 0	
4	6.0	in	zhuangruchuanganqi	BOOL	FALSE	FALSE	
5	6.1	in	zhuangmanchuanganqi	BOOL	FALSE	FALSE	
6	8.0	out	xianshi	WORD	W#16#0	W#16#0	
7	10.0	out	zhengzaizhuangru	BOOL	FALSE	FALSE	
8	12.0	stat	zhuangrushijian	S5TIME	S5T#0MS	S5T#5S	

图 5.47　DB1 中的数据

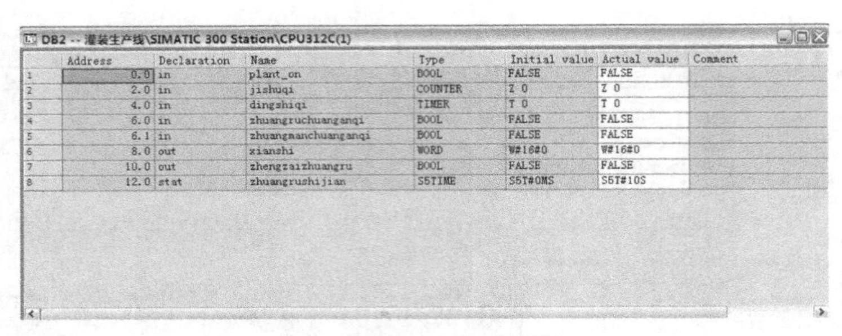

DB2 -- 灌装生产线\SIMATIC 300 Station\CPU312C(1)

	Address	Declaration	Name	Type	Initial value	Actual value	Comment
1	0.0	in	plant_on	BOOL	FALSE	FALSE	
2	2.0	in	jishuqi	COUNTER	Z 0	Z 0	
3	4.0	in	dingshiqi	TIMER	T 0	T 0	
4	6.0	in	zhuangruchuanganqi	BOOL	FALSE	FALSE	
5	6.1	in	zhuangmanchuanganqi	BOOL	FALSE	FALSE	
6	8.0	out	xianshi	WORD	W#16#0	W#16#0	
7	10.0	out	zhengzaizhuangru	BOOL	FALSE	FALSE	
8	12.0	stat	zhuangrushijian	S5TIME	S5T#0MS	S5T#10S	

图 5.48　DB2 中的数据

步骤六：编辑主程序 OB1，如图 5.49 所示。

OB1 : "Main Program Sweep (Cycle)"

Network 1 : Title:

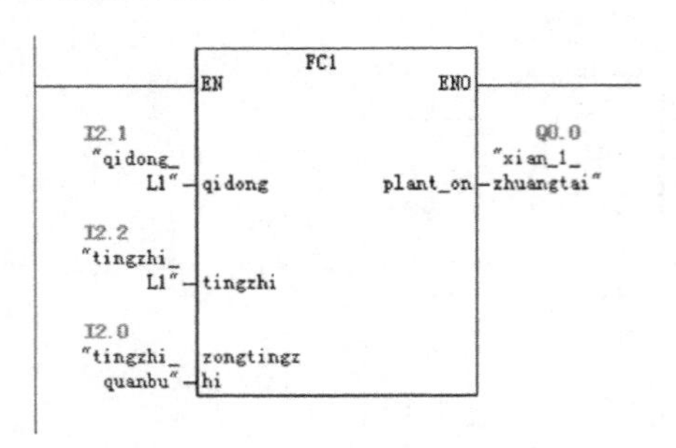

Network 2 : Title:

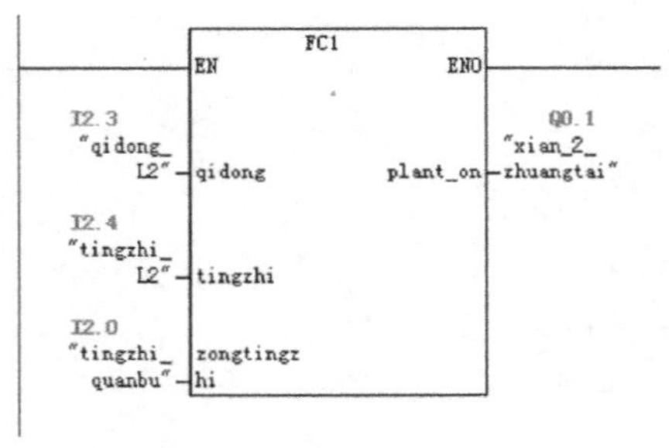

Network 3 : Title:

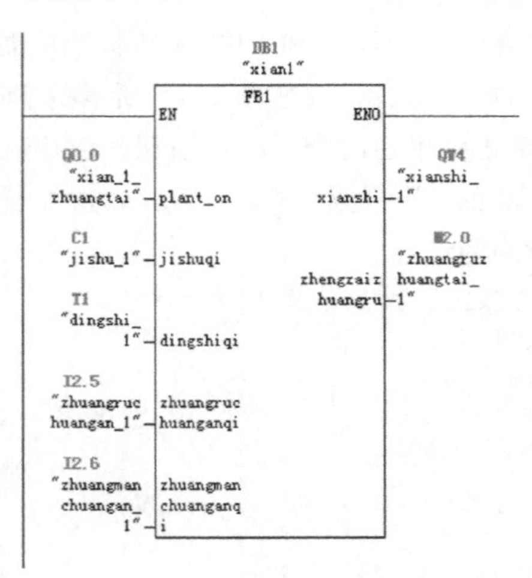

Network 4 : Title:

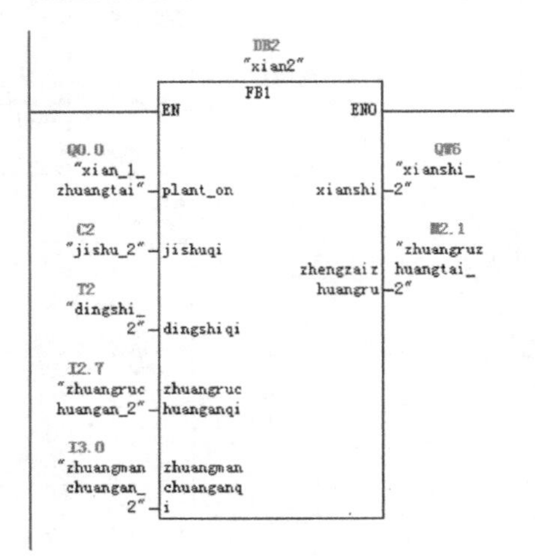

Network 5 : Title:

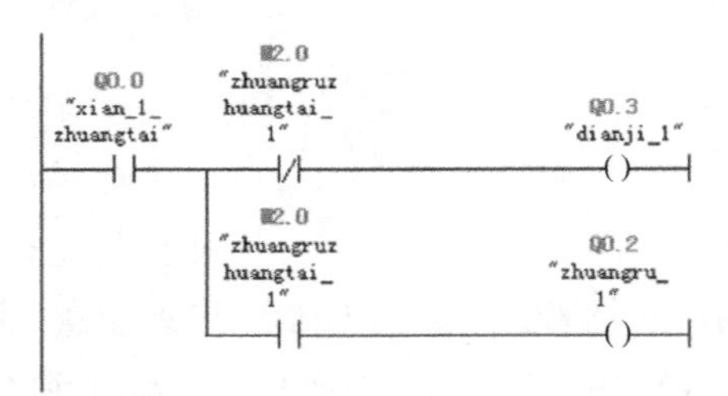

Network 6 : Title:

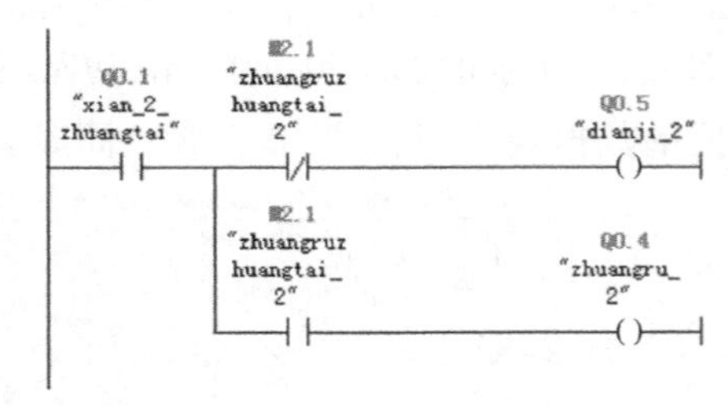

图 5.49　OB1 中的梯形图程序

步骤七：把项目中所有信息下载到 PLCSIM 中并运行。当接通 I2.1 时，可以启动一号小瓶生产线的运行，这时 Q0.3 运行，表示传送带在传动；当接通 I2.5 时，罐装的传感器信号为 1，则 Q0.3 变为 0，传送带停止传动，Q0.2 变为 1，罐装漏斗开始罐装饮料。延时 10 s 后，Q0.2 变为 0，罐装漏斗停止罐装饮料，同时 Q0.3 变为 1，传送带继续传动。当接通装满传感器 I2.6 时，计数器开始计数，并显示在 QW4 中。使用 PLCSIM 的仿真画面如图 5.50 所示。

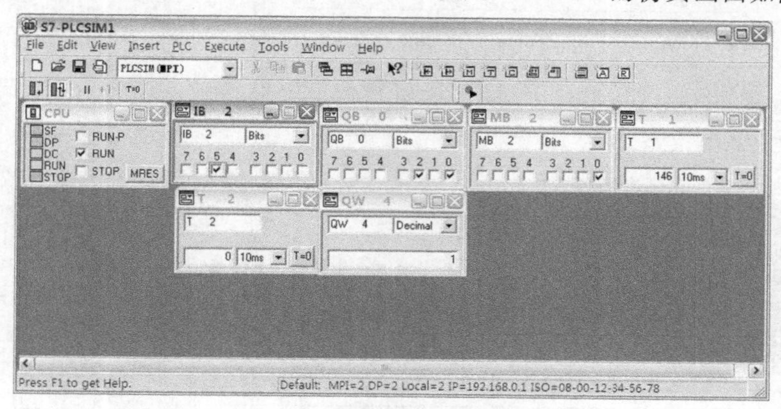

图 5.50 罐装生产线的仿真图

5.5.2 液体混合装置控制

模拟一个开关量液位采集的液体混合装置。如图 5.51 所示，系统由 3 个开关量液位传感器分别检测液位的低、中、高。按下“启动”按钮后，系统自动运行，首先打开进料泵 1，开始加入液料 A，中液位传感器动作后，关闭进料泵 1，打开进料泵 2，开始加入液料 B，高液位传感器动作后，关闭进料泵 2，启动混料泵，搅拌 10 s 后，关闭混料泵，开启放料泵，当低液位传感器动作后，延时 5 s 关闭放料泵。按下“停止”按钮后，系统立即停止运行。

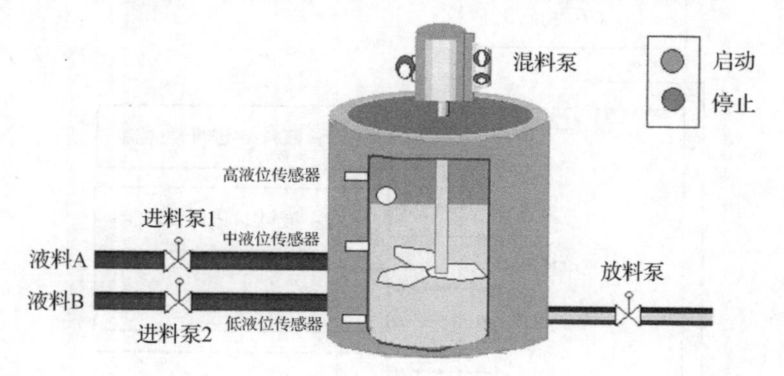

图 5.51 液体混合装置

步骤一：建立项目与硬件组态。新建项目“液体混合装置”，选择合适的电源模块、CPU 模块、DI 模块、DO 模块进行组态，如图 5.52 所示。设置 DI、DO 的起始地址为“0”。

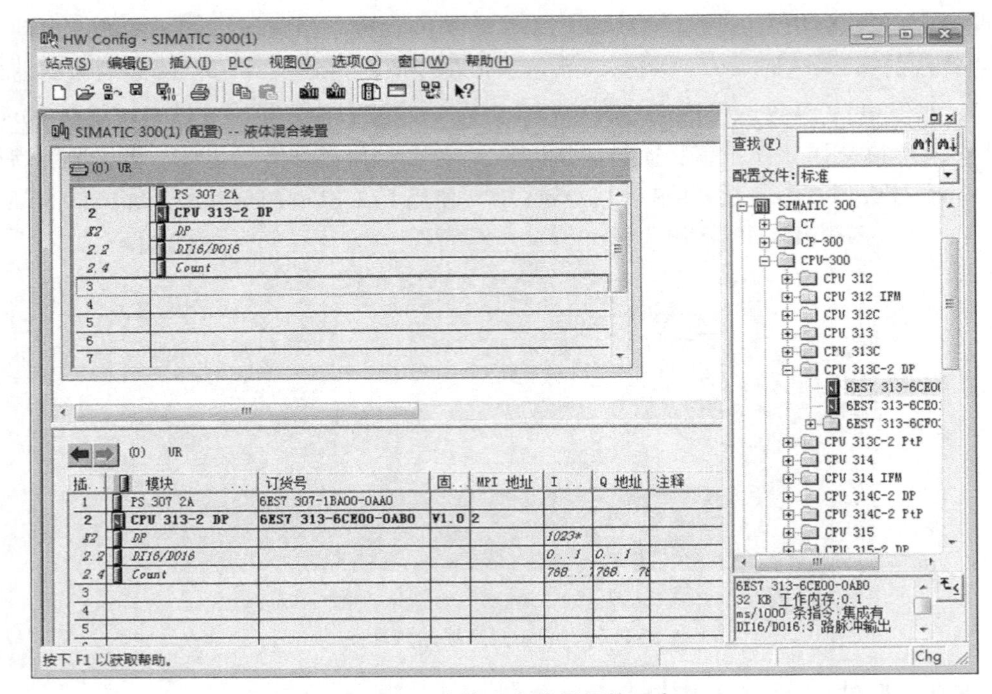

图 5.52 液体混合装置硬件组态

步骤二：规划程序结构。液体混合装置程序结构如图 5.53 所示。OB1 为主循环组织块，OB100 为初始化程序，FC1 为液料 A-进料泵 1 控制程序，FC2 为液料 B-进料泵 2 控制程序，FC3 为混料泵控制程序，FC4 为出料泵控制程序。

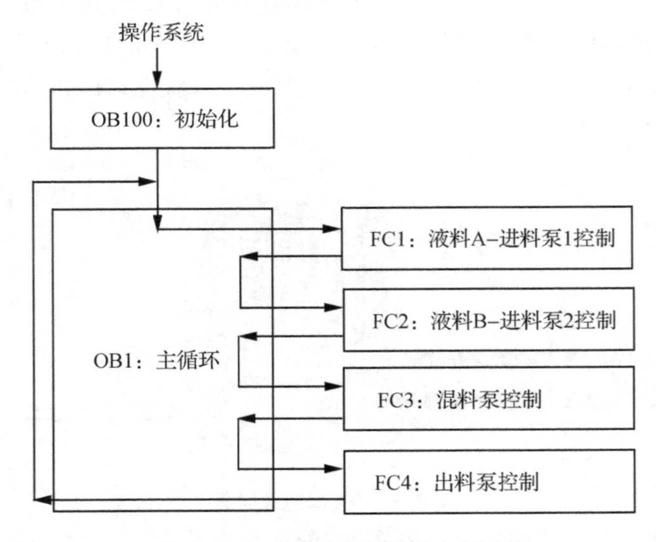

图 5.53 液体混合装置程序结构

步骤三：编辑符号表。在“S7 程序”目录下双击“符号”图标，打开符号表，如图 5.54 所示，编译后保存。

S7 程序(1) (符号) -- 液体混合装置\SIMATIC 300(1)\CPU 313-2 DP

	状态	符号	地址		数据类型		注释
1		液料A-进料泵1控制	FC	1	FC	1	
2		液料2-进料泵2控制	FC	2	FC	2	
3		混料泵控制	FC	3	FC	3	
4		出料泵控制	FC	4	FC	4	
5		启动	I	0.0	BOOL		
6		停止	I	0.1	BOOL		
7		高液位	I	0.2	BOOL		
8		中液位	I	0.3	BOOL		
9		低液位	I	0.4	BOOL		
1		初始标志	M	0.0	BOOL		
1		液料放空标志	M	0.1	BOOL		
1		主循环组织块	OB	1	OB	1	
1		初始化组织块	OB	100	OB	100	
1		进料泵1	Q	0.0	BOOL		
1		进料泵2	Q	0.1	BOOL		
1		混料泵	Q	0.2	BOOL		
1		放料泵	Q	0.3	BOOL		
1		搅拌定时器	T	1	TIMER		
1		放料定时器	T	2	TIMER		
2							

图 5.54 液体混合装置符号表

步骤四：编辑功能 FC。在项目内选择"块"文件夹，用鼠标右键单击"插入新对象"→"功能"，分别创建 4 个功能：FC1、FC2、FC3、FC4。编译各功能的程序如图 5.55～图 5.58 所示。

FC1 : 液料A-进料泵1控制

程序段 1：标题：

M0.0 "初始标志" —| |— I0.0 "启动" —| |— M1.0 —(P)— Q0.0 "进料泵1" —(S)—

程序段 2：标题：

Q0.0 "进料泵1" —| |— I0.3 "中液位" —| |— M1.1 —(P)— Q0.0 "进料泵1" —(R)—；Q0.1 "进料泵2" —(S)—

图 5.55 FC1 程序

FC2 : 液料B-进料泵2控制

程序段 1：标题：

Q0.1 "进料泵2" —| |— I0.2 "高液位" —| |— M1.2 —(P)— Q0.1 "进料泵2" —(R)—；Q0.2 "混料泵" —(S)—

图 5.56 FC2 程序

FC3 : 混料泵控制

程序段 1：标题：

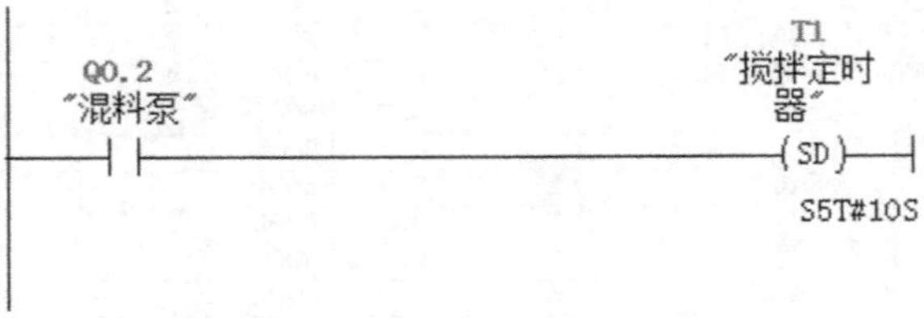

Q0.2 "混料泵" —| |— T1 "搅拌定时器" —(SD)— S5T#10S

程序段 2：标题：

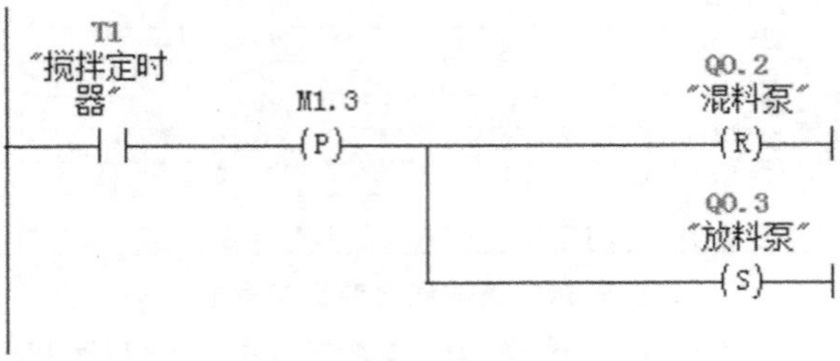

T1 "搅拌定时器" —| |— M1.3 —(P)— Q0.2 "混料泵" —(R)—; Q0.3 "放料泵" —(S)—

图 5.57 FC3 程序

FC4 : 放料泵控制

程序段 1：标题：

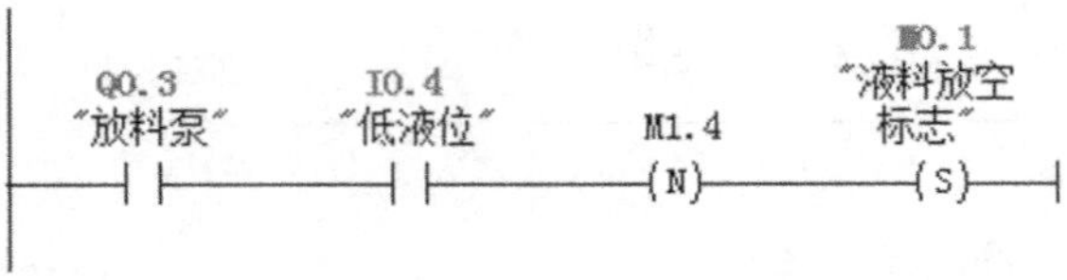

Q0.3 "放料泵" —| |— I0.4 "低液位" —| |— M1.4 —(N)— M0.1 "液料放空标志" —(S)—

程序段 2：标题：

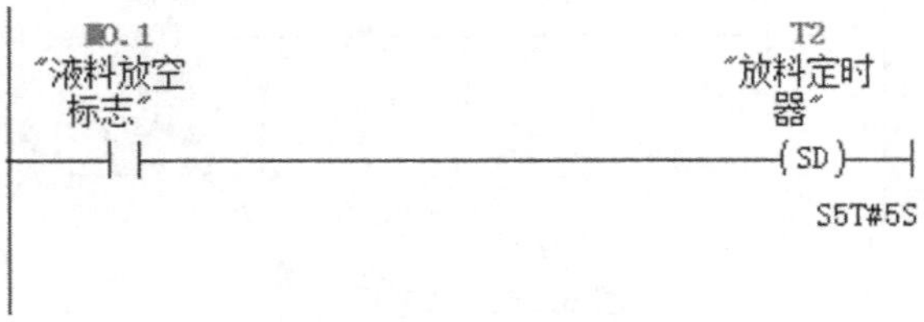

M0.1 "液料放空标志" —| |— T2 "放料定时器" —(SD)— S5T#5S

程序段 3：标题：

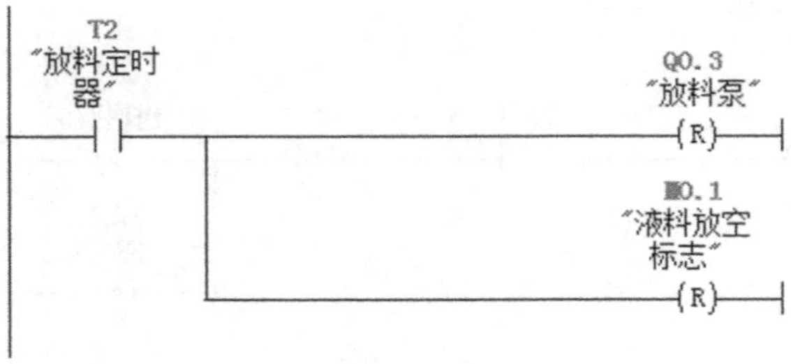

T2 "放料定时器" —| |— Q0.3 "放料泵" —(R)—; M0.1 "液料放空标志" —(R)—

图 5.58 FC4 程序

步骤五：编辑初始化程序 OB100。在块文件夹中添加 OB100，OB100 为启动组织块，程序如图 5.59 所示。

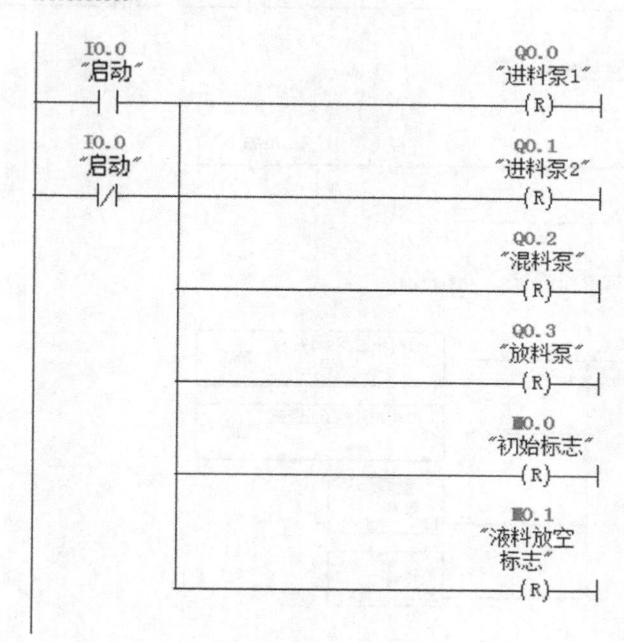

图 5.59　OB100 程序

步骤六：编辑主程序 OB1。主循环 OB1 中编译程序如图 5.60 所示。

步骤七：仿真。打开仿真器，下载系统数据和所有块后，切换到"RUN"模式。按下"启动"按钮 I0.0，依次操作 I0.3、I0.2、I0.4，模拟到达中、高、低液位的状态，观察输出的变化。使用 PLCSIM 的仿真画面如图 5.61 所示。

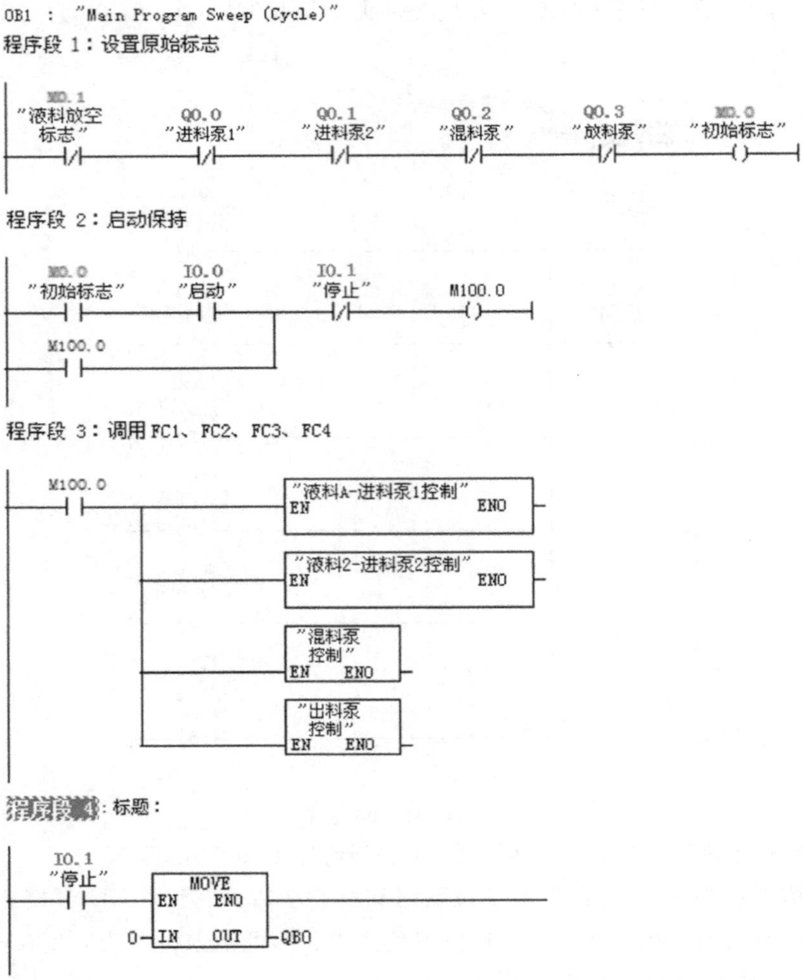

OB1 : "Main Program Sweep (Cycle)"

程序段 1：设置原始标志

M0.1 "液料放空标志" ─┤/├─ Q0.0 "进料泵1" ─┤/├─ Q0.1 "进料泵2" ─┤/├─ Q0.2 "混料泵" ─┤/├─ Q0.3 "放料泵" ─┤/├─ M0.0 "初始标志" ─( )─

程序段 2：启动保持

M0.0 "初始标志" ─┤ ├─ I0.0 "启动" ─┤ ├─ I0.1 "停止" ─┤/├─ M100.0 ─( )─

M100.0 ─┤ ├─

程序段 3：调用 FC1、FC2、FC3、FC4

M100.0 ─┤ ├─ "液料A-进料泵1控制" EN ENO

"液料2-进料泵2控制" EN ENO

"混料泵控制" EN ENO

"出料泵控制" EN ENO

程序段 4：标题：

I0.1 "停止" ─┤ ├─ MOVE EN ENO

0 ─ IN OUT ─ QB0

图 5.60 OB1 程序

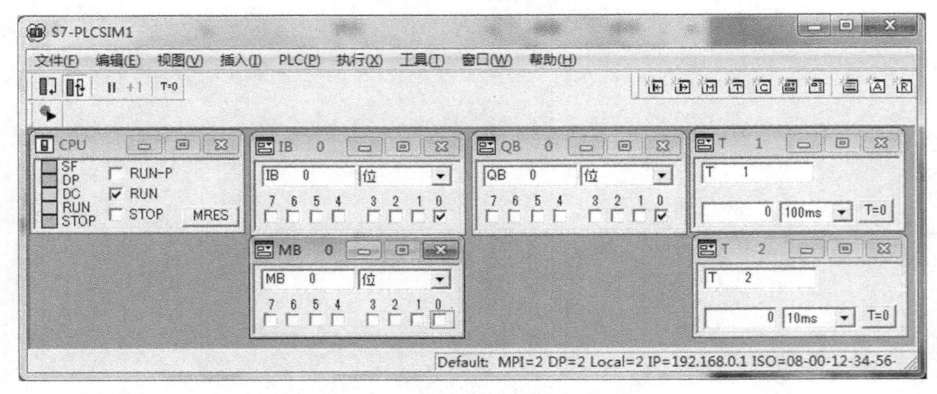

图 5.61 液体混合装置仿真图

5.6 习　题

1. 数据块中的数据类型有哪些?
2. 简述组织块的分类和优先级。
3. 编写求 10 的阶乘的程序。
4. 用功能设计一个四人抢答器。

第6章 S7-300/400的顺序编程

6.1 顺序控制的编程

用传统的经验设计法设计梯形图时，没有一套固定的方法和步骤可以遵循，具有很大的试探性和随意性。对于不同的控制系统，没有一种通用的且容易掌握的设计方法。

在设计复杂系统的梯形图时，用大量的中间单元来完成记忆、连锁和互锁等功能，由于需要考虑的因素很多，它们往往又交织在一起，分析起来非常困难，一般不可能考虑周到。程序设计出来后，需要模拟调试或在现场调试，发现问题后再针对问题对程序进行修改。即使是非常有经验的工程师，也很难做到设计出的程序试车能一次成功。修改某一局部电路时，很可能会引发其他问题，对系统的其他部分产生意想不到的影响，因此梯形图的修改也很麻烦，往往花了很长时间还得不到一个满意的结果。用经验法设计出的梯形图很难阅读，给系统的维护和改进带来了很大的困难。

对于复杂的顺序控制程序，仅靠基本指令系统编程会感到很不方便，其梯形图复杂且不直观，因此PLC引入顺序控制这个概念。所谓顺序控制，就是按照生产工艺预先规定的顺序，在各个输入信号的作用下，根据内部状态和时间顺序，在生产过程中各个执行机构自动地、有秩序地进行操作。

顺序功能图(Sequential Function Char,SFC)是描述控制系统的控制过程、功能和特性的一种图形，也是设计PLC的顺序控制程序的有力工具。顺序功能图是IEC 61131-3标准中的编程语言。有的PLC为用户提供了顺序功能图语言，例如S7-300/400的S7-Graph语言，在编程软件中生成顺序功能图后便完成了编程工作。这种编程方法能够较容易地编出复杂的顺序控制程序，从而提高工作效率。但是有些PLC(包括S7-200和S7-1200)并没有配备顺序功能图语言。没有配备顺序功能图语言的PLC也可以用顺序功能图来描述系统的功能，并根据它来设计梯形图程序。

顺序功能图并不涉及所描述的控制功能的具体技术，它是一种通用的技术语言，可以供进一步设计及不同专业的人员之间进行技术交流之用。

顺序控制设计法是一种先进的设计方法，它很容易被初学者接受，对于有经验的工程师，也会提高设计的效率，程序的调试、修改和阅读也很方便。

6.2 顺序功能图的构成

顺序功能图主要由步、有向连线、转换、转换条件和动作组成。下面以机械手为例介绍这些概念。

在如图 6.1 所示的机械手顺序控制示意图中，左边为传送带，由电机 M 驱动，在传送带的右端(D 点)设有工件传感器 B5，A 缸可使机械手左右移动，并设置有左限位开关 B1 和右限位开关 B2；B 缸可使机械手上下移动，并设置有下限位开关 B3 和上限位开关 B4；C 缸为气动抓手，通电时抓手动作将工件抓紧，断电时抓手松开。

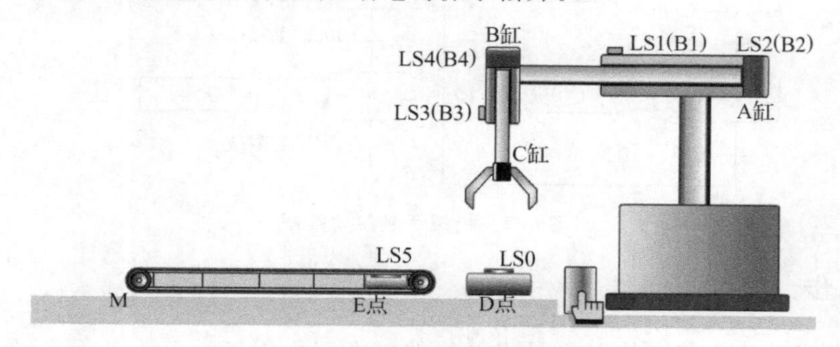

图 6.1 机械手顺序控制示意图

机械手的原点位置：A 缸缩回到最右端、B 缸缩回到最上端、C 缸处于松开状态。

动作过程：当人工将工件放置在 D 点时 B5 动作→机械手下降→下降到位，抓取工件，延时 2 s→机械手上升→上升到位，左移→左移到位，机械手下降→下降到位，放开工件，延时 2 s→机械手臂上升→上升到位，机械手臂右移返回到原点待命。

机械手实例的 I/O 分配表见表 6.1。

表 6.1 机械手实例的 I/O 分配表

元件	作用	端口号	元件	作用	端口号
SB0	启动	I1.1	YV0	机械手上升	Q0.2
B4	上限位检测	I0.2	YV1	机械手下降	Q0.0
B3	下限位检测	I0.1	YV2	机械手左移	Q0.3
B1	左限位检测	I0.3	YV3	机械手右移	Q0.4
B2	右限位检测	I0.4	YV4	机械手夹紧	Q0.1
B5	有料检测	I0.5			

该实例的顺序功能图如图 6.2 所示。

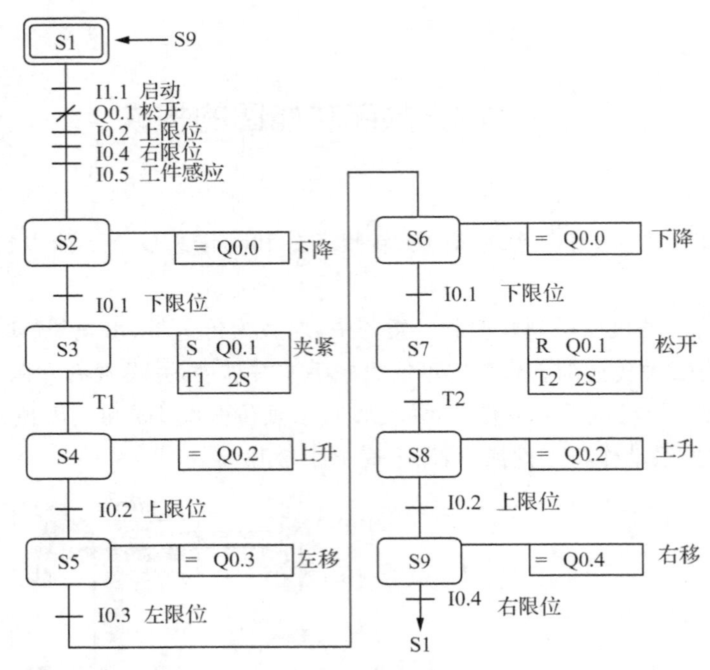

图 6.2 机械手顺序功能图

6.2.1 步

顺序控制设计法最基本的思想是将系统的一个工作周期划分为若干个顺序相连的阶段,这些阶段称为步(step),然后用编程元件(如图 6.2 中的 S1)来代表各步。步是根据输出量的 ON/OFF 状态的变化来划分的,在任何一步之内,各输出量的状态不变,但是相邻两步输出量总的状态是不同的,步的这种划分方法使代表各步的编程元件的状态与各输出量的状态之间有着极为简单的逻辑关系。顺序控制设计法用转换条件控制代表各步的编程元件,让它们的状态按一定的顺序变化,然后用代表各步的编程元件去控制 PLC 的各输出位。

在如图 6.2 所示的机械手的顺序功能图中,设机械手在初始位置时停在右上位,限位开关 I0.2 和 I0.4 都为 1 状态,Q0.0～Q0.4 控制机械手的动作。根据 Q0.0～Q0.4 的 ON/OFF 状态的变化,一个工作周期可以分为下降、夹紧、上升、左移、下降、松开、上升和右移共 8 步,另外还应设置等待启动的初始步,图中分别用 S1～S9 来代表这 9 步。图中用矩形方框表示步,可以用方框中的数字表示各步的编号,也可以用代表各步的存储器位的地址作为步的代号,如 M0.0 等,这样在根据顺序功能图设计梯形图时较为方便。

步主要分为初始步、活动步和非活动步。初始状态一般是系统等待启动命令时相对静止的状态。系统在开始进行自动控制之前,首先应进入规定的初始状态。与系统的初始状态相对应的步称为初始步,初始步用双线方框来表示,每一个顺序功能图至少应该有一个初始步。

当系统正处于某一步所在的阶段时,该步处于活动状态,被称为“活动步”。步处于活动状态时,执行相应的非存储型动作;处于非活动状态时,则停止执行非存储型动作。

6.2.2　动作或命令

可以将一个控制系统划分为被控系统和施控系统，例如，在机械手控制系统中，编程和 PLC 装置是施控系统，而机械手是被控系统。对于被控系统，在某一步中要完成某些“动作(action)”；对于施控系统，在某一步中则要向被控系统发出某些“命令(command)”。为了叙述方便，下面将命令或动作统称为动作，并用矩形框中的文字或符号来表示动作，该矩形框与相应的步的方框用平短线相连。如果某一步有几个动作，画状态转移图的时候，可以上下排列，也可以左右排列，如图 6.3 所示，步 S_n 对应的两个动作就有(a)和(b)两种画法，但是并不隐含这些动作之间的任何顺序。

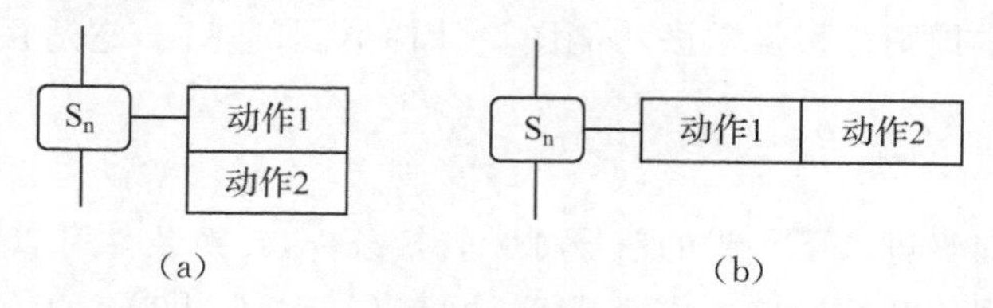

图 6.3　动作

说明命令的语句应清楚地表明该命令是存储型的还是非存储型的。非存储型动作“机械手左移”，是指该步为活动步时机械手左移，为非活动步时机械手不动作。非存储型动作与它所在的步是“同生共死”的，例如，在图 6.2 中，S2 对应的动作 Q0.0 就是非存储型动作。某些动作在连续的若干步都应为 1 状态(见图 6.2 中的 Q0.1)，可以在顺序功能图中，用动作的修饰词“S”将它在应为 1 状态的第一步置位，用动作的修饰词“R”将它在应为 1 状态的最后一步的下一步复位为 0 状态。这种动作是存储型动作，在程序中用置位、复位指令来实现。

除了上述基本结构外，使用动作的修饰词可以在一步中完成不同的动作。修饰词允许在不增加逻辑的情况下控制动作。例如，可以使用修饰词 L 来限制某一动作执行的时间。但是在使用动作的修饰词时比较容易出错，初学者在使用动作的修饰词时要特别小心。在顺序功能图语言 S7-Graph 中，将动作的修饰词称为动作中的命令，在后续章节中将详细地介绍。

6.2.3　有向连线与转换

(1) 有向连线

有向连线就是状态间的连接线，它决定了状态的转换方向和转换途径。在顺序控制功能图程序中的状态一般需要两条以上的有向连线进行连接，其中一条是输入线，连接转换到该状态的上一级“源状态”；另一条是输出线，连接本状态执行转换时的下一级“目标状态”。在顺序功能图程序设计中，步的活动状态一般的进展方向是从上至下或从左至右，在这两个方向有向连线上的箭头可以省略。如果不是上述方向，应在有向连线上用箭头注明进展方向。在可以省略箭头的有向连线上，为了更易于理解也可以加箭头。

(2) 转换

在顺序功能图中，步的活动状态的进展是由转换的实现来完成的，并与控制过程的发展相对应。转换用有向连线上与有向连线垂直的短划线来表示，转换将相邻两步分隔开。

转换的实现必须同时满足两个条件：

① 该转换所有的前级步都是活动步。

② 相应的转换条件得到满足。

转换在实现时应完成以下两个操作：

① 使所有由有向连线与相应转换符号相连的后续步都变为活动步。

② 使所有由有向连线与相应转换符号相连的前级步变为非活动步。

转换实现的基本规则是根据顺序功能图设计梯形图的基础，它适用于顺序功能图中的各种基本结构。

(3) 转换条件

促使系统由当前步进入下一步的信号称为转换条件，转换条件可以是外部的输入信号，如按钮、指令开关、限位开关的接通或断开等；也可以是 PLC 内部产生的信号，如定时器、计数器常开触点的接通等；还可以是若干个信号的与、或、非逻辑组合。

S7-Graph 中的转换条件用梯形图或功能块图来表示，如图 6.4 中的(a)和(b)所示。如果没有使用 S7-Graph 语言，一般用布尔代数表达式来表示转换条件，如图 6.4 中的(c)所示。在图 6.4(c)中，用布尔代数表达式表示的转换条件 I0.1 表示 I0.1 为 1 状态时转换实现，转换条件表示 M0.0 的常开触点闭合或 I0.2 的常闭触点闭合时转换实现，在梯形图中则用两个触点的并联来表示这样的“或”逻辑关系。

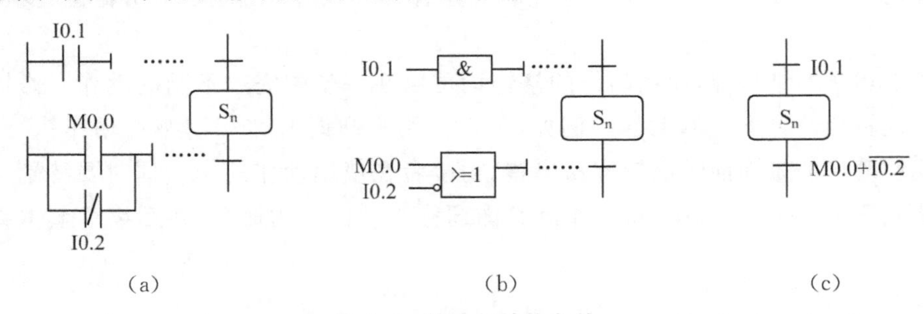

图 6.4 转换与转换条件

有时也用符号↑和↓加在触点的前面，分别表示该触点出现上升沿或者下降沿的时候转换实现。例如，↓I2.3 就表示一旦 I2.3 出现下降沿，则转换实现。一般情况下，转换条件↑I2.3 和 I2.3 是等效的。

6.3 顺序功能图的基本结构

在顺序控制功能图程序中，由于控制要求或设计思路的不同，步与步之间的连接形式也不同，从而形成了顺序控制功能图程序的3种不同的基本结构形式：单序列、选择序列、并行序列。

(1) 单序列

单序列由一系列相继激活的步组成，每一步的后面仅有一个转换，每一个转换的后面只有一个步，如图6.5(a)所示。单序列没有分支与合并。单序列结构的特点如下：

① 步与步之间采用自上而下的串联连接方式。

② 状态的转换方向始终是自上而下且固定不变（起始状态和结束状态除外）。

③ 除转换瞬间，通常仅有一个步处于活动状态。基于此，在单序列中可以使用"重复线圈"（如输出线圈、内部辅助继电器等）。

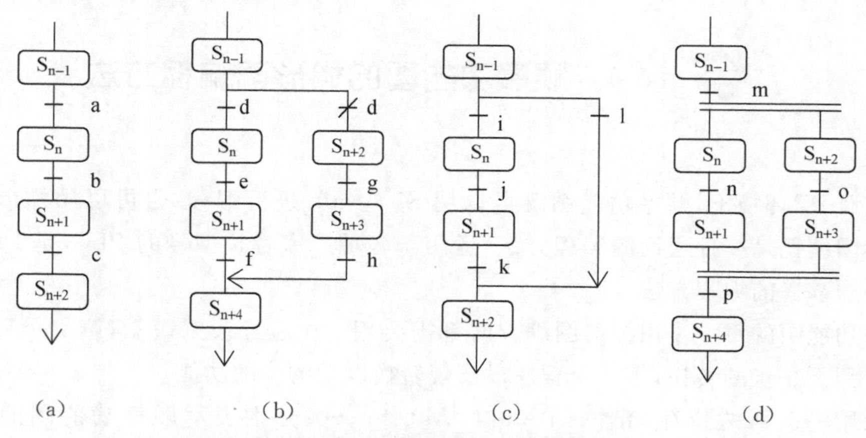

图6.5 单序列、选择序列、并行序列示例

(2) 选择序列

流程中存在两条或者两条以上路径，而只能选择其中一条路径来走，这种分支方式称为选择序列，如图6.5(b)、(c)所示。选择序列的开始称为分支，转换符号只能标在水平连线之下。在分支处，同一时间转移条件只能满足一个，体现选择性分支的唯一性。例如，图6.5(b)中，如果步S_{n-1}是活动步，并且转换条件d为1，则系统由步S_{n-1}转换到步S_n。如果步S_{n-1}是活动步，并且d为0，则系统由步S_{n-1}转换到步S_{n+2}。

选择序列的结束称为合并，几个选择序列合并到一个公共序列时，用与需要重新组合的序列相同数量的转换符号和水平连线来表示，转换符号只允许标在水平连线之上。

如果步S_{n+1}是活动步，并且转换条件f变为1，则系统由步S_{n+1}转换到步S_{n+4}。如果步S_{n+3}是活动步，并且h变为1，则系统由步S_{n+3}转换到步S_{n+4}。

允许选择序列的某一条分支上没有步，但是必须有一个转换，这种结构称为"跳步"，跳步是选择序列的一种特殊情况，如图 6.5(c)所示。

(3) 并行序列

流程中若有两条或者两条以上路径且必须同时执行，这样的分支方式称为并行序列。并行序列用来表示系统的几个同时工作的独立部分的工作情况。并行序列的开始称为分支，当转换的实现导致几个序列同时激活时，这些序列称为并行序列。如图 6.5(d)所示，当步 S_{n-1} 是活动的，并且转换条件 m 变为 1，S_n 和 S_{n+2} 这两步同时变为活动步，同时步 S_{n-1} 变为非活动步。为了强调转换的同步实现，水平连线用双线表示。步 S_n 和 S_{n+2} 被同时激活后，每个序列中活动步的进展将是独立的。在表示同步的水平双线之上，只允许有一个转换符号。

并行序列的结束称为合并，当直接连在双线上的所有前级步（步 S_{n+1} 和 S_{n+3}）都处于活动状态，并且转换条件 p 变为 1 时，系统才会从步 S_{n+1} 和 S_{n+3} 转换到步 S_{n+4}，即步 S_{n+1} 和 S_{n+3} 同时变为非活动步，而步 S_{n+4} 变为活动步。在表示同步的水平双线之下，只允许有一个转换符号。

6.4 顺序功能图的梯形图编程方法

在 STEP7 环境下，顺序功能图既可以用 S7-Graph 进行编程，也可以用梯形图进行编程。梯形图编程是一种通用的编程方法，适用于各种厂家各种型号的 PLC，是 PLC 工程技术人员必须掌握的编程方法。

顺序功能图的每一步用梯形图编程时都需要用 2 个程序段来表示，第 1 个程序段实现从当前步到下一步的转换，第 2 个程序段实现转换以后的步的功能。

一般用一系列的位存储器（如 M0.0、M0.1……）分别表示顺序功能图的各步（S1、S2……），要实现步的转换，就要用当前步及其转换条件的逻辑输出去置位下一步，同时复位当前步。

6.4.1 单流程的梯形图编程

(1) 单流程的梯形图编程说明

以如图 6.6(a)所示的单流程序列为例，其对应的梯形图编程程序如图 6.6(b)所示。步的输出逻辑部分可根据设备工艺要求，采用一般的输出指令（如输出 2、输出 4）或保持性的置位指令（如输出 1）及复位指令（如输出 3）。

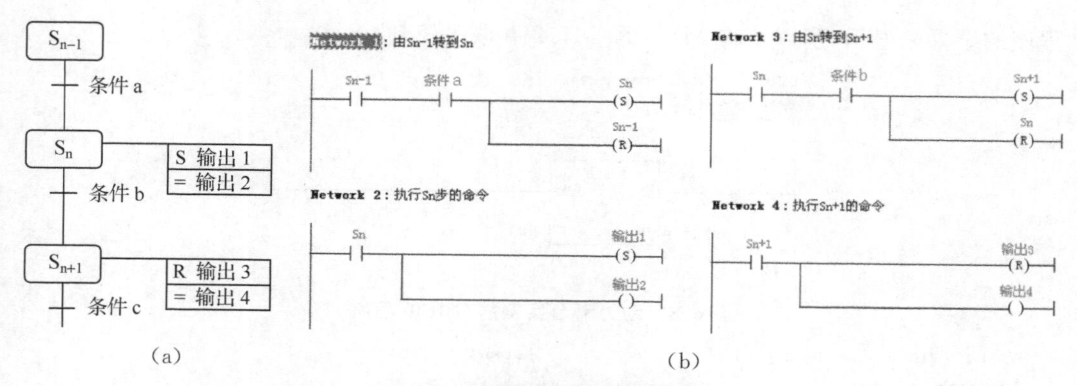

图 6.6　单流程的梯形图编程说明

(2) 单流程的梯形图编程举例

单流程的梯形图实例

如图 6.7 所示是液压动力滑台的进给运动示意图和输入/输出信号的时序图。设动力滑台在初始位置时停在左边，限位开关 I1.3 为 1 状态，Q0.0～Q0.2 是控制动力滑台运动的 3 个电磁阀。动力滑台的一个工作周期由快进、工进、暂停和快退组成，按下“启动”按钮后，返回初始位置后停止运动。根据 Q0.0～Q0.2 的 ON/OFF 状态的变化，一个工作周期可以分为快进、工进、暂停和快退这 4 步，另外还应设置等待启动的初始步，图中分别用 M1.0 ～M1.4 来代表这 5 步。图 6.7 的右边是描述该系统的顺序功能图，图中用矩形方框表示步，可以用方框中的数字作为各步的编号，如 S0；也可以用代表各步的存储器位的地址作为步的代号，如 M1.0，这样在根据顺序功能图设计梯形图时较为方便。

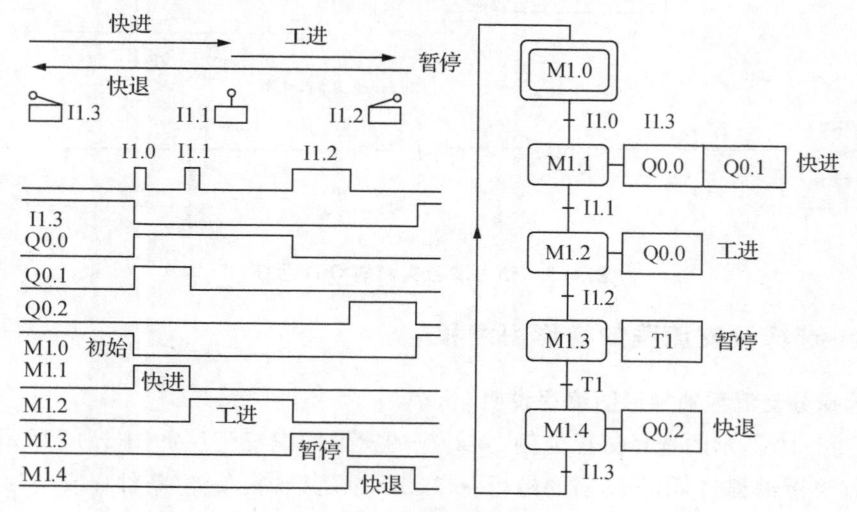

图 6.7　单流程的梯形图编程实例

该顺序功能图对应的梯形图程序分为两个部分，一个是初始化程序 OB100，用来进入第一个步序 M0.0，如图 6.8 所示，通过将 MW0 赋值为 W＃16＃1 来置位 M1.0；另一个则是主程序 OB1，用来实现步序之间的转换，如图 6.9 所示。这里值得注意的是 Network 4 的写法，因为步序中 M1.1 和 M1.2 都输出 Q0.0，如果分开编写程序会造成 Q0.0 按照后一个驱动程序的结果来显示，所以要将M1.1和M1.2并联来驱动Q0.0。

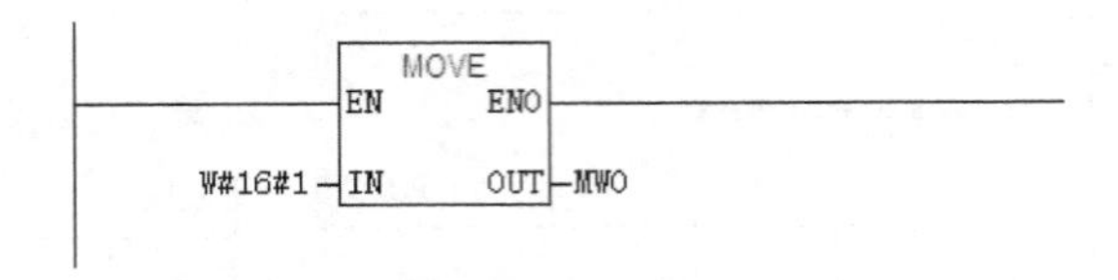

图6.8 动力滑台实例的OB100程序

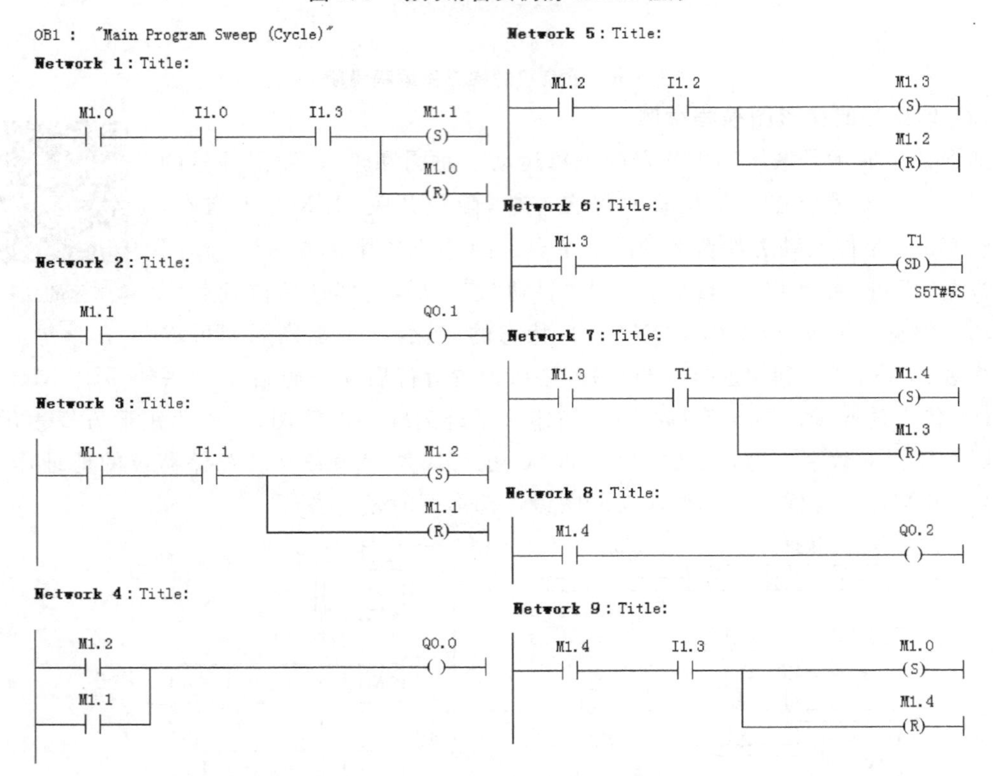

图6.9 动力滑台实例的OB1程序

6.4.2 选择分支流程的梯形图编程

(1) 选择分支流程的梯形图编程说明

以如图6.10所示的选择流程为例，其对应的梯形图编程程序如图6.11所示。选择分支流程用梯形图编程时，用分支前的最后一步(S_{n-1})及其转换条件(条件a或条件b)的逻辑输出置位2个分支中一个分支的第一步(S_n或S_{n+2})，并对分支前的最后一步(S_{n-1})复位。其中一个选择分支的最后一步(S_{n+1}或S_{n+2})及其转换条件(条件c或条件e)的逻辑输出置位汇合后的第一步(S_{n+3})，并对相应分支的最后一步(S_{n+1}或S_{n+2})复位。

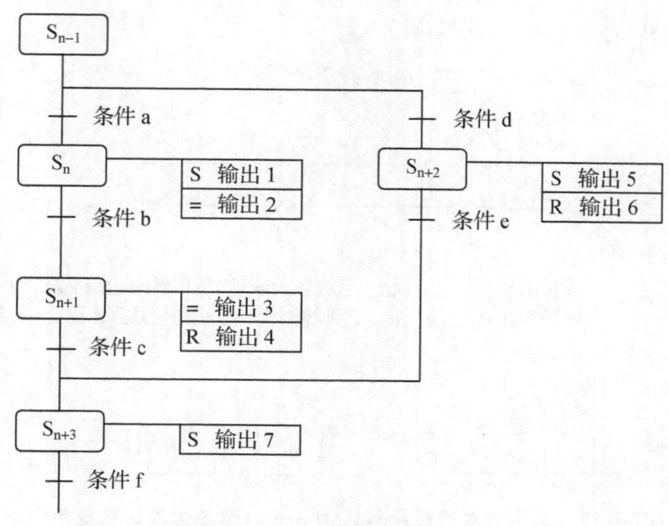

图 6.10　选择分支流程示例

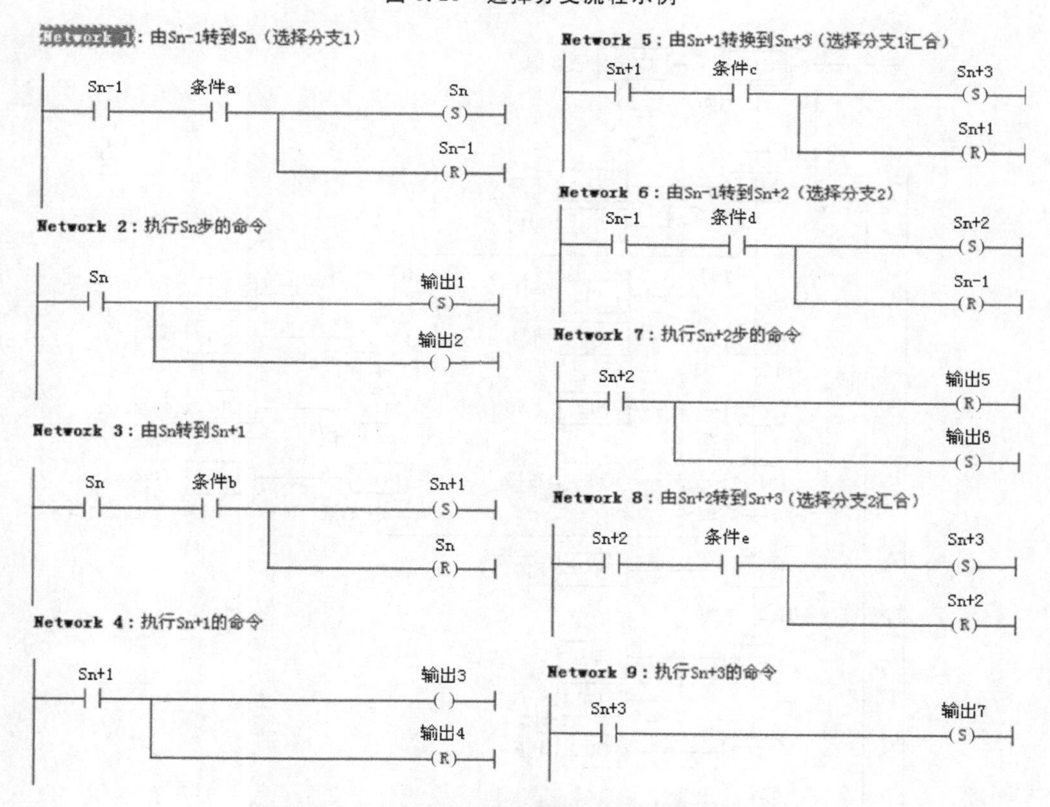

图 6.11　选择分支流程的梯形图编程说明

(2) 选择分支流程的梯形图编程举例

如图 6.12 所示为小球分类传送系统示意图，左上为原点，动作顺序为：下降→吸收→上升→右行→下降→释放→上升→左行。当机械臂下降时，若电磁铁吸住大球，下限位开关 LS2 断开；若吸住小球，LS2 接通。如图 6.13 所示为小球分类传送系统功能转移图。

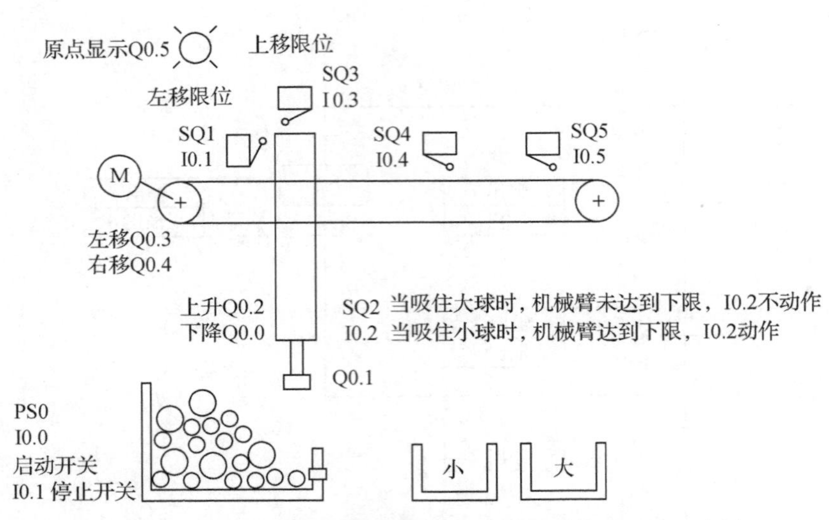

图 6.12　选择分支流程编程实例——小球分类传送系统示意图

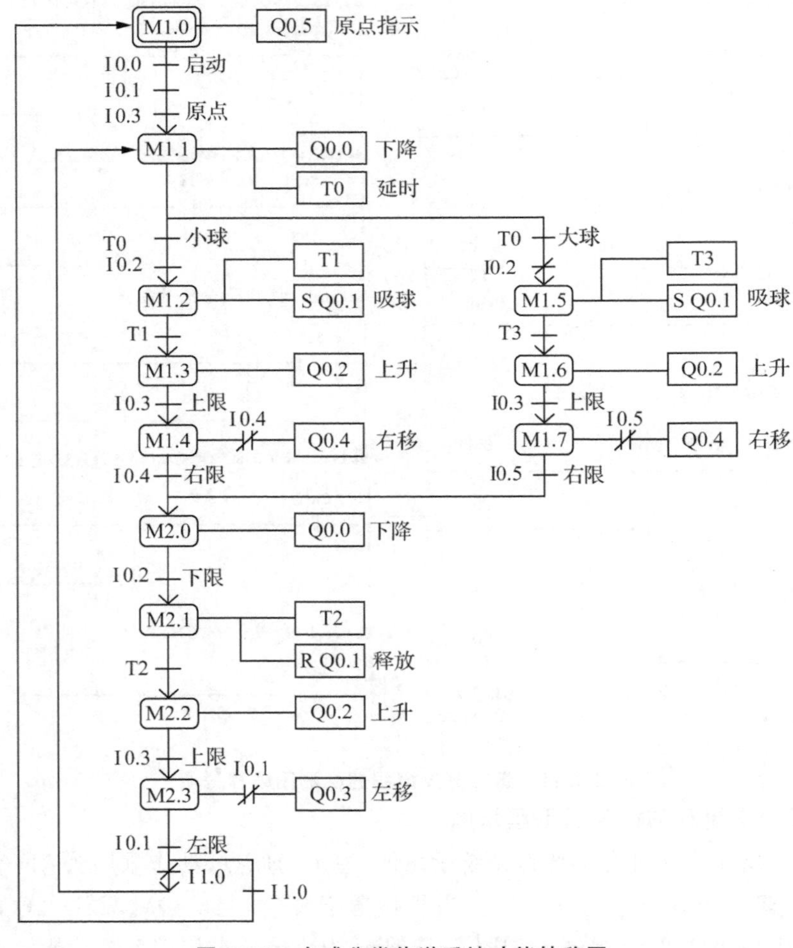

图 6.13　小球分类传送系统功能转移图

该顺序功能图对应的梯形图程序分为两个部分，一个是初始化程序 OB100，用来进入第一个步序 M1.0，如图 6.14 所示，通过将 MW0 赋值为 W＃16＃1 来置位 M1.0；另一个则是主程序 OB1，用来实现步序之间的转换，如图 6.15 所示。

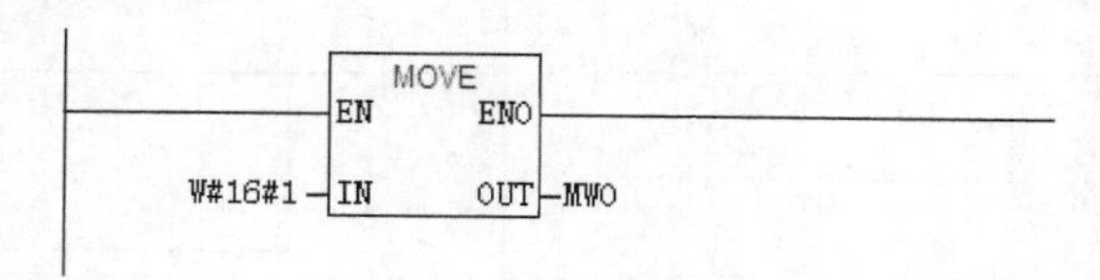

图 6.14 小球分类传送系统实例的 OB100 程序

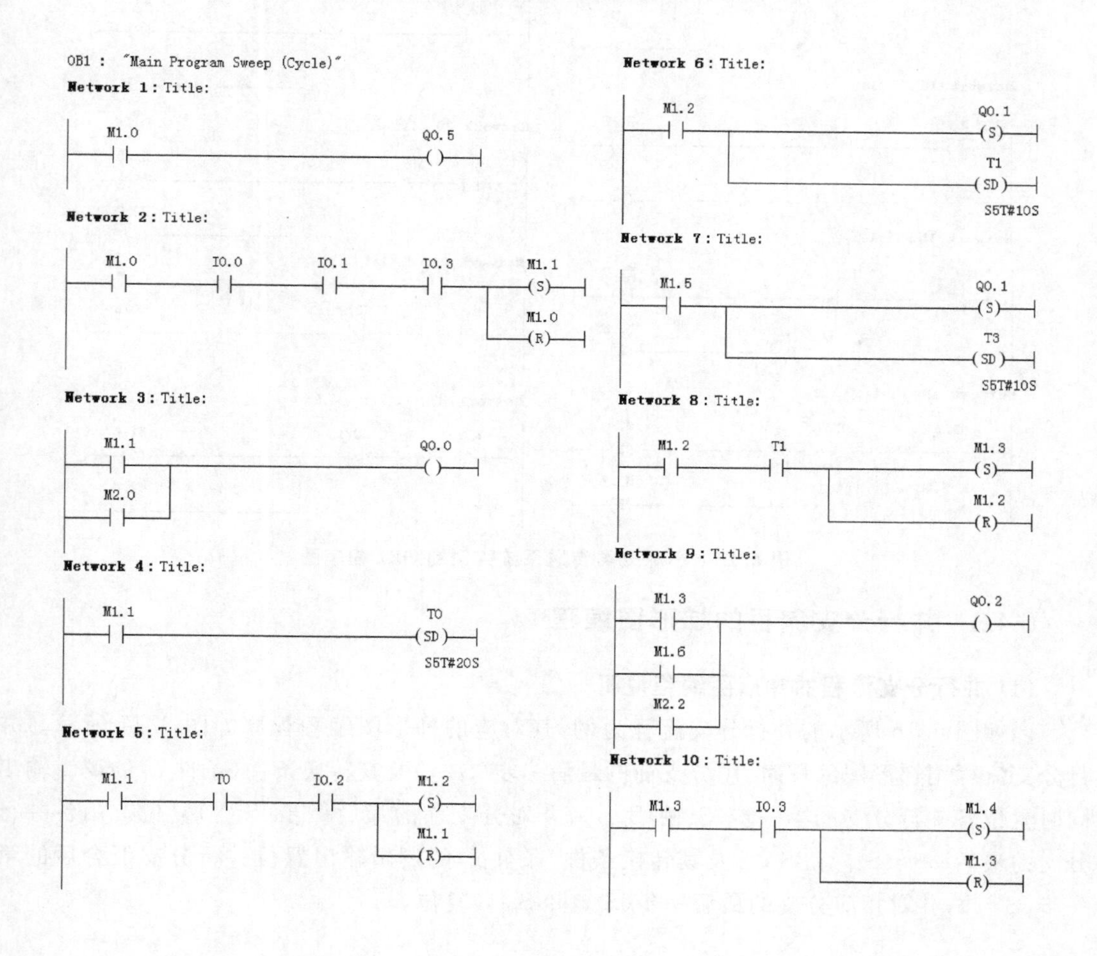

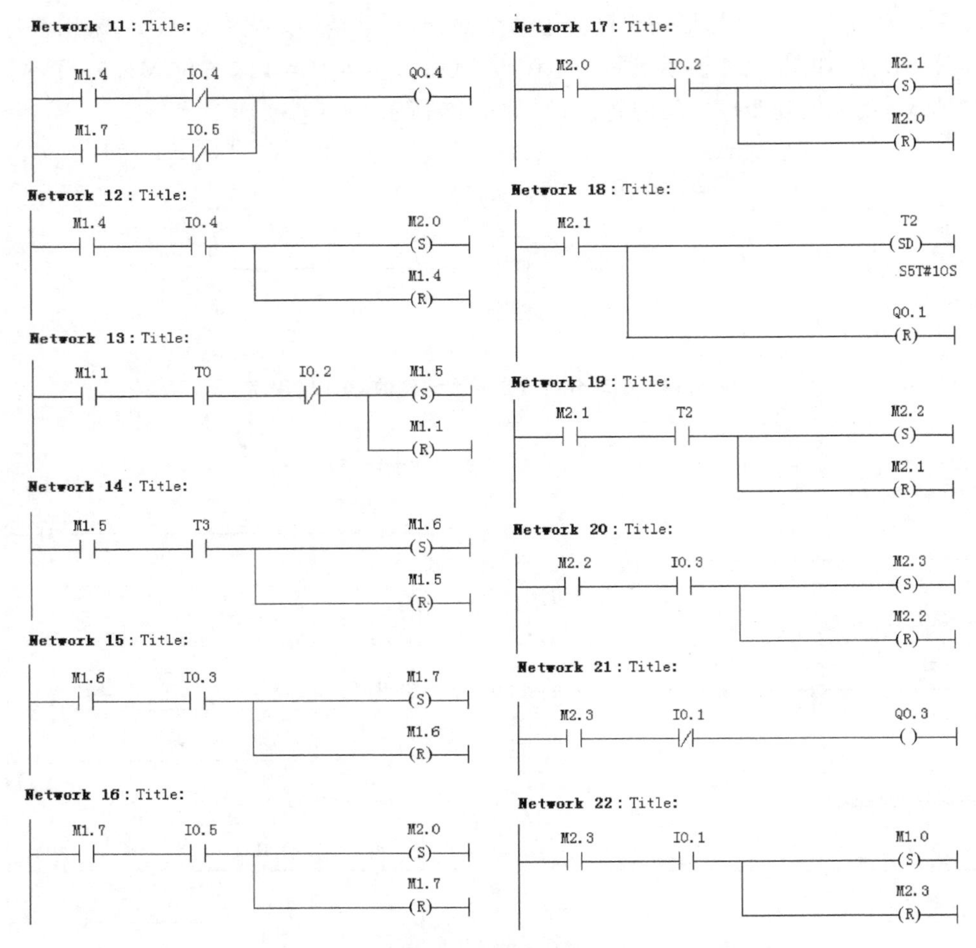

图 6.15　小球分类传送系统实例的 OB1 程序图

6.4.3　并行分支流程的梯形图编程

(1) 并行分支流程的梯形图编程说明

以如图 6.16 所示的并行分支流程为例，其对应的梯形图编程程序如图 6.17 所示。并行分支流程用梯形图编程时，用分支前的最后一步(S_{n-1})及其转换条件(条件 a)的逻辑输出同时置位各并行分支的第一步(S_n 和 S_{n+2})，并对分支前的最后一步(S_{n-1})复位。用各并行分支的最后一步(S_{n+1} 和 S_{n+2})及其转换条件(条件 c)的逻辑输出置位并行分支汇合后的第一步(S_{n+3})，并对相应分支的最后一步(S_{n+1} 和 S_{n+2})复位。

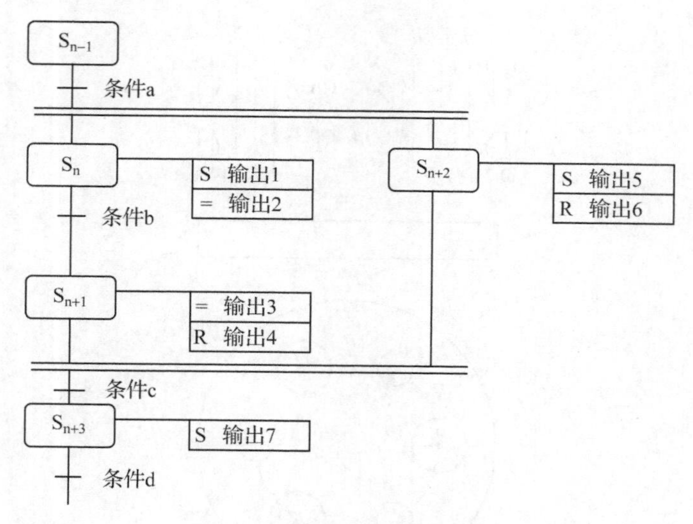

图 6.16 并行分支流程示例

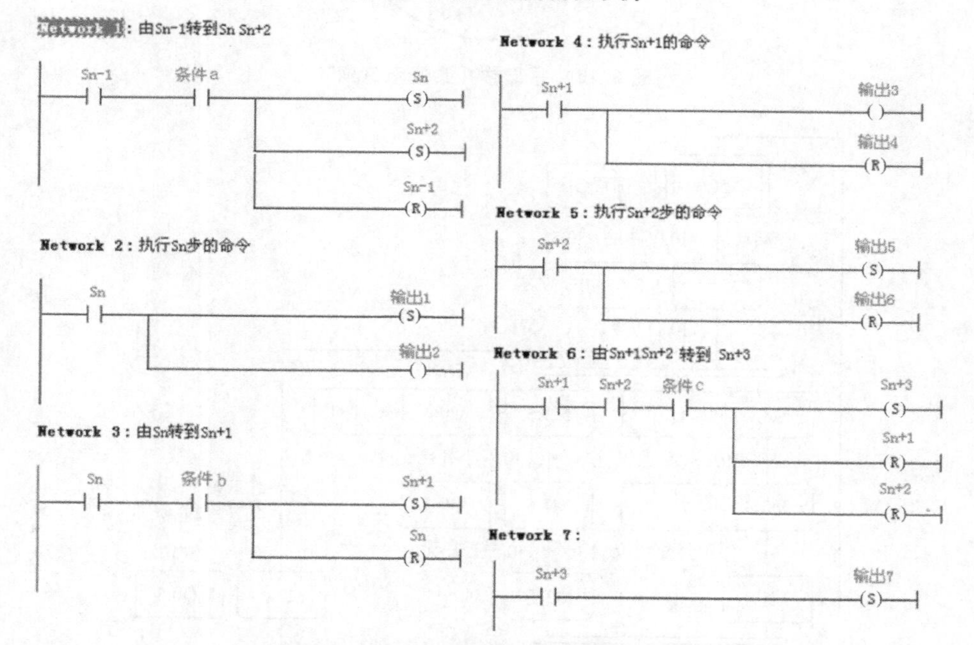

图 6.17 并行分支流程的梯形图编程说明

(2) 并行分支流程的梯形图编程举例

并行分支流程梯形图编程实例

某专用钻床用来加工圆形零件上均匀分布的6个孔(图6.18)，上面是工件的侧视图，下面是工件的俯视图。

在进入自动运行之前，两个钻头应在最上面，上限位开关I0.3和I0.5为1状态，系统处于初始步，减计数器C1的设定值3被送入计数器字。在图6.19中用存储器位M来代表各步，顺序功能图中包含了选择序列和并行序列。

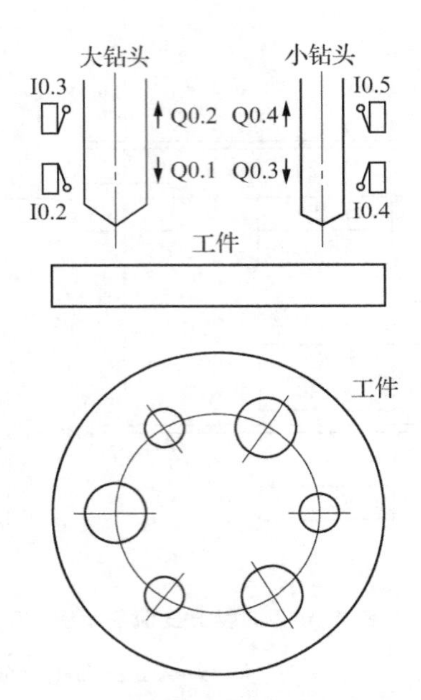

图 6.18 并行钻孔实例示意图

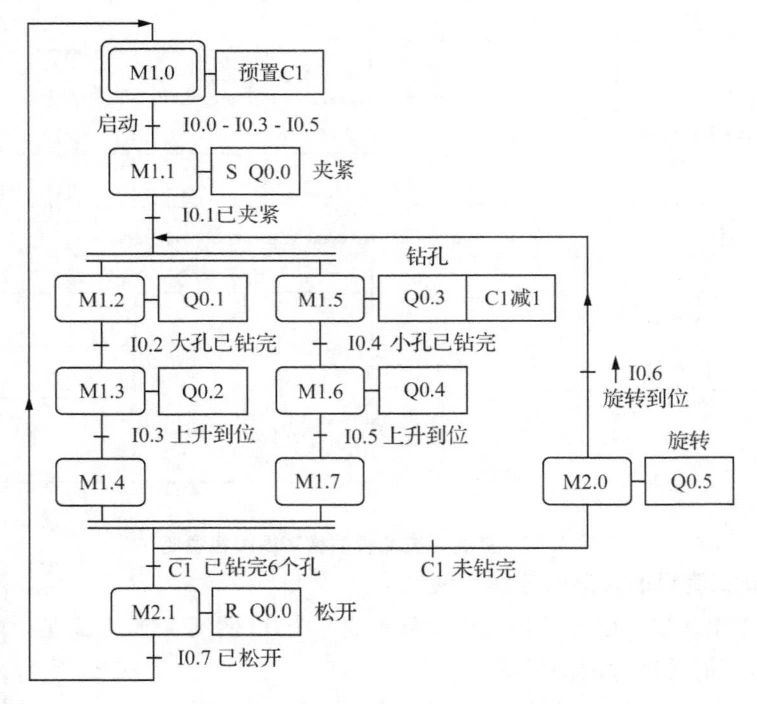

图 6.19 并行钻孔系统功能转移图

操作人员放好工件，按下"启动"按钮，转换条件I0.0、I0.3和I0.5同时满足，由初始步转换到步M1.1，Q0.0置位为1，工件被夹紧。夹紧后压力继电器I0.1为1状态，由步M1.1转换到步M1.2和M0.5，Q0.1和Q0.3使两只钻头同时开始向下钻孔。大钻头钻到由限位开关I0.2设定的深度时，进入步M1.3，Q0.2使大钻头上升，升到由限位开关I0.3设定的起始位置时停止上升，进入等待步M1.4。小钻头钻到由限位开关I0.4设定的深度时，进入步M1.6，Q0.4使小钻头上升，升到由限位开关I0.5设定的起始位置时停止上升，进入等待步M1.7。在步M0.5，设定值为3的计数器C1的当前值减1。减1后当前值为2(非0)，C1的常开触点闭合，转换条件C1满足两个钻头都上升到位后，将转换到步M2.0。Q0.5使工件旋转120°，旋转到位时I0.6变为1状态，又返回步M1.2和M1.5，开始钻第二对孔。3对孔都钻完后，计数器的当前值变为0，其常闭触点闭合，转换条件C0满足，进入步M2.1，Q0.6使工件松开。松开到位时，限位开关I0.7为1状态，系统返回初始步M1.0。

步M2.0上面的转换条件如果改为I0.6，因为在工件开始旋转之前限位开关I0.6就处于1状态，转换条件满足，导致工件不能旋转。转换条件“↑I0.6”则不存在这个问题，工件旋转120°后，I0.6由0状态变为1状态，转换条件“↑I0.6”才满足，转换到步M1.2和步M1.5后，工件停止旋转。

因为要求两个钻头向下钻孔和钻头提升的过程同时进行，所以采用并行序列来描述上述过程。由M1.2→M1.4和M1.5→M1.7组成的两个单序列分别用来描述大钻头和小钻头的工作过程。在步M1.1之后，有一个并行序列的分支。当M1.1为活动步，且转换条件I0.1得到满足(I0.1为1状态)，并行序列的两个单序列中的第1步(步M1.2和M1.5)同时变为活动步。此后两个单序列内部各步的活动状态的转换是相互独立的，例如大孔或小孔钻完时的转换一般不是同步的。

两个单序列的最后一步(步M1.4和M1.7)应同时变为非活动步。但是两个钻头一般不会同时上升到位，不可能同时结束运动，所以设置了等待步M1.4和M1.7，它们用来同时结束两个并行序列。当两个钻头均上升到位，限位开关I0.3和I0.5分别为1状态，大、小钻头两子系统分别进入两个等待步，并行序列将会立即结束。

在步M1.4和M1.7之后，有一个选择序列的分支。没有钻完3对孔时C0的常开触点闭合，转换条件C1满足，如果两个钻头都上升到位，将从步M1.4和M1.7转换到步M2.0。

如果已经钻完了3对孔，C1的常闭触点闭合，将从步M1.4和M1.7转换到步M2.1。在步M1.1之后，有一个选择序列的合并。当步M1.1为活动步，并且转换条件I0.1得到满足(I0.1为1状态)，将转换到步M1.2和M1.5。当步M2.0为活动步，并且在转换条件下I0.6得到满足，也会转换到步M1.2和M1.5。

该顺序功能图对应的梯形图程序分为两个部分，一个是初始化程序OB100，用来进入第一个步序M1.0，和图6.14一样，通过将MW0赋值为W#16#1来置位M1.0；另一个则是主程序OB1，用来实现步序之间的转换，如图6.20所示。

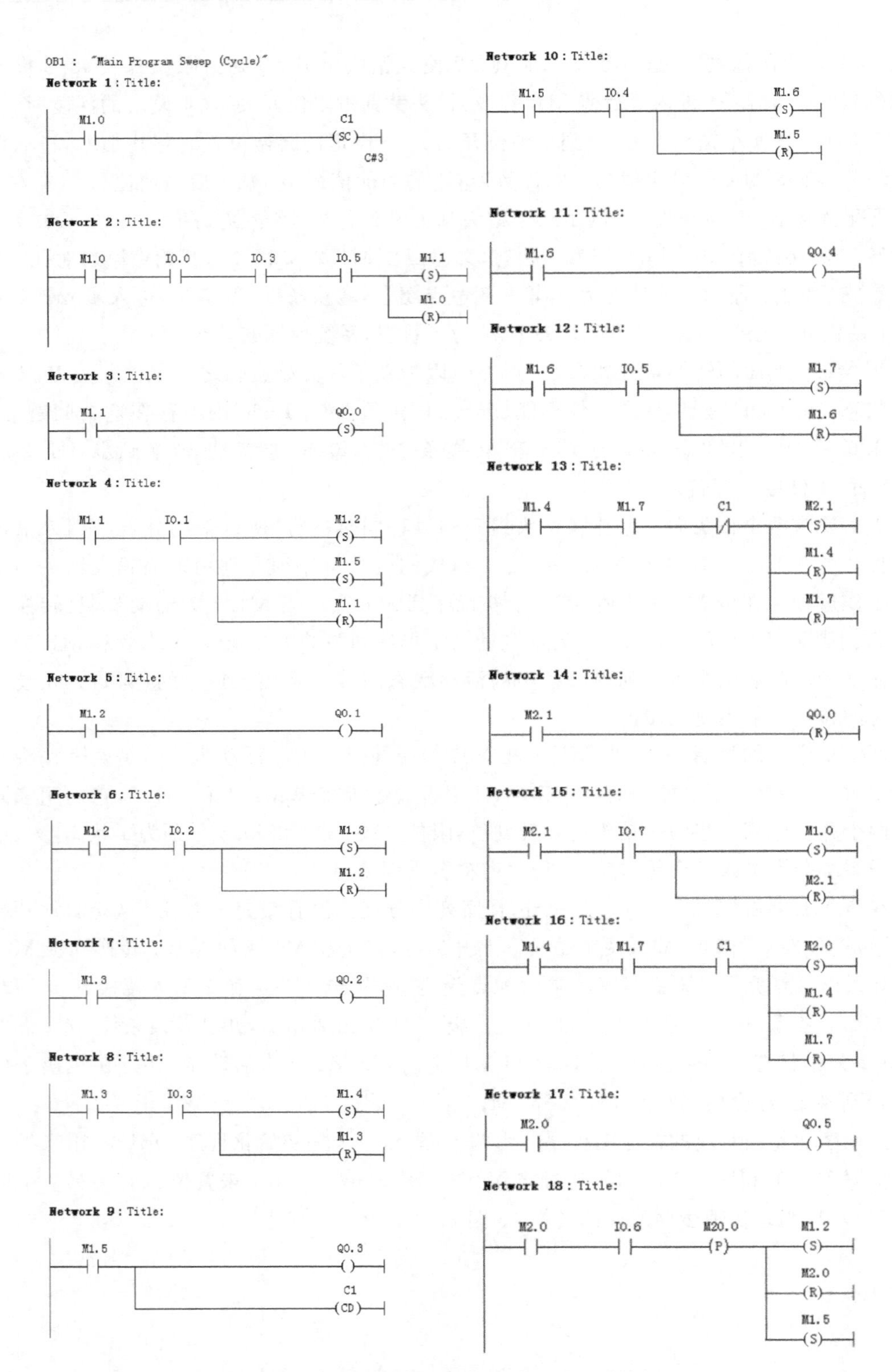

图 6.20　并行钻孔系统实例的 OB1 程序图

6.5　顺序功能图的 Graph 编程方法

6.5.1　S7-Graph 的编程环境

S7-Graph 是 STEP7 标准编程功能的补充，是针对顺序控制系统进行编程的图形编程语言。S7-Graph 中包含顺序器（S7-Graph 程序）的创建、每个“步”的内容、跳转和转移的规范。同时 S7-Graph 还表示顺序的结构，以方便进行编程、调试和查找故障。

下面以完成图 6.7 所示的液压动力滑台为例，介绍 S7-Graph 的功能。

首先创建一个目录并完善目录的硬件组态，然后在块的目录中插入编写语言为 Graph 的功能块。方法是在空白处单击右键，选择“Insert New Object”→“Function Block”，如图 6.21 所示。

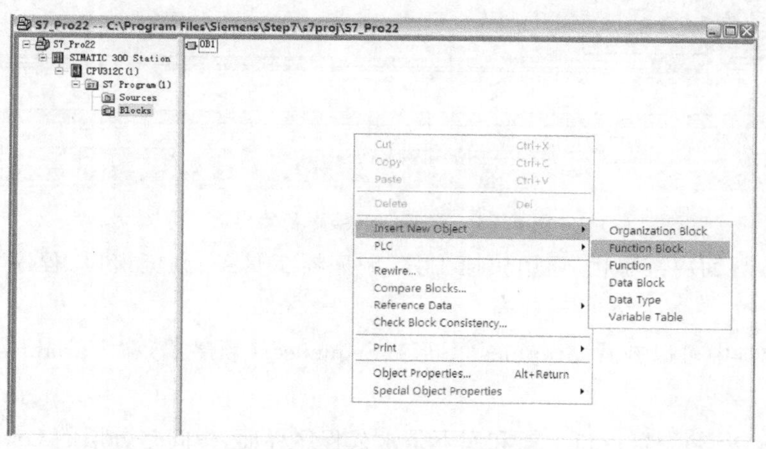

图 6.21　插入功能块示意图

在插入功能块的过程中，自动弹出咨询设置功能块属性的对话框，在创建语言栏中选择“GRAPH”，如果有必要，可同时填写其他一些附加信息，如图 6.22 所示，然后单击“OK”按钮。

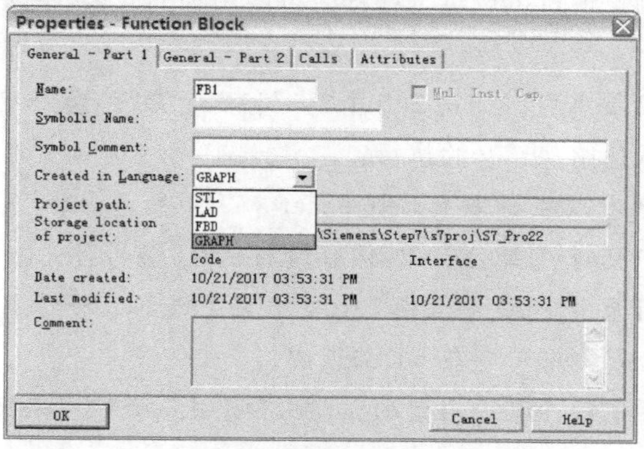

Properties - Function Block
General - Part 1 | General - Part 2 | Calls | Attributes
Name: FB1　Mul. Inst. Cap.
Symbolic Name:
Symbol Comment:
Created in Language: GRAPH
STL
LAD
FBD
GRAPH
Project path:
Storage location of project: \Siemens\Step7\s7proj\S7_Pro22
Code　Interface
Date created: 10/21/2017 03:53:31 PM
Last modified: 10/21/2017 03:53:31 PM　10/21/2017 03:53:31 PM
Comment:
OK　Cancel　Help

图 6.22　功能块属性设置对话框

在块目录中可以看到刚插入的功能块(本例是 FB1),双击 FB1 的图标打开 FB1 的编程界面,如图 6.23 所示,可以看到在 FB1 中自动创建了第1“步”(S1)和第1个“转换”(Trans 1)。

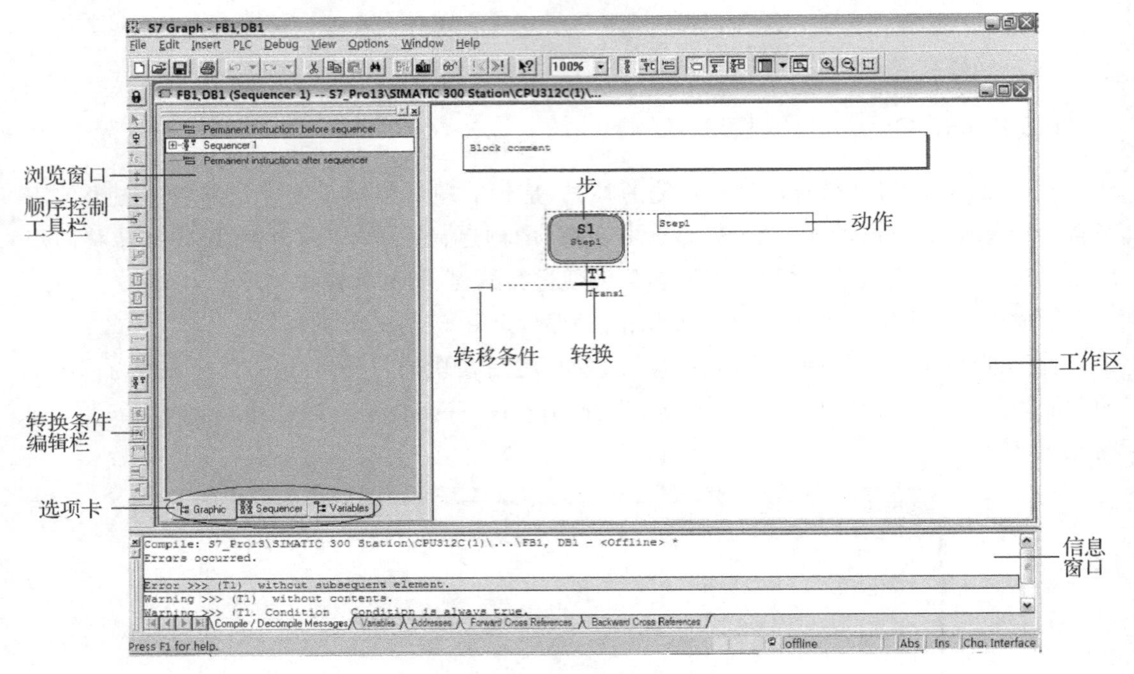

图 6.23 S7-Graph 编程初始界面

S7-Graph 界面由菜单栏、通用快捷工具、顺序器工具条、浏览窗口、程序界面及信息窗口等组成。

在浏览窗口中可以查看 Graphics(图形)、Sequencer(顺序器)和 Variables(变量)3 种浏览界面。

Graphics(图形)浏览窗口上面和底下是永久程序界面,中间是分层的 Graph 程序界面。

Sequencer(顺序器)浏览窗口可以浏览程序的总体结构,也可以浏览程序界面的局部内容。

Variables(变量)浏览窗口可以浏览编程时可能用到的元素,在这里除系统变量外,可以定义、编辑及修改变量。

一个 S7-Graph FB 最多可以编写 250 个“步”和 250 个“转换”。当 S7-Graph FB 激活时总是从最顶的“步”或从初始“步”开始执行。

一个 S7-Graph FB 可以编写多个 Sequencer。每个 Sequencer 最多可以编写 256 个分支、249 个并行分支及 125 个选择分支,具体容量与 CPU 型号有关。

一个顺序控制项目至少由 S7-Graph FB(可以是 OB、FC、SFC、FB、SFB)、Sequencer(可以有多个顺序器)和 DB(数据块,包括 SDB)组成。

分析如图 6.7 所示的液压动力滑台动作,可以使用 5 个“步”来完成控制。在 FB1 中增加“步”的方法是使用鼠标单击“Trans1”附近(虚线框大小的范围),然后单击“ ”符号,即可在指定位置插入一个“步”和一个“转换”，如图 6.24 所示。

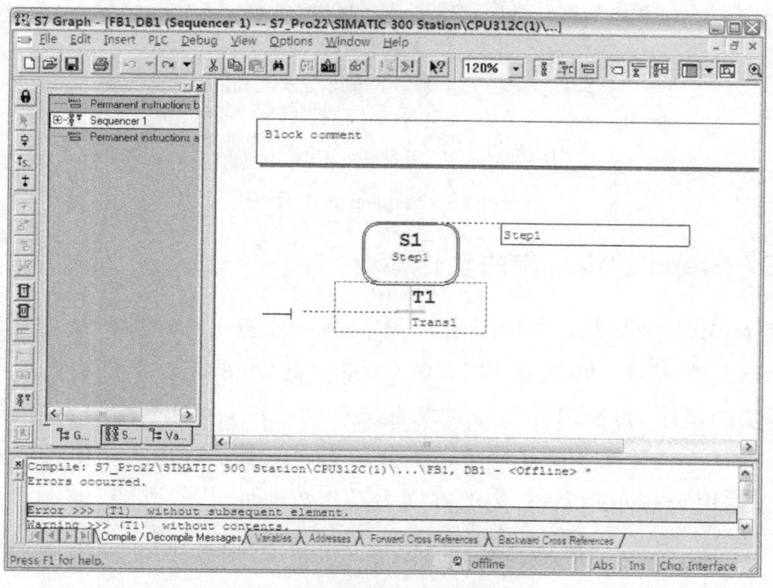

图 6.24　插入“步”和“转换”

S7-Graph 在进行插入操作时，允许两种模式：Direct 和 Drag-and-Drop。

选择 Direct（直接）模式：单击“Insert”→“Direct”，表示选择直接模式。也可以单击“Sequencer”工具条的图标让其凸出来，表示选择直接模式，如图 6.25 所示。

使用 Direct（直接）模式：首先在界面上选择准备插入的位置，然后单击图 6.25 所示的希望插入的目标图标，即可在指定位置插入目标图标。如果是插入多个相同的目标图标，可以连续单击目标图标，每单击一次就插入一个。

选择 Drag-and-Drop（拖放）模式：单击“Insert”→“Drag-and-Drop”，表示选择拖放模式。也可以单击“Sequencer”工具条的图标让其凹下去，表示选择拖放模式，如图 6.25 所示。

使用 Drag-and-Drop（拖放）模式：首先单击图 6.25 所示的希望插入的目标图标，然后移动鼠标，在移动鼠标的过程中鼠标的附加指示标识可能会出现禁止和允许两种情况，如图 6.25 所示。当移动鼠标到希望插入目标的位置时，鼠标的附加指示标识变为“允许”，这时单击鼠标左键，即可在指定位置插入目标图标，然后按鼠标右键或者单击让其凹下去，表示本次插入动作完成。如果显示的标识是“禁止”，则表明该原件不能放置在鼠标当前位置。如果是插入多个相同的目标图标，在做按鼠标右键或者单击让其凹下去这个动作前，在插入目标图标的地方处于“允许”状态时，可以连续单击鼠标左键，每单击一次就插入一个。多个目标图标插入完成后按鼠标右键或者单击让其凹下去，表示本次插入动作完成。

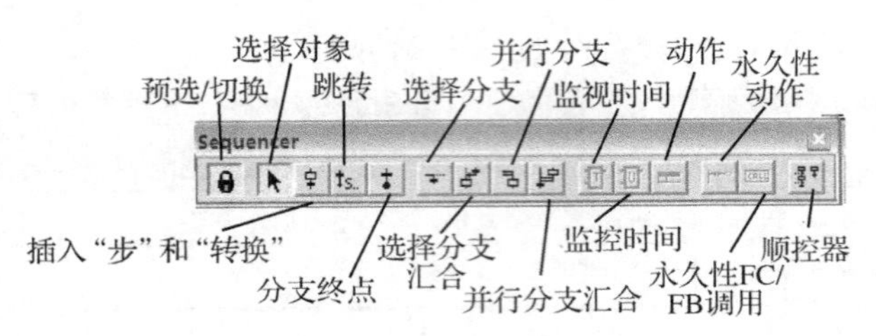

图6.25 Sequencer工具条

6.5.2 S7-Graph的步与步的动作命令

一个S7-Graph顺控器由多个步组成，其中的每一步都由步序（如S4）、步名（如Step4）、转换编号（如T4）、转换名、转换条件（M0.0）和步的动作等几个部分组成，步的组成如图6.26所示，步的步序、转换编号和步名由系统自动生成，一般不需要更改，也可以由用户自己定义，但必须唯一；转换条件可由LAD或FBD指令编辑；步的动作行由命令和操作数组成，左边的方框用来写入命令，右边的方框为操作数地址。

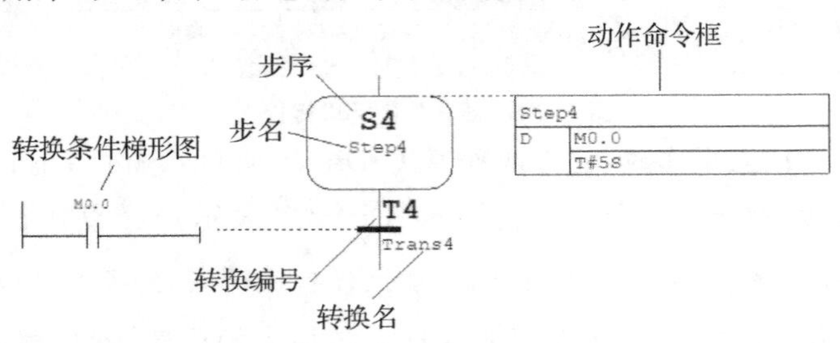

图6.26 “步”的组成

在程序中插入“步”的动作框时，首先选择插入模式“直接”或“拖放”，然后单击“Insert”→“Action”或 图标，即可以插入“步”的动作框，如图6.27所示。

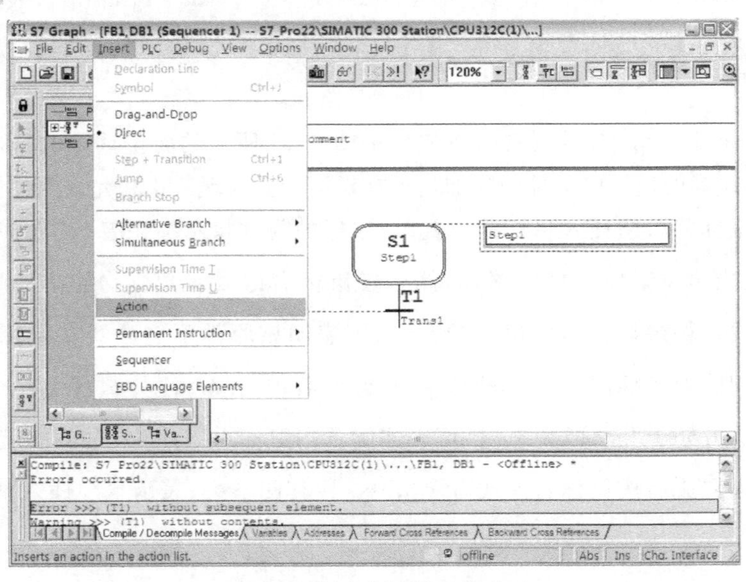

图6.27 插入“步”的动作命令

在动作框中编辑控制动作，每一个动作框包含指令和地址。比如，在动作框左边写上指令"N"，右边写上地址"Q0.0"，表示当该"步"为活动步时 Q0.0 输出"1"，当该"步"为非活动步时 Q0.0 输出"0"，按照同样的方法把每一步的动作框编写完整，如图 6.28 所示。

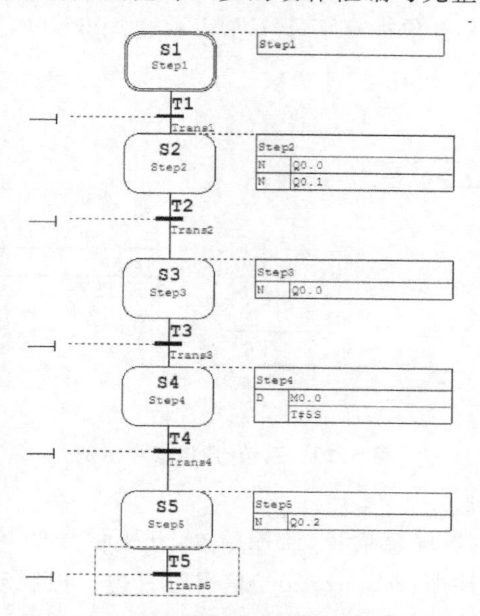

图 6.28　液压动力滑台中每一步的动作

动作分为标准动作和与事件有关的动作，动作中可以有定时器、计数器和与算术运算。

(1) 常用的标准动作

动作框中常用的指令见表 6.2。

表 6.2　标准动作中的指令

指令	操作数类型	功能说明
N	Q、I、M、D	输出：该步为活动步时，该指令对应的操作数输出"1"；该步为非活动步时，该指令对应的操作数输出"0"
S	Q、I、M、D	输出：该步为活动步时，该指令对应的操作数输出"1"并保持；该步为非活动步时，该指令对应的操作数可以被其他活动步的复位命令复位为"0"
R	Q、I、M、D	输出：该步为活动步时，该指令对应的操作数被复位为"0"并保持；该步为非活动步时，该指令对应的操作数可以被其他活动步的置位命令置位为"1"
D	Q、I、M、D	延迟：该步为活动步时，开始倒计时(时间由 T＃xx 指定)，如果计时到，则与该指令对应的操作数输出为"1"；该步为非活动步时，该指令对应的操作数为"0"
L	Q、I、M、D	脉冲限制：该步为活动步时，与该指令对应的操作数为"1"并开始倒计时(时间由 T＃xx 指定)，如果计时到，则操作数变为"0"；该步为非活动步时，该指令对应的操作数为"0"
CALL	FC、FB、SFC、SFB	块调用：该步为活动步时，指定的块被调用

(2) 动作的互锁

可以对标准动作设置互锁(在指令的后面加"C"),仅当步处于活动状态和互锁条件满足时,有互锁的动作才被执行。没有互锁的动作在步处于活动状态时就会被执行。

图 6.29 中的步 S4 的左上角标有字母"C",表示这些步设置了互锁。

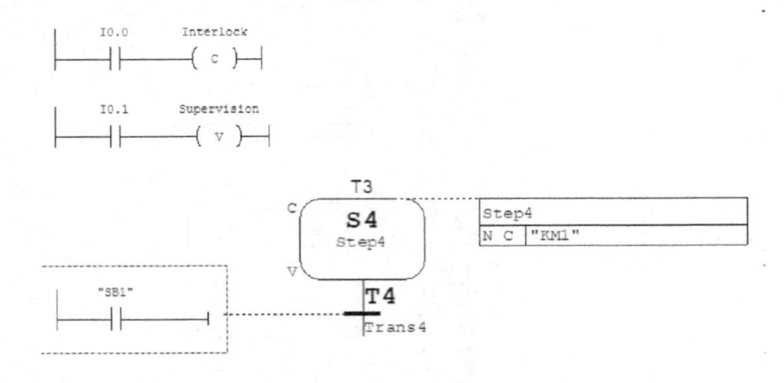

图 6.29 互锁、监控指令示例

(3) 与事件有关的动作

动作可以与事件结合,事件是指步、监控信号、互锁信号的状态变化,信息(message)的确认(acknowledgment)或注册(registration)信号被置位。控制动作的事件如图 6.30 所示,指令只能在事件发生的那个循环周期执行。除了动作 D(延迟)和 L(脉冲限制)外,其他指令都可以和事件进行逻辑组合,如图 6.31 所示。

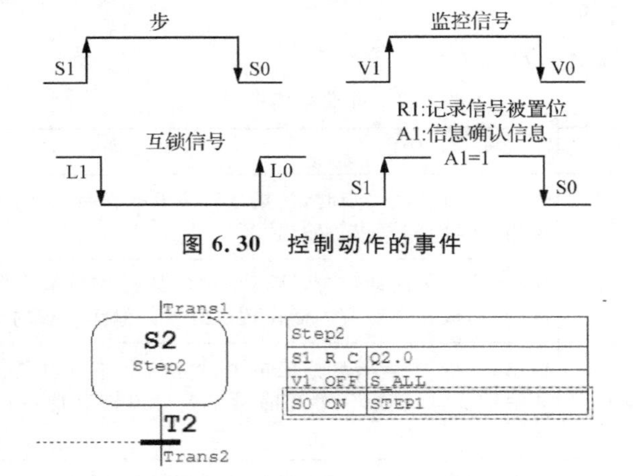

图 6.30 控制动作的事件

图 6.31 与事件有关的指令

监测到事件并且互锁条件被激活时,在下一个循环内,使用 N(NC)指令的动作为 1 状态,使用 R(RC)指令的动作被复位一次,使用 S(SC)指令的动作被置位一次,使用 CALL(CALLC)指令的动作块被调用一次。控制动作的事件见表 6.3。

表6.3 控制动作的事件

名称	事件意义
S1	步变为活动步
S0	步变为非活动步
V1	发生监控错误(有干扰)
V0	监控错误消失(无干扰)
L1	连锁条件解除
L0	连锁条件变为1
A1	信息被确认
R1	在输入信号PEG EF/REG S的上升沿,记录信号被置位

(4) ON指令与OFF指令

ON指令和OFF指令分别使指定的步变为活动步或非活动步。这两条指令可以与互锁条件组合,即可以使用指令ONC和OFFC。图6.28中的步S2变为活动步后,各动作按下述方式执行:

① 一旦S2变为活动步(出现事件S1)且互锁条件满足,指令“S1 RC”将Q2.0复位为0并保持0状态不变。

② 一旦监控错误发生(出现事件V1),除了动作中的指令“V1 OFF”所在的步S3外,其他的活动步变为非活动步。S_ALL为地址标识符。

③ S3变为非活动步时(出现事件S0),将步S0变为活动步。

(5) 计数器指令

动作中还可以使用定时器指令、计数器指令和算术运算指令。定时器、计数器指令仅在事件发生时执行。这些指令可以与互锁条件组合,它们与语句表中的指令功能相同,计数器指令CS将初值装入计数器,CS指令下面一行是要装入的计数器的初值。事件发生时,CU、CD、CR指令分别使计数值加1、减1或将计数值复位为0。计数值为0时计数器位为0,计数值非0时计数器位为1。

图6.32中的步S3变为活动步时,事件S1使计数器C4的值加1, C4可以用来计步S4变为活动步的次数。

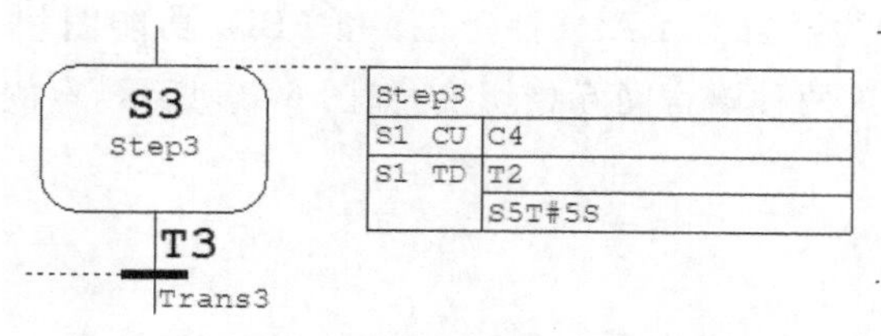

图6.32 与事件有关的计数器举例

(6) 定时器指令

TD指令用来实现定时器位有闭锁功能的延迟,TL为没有闭锁功能的扩展的脉冲定时器指令。一旦事件发生,定时器被启动。互锁条件C仅仅在定时器被启动的那一刻起作用。

定时器被启动后将继续定时，而与互锁条件和步的活动性无关。正在定时的定时器可以被新发生的事件重新启动。

在〈time〉指定的时间内，TD 的定时器位为 0，定时时间到，定时器位变为 1。重新启动后，在〈time〉指定的时间内，定时器位为 0，定时时间到，定时器位变为 1。

在〈time〉指定的时间内，TL 的定时器位为 1，此后变为 0。重新启动后，又将输出一个宽度为〈time〉的脉冲。

TR 是复位定时器指令，事件发生时定时器被复位，定时器停止定时，定时器位与定时值被复位为 0。图 6.32 中的步 S3 变为活动步后，T2 开始定时，T2 的定时器位为 0 状态。5 s 后 T2 的定时器位变为 1 状态。

(7) 算术运算指令

在动作中可以使用下列算术表达式指令：

① 直接赋值——A：=B。

② 内置的函数——A：=函数(B)，S7-Graph 内置的函数有数据类型转换函数、求补码/求反码函数、循环移位和浮点数运算函数等。

③ 使用运算符号指定数学运算——A：=B＜运算符号＞C，例如“A：=B+C”。

算术表达式中必须使用英文状态下的符号。包含算术表达式的动作应使用 N 指令，动作可以由事件来决定，可以设置事件出现时执行一次，或步处于活动状态时每一个循环周期都执行。这些动作也可以与连锁结合。

6.5.3 转换条件

转换条件由梯形图或功能块图中的元件根据布尔逻辑组合而成。逻辑运算的结果(RLO)可能影响某步个别动作、整个步到下一步的转换或整个顺序器。

转换条件可以是事件，如某步变为非活动步；也可以是状态，如输入点(I1.0)等。条件可以在转换(transition)、互锁(interlock)、监控(supervision)和永久性指令(permanent instructions)中出现。

(1) 转换条件

转换条件使顺序器从一步转换到下一步。

编写转换条件程序的语言有 LAD(梯形图)和 FBD(功能图块)两种，单击“View”→“LAD”或“FBD”可以在这两种语言间互相切换，如图 6.33 所示，本例选择 LAD 梯形图。

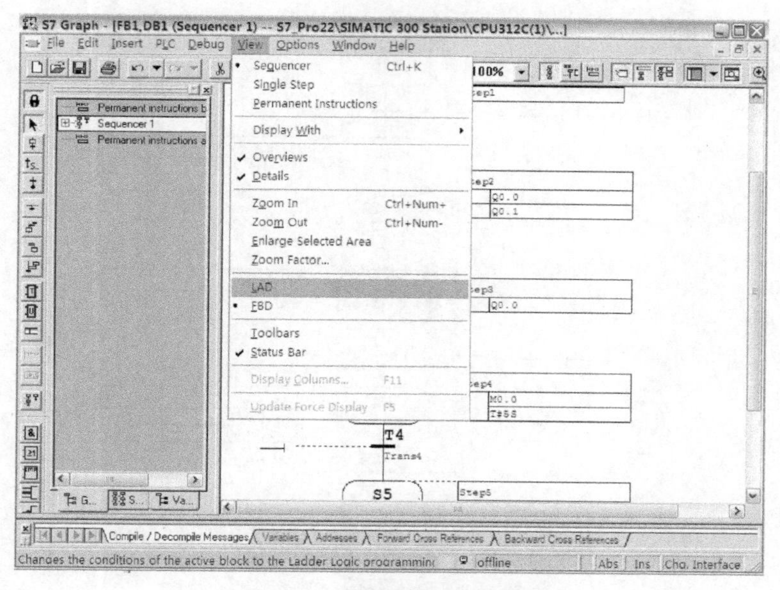

图 6.33　选择编辑转换条件的语言

转换条件程序的指令一般可以是常开触点、常闭触点、比较指令、监视时间 T 或监视时间 U，在顺序器工具条中分别用 ┤├、┤/├、[比较]、[T]和[U] 表示（选择梯形图编程语言时）。

插入转换指令时，首先选择插入模式“直接”或“拖放”，然后单击 ┤├、┤/├、[比较]、[T]或[U] 图标，即可在指定位置插入转换指令，然后在每个指令处写上地址即可。

比如，选择“直接”模式，选中“步 1”（S1）转换指令的位置，由于该例的转换条件是 I1.0 和 I1.3 的串联，所以单击两次 ┤├ 就可以把两个常开触点串联指令放到“步 1”（S1）的转换指令中，然后写上指令的地址“I1.0”和“I1.3”，如图 6.34 所示。

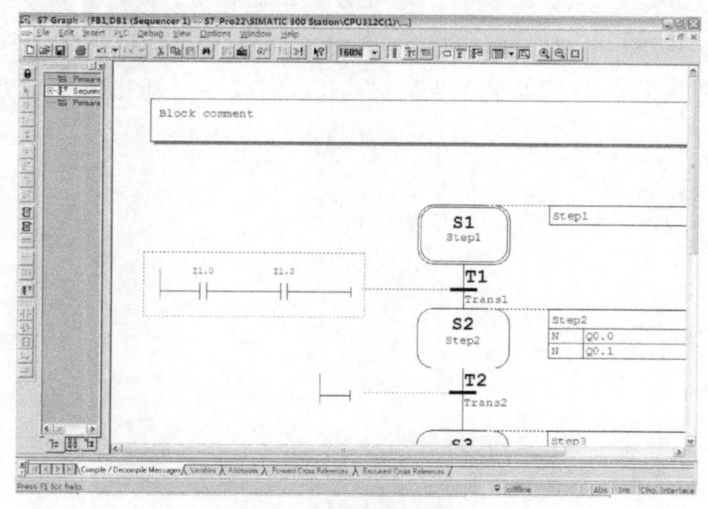

图 6.34　编辑转换条件

使用同样的方法编写其他步的转换指令，如图 6.35 所示。

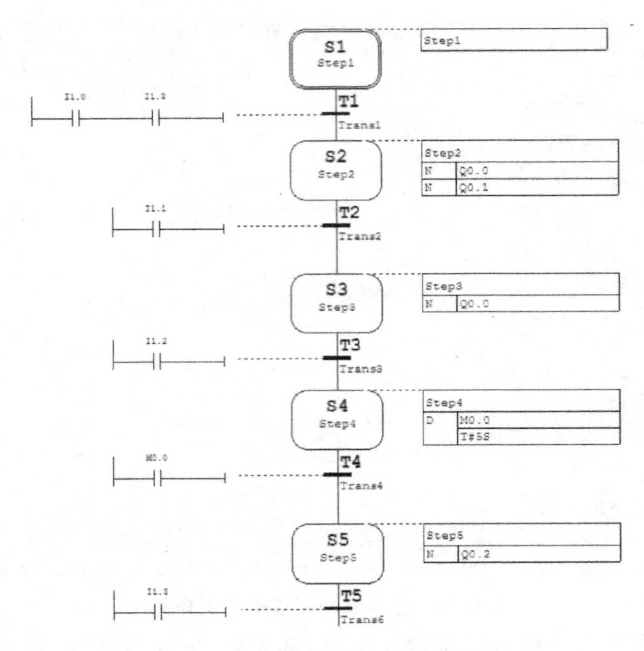

图 6.35 编辑各步转换条件的程序

顺序器中“步”的最后一般是跳转或结束指令，在顺序器工具条中分别用 和 表示。

插入跳转或结束指令：首先选择插入模式“直接”或“拖放”，然后单击 或 图标，即可在指定位置插入跳转或结束指令。如果插入跳转指令，还需要写上跳转到的那一“步”的地址代码。

比如，选择“直接”模式，选中“步 5”(S5)的跳转或结束指令的位置，再单击 就可以把跳转指令放到“步 5”(S5)的跳转或结束指令中，然后写上指令的地址“S1”，如图 6.36 所示，意思是要求完成“步 5”(S5)后跳转到“步 1”(S1)，完成一个动作周期后开始下一个动作周期。

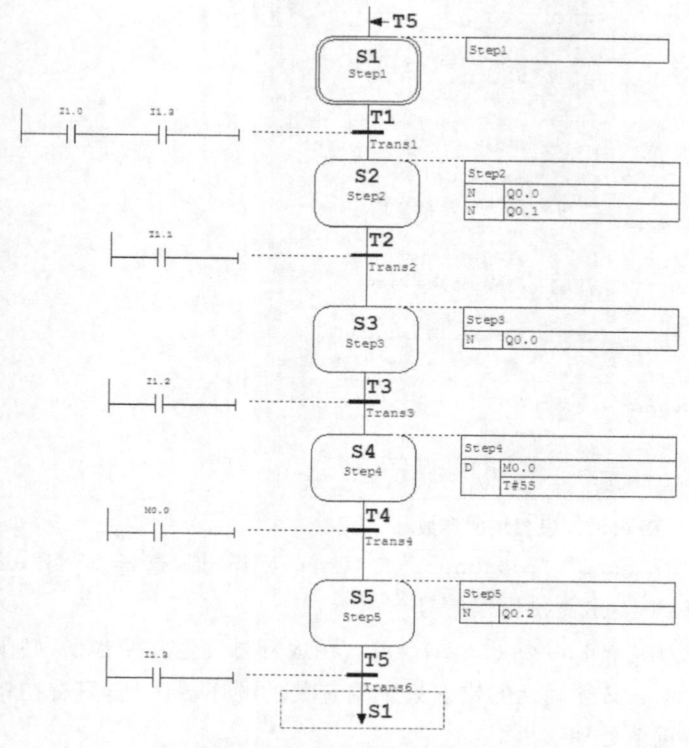

图 6.36 完整的液压动力滑台程序

液压动力滑台
Graph 编程实例

(2) 互锁条件

互锁是可以编程的条件,用于步的连锁,能影响某个动作的执行,在单步显示模式对互锁编程。如果互锁条件的逻辑满足,受互锁控制的动作被执行。例如,在互锁条件满足时,执行动作中的指令"L0 CALL FC10",将调用功能 FC10。其中的"L0"表示互锁条件变为 1(表 6.3)。如果互锁条件的逻辑不满足,不执行受互锁控制的动作,发出互锁条件解除信号(事件 L1)。

(3) 监控条件

监控(supervision)是可编程的条件,用于监视步,可能影响顺序器从当前步转换到下一步的方式。在单步显示模式对监控编程,在所有的显示模式,用步的左下角外的字母 V 来表示该步已对监控编程(图 6.29 中的步 S4)。

如果监控条件的逻辑运算满足,表示有干扰事件 V1 发生,顺序器不会转换到下一步,当前步保持为活动步。监控条件满足时立即停止对步无故障的活动时间值 Si. U 的定时。

如果监控条件的逻辑运算不满足,表示没有干扰,如果后续步的转换条件满足,顺序器转换到下一步。每一步都可以设置监控条件,但是只有活动步被监控。

发出和确认监控信号之前,必须在 S7-Graph 编辑器中先执行菜单命令"Options"→"Block settings",在"Block settings"对话框的"Compile/Save"选项卡(图 6.37)中进行如下设置。

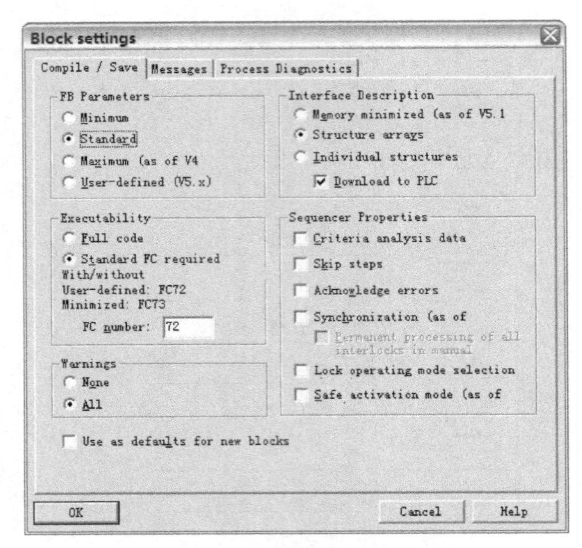

图 6.37 设置块的参数

在“FB Parameters”区选中“Standard”、“Maximum”或“User-defined”，这样 S7-Graph 可以用功能块的输出参数 ERR_FLT 发出监控错误信号。

在“Sequencer Properties”区选中“Acknowledge errors”。在运行时发生监控错误，必须用功能块的输入参数 ACK_EF 确认。必须确认的错误只影响有关的顺序器序列，只有在错误被确认后，受影响的序列才能被重新处理。

(4) S7-Graph 地址在条件中的应用

可以在转换、监控、互锁、动作和永久性的指令中，以地址的方式使用关于步的系统信息，S7-Graph 地址见表 6.4。

表 6.4 S7-Graph 地址

地址	意义	应用于
Si. T	步 i 当前或前一次处于活动状态的时间	比较器
Si. U	步 i 处于活动状态的总时间，不包括干扰时间	比较器
Si. X	指示步 i 是否为活动的	常开触点、常闭触点
Transi. TT	检查转换 i 所有的条件是否满足	常开触点、常闭触点

6.5.4 S7-Graph 的功能参数集

执行菜单命令“Options”→“Block settings”，在打开的对话框中“FB Parameters”如图 6.37 所示。

在“FB Parameters”区有四个参数集选项，分别为“Minimum”“Standard”“Maximum”“User-defined”，不同的参数对应的功能块形式也不相同。如图 6.38 所示为不同参数集对应的功能块形式，在不同情况下可以选择不同的参数集。

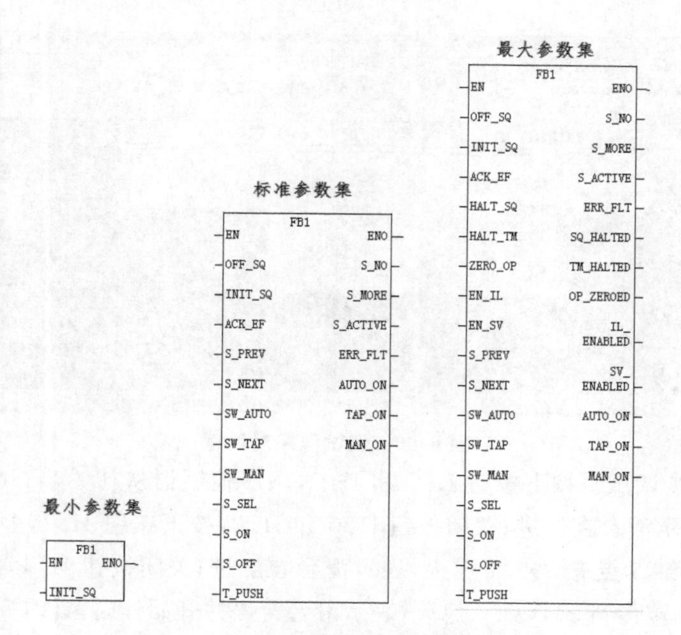

图 6.38　不同参数集的输入输出情况

本例中，用单选框选中“Standard”，单击“OK”按钮确认。单击工具栏上的 按钮，保存和编译 FB1 中的程序。如果程序有错误，下面的详细窗口将给出错误提示和警告，改正错误后才能保存程序。

双击打开 OB1，设置编程语言为梯形图。将指令列表的“FB 块”文件夹中的 FB1 拖放到程序段 1 上。在 FB1 方框的上面输入它的背景数据块的 DB1，按回车键后出现的对话框询问“实例数据块 DB1 不存在，是否要生成它”，单击“是”按钮确认。FB1 的形参 INIT SQ 为 1 状态时，顺序器被初始化，仅初始步为活动步，如图 6.39 所示。

最后打开 PLCSIM（或实际的 PLC），在管理界面中把站的所有信息下载到 CPU 中。

在 PLCSIM 界面打开 IB1、QB0 及 MB0 的垂直变量窗口，并单击“Tools”→“Options”→“Attach Symbols”，按照保存的路径打开该项目的符号表并双击符号表，符号信息即可显示在 PLCSIM 界面中，如图 6.40 所示。

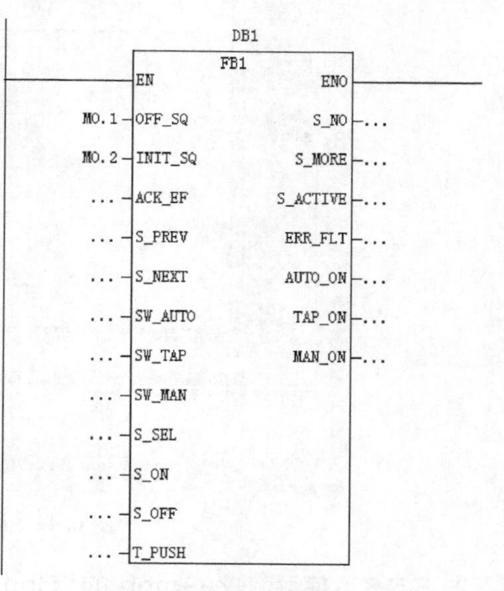

图 6.39　OB1 的程序

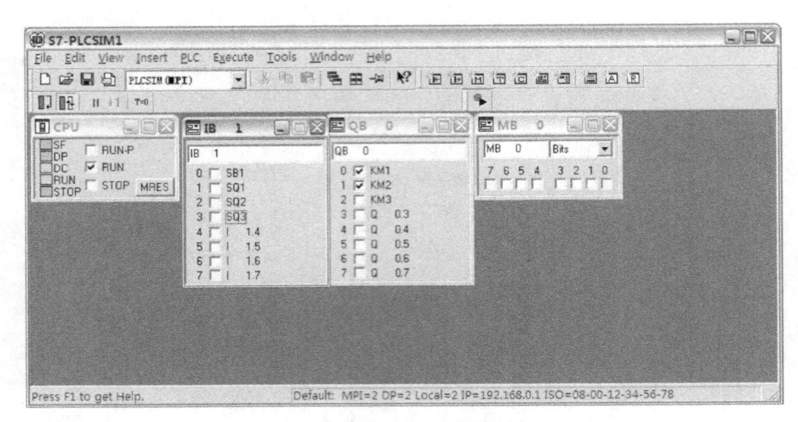

图 6.40 调试程序对话框

现在进行单步调试。按下按钮 I1.0 和 I1.3，顺序控制器从初始步 S1 转移到 S2，Q0.0 和 Q0.1 点亮，表示滑台在快进；关闭按钮 I1.0 和 I1.3，按下按钮 I1.1，顺序控制器从步 S2 转移到 S3，Q0.0 继续点亮，Q0.1 熄灭，表示滑台在工进；关闭按钮 I1.1，按下按钮 I1.2，顺序控制器从步 S3 转移到 S4，Q0.0 熄灭，表示滑台暂停并开始计时；计时 5 s 时间到，顺序控制器从步 S4 转移到 S5，Q0.2 点亮，表示滑台在快退；关闭按钮 I1.2，按下按钮 I1.3，顺序控制器从 S5 转移到初始步 S1，等待接下来各动作周期的开始。图 6.41 所示为该程序调试过程中的截图。

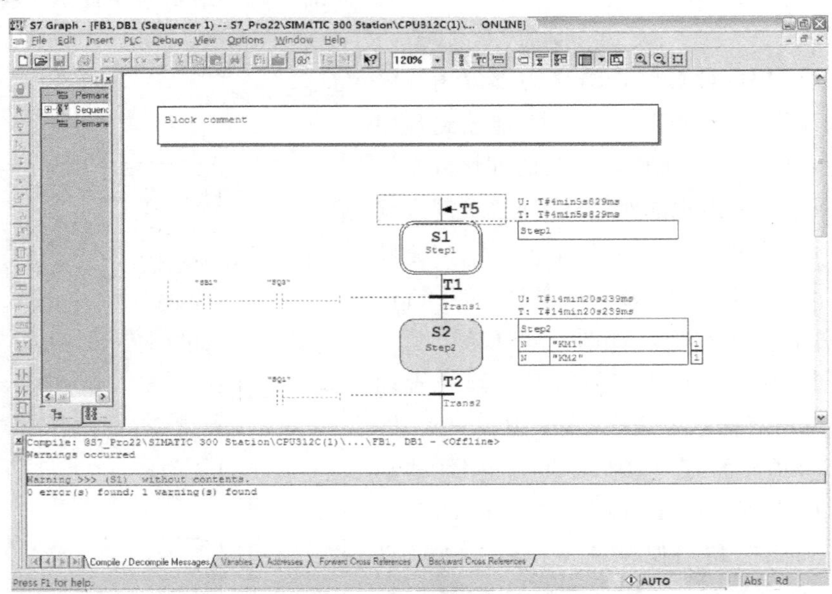

图 6.41 调试过程中 FB1 监视截图

6.5.5 使用 S7-Graph 的"Control Sequencer"调试工具

在管理界面把项目信息下载到 CPU 中，然后打开块目录的 FB1。在 FB1 界面单击菜单栏的"Debug"→"Control Sequencer"，自动弹出如图 6.42 所示的控制顺序器界面。

在控制顺序器界面，有 4 种调试模式：自动、手动、单步、自动或切换到下一步。当 CPU 在 RUN 状态时只能为自动调试模式；在 RUN-P 状态时，可以在自动、手动、单步 3 种模式之间互相切换。

(1) 自动(Automatic)模式

在自动模式，转换条件满足时，将由当前步转换到下一步。用 PLCSIM 模拟输入信号，使系统进入非初始步。单击“Disable”按钮，使顺序器所有的步变为非活动步；单击“Initialize”按钮，使初始步变为活动步，其他步变为非活动步。这两个按钮可用于各种运行模式。

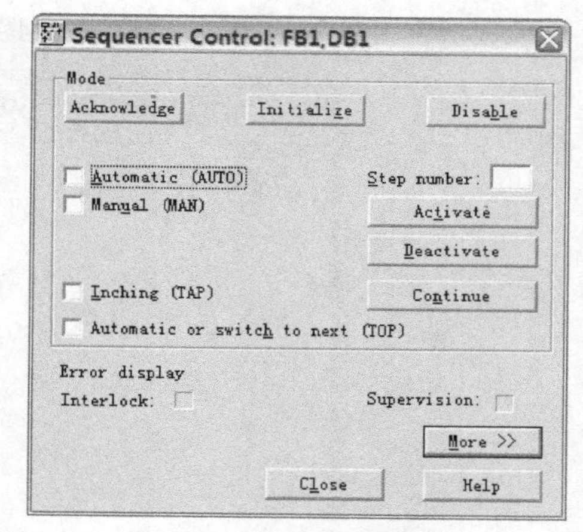

图 6.42　控制顺序器界面

出现监控错误时，如某步的执行时间超过监控时间，该步变为红色。单击“Acknowledge”按钮，将确认被挂起的错误信息。如果转换条件满足，确认错误时将转换到下一步。

(2) 手动(Manual)模式

在手动模式，转换条件满足时，不会转换到后续步，步的活动状态的控制是手动完成的。选择手动模式后，用“Disable”按钮关闭当前的活动步。在“Step number”输入框中输入希望控制的步的编号，用“Activate”按钮或“Deactivate”按钮来使该步变为活动步或非活动步。在单序列顺序器中，同一时间只能有一步是活动步。需要把当前的活动步变为非活动步后，才能激活其他步。

(3) 单步(Inching)模式

在单步模式，某一步之后的转换条件满足时，不会转换到下一步，需要单击“Continue”按钮，才能使顺序器转换到下一步。使用此模式应满足下述条件：

S7-Graph FB 应能使用 FC72/FC73 在自动模式下运行，“Block settings”对话框的“Compile/Save”选项卡中没有选择“Lock operating mode selection”。

(4) 自动或切换到下一步(Automatic or switch to next)模式

在自动或切换到下一步模式，转换条件满足时，将自动转换到下一步。即使转换条件未满足，单击“Continue”按钮也能从当前步转换到后续步。

(5) 错误显示

没有互锁错误或监控错误时，相应的小方框为绿色，反之为红色。

单击图 6.42 中的“More〉〉”按钮，可以显示对话框中能设置的其他附加参数，按〈F1〉键打开在线帮助，可以得到详细的信息。

6.5.6　使用 S7-Graph 的选择分支程序实例

下面以小球分拣系统为例来讲解使用 S7-Graph 进行选择分支程序编写的方法，特别是选择分支与合并程序的编程方法。

① 首先建立项目“小球分拣 GR”并完善项目的硬件组态，如图 6.43 所示，同时插入一

个编程语言为“GRAPH”的功能块(本例是 FB1)和 FB1 的背景数据块 DB1。

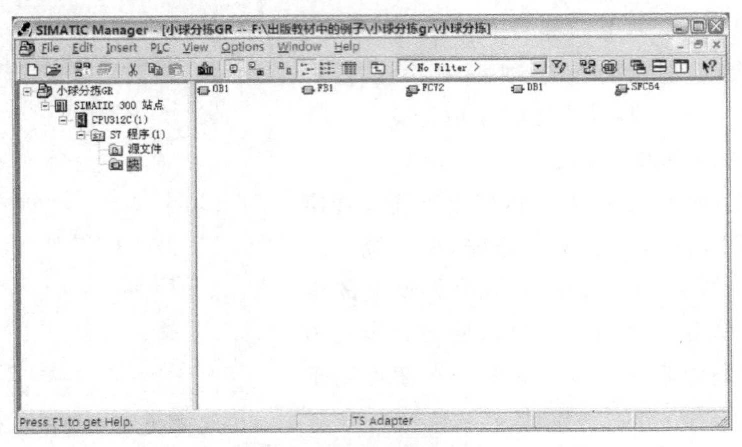

图 6.43 小球分拣系统项目

② 打开 FB1 并在其中插入单序列的步，然后选中(单击鼠标左键表示选中)需要插入选择分支的位置(图 6.44 中的 S2)，再单击 即可以插入一个选择分支的“条件”，如图 6.44 中的 T7。

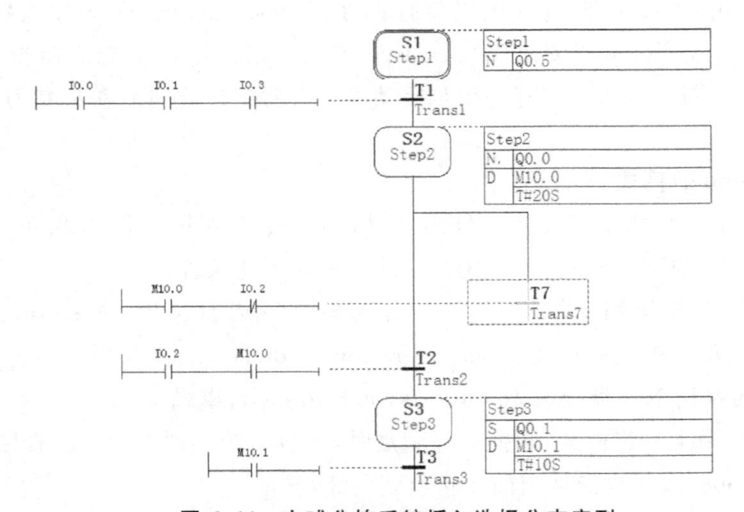

图 6.44 小球分拣系统插入选择分支序列

③ 单击选择分支需要合并的“条件”。本例中选中条件 T10，单击 ，这时鼠标出现一个附加的光标，把附加的光标拖动到准备合并的位置(本例是 T6 下方)，如图 6.45 所示，然后单击鼠标左键即可。

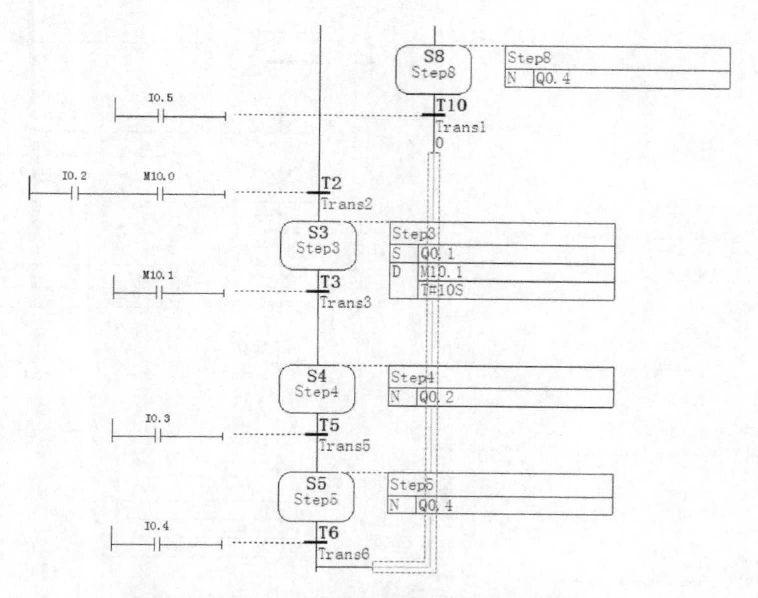

图 6.45　小球分拣系统选择分支合并

④ 在各个“步”按照系统要求编写动作程序和转移条件程序，如图 6.46～图 6.49 所示。

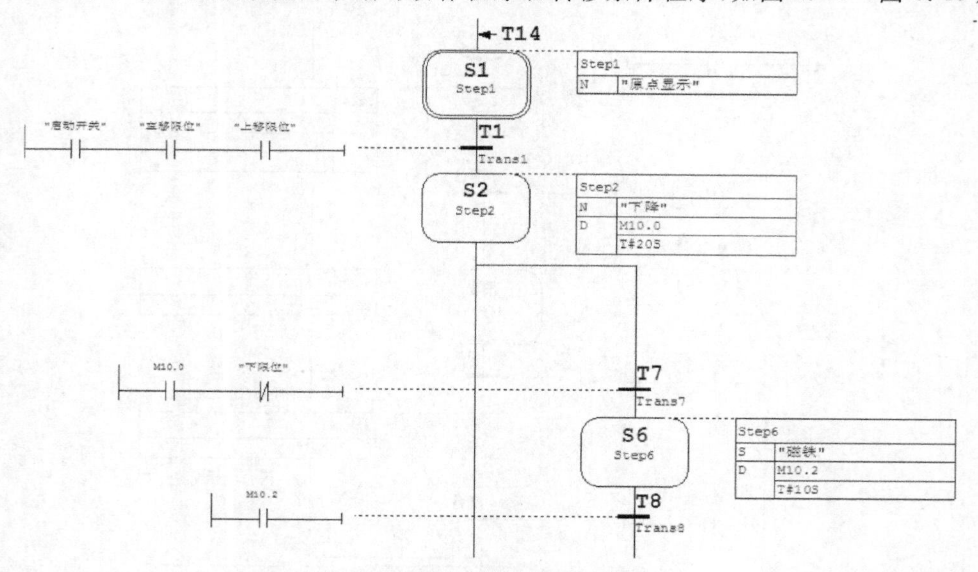

图 6.46　小球分拣系统 GR 程序(1)

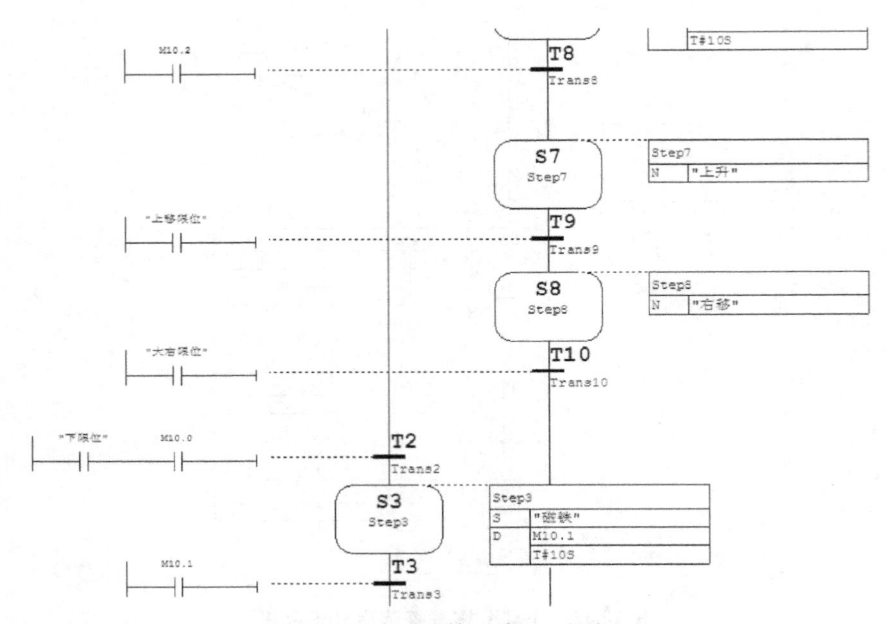

图 6.47 小球分拣系统 GR 程序(2)

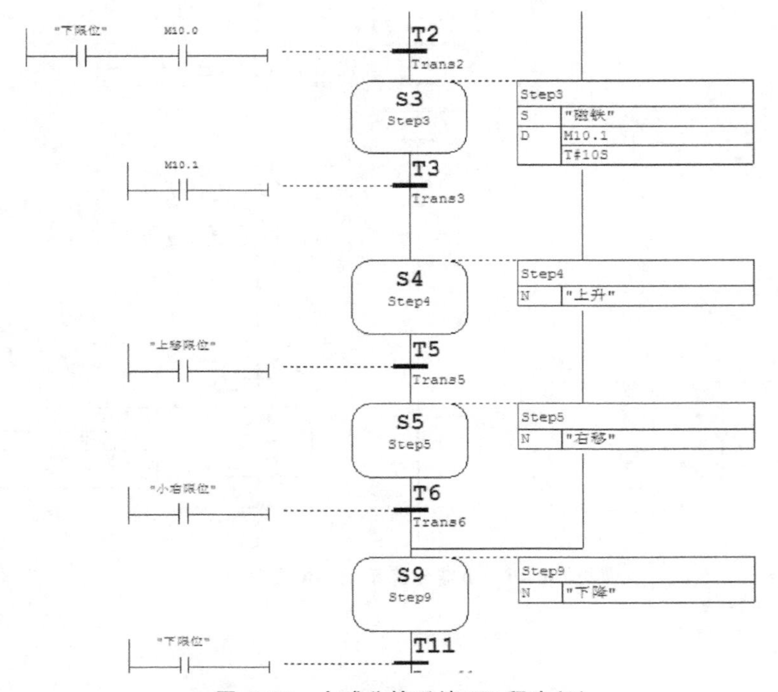

图 6.48 小球分拣系统 GR 程序(3)

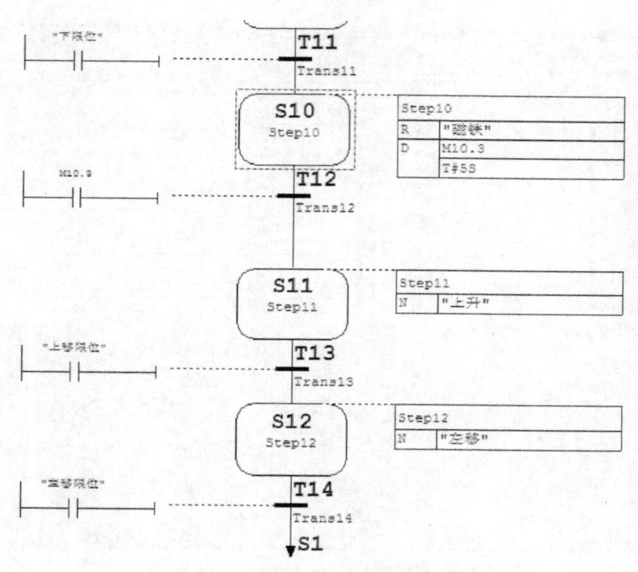

图 6.49　小球分拣系统 GR 程序(4)

⑤ 一般在 Graph 中画复杂的顺序功能图时，为了突出重点，便于观察，可以单击显示工具栏上的按钮，关闭动作和转换条件，只显示步和有向连线，那么该小球分拣系统的程序如图 6.50 所示。

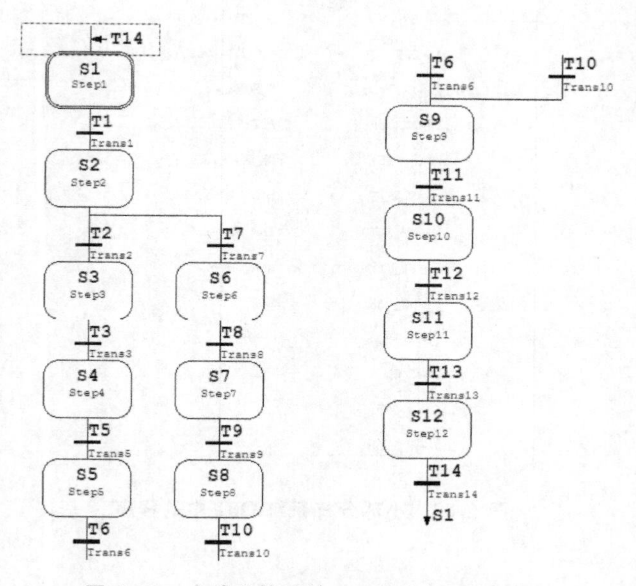

图 6.50　小球分拣系统 GR 程序(只显示步)

⑥ 编写该例的符号，如图 6.51 所示。在 OB1 中编写调用 FB1 的程序，如图 6.52 所示。然后在项目管理界面把整个项目信息下载到 CPU 中(本例是 PLCSIM)，如图 6.53 所示，运行 CPU，打开 FB1 监控程序运行，如图 6.54 所示。

Symbol Editor - [S7 程序(1) (符号) -- 小球分拣GR\SIMATIC 300 站点\CPU312C(1)]

Symbol Table Edit Insert View Options Window Help

All Symbols

	Status	Symbol	Address		Data type		Comment
1		Cycle Execution	OB	1	OB	1	
2		G7_STD_3	FC	72	FC	72	
3		TIME_TCK	SFC	64	SFC	64	Read the System Time
4		磁铁	Q	0.1	BOOL		
5		大右限位	I	0.5	BOOL		
6		启动开关	I	0.0	BOOL		
7		上升	Q	0.2	BOOL		
8		上移限位	I	0.3	BOOL		
9		下降	Q	0.0	BOOL		
10		下限位	I	0.2	BOOL		
11		小右限位	I	0.4	BOOL		
12		右移	Q	0.4	BOOL		
13		原点显示	Q	0.5	BOOL		
14		左移	Q	0.3	BOOL		
15		左移限位	I	0.1	BOOL		
16							

Press F1 to get Help. NUM

图 6.51 小球分拣系统符号

OB1 : "Main Program Sweep (Cycle)"

Network 1: Title:

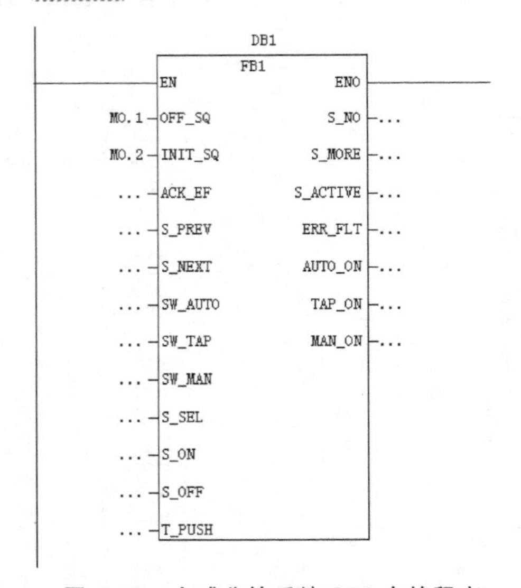

图 6.52 小球分拣系统 OB1 中的程序

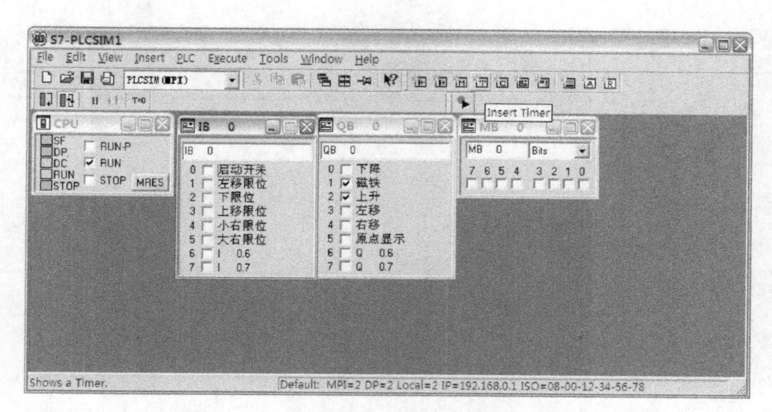

图 6.53 小球分拣系统 GR 的 PLCSIM

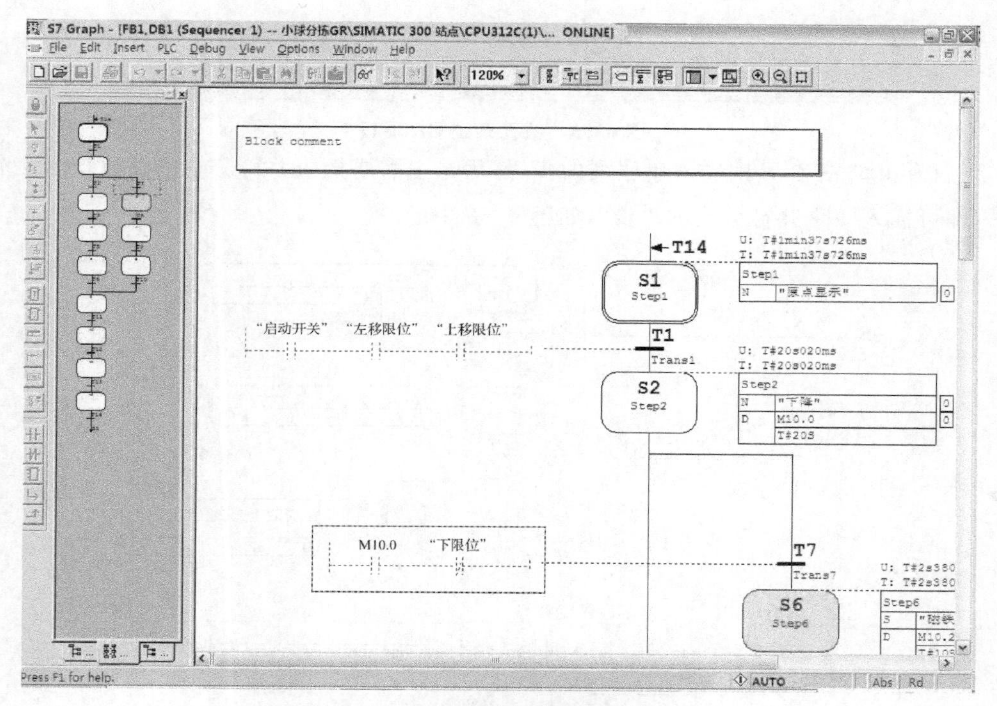

图 6.54 监控中的小球分拣系统 GR

6.5.7 使用 S7-Graph 的并行分支程序实例

下面以钻孔系统为例来讲解怎样使用 S7-Graph 进行并行分支程序的编写，该例中既有并行分支，也有选择分支。

① 首先建立项目“钻孔系统 GR”并完善项目的硬件组态，如图 6.55 所示，同时插入一个编程语言为“GRAPH”的功能块(本例是 FB1)和 FB1 的背景数据块 DB1。

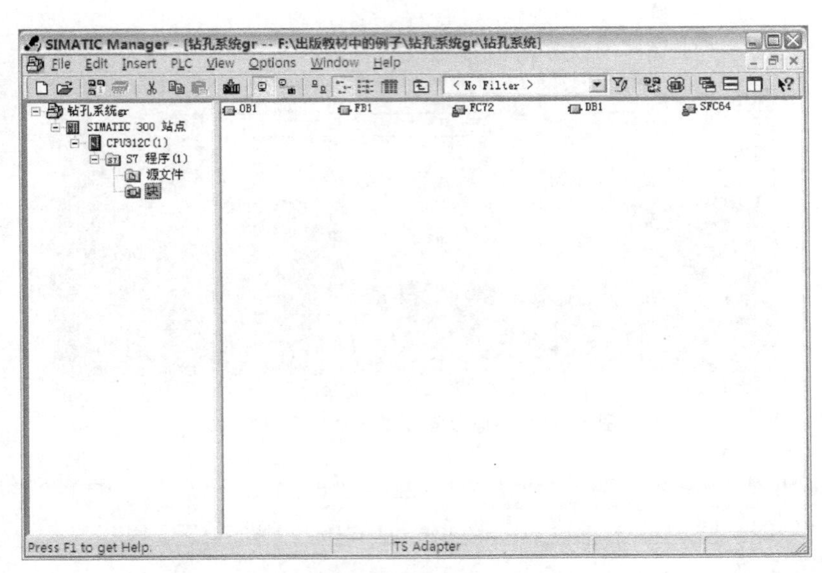

图 6.55 钻孔系统 GR 项目

② 打开 FB1 并在其中插入单序列的步，然后选中需要插入并行分支的位置(如 T2)，单击 [图标] 即可插入一个并行分支的“步”，如图 6.56 中的 S6。

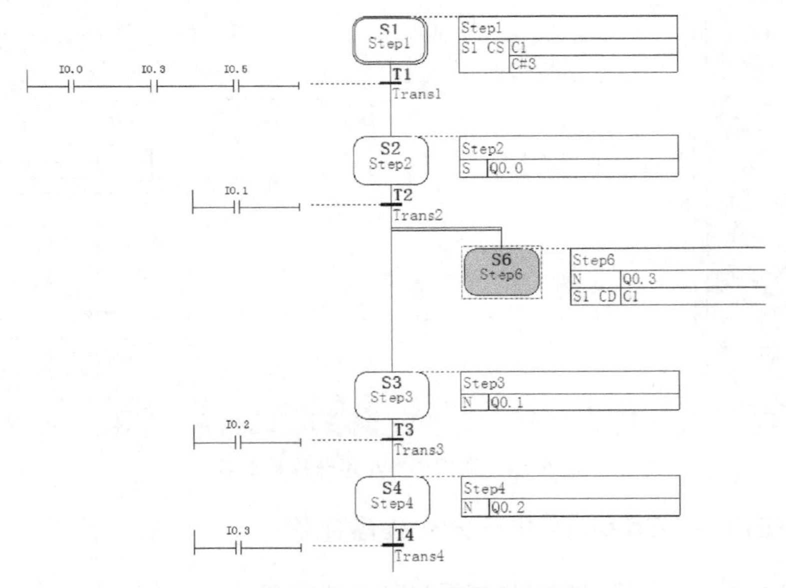

图 6.56 钻孔系统插入并行分支序列

③ 单击并行分支需要合并的“步”。本例中选中条件 S8，单击 [图标]，这时鼠标出现一个附加的光标，把附加的光标拖动到准备合并的位置(本例是 T5 上方)，如图 6.57 所示，然后单击鼠标左键即可。

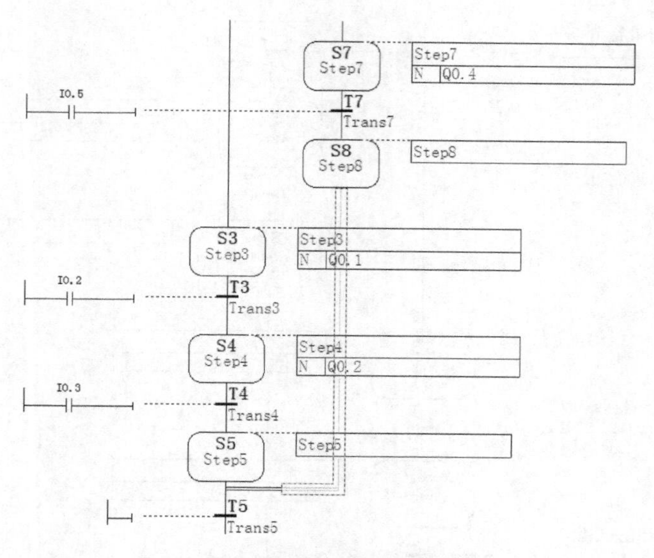

图 6.57　钻孔系统并行分支合并

④ 在各个"步"按照系统要求编写动作程序和转移条件程序，如图 6.58～图 6.60 所示。

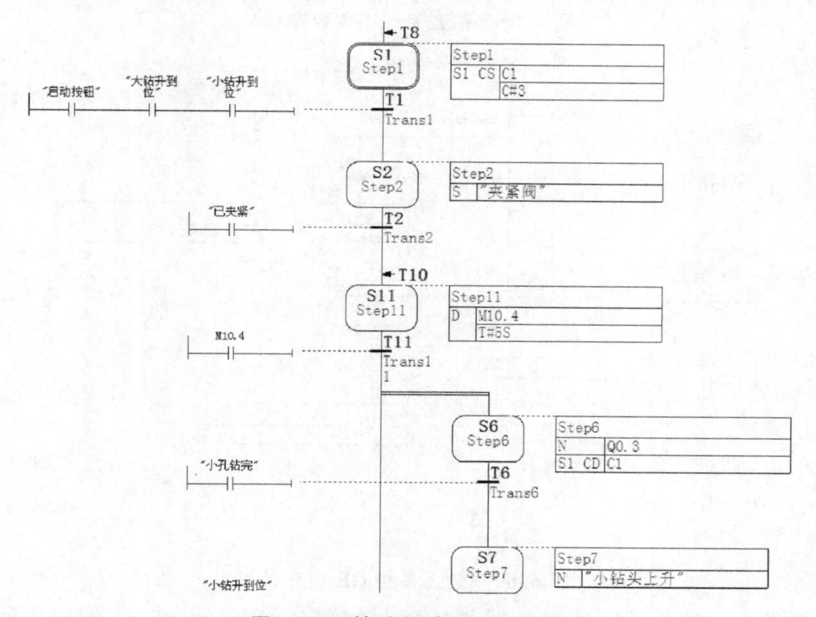

图 6.58　钻孔系统 GR 程序(1)

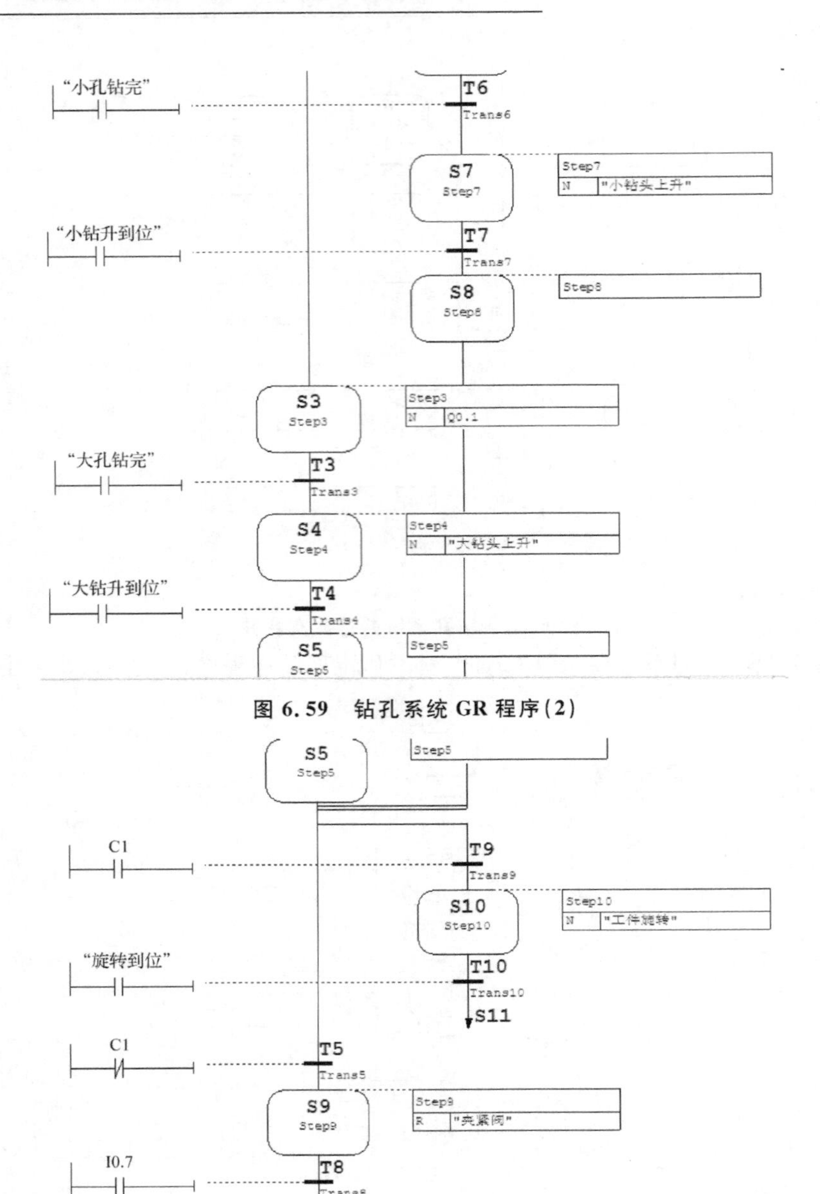

图 6.59 钻孔系统 GR 程序(2)

图 6.60 钻孔系统 GR 程序(3)

这里特别要注意的是程序中计数器的处理。如图 6.58 所示，步 S1 的动作就是用 S1 CS 指令给 C1 置初值 3，而 S6 中的指令 S1 CD 就是每运行一次 S6，就让 C1 的数值减去 1。

另外，还须注意的是图 6.60 所示的选择序列(T5 和 T9 序列)，其中的 T5 序列是转移至初始步 S1，而 T9 序列则是并入之前的并行序列的上方。而在 Graph 中，选择序列不能并入上方的序列中，所以这里在并行序列的上方添加一个延时的步(图 6.60 中的 S11)，使得 T9 序列转移至 S11，即可解决这一问题。

图 6.59 的 S5 和 S8(空步)中没有动作，不需要编写动作程序。由于在 S5 和 S8 中没有动作，在保存编译时会出现警告提示，这些警告只是起提醒作用。

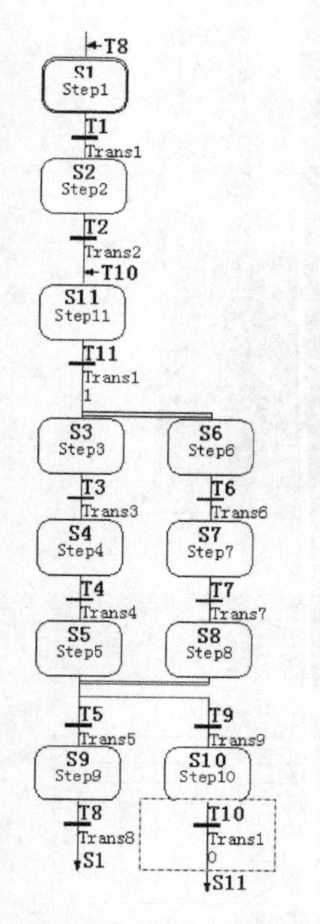

图 6.61　钻孔系统 GR 程序(只显示步)

⑤ 单击显示工具栏上的按钮,关闭动作和转换条件,只显示步和有向连线,那么该钻孔系统的程序如图 6.61 所示。

⑥ 编写该例的符号,如图 6.62 所示。在 OB1 中编写调用 FB1 的程序,如图 6.63 所示。然后在项目管理界面把整个项目信息下载到 CPU 中(本例是 PLCSIM),如图 6.64 所示,运行 CPU,打开 FB1 监控程序运行,如图 6.65 所示。

S7 程序(1) (符号) — S7_Pro7\SIMATIC 300 站点\CPU312C(1)

	状态	符号	地址	数据类型	注释
1		Cycle Execution	OB 1	OB 1	
2		G7_STD_3	FC 72	FC 72	
3		TIME_TCK	SFC 64	SFC 64	Read the System Time
4		大孔钻完	I 0.2	BOOL	
5		大钻升到位	I 0.3	BOOL	
6		大钻头上升	Q 0.2	BOOL	
7		工件旋转	Q 0.5	BOOL	
8		夹紧阀	Q 0.0	BOOL	
9		起动按钮	I 0.0	BOOL	
10		小孔钻完	I 0.4	BOOL	
11		小钻升到位	I 0.5	BOOL	
12		小钻头上升	Q 0.4	BOOL	
13		旋转到位	I 0.6	BOOL	
14		已夹紧	I 0.1	BOOL	
15					

图 6.62　钻孔系统符号

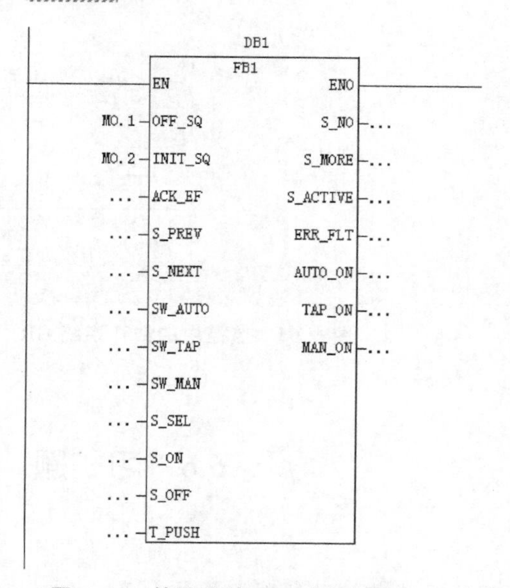

图 6.63　钻孔系统 OB1 中的程序

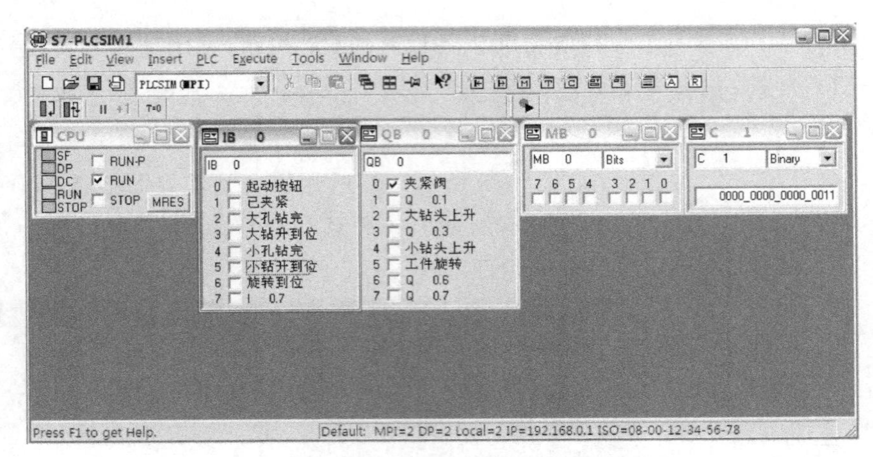

图 6.64 钻孔系统 GR 的 PLCSIM

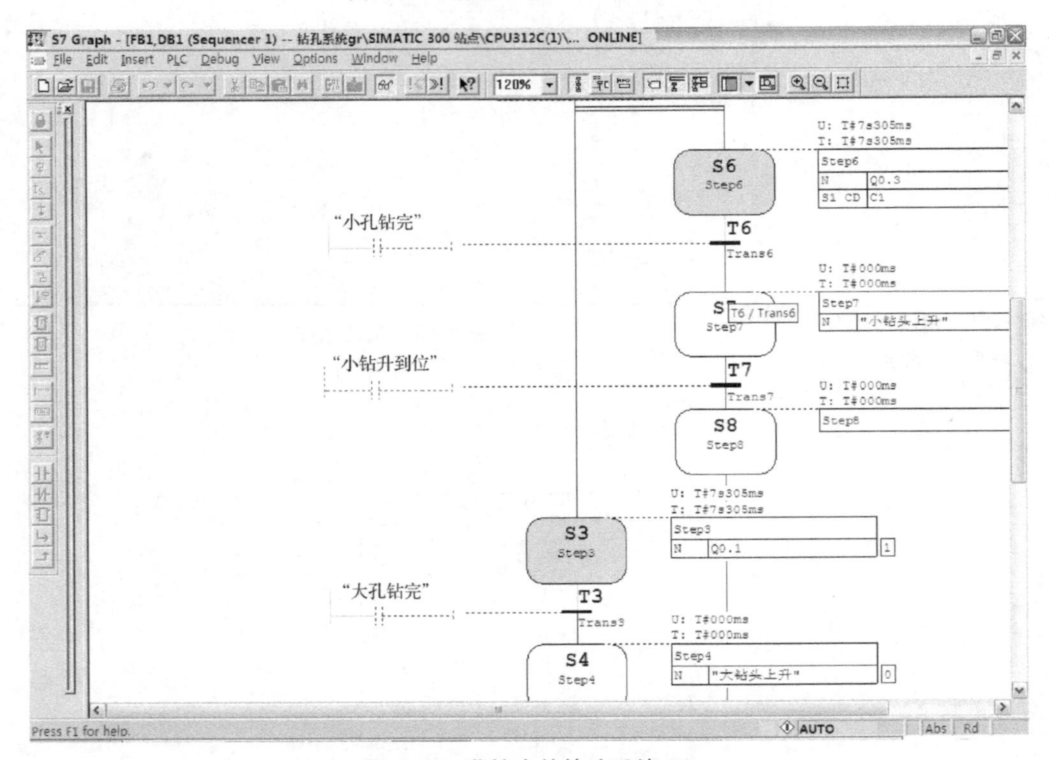

图 6.65 监控中的钻孔系统 GR

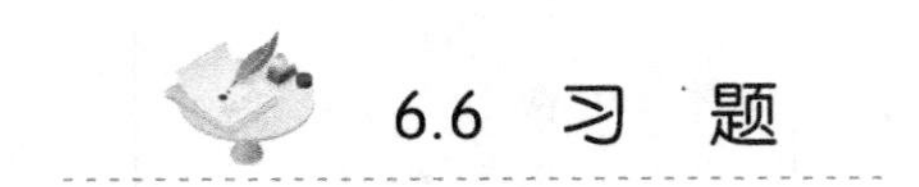

6.6 习 题

1. 设计电动葫芦提升机构试验程序。要求如下：当按下启动按钮 SB 时，上升 5 s 后停 7 s，然后下降 5 s，再停 7 s。反复运行 30 min，停止运行，并发出声光报警信号。试画出顺序功能图。

2. 有一个洗车系统,洗车过程有3道工艺:泡沫清洗、清水冲洗、风干。若选择开关置于“手动”方式,则按“启动”按钮,执行泡沫清洗→按“冲洗”按钮,执行清水冲洗→按“风干”按钮,执行风干→按“结束”按钮,结束洗车作业;若选择方式开关置于“自动”方式,则按“启动”按钮,自动执行洗车流程(泡沫清洗20 s→清水冲洗30 s→风干15 s→结束→回到待洗状态)。洗车过程结束须响铃提示,任何时候按下“停止”按钮S_Stop,则立即停止洗车作业。试画出顺序功能图。

3. 有一个灌装生产线,按“启动”按钮传送带开始传动,若定位传感器B1动作,表示饮料瓶已到达一个工位,传送带应立即停止,此时如果在灌装工位上有饮料瓶,则由电磁阀YV对饮料瓶进行3 s定时灌装;如果在封盖工位上有饮料瓶,则执行封盖操作:首先B缸将瓶盖送出,B6动作时表示瓶盖已送到位,然后A缸开始执行封压,当B4动作时表示瓶盖已压到位,1 s后A缸缩回,当B5动作时表示A缸已缩回到位,然后B缸缩回,1 s后传送带传动。任何时候按下“停止”按钮,应立即停止正在执行的工作,传送带电机停止、电磁阀关闭、气缸归位。饮料的灌装与封盖是同时进行的。试画出顺序功能图。

第 7 章 SIMATIC NET 工业通信网络

7.1 工业通信网络概述

7.1.1 工业通信网络结构

SIMATIC NET 是西门子工业通信网络解决方案的统称。通常，企业的通信网络可分为三级：企业级、车间级和现场级。下面分别介绍。

(1) 企业级通信网络

企业级通信网络用于企业的上层管理，为企业提供生产、管理和经营数据，通过数据化的方式优化企业资源，提高企业的管理水平。在该层中 IT 技术得到了广泛的应用，如 Internet 和 Intranet。

(2) 车间级通信网络

车间级通信网络介于企业级和现场级之间。其主要功能是解决车间内需要协调工作的不同工艺段之间的通信。车间级通信网络要求能传递大量的数据信息和少量的控制信息，而且要求具备较强的实时性。该层主要使用工业以太网。

(3) 现场级通信网络

现场级通信网络处于工业网络的最底层，直接连接现场的各种设备，包括 I/O 设备、变频与驱动设备、传感器和变送器等，由于连接的设备千差万别，因此所使用的通信方式也比较复杂。又由于现场级通信网络直接连接现场设备，网络上传递的主要是控制信号，因此，对网络的实时性和确定性有很高的要求。

SIMATIC NET 中，现场级通信网络中主要使用 PROFIBUS。同时 SIMATIC NET 也支持 AS-Interface、EIB 等总线技术。

7.1.2 通信网络技术说明

(1) MPI 通信

MPI(Multi-Point Interface，多点接口)协议，用于小范围、少点数的现场级通信。MPI 为 S7/M7/C7 系统提供接口，可作为编程设备的接口，也可在少数 CPU 间传递少量的数据。

(2) PROFIBUS 通信

PROFIBUS符合国际标准IEC61158，是目前国际上通用的现场总线中8大现场总线之一，并以独特的技术特点、严格的认证规范、开放的标准和众多的厂家支持，成为现场级通信网络的优秀解决方案，目前其全球网络节点已经突破1000万个。

从用户的角度看，PROFIBUS提供三种通信协议类型：PROFIBUS-FMS、PROFIBUS-DP和PROFIBUS-PA。

① PROFIBUS-FMS(Fieldbus Message Specification，现场总线报文规范)主要是在系统级和车间级的小型供应商的自动化系统之间传输数据，处理单元级(PLC和PC)的多主站数据通信。

② PROFIBUS-DP(Decentralized Periphery，分布式外部设备)用于自动化系统中单元级控制设备与分布式I/O(如ET 200)的通信。主站之间的通信为令牌方式，主站与从站之间的通信为主从方式及令牌、主从混合方式。

③ PROFIBUS-PA(Process Automation，过程自动化)用于过程自动化的现场传感器和执行器的低速数据传输，使用扩展的PROFIBUS-DP协议。

(3) 工业以太网

工业以太网符合IEEE 802.3国际标准，是功能强大的区域和单元网络，是目前工控界最为流行的网络通信技术之一。

(4) 点对点连接

严格来说，点对点(Point-to-Point)连接并不是网络通信，但点对点连接可以通过串口连接模块实现数据交换，应用比较广泛。

(5) AS-Interface

传感器/执行器接口(AS-Interface)用于自动化系统最底层的通信网络，它专门用来连接二进制的传感器和执行器，每个从站的最大数据量为4 bit。

7.2 MPI通信网络

7.2.1 MPI通信概述

MPI是多点接口(Multi-Point Interface)的缩写，是西门子公司开发的用于PLC之间通信的保密协议。每个S7-300/400 CPU的第一个通信接口都集成了MPI通信协议。MPI通信是当通信速率要求不高、通信数据量不大时，可以采用的一种简单、经济的通信方式。PLC通过MPI能同时连接运行STEP7的编程器/计算机(PG/PC)、人机界面(HMI)和SIMATIC S7、M7、C7。编程器通过MPI接口生成的网络还可以访问所连接硬件站上的所有智能模块。每个CPU可以使用的MPI连接总数与CPU的型号有关，为6～64个。例如，CPU314 的最大连接数为 4，CPU416 的最大连接数为 64。

MPI 接口的主要特性如下：

① 接口为 RS-485 物理接口。

② 最大传输速率为 12 Mbit/s，默认的传输速率为 1875 kbit/s。

③ MPI 站到中继器的最大距离为 50 m，中继器之间的最大距离为 1000 m。最多可以加 10 个中继器。如果在两个中继器之间有 MPI 站点，每个中继器只能扩展 50 m。

④ 采用 PROFIBUS 元件(电缆、连接器)。

西门子 PLC 与 PLC 之间的 MPI 通信一般有全局数据包通信方式、无组态连接通信方式和组态连接通信方式三种。

7.2.2 全局数据包通信方式

S7-300 系列 PLC 与 S7-300 系列 PLC 间的 MPI 通信可以采用全局数据通信方式，这种通信方式可以在 S7-300 与 S7-300、S7-300 与 S7-400、S7-400 与 S7-400 之间通信，用户不需要编写程序，在硬件组态时，组态所有 MPI 的 PLC 站之间的发送区与接收区即可。

以下用一个例子介绍 S7-300 与 S7-300 之间的全局数据 MPI 通信。

【例 7.1】 有两台设备，各由一台 CPU313C-2 DP 控制，从设备 1 上的 CPU313C-2 DP 发出启停控制命令，设备 2 的 CPU313C-2 DP 收到命令后，对设备 2 进行启停控制，同时设备 1 上的 CPU313C-2 DP 监控设备 2 的运行状态。

将设备 1 上的 CPU313C-2 DP 作为站 2，站 2 地址为 2，将设备 2 上的 CPU313C-2 DP 作为站 3，站 3 地址为 3。

(1) 主要软硬件配置

1 套 STEP7 V5.4 SP3；2 台 CPU313C-2 DP；1 个 PC/MPI 适配器(或者 CP5611 卡)；1 根 MPI 电缆(含两个网络总线连接器)。

MPI 通信硬件配置如图 7.1 所示，PLC 接线如图 7.2 所示。

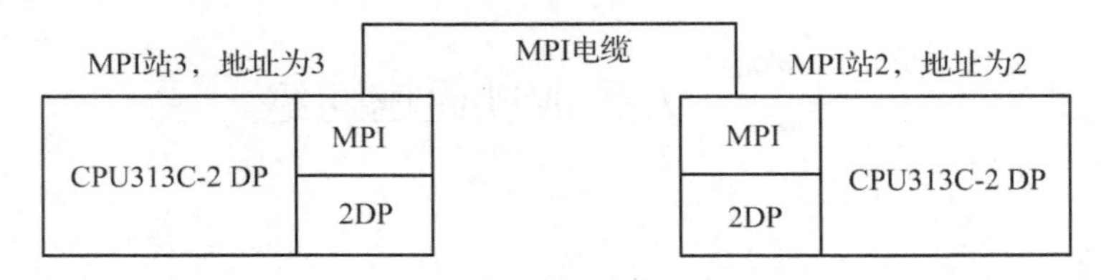

图 7.1 MPI 通信硬件配置

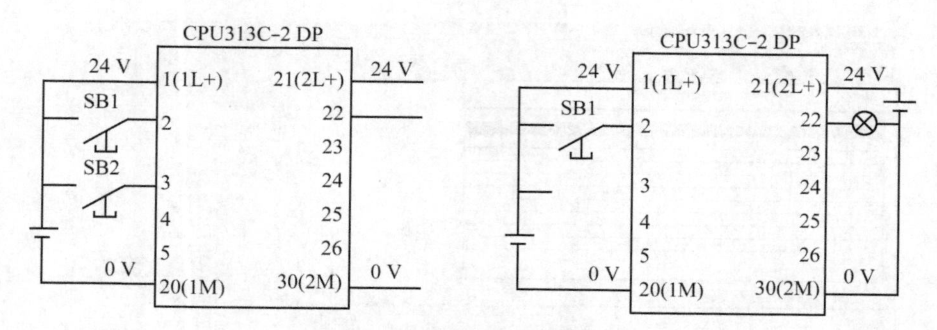

图 7.2　MPI 通信 PLC 接线

(2) 硬件组态

① 新建工程和插入站点。

新建工程，本例的工程名为“MPI-1”。在工程中插入两个站点 SIMATIC 300(1)和 SIMATIC 300(2)。选定站点“SIMATIC 300(1)”，双击“Hardware”，进行设备 1 即站 2 的硬件组态，如图 7.3 所示。

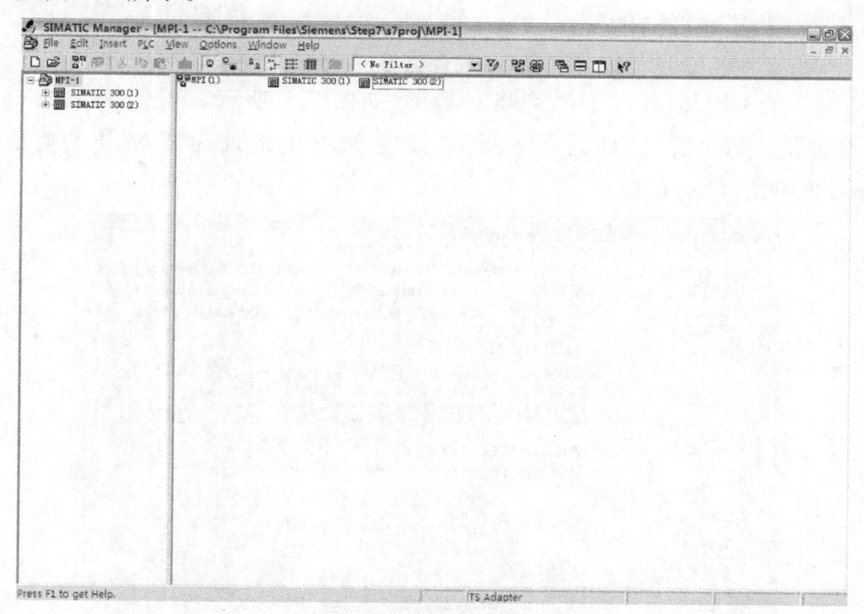

图 7.3　插入两个站点

② 站 2 的硬件组态。

先插入导轨，然后在 2 号位插入“CPU313C-2 DP”，如图 7.4 所示。

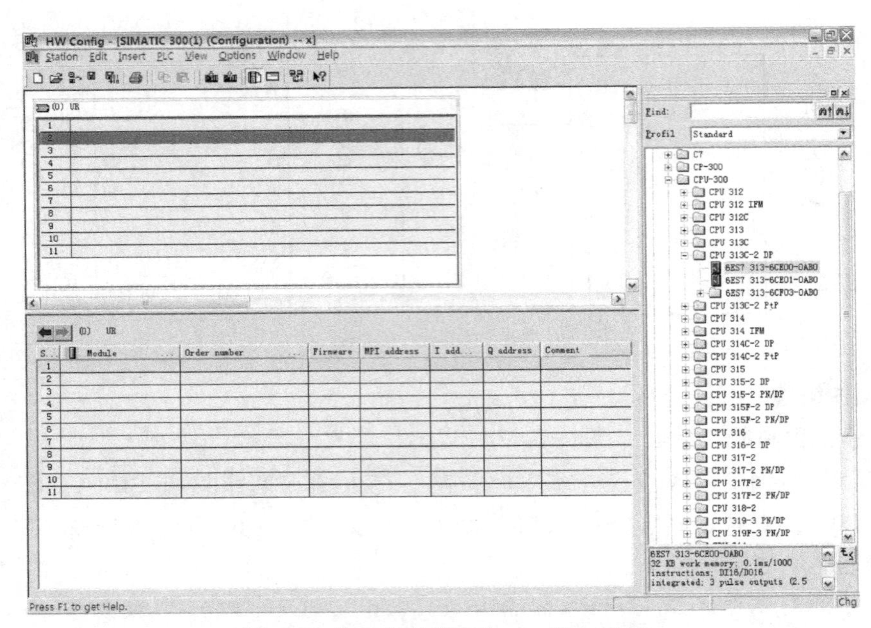

图 7.4 站 2 的硬件组态——插入 CPU

双击槽位 2 的 CPU313C-2 DP，弹出对话框，如图 7.5 所示，单击“Properties”按钮，弹出设置 MPI 通信参数的界面，如图 7.6 所示，设定 MPI 的地址为 2，MPI 的通信波特率为 187.5 Kbps，再单击“OK”按钮。

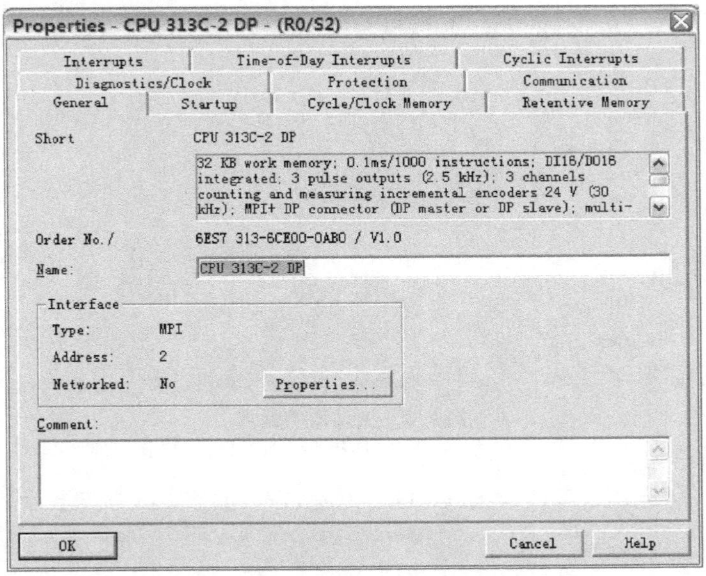

Properties - CPU 313C-2 DP - (R0/S2)
Interrupts | Time-of-Day Interrupts | Cyclic Interrupts
Diagnostics/Clock | Protection | Communication
General | Startup | Cycle/Clock Memory | Retentive Memory
Short CPU 313C-2 DP
32 KB work memory; 0.1ms/1000 instructions; DI16/DO16 integrated; 3 pulse outputs (2.5 kHz); 3 channels counting and measuring incremental encoders 24 V (30 kHz); MPI+ DP connector (DP master or DP slave); multi-
Order No./ 6ES7 313-6CE00-0AB0 / V1.0
Name: CPU 313C-2 DP
Interface
Type: MPI
Address: 2
Networked: No Properties...
Comment:
OK Cancel Help

图 7.5 打开 MPI 通信参数设置界面

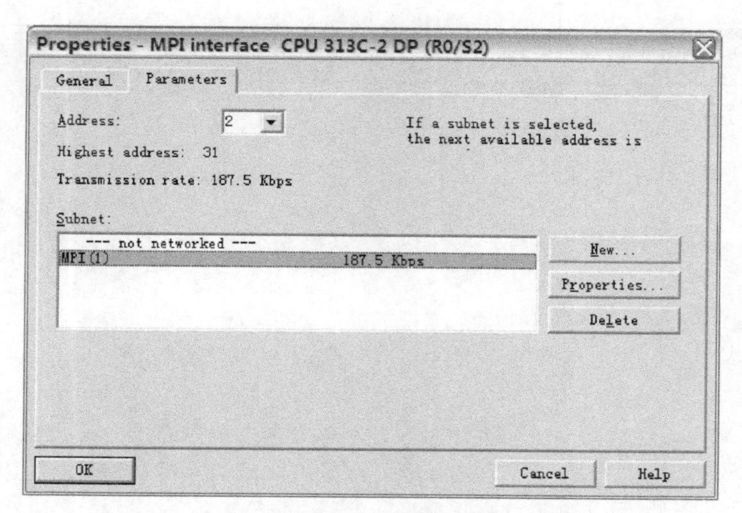

图 7.6　设置站 2 的 MPI 通信参数

③ 站 3 的硬件组态。

在图 7.3 中，选定 SIMATIC 300(2)，双击“Hardware”，弹出硬件组态界面，先插入导轨，再插入 CPU 模块，双击槽位 2 的 CPU313C-2 DP，与步骤②一样，设置站 3 的通信参数，MPI 的地址为 3，MPI 的通信波特率为 187.5 Kbps，再单击“OK”按钮，如图 7.7 所示。

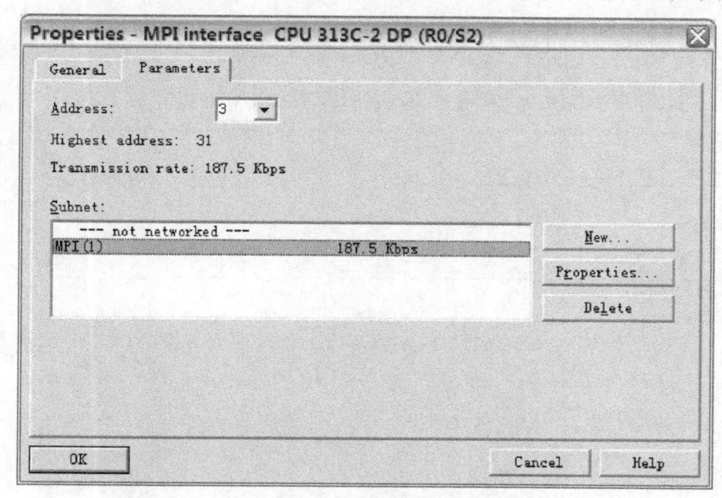

图 7.7　设置站 3 的 MPI 通信参数

④ 打开 MPI 网络。

双击图 7.8 中圈出的“MPI(1)”标志，弹出 MPI 的网络，如图 7.9 所示。

图 7.8　双击“MPI(1)”标志示意图

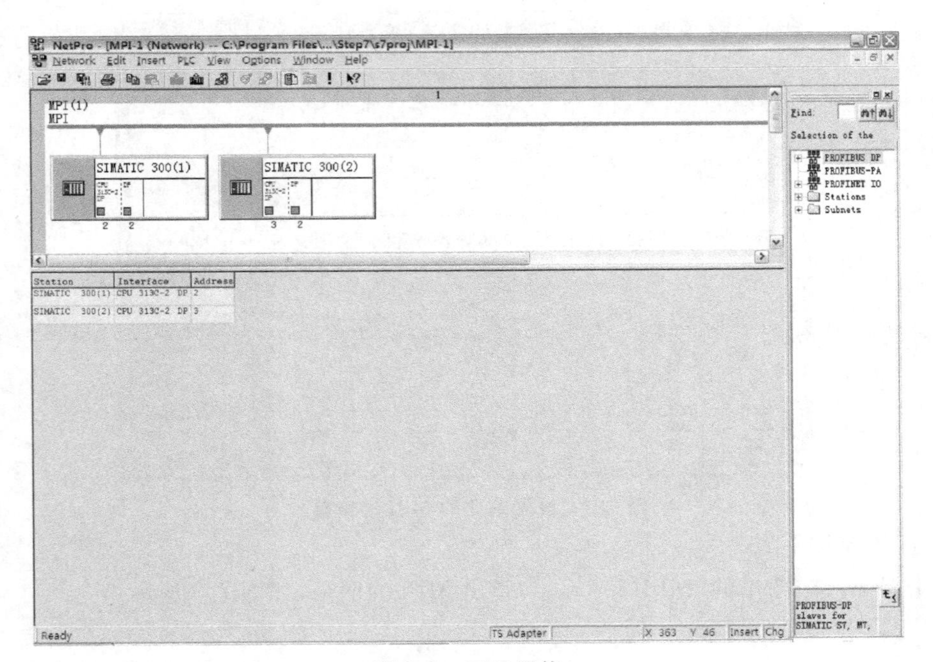

图 7.9　MPI 网络

⑤ 全局变量发送接收区组态。

先打开全局变量发送接收区组态，选中图 7.10 中标记“1”处的“MPI(1)”网络线，再选中菜单“Options”，单击子菜单“Define Global Data”，打开全局变量发送接收区组态，如图 7.11 所示。

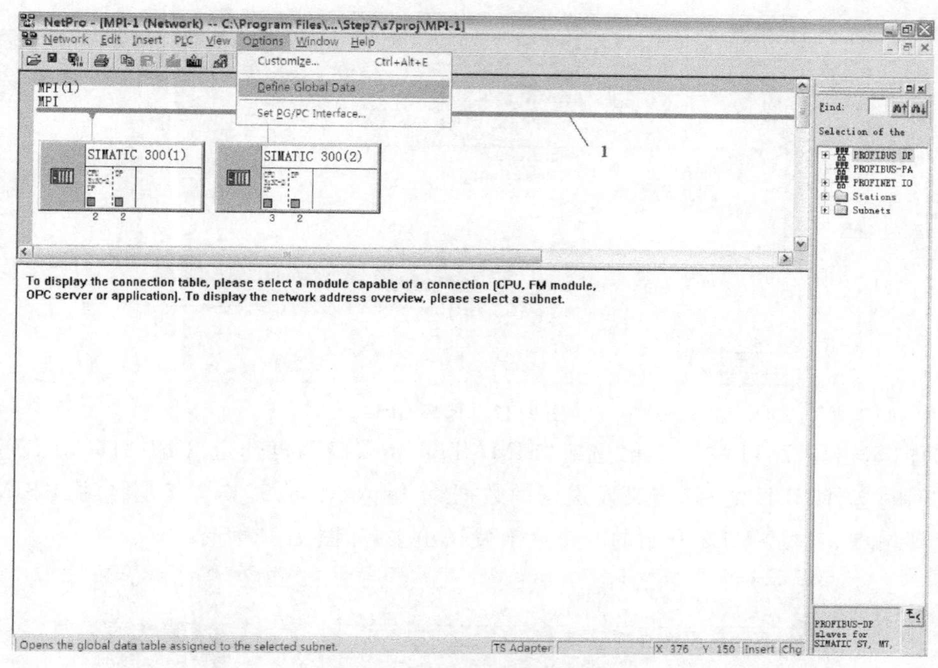

图 7.10 MPI 网络

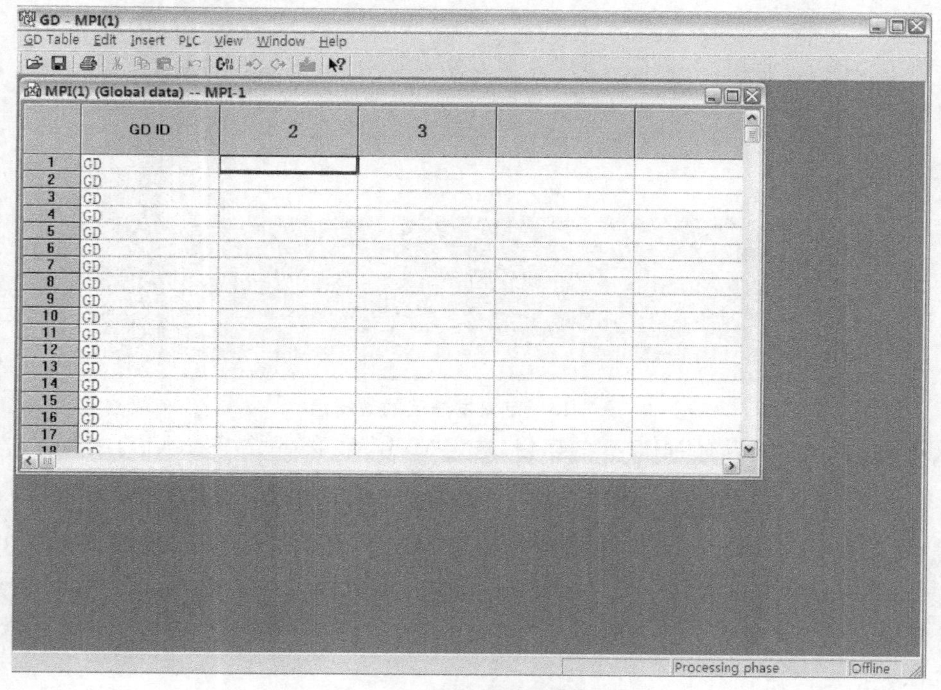

图 7.11 MPI 全局变量组态

再进行 MPI 全局变量组态，双击图 7.11 中“2”处，弹出如图 7.12 所示的对话框，选定“SIMATIC 300(1)”，再选定“CPU313C-2 DP”，单击“OK”按钮。

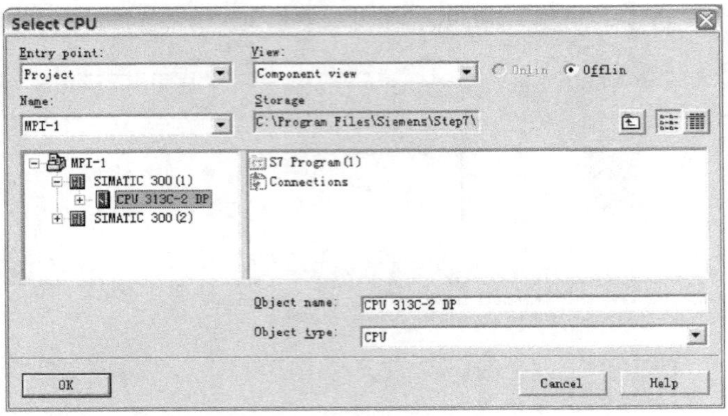

图 7.12 选择 CPU

同理，双击图 7.11 中“3”处，选定“SIMATIC 300(2)”，再选定“CPU313C-2 DP”，单击“OK”按钮；选择 CPU 之后，定义发送区的数据组，输入 MB5:5，其含义是将站点 SIMATIC 300(1)即站点 2 中从 MB5 开始的 5 个字节发送出去，如图 7.13 所示。

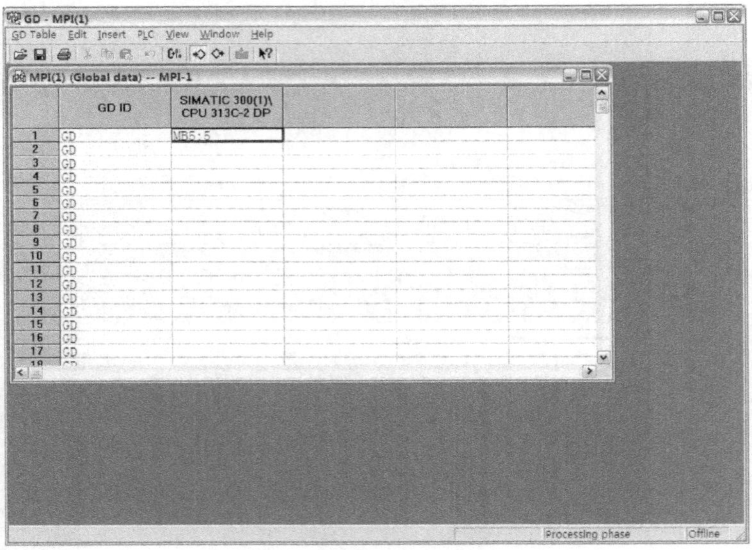

图 7.13 定义发送区的数据组

选定图 7.13 中编辑有 MB5:5 的表格，选定“Edit”菜单，单击“Sender”，或者单击菜单中的 按钮，如图 7.14 所示。其他发送区和接收的数据组的组态方法类似，如图 7.15 所示。含义是：将站点 SIMATIC 300(1)即 2 号站中从 MB5 开始的 5 个字节发送到 SIMATIC 300(2)即 3 号站从 MB5 开始的 5 个字节的存储区中，将站点 SIMATIC 300(2)(3 号站)中从 MB20 开始的 5 个字节发送到 SIMATIC 300(1)(2 号站)从 MB20 开始的 5 个字节的存储区中。具体数据流向见表 7.1。

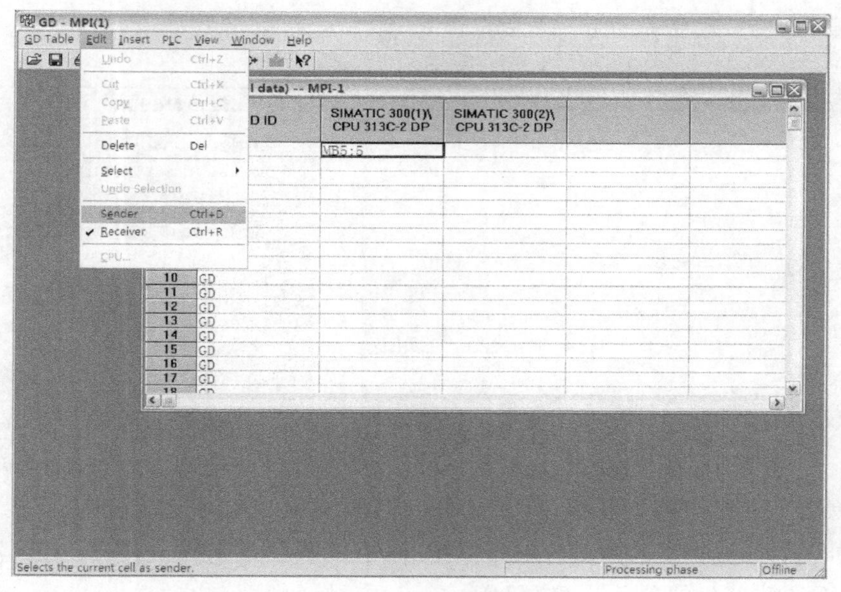

图 7.14　发送区的数据组组态

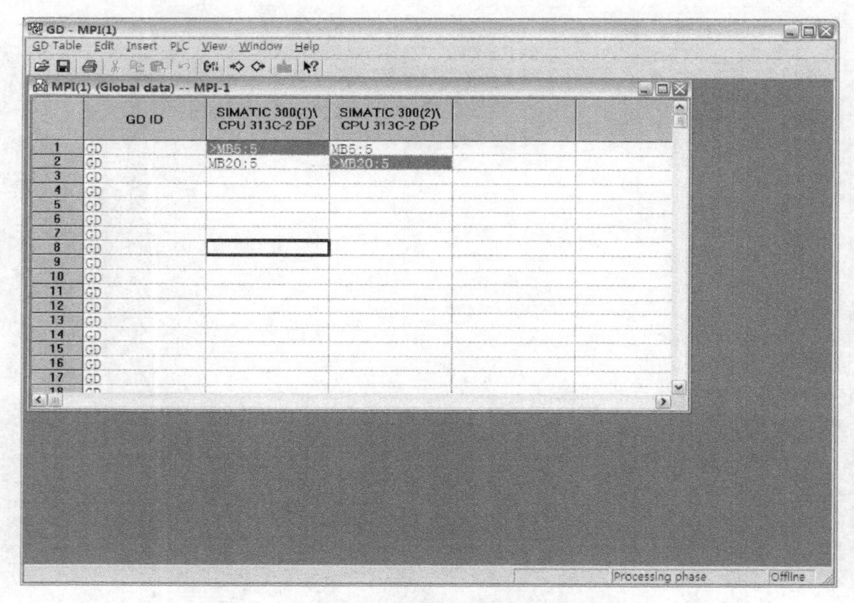

图 7.15　发送区和接收的数据组的组态

表 7.1　全局 MPI 数据流向表

SIMATIC 300(1)即 2 号站	数据流向	SIMATIC 300(2)即 3 号站
MB5～MB9	⟶	MB5～MB9
MB20～MB24	⟵	MB20～MB24

⑥ 编译、保存和下载组态内容。

先单击“Save”按钮，如图 7.16 所示。

Compile GD table
List of Messages:
Global data table C:\Program Files\Siemens\Step7\s7proj\MPI-1\MPI(1).gdt is
Compiling was completed successfully.
Message
Compile GD table (7:1539)
Compiling was completed successfully.
Help Text
Go To
Close　Save　Help

图 7.16　保存组态内容

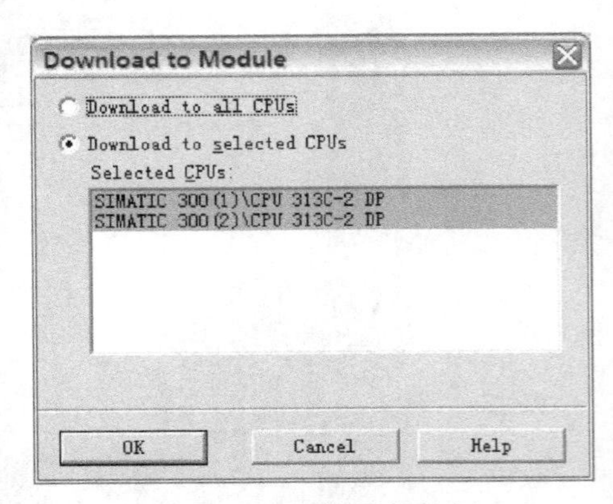

图 7.17　下载组态内容

然后单击工具栏中的下载按钮，在如图 7.17 所示的窗口中选定 SIMATIC 300(1)和 SIMATIC 300(2)，分别下载到对应的站点中，组态完成经过编译后，界面如图 7.18 所示。GD X. Y. Z(GD1. 2. 1)的含义见表 7.2。

GD - MPI(1)
GD Table　Edit　Insert　PLC　View　Window　Help
MPI(1) (Global data) -- MPI-1

	GD ID	SIMATIC 300(1)\ CPU 313C-2 DP	SIMATIC 300(2)\ CPU 313C-2 DP		
1	GD 1.1.1	>MB5:5	MB5:5		
2	GD 1.2.1	MB20:5	>MB20:5		
3	GD				
4	GD				
5	GD				
6	GD				
7	GD				
8	GD				
9	GD				
10	GD				
11	GD				
12	GD				
13	GD				
14	GD				
15	GD				
16	GD				
17	GD				

Compiled - Phase 1　Offline

图 7.18　编译后的组态界面

表 7.2　GD X. Y. Z 的含义

序号	参数	含义
1	X	全局变量数据包的循环次数，次数与 CPU 有关，S7-300 最多支持 4 个
2	Y	一个循环中有几个数据包
3	Z	一个数据包中的数据区

(3) 编写程序

对于全局数据的 MPI 通信，只要硬件进行组态就可以通信了，通信部分是不需要编写程序的。像本例这样的简单工程，若组态合理，则不需要编写一条程序。但对于一个实际的工程，不编写程序是很不现实的。站 2 和站 3 的程序分别如图 7.19 和图 7.20 所示。

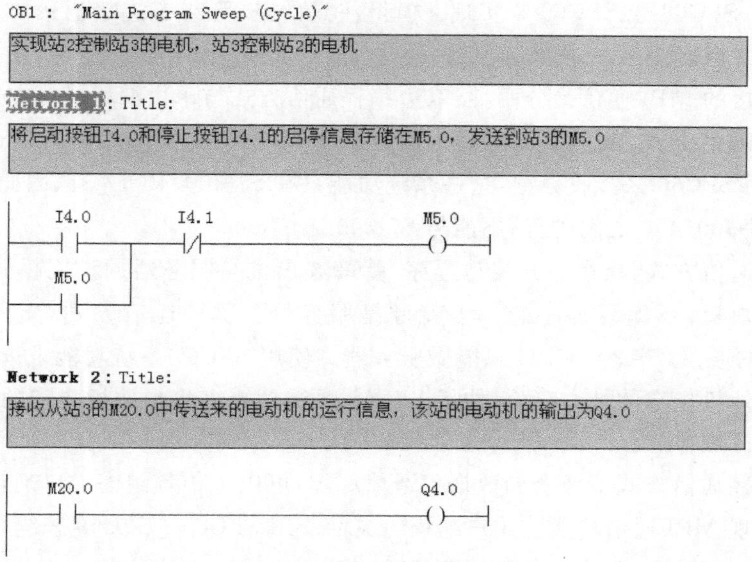

OB1 : "Main Program Sweep (Cycle)"

实现站2控制站3的电机，站3控制站2的电机

Network 1: Title:

将启动按钮I4.0和停止按钮I4.1的启停信息存储在M5.0，发送到站3的M5.0

I4.0 I4.1 M5.0

M5.0

Network 2: Title:

接收从站3的M20.0中传送来的电动机的运行信息，该站的电动机的输出为Q4.0

M20.0 Q4.0

图 7.19 站 2 的程序

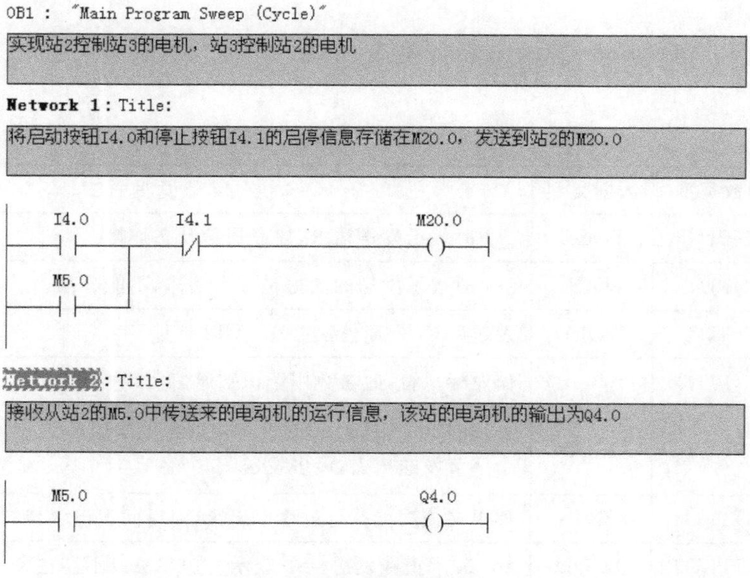

OB1 : "Main Program Sweep (Cycle)"

实现站2控制站3的电机，站3控制站2的电机

Network 1: Title:

将启动按钮I4.0和停止按钮I4.1的启停信息存储在M20.0，发送到站2的M20.0

I4.0 I4.1 M20.0

M5.0

Network 2: Title:

接收从站2的M5.0中传送来的电动机的运行信息，该站的电动机的输出为Q4.0

M5.0 Q4.0

图 7.20 站 3 的程序

本例的关键在于 MPI 的通信组态正确。还有一点要特别注意，就是站 2 哪个数据区将数据送到站 3 哪个数据区中，站 2 又从站 3 哪个数据区接收数据，这些关系是绝对不能弄错

的，否则不可能建立正确的通信。

7.2.3 无组态连接通信方式

无组态连接的 MPI 通信适合在 S7-300 与 S7-400、S7-200 之间进行，通过调用 SFC65、SFC66、SFC67、SFC68 或 SFC69 来实现。值得注意的是，无组态连接通信方式不能与全局数据包通信方式混合使用。

无组态连接的 MPI 通信又分两种：双边编程通信方式与单边编程通信方式。

双边编程通信方式：就是本地与远程两方都要编写通信程序，发送方用 SFC65 来发送数据，接收方用 SFC66 来接收数据，这些系统功能只有 S7-300/400 才有，因此双边编程通信方式只能在 S7-300/400 之间进行，不能与 S7-200 通信。

单边编程通信方式：只在一方编写程序，就像客户机与服务器的访问模式，编写程序的一方就像是客户机，不编写程序的一方就像是服务器。这种通信方式符合 S7-200 与 S7-300/400 之间的通信，S7-200 CPU 只能做服务器。使用 SFC67 系统功能来读取对方指定的地址数据到本地机指定的地方存放，使用 SFC68 系统功能来将本地机指定的数据发送到对方指定的地址区域存放。

无组态连接通信方式不像全局数据包通信那样，可以不依赖组态 GD 通信包，它使用用户编程方式实现 MPI 通信功能。用户编程时灵活使用 SFC65～SFC69 来组织程序。

通过 SFC65“X_SEND”发送数据到 MPI 网络指定的通信伙伴。在通信伙伴上使用 SFC66“X_RCV”来接收数据。SFC65“X_SEND”和 SFC66“X_RCV”符合双边编程的 MPI 通信。

SFC65“X_SEND”的输入/输出参数见表 7.3；SFC66“X_RCV”的输入/输出参数见表 7.4。

表 7.3 SFC65“X_SEND”的输入/输出参数

参数符号	参数类型	数据类型	参数说明
REQ	INPUT	BOOL	=1 时表示发送请求，建立通信动态连接
CONT	INPUT	BOOL	=1 时表示发送的数据是一个整体，不能分割
DEST_ID	INPUT	WORD	发送到对方(通信伙伴)的 MPI 地址
REQ_ID	INPUT	DWORD	作业标识符，此参数用于识别通信伙伴上的数据
SD	INPUT	ANY	发送数据区，如 P#M20.0 BYTE 5，表示把本地 MB20 开始的 5 个字节发送出去，最多发送 76 个字节
RET_VAL	OUTPUT	INT	如果在该功能执行过程中出错，则返回值包含相应的错误代码
BUSY	OUTPUT	BOOL	=1 表示正在发送，=0 表示发送完成或不存在

表 7.4 SFC66“X_RCV”的输入/输出参数

参数符号	参数类型	数据类型	参数说明
EN_DT	INPUT	BOOL	=1 时表示接收时能激活数据传送
RET_VAL	OUTPUT	INT	如果在该功能执行过程中出错,则返回值包含相应的错误代码
REQ_ID	OUTPUT	DWORD	作业标识符,它的数据位于队列的开头,即为队列中最早的数据,如果队列中没有数据块,则 REQ_ID 数值为 0
NDA	OUTPUT	BOOL	=1 表示有新发来的信息,=0 则没有
RD	OUTPUT	ANY	指向接收数据区域,最多接收 76 个字节

通过 SFC67 “X_GET”,可以读取 MPI 网上通信伙伴中的数据,在通信伙伴上没有相应的发送程序。SFC67 “X_GET”指令符合单边编程的 MPI 通信。SFC67 “X_GET”的输入/输出参数见表 7.5。

表 7.5 SFC67“X_GET”的输入/输出参数

参数符号	参数类型	数据类型	参数说明
REQ	INPUT	BOOL	=1 时表示接收请求,建立通信动态连接
CONT	INPUT	BOOL	=1 时表示接收的数据是一个整体,不能分割
DEST_ID	INPUT	WORD	对方(通信伙伴)的 MPI 地址
VAR_ADDR	INPUT	ANY	指向通信伙伴 CPU 上要从中读取数据的区域,必须选择通信伙伴支持的数据类型
RD	OUTPUT	ANY	指向接收数据区,接收区的最大长度是 76 个字节
RET_VAL	OUTPUT	INT	如果在该功能执行过程中出错,则返回值包含相应的错误代码
BUSY	OUTPUT	BOOL	=1 表示接收还没结束,=0 表示接收已经结束或当前没有激活的接收作业

通过 SFC68“X_PUT”将数据发送到 MPI 网上通信伙伴中的指定数据区,在通信伙伴上没有相应的接收程序。SFC68“X_PUT”指令符合单边编程的 MPI 通信。SFC68 “X_PUT”的输入/输出参数见表 7.6。

表 7.6 SFC68“X_PUT”的输入/输出参数

参数符号	参数类型	数据类型	参数说明
REQ	INPUT	BOOL	=1 时表示发送请求,建立通信动态连接
CONT	INPUT	BOOL	=1 时表示发送的数据是一个整体,不能分割
DEST_ID	INPUT	WORD	对方(通信伙伴)的 MPI 地址
VAR_ADDR	INPUT	ANY	指向通信伙伴 CPU 上要写入数据的区域,必须选择通信伙伴支持的数据类型
SD	OUTPUT	ANY	指向本地 CPU 中包含要发送数据的区域,发送区的最大长度是 76 个字节
RET_VAL	OUTPUT	INT	如果在该功能执行过程中出错,则返回值包含相应的错误代码
BUSY	OUTPUT	BOOL	=1 表示发送还没结束,=0 表示发送已经结束或当前没有激活的发送作业

通过SFC69"X_ABORT"终止一个通过SFC X_SEND、X_GET或X_PUT建立的通信动态连接。

如果属于X_SEND、X_GET或X_PUT的作业已结束(BUSY=0),则在调用SFC69"X_ABORT"之后,将释放在通信两端使用的连接资源。

如果属于X_SEND、X_GET或X_PUT的作业还没有结束(BUSY=1),则在连接终止之后重新通过REQ=0和CONT=0调用相关的SFC,然后等待BUSY=0。只有这样才能重新释放所有连接资源。

只能在有SFC"X_SEND""X_PUT""X_GET"的通信端点上才可以调用SFC69"X_ABORT",通过REQ=1来激活终止的连接。

SFC69"X_ABORT"的输入/输出参数见表7.7。

表7.7 SFC69"X_ABORT"的输入/输出参数

参数符号	参数类型	数据类型	参数说明
REQ	INPUT	BOOL	=1时使能释放通信动态连接
DEST_ID	INPUT	WORD	对方(通信伙伴)的MPI地址
RET_VAL	OUTPUT	INT	如果在该功能执行过程中出错,则返回值包含相应的错误代码
BUSY	OUTPUT	BOOL	=1表示正在执行释放指令,=0表示执行释放指令完毕

(1) 无组态连接通信方式中的双边编程通信方式

下面通过实例来说明无组态双边编程通信。

【例7.2】 有两台设备,分别是CPU312C(2号站)与CPU315-2 DP (3号站),现要通过双边编程实现MPI通信。

① 本例需要的硬件和软件。

所需的硬件:CPU312C、CPU315-2 DP;所需的软件:STEP7 V5.4 SP3。

② 网络配置如图7.21所示。

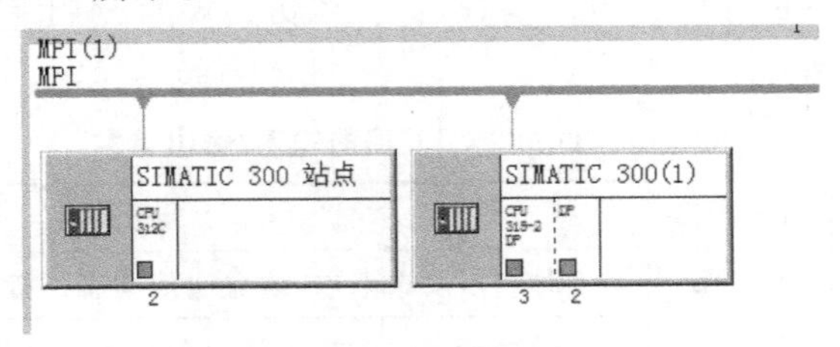

图7.21 网络配置

③ 新建一个项目"双边编程",然后插入两个S7-300站及组态MPI网络。

④ 编写程序。

在S7-300 (3号站)的OB35中编写程序,如图7.22所示。

OB35 : "Cyclic Interrupt"

程序段 1：标题：

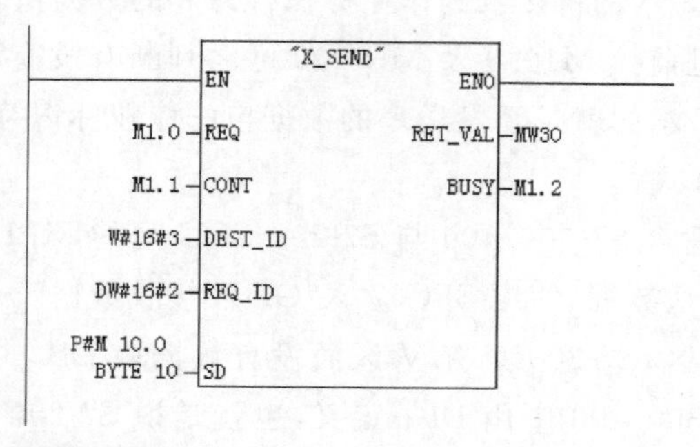

程序段 2：标题：

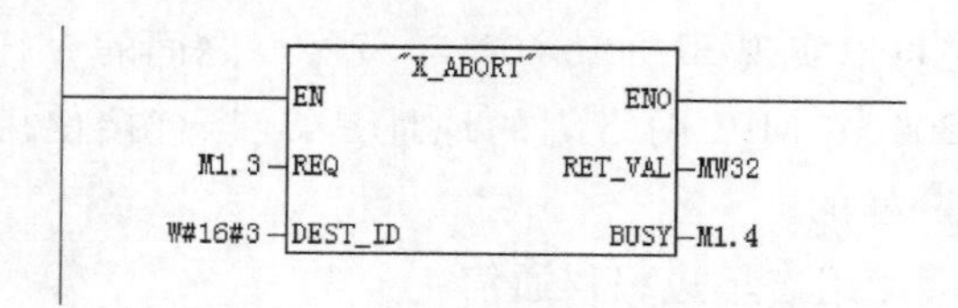

图 7.22　在 S7-300(3 号站)的 OB35 中的程序

在图 7.22 中，当 M1.0=1 时，将发送作业标识符为 2 的数据包，作业标识符为 2 的数据包由"SD"指定，本例为 MB 20～MB 29 十个字节。

当 M1.0=0，M1.3=1 时，调用 SFC69"X_ABORT"声明断开连接。

一个 CPU 可以建立几个这样的通信连接与 CPU 的通信资源有关，实际有几个连接则与调用的 SFC 有关，按照需要可以调用多个发送及接收的 SFC，每调用一个这样的 SFC 就会建立一个通信连接。

在 S7-300(2 号站)的 OB1 中编写程序，如图 7.23 所示。

OB1 : "Main Program Sweep (Cycle)"

程序段 1：标题：

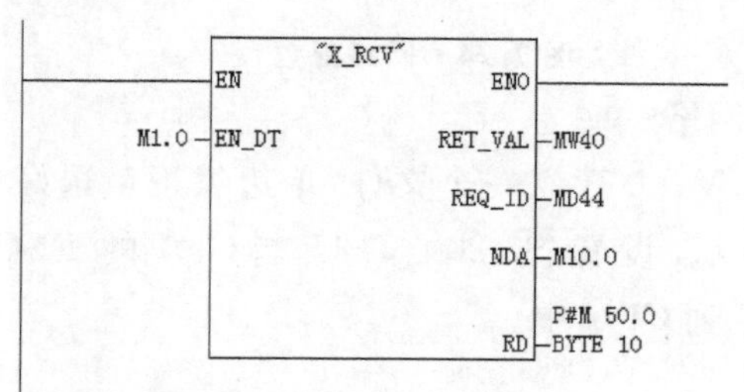

程序段 2：标题：

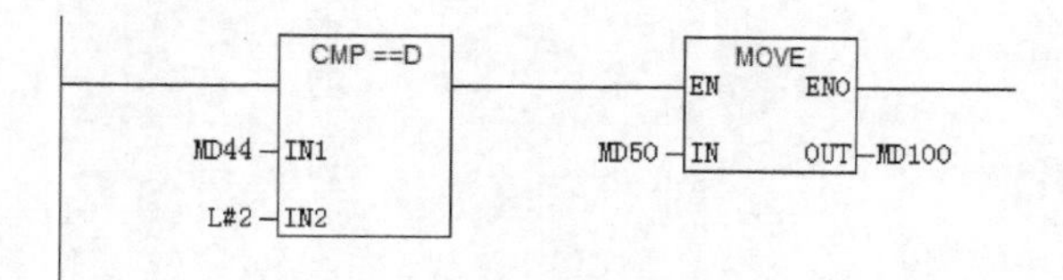

图 7.23　在 S7-300(2 号站)的 OB1 中的程序

在图 7.23 中，接收发送到 3 号站的数据包，数据包通过作业标识符来分辨，不管是哪个 CPU 发送过来的数据包。本例将接收到作业标识符为 2 的数据包。

当 M1.0=0 时，通过监控 M10.0 及 MD 100 可以判断有没有新的数据包发送过来，当 M10.0=1 时，MD 100 显示的就是新发送来的数据包的作业标识符。

(2) 单边编程通信方式

单边通信方式非常适合 S7-300/400 与 S7-200 CPU 间的 MPI 通信。在 S7-300/400 中使用 SFC68“X_PUT”发送数据，使用 SFC67“X_GET”接收数据。

S7-300/400 没有 V 区，S7-200 只有 V 区而没有数据块 DB。如果对 S7-200 的 V 区进行读写，那么就要在 S7-300/400 中用 DB1 定义，也就是说 S7-200 的 V 区对应 S7-300/400 的 DB1 区。

利用 EM277 模块也可以实现 S7-300/400 与 S7-200 之间的 MPI 通信。把 EM277 的拨码开关设为 3，代表 S7-200 在 MPI 网络上的地址是 3，与直接使用 S7-200 的编程口进行 MPI 通信实现的功能是一样的。

下面通过实例来说明无组态单边编程通信。

【例 7.3】 有两台设备，分别是 S7-200 与 S7-300 CPU，现要进行 MPI 通信，以 S7-300 CPU 作为客户机、S7-200 CPU 作为服务器(S7-200 CPU 只能作为服务器)为例进行说明。

① 本例需要的硬件和软件。

所需的硬件：CPU315-2DP、CPU226；所需的软件：STEP7 V5.3、STEP7 MicroWIN V4.0。

② 网络配置如图 7.24 所示。

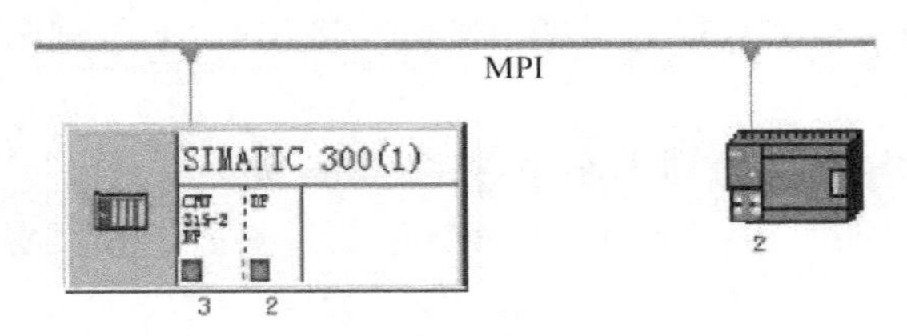

图 7.24 网络配置

③ 设置 S7-200 的 MPI 网络。

使用 STEP7 MicroWIN V4.0 建立一个文件“单边编程”，选好使用的 S7-200 的型号，打开通信口，如图 7.25 所示，设置 S7-200 CPU 端口 0 的 PLC 地址为 2、波特率为 187.5 Kbps，然后确认并下载到 CPU 中。

④ 新建项目“单边编程”。

使用 STEP7 V5.3 新建项目“单边编程”，然后插入 S7-300 站并完成 CPU 硬件组态，如图 7.26 所示。

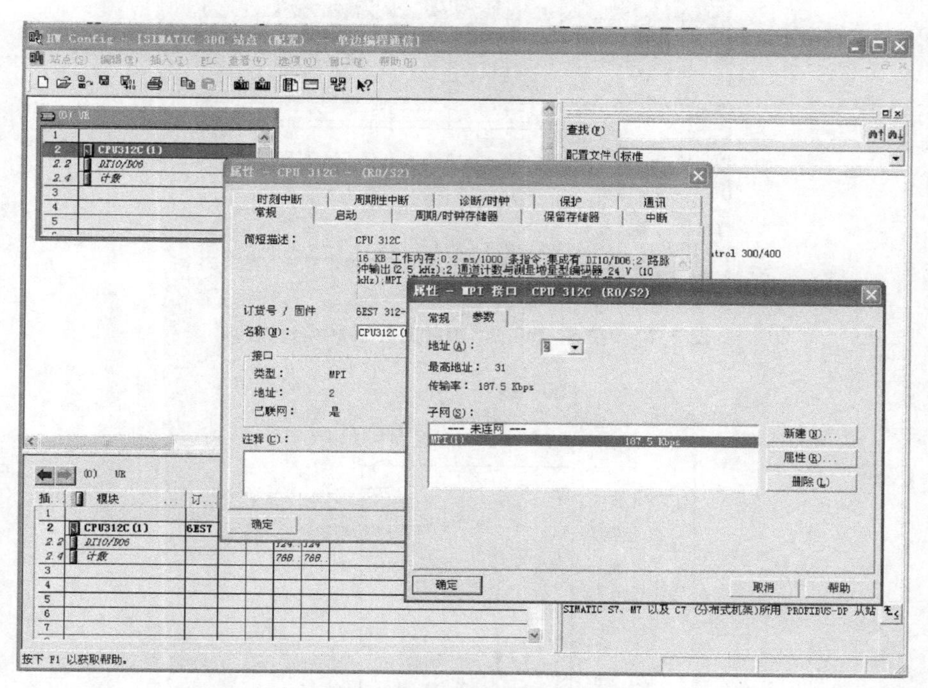

图 7.25　设置 S7-200 的 MPI 参数

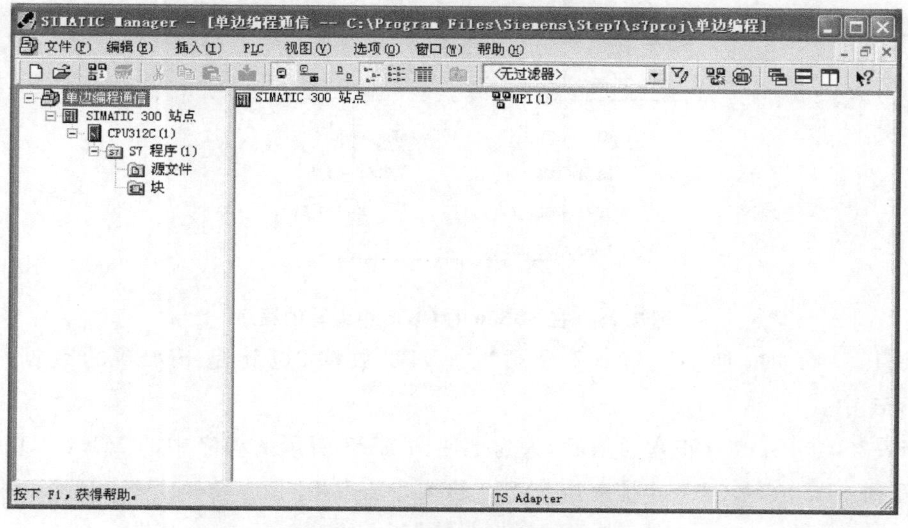

图 7.26　新建项目“单边编程”

⑤ 编写实现通信的程序。

在 S7-200 的 OB1(主程序)中编写程序，如图 7.27 所示。程序的功能是把 SMB0 的状态传送到 VB0 中。

在 S7-300 的 OB35 中编写程序，如图 7.28 所示。

当 M1.0＝1 时，把 DB1.DBB1 的数据传送到 S7-200 (2 号站)的 QB0 中。

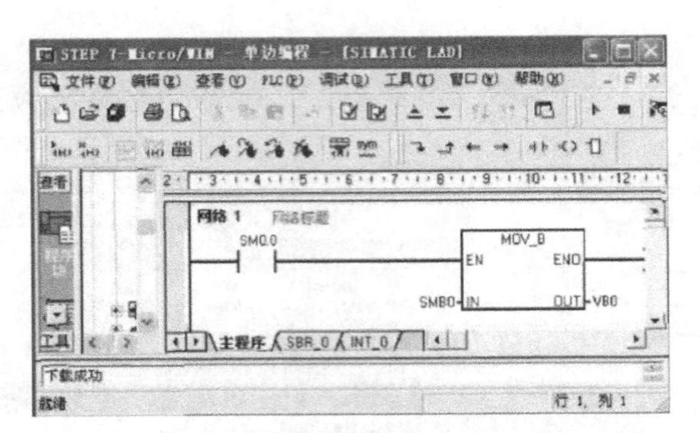

图 7.27 在 S7-200 的 OB1(主程序)中编写程序

OB35 : "Cyclic Interrupt"

程序段 1：标题：

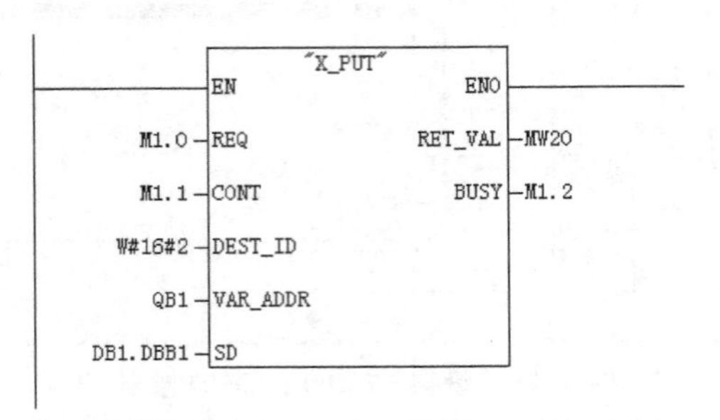

程序段 2：标题：

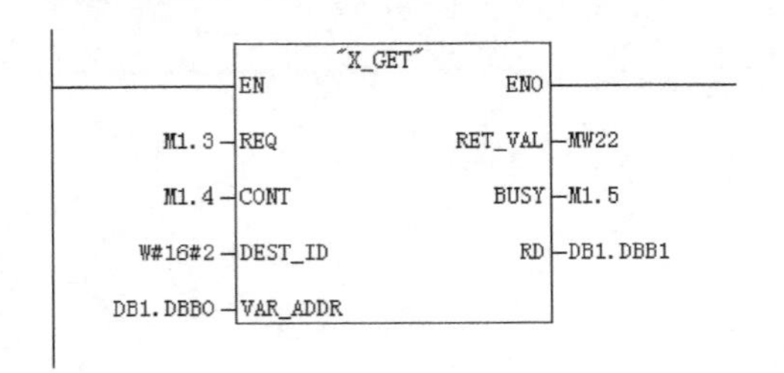

图 7.28 在 S7-300 的 OB35 中编写的程序

当 M1.3＝1 时，把 S7-200（2 号站）的 VB0 数据（也就是 SMB0 的数据）读取到 DB1.DBB1 中。

当 S7-200 与 S7-300 正常通信后，人为地使图 7.28 所示的程序中的 M1.0＝1、M1.3＝1，可以看到 S7-200 的 QB1 的状态与 SMB0 的状态几乎相同。

7.2.4 组态连接通信方式

当交换的信息量较大时，可以选择组态连接通信方式，这种通信只能在 S7-300 与 S7-400 或 S7-400 与 S7-400 之间进行。在 S7-300 与 S7-400 之间进行通信时 S7-300 只能作服务器，S7-400 只能作客户机；在 S7-400 与 S7-400 之间进行通信时，任意一个 CPU 都可以作服务器或客户机。客户机 CPU 通过调用系统功能块实现通信，数据包最大长度为 160 个字节。

S7-400 通过使用 SFB15/FB15 “PUT”,可以将数据写入远程 CPU,输入 REQ 的上升沿处启动 SFB15/FB15。在启动 SFB15/FB15 的过程中,将指向要写入数据区域(ADDR_i)指针和数据(SD_i)发送到远程伙伴 CPU。

在启动 SFB15/FB15 的过程中,远程伙伴 CPU 将所需要的数据保存在随数据一起提供的地址下面,并返回一个执行确认。

如果启动 SFB15/FB15 的过程中没有产生任何错误,则在下一个 SFB/FB 调用时,通过状态参数 DONE 来指示,其数值为 1。

SFB15/FB15 必须确保通过参数 ADDR_i 和 S_i 定义的区域在编号、长度和数据类型方面相互匹配。只有在最后一个作业完成之后,才能再次激活“写”作业。

SFB15/FB15“PUT”的输入/输出参数见表 7.8。

表 7.8 SFB15/FB15“PUT”的输入/输出参数(S7-400)

<table>
<tr><th>参数符号</th><th>参数类型</th><th>数据类型</th><th>参数说明</th></tr>
<tr><td>REQ</td><td>INPUT</td><td>BOOL</td><td>请求使能,在上升沿激活数据交换</td></tr>
<tr><td>ID</td><td>INPUT</td><td>WORD</td><td>寻址参数 ID,指向本地连接描述(由 STEP7 连接组态指定)</td></tr>
<tr><td>DONE</td><td>OUTPUT</td><td>BOOL</td><td>DONE 状态参数:
0:作业还未启动或仍然在运行
1:作业已经正确地执行完毕</td></tr>
<tr><td>ERROR</td><td>OUTPUT</td><td>BOOL</td><td rowspan="2">ERROR 和 STATUS 状态参数为出错显示
当 ERROR=0 时,STATUS 的数值如下:
STATUS=0000H:既不是警告也不是出错
STATUS≠0000H:警告,STATUS 提供详细信息
当 ERROR=1 时表示出错,STATUS 提供关于错误类型的详细信息</td></tr>
<tr><td>STATUS</td><td>OUTPUT</td><td>WORD</td></tr>
<tr><td>SD_i(1≤i≤4)</td><td>IN_OUT</td><td>ANY</td><td>指针,指向本地 CPU 中要写入的数据区域</td></tr>
<tr><td>ADDR_i(1≤i≤4)</td><td>IN_OUT</td><td>ANY</td><td>指针,指向伙伴 CPU 中要写入的数据区域</td></tr>
</table>

S7-400 通过使用 SFB14/FB14“GET”从远程 CPU 中读取数据,输入 REQ 的上升沿处启动 SFB14/FB14。在启动 SFB14/FB14 的过程中,将要读取的区域的相关指针(ADDR_i)发送到伙伴 CPU,远程伙伴返回此数据。在下一个 SFB14/FB14 调用前,已接收的数据被复制到组态的接收区(RD_i)中。必须确保通过参数 ADDR_i 和 RD_i 定义的区域在长度和数据类型方面要相互匹配。通过状态参数 NDR 的数值为 1 来指示此作业已完成。

只有在前一个作业已经完成之后,才能重新激活“读”作业。SFB14/FB14“GET”的输入/输出参数见表 7.9。

表 7.9 SFB14/FB14“GET”的输入/输出参数(S7-400)

参数符号	参数类型	数据类型	参数说明
REQ	INPUT	BOOL	请求使能,在上升沿激活数据交换
ID	INPUT	WORD	寻址参数 ID,指向本地连接描述(由 STEP7 连接组态指定)
DONE	OUTPUT	BOOL	DONE 状态参数: 0:作业还未启动或仍然在运行 1:作业已经正确地执行完毕
DONE	OUTPUT	BOOL	ERROR 和 STATUS 状态参数为出错显示 当 ERROR=0 时,STATUS 的数值如下: STATUS=0000H:既不是警告也不是出错 STATUS≠0000H:警告,STATUS 提供详细信息 当 ERROR=1 时表示出错,STATUS 提供关于错误类型的详细信息
STATUS	OUTPUT	WORD	
SD_i(1≤i≤4)	IN_OUT	ANY	指针,指向本地 CPU 中要写入的数据区域
ADDR_i(1≤i≤4)	IN_OUT	ANY	指针,指向伙伴 CPU 中要写入的数据区域

下面通过一个例题介绍组态连接通信的应用。

【例 7.4】 有两台设备,分别由一台 CPU313C-2 DP 和一台 CPU414-2 DP 控制,从设备 1 的 CPU414-2 DP 发出启动/停止控制命令,设备 2 的 CPU313C-2 DP 收到命令后,对设备 2 进行启停控制,同时设备 1 上的 CPU313C-2 DP 监控设备 2 的运行状态。

将设备 1 上的 CPU414-2 DP 作为客户端,地址为 2;将设备 2 上的 CPU313C-2 DP 作为服务器端,地址为 3。

(1) 主要软硬件配置

① 1 套 STEP7 V5.4 SP4 HF3。

② 1 台 CPU313C-2 DP。

③ 1 台 CPU414-2 DP。

④ 1 个 PC/MP 适配器(或者 CP5611 卡)。

⑤ 1 根 MPI 电缆(含两个网络总线连接器)。

MPI 通信硬件配置如图 7.29 所示。

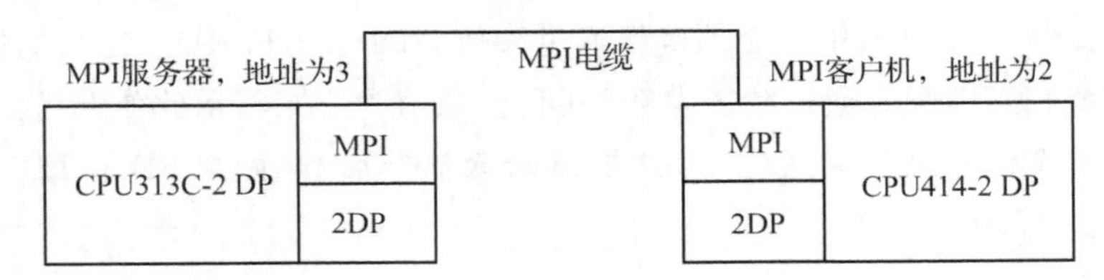

图 7.29 MPI 通信硬件配置

(2) 硬件组态

① 新建工程。

新建工程,命名为“组态连接通信”,插入站点和 CPU,并建立 CPU313C-2 DP 和 CPU414-2 DP 的 MPI 连接,其中 CPU414-2 DP 的 MPI 地址为 3,CPU313C-2 DP 的 MPI

地址为 2。如图 7.30 所示，再单击“MPI”标志，弹出如图 7.31 所示的对话框。

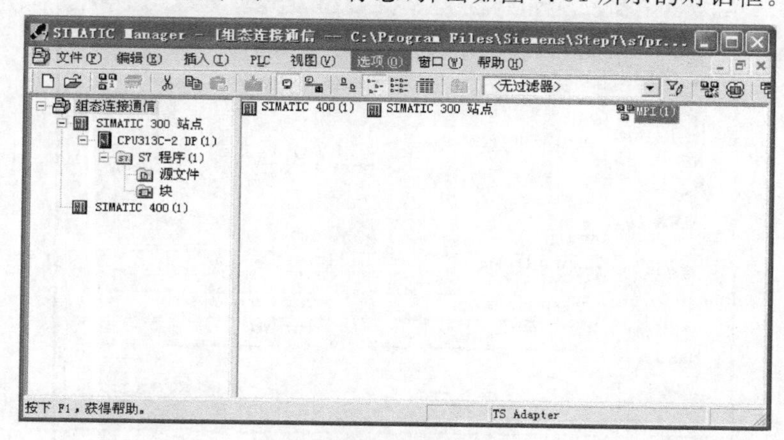

图 7.30　新建工程

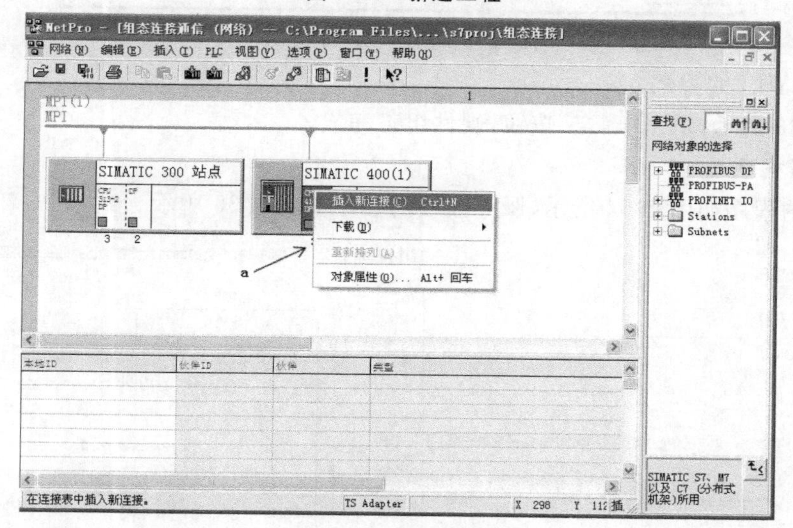

图 7.31　新建连接

② 新建连接。

如图 7.31 所示，选中“a”处连接并右击，在弹出的快捷菜单中单击“插入新连接”，弹出如图 7.32 所示的对话框。

③ 选择 CPU 的连接方式。

如图 7.32 所示，选中“CPU313C-2 DP(1)”和“S7 连接”，单击“应用”按钮，弹出如图 7.33 所示的对话框。

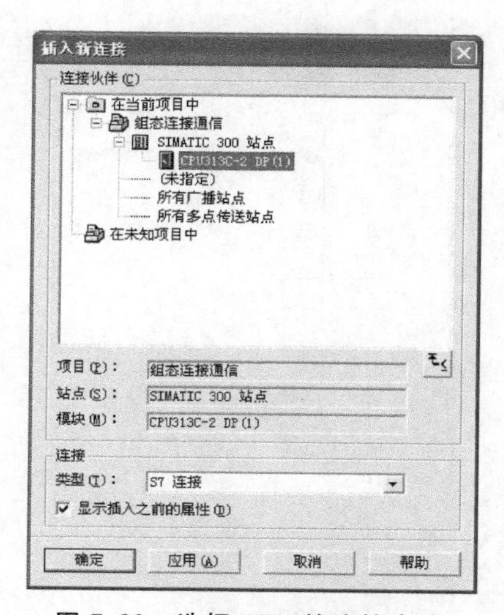

图 7.32　选择 CPU 的连接方式

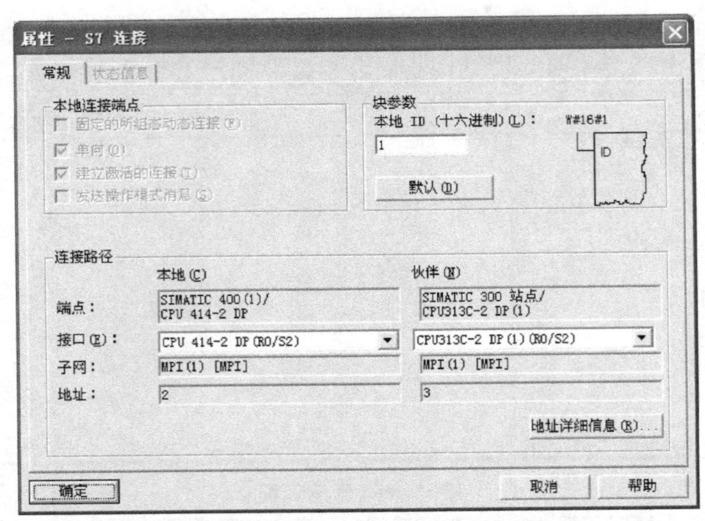

图 7.33　选择 MPI 的参数

④ 选择 MPI 的参数。

如图 7.33 所示，单击“确定”按钮，硬件组态完成。

(3) 编写程序

客户端的程序如图 7.34 所示，服务器端的程序如图 7.35 所示。

OB1： "Main Program Sweep (Cycle)"

程序段 1：启动停止信息

I1.0　I1.1　M1.0

M1.0

程序段 2：当M100.2有效时，客户机的MB1向服务器的MB1数据区发送数据

DB1

SFB15

Write Data to a Remote CPU

"PUT"

EN　ENO

M100.2 — REQ　DONE — M200.0

W#16#1 — ID　ERROR — M200.1

MB1 — ADDR_1　STATUS — MW202

... — ADDR_2

... — ADDR_3

... — ADDR_4

MB1 — SD_1

... — SD_2

... — SD_3

... — SD_4

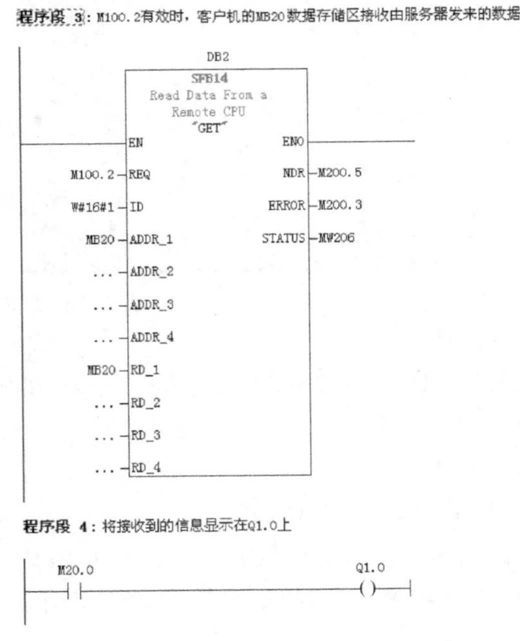

图 7.34　客户端程序

OB1 : "Main Program Sweep (Cycle)"

程序段 1：接收来自客户机的启停信息

```
M1.0                                  Q1.0
--| |---------------------------------( )--
```

程序段 2：将电动机的运行状态发送给客户机

```
Q1.0                                  M20.0
--| |---------------------------------( )--
```

图 7.35 服务器端程序

以下介绍 PROFIBUS 现场总线。

(1) PROFIBUS 现场总线概述

PROFIBUS 现场总线是一种开放式现场总线系统，符合欧洲标准和国际标准。PROFIBUS 通信的结构非常精简，传输速度很快且稳定，非常适合 PLC 与现场分散的 I/O 设备之间的通信。

PROFIBUS 现场总线可用双绞屏蔽电缆、光缆或混合配置方式安装。PROFIBUS 现场总线网络中的节点共享传输介质，所以系统必须控制对网络的访问。PROFIBUS 现场总线按"主/从令牌通信"访问网络，只有主动节点才有接收访问网络的权利，通过从一个主站将令牌传输到下一个主站来访问网络。如果不需要发送，令牌直接传输给下一个主站。被动的总线节点总是直接通过模块的轮询来分配。

PROFIBUS 现场总线网络由主站设备、从站设备和通信介质组成，是一个多主站的主从通信网络。典型的 PROFIBUS 现场总线网络配置如图 7.36 所示。

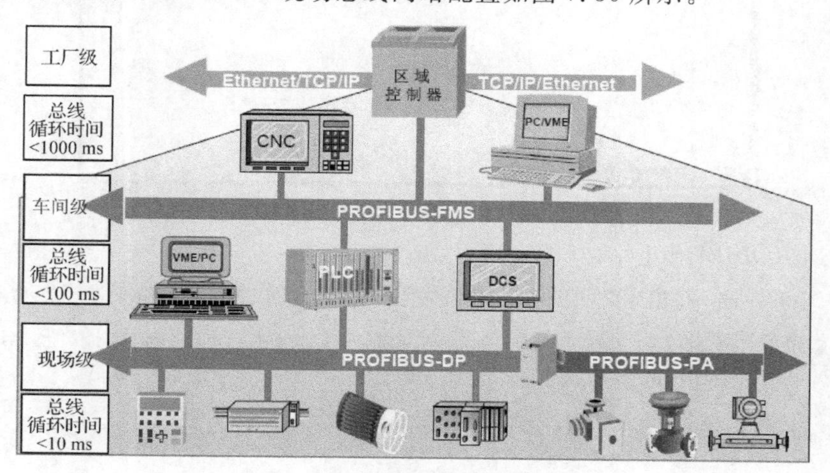

图 7.36 PROFIBUS 网络示意图

PROFIBUS 现场总线可以与支持 PROFIBUS 的第三方设备进行通信，与远程的 ET200M 通信，与智能的从站通信，与多个从站直接通信，与多个主站直接通信，而且这些通信只需要通过硬件组态就可以实现，不依赖用户编写程序。当然，如果需要保持非常好的实时性，可以使用系统功能 SFC14/SFC15，通过打包方式进行发送和接收。

(2) 与远程的 ET200M 通信实例

S7-300/400 CPU 最多可以带 125 个从站，最多可带从站的个数与 CPU 的类型有关。下面以"IM 152"通信为例，说明与 ET200M 通信的组态方法及步骤。

① 本实例使用的软件及硬件。

所需软件：STEP7 V5.3 0；所需硬件：主站 CPU414-2 DP、从站 ET200M。

② 网络配置（图 7.37）。

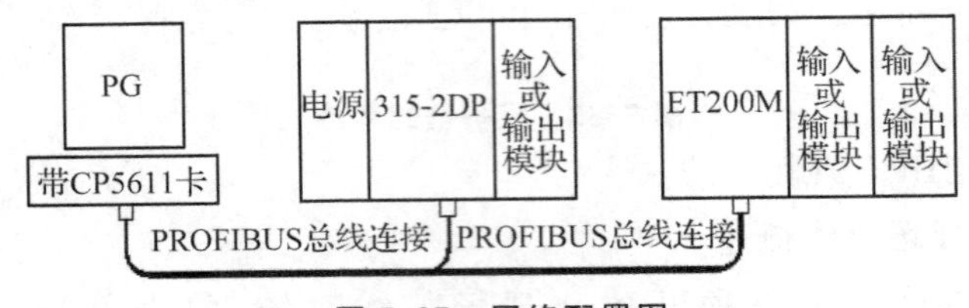

图 7.37　网络配置图

③ 新建一个项目"DP-ET200M1"。

新建项目"DP-ET200M1"，并完成项目的 CPU 及电源的硬件组态，如图 7.38 所示。

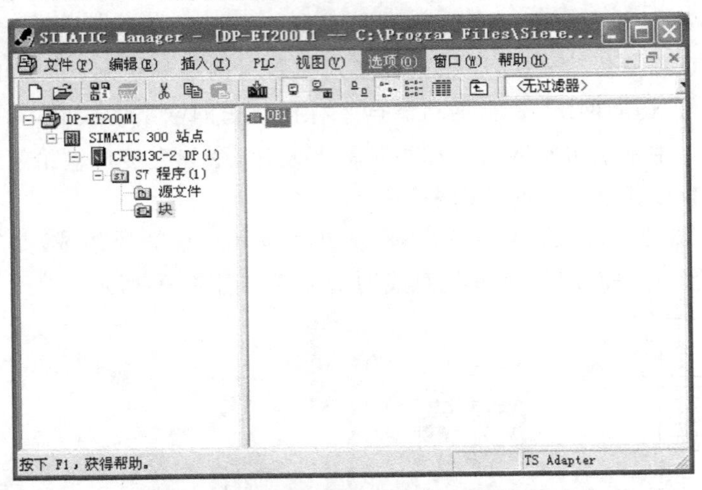

图 7.38　新建项目"DP-ET200M1"

④ 组态 PROFIBUS 主站。

在硬件组态界面，双击 CPU 的 DP 槽，将会弹出 DP 属性界面，如图 7.39 所示，单击"工作模式"设置为 DP 主站。

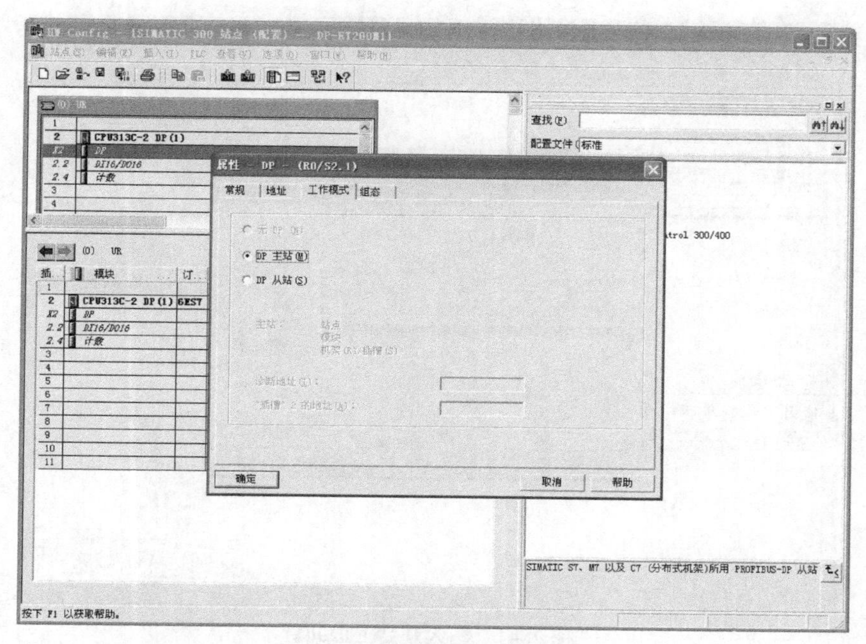

图 7.39　主站的 DP 属性设置

单击常规界面“属性”，将打开 PROFIBUS 接口属性界面。单击“新建”将弹出新建的 PROFIBUS 网络属性界面，设置 PROFIBUS 网络的通信波特率为 187.5 Kbps，站号为 2，为 DP 配置，最后单击各个界面中的“确定”按钮即可，如图 7.40 所示。

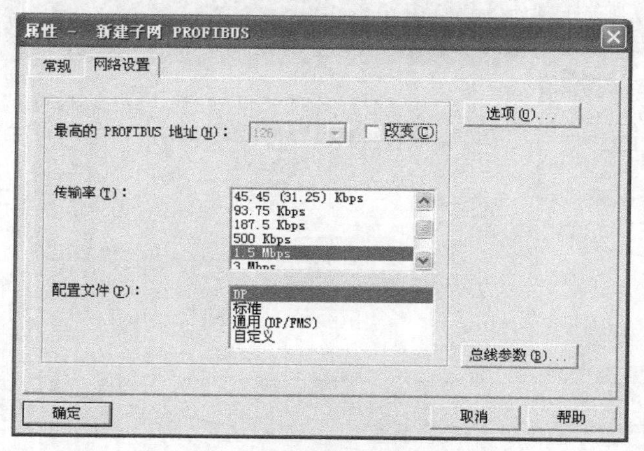

图 7.40　DP 的传输速率设置

⑤ PROFIBUS 从站组态。

在硬件组态界面，单击图 7.41 中标志为 a 的那条总线，并把 IM153-2(ET200M)从站挂在 PROFIBUS (1)总线上，在弹出的界面中设置从站地址为 3，如图 7.41 所示。注意：从站站号 3 应设置为与 ET200MC(IM153-1)硬件上面的拨码数字相同，且与其他的站号地址不能相同。

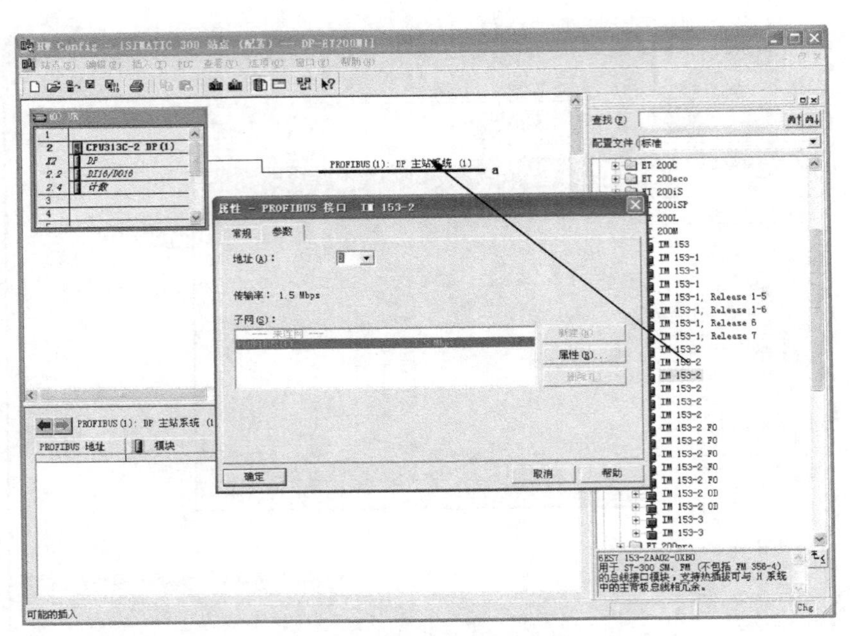

图 7.41 插入从站 ET200M

在硬件组态界面，单击 PROFIBUS 总线上的 IM153 图标，在 CPU 机架组态下面出现 IM153 机架组态界面，如图 7.42 所示。把准备放置在从站上的 I/O 设备拖曳到 IM153 机架相应的插槽上。

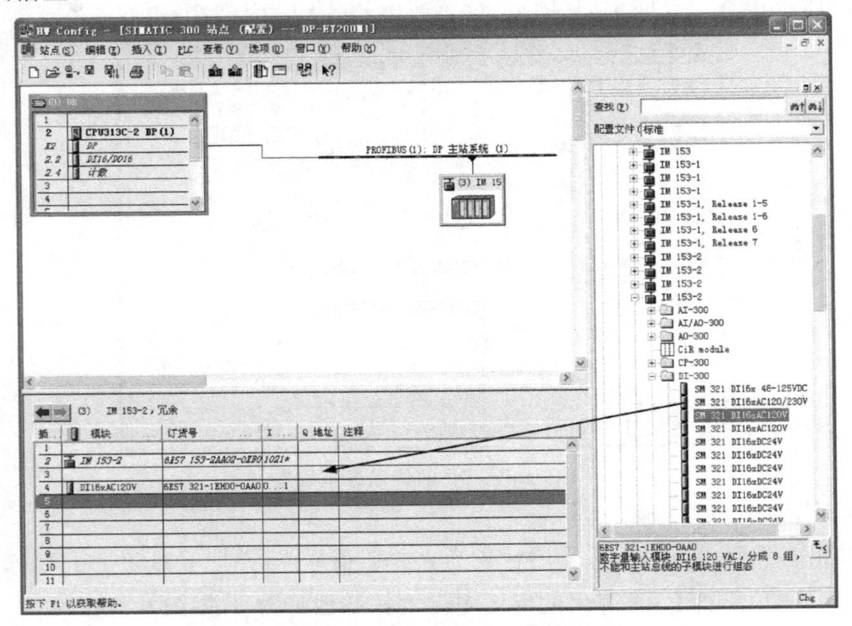

图 7.42 从站组态——数字量输入

如果有需要，可以双击从站机架上的每个模块，更改 I/O 的地址。本例中从站的输入接口是 IB0～IB1，输出接口是 QB0～QB1，如图 7.43 所示。

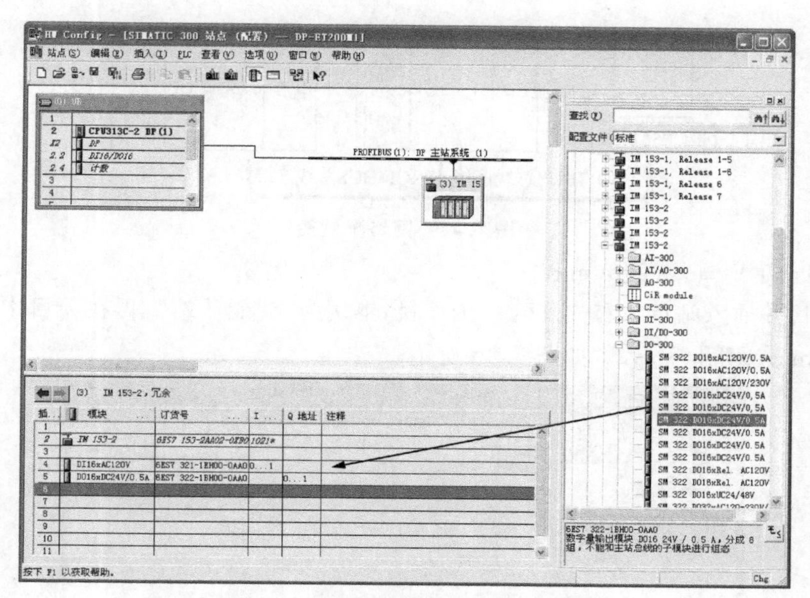

图 7.43　从站组态——数字量输出

如果有很多 I/O 从站，可以利用同样的方法把其他从站挂在 PROFIBUS-DP 总线上。

(3) 与连接智能从站的 PROFIBUS 通信

下面以一台 S7-300 作为主站，另一台 S7-300 作为从站讲解 PROFIBUS-DP 连接智能从站的应用。

有的 S7-300 CPU 自带 DP 通信口(如 CPU315-2 DP)，进行 PROFIBUS 通信时，只需要将两台 S7-300 CPU 的 DP 通信口用 PROFIBUS 通信电缆连接即可。而有的 S7-300 的 CPU 没有自带 DP 通信口(如 CPU312C)，要进行 PROFIBUS 通信时，还必须配置 DP 接口模块(CP342-5)。

① 本实例控制要求。

有两台设备，分别由一台 CPU315-2 DP 控制，从设备 1 上的 CPU313-2 DP 发出启停控制命令，设备 2 的 CPU313-2 DP 收到命令后，对设备 2 进行启停控制，同时设备 1 上的 CPU315-2 DP 监控设备 2 的运行状态。

② 主要软硬件配置。

1 套 STEP7 V5.4 SP4、一台 CPU315-2 DP 和一台 CPU313C-2 DP、1 根 PC/MPI 电缆(或者一块 CP5611 卡)、1 根 PROFIBUS 网络电缆(含两个网络总线连接器)。

PROFIBUS 现场总线硬件配置如图 7.44 所示。

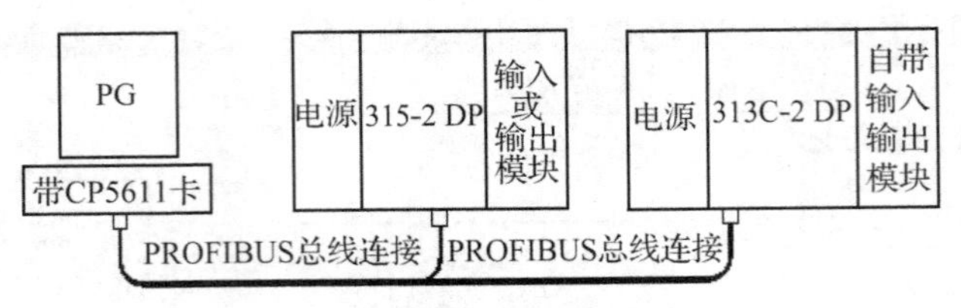

图 7.44 网络配置图

③ 新建一个项目“智能从站”。

新建项目并插入站点。首先新建一个项目，本例为“智能从站”，再在项目中插入两个站点，本例为“master”和“slave”，如图 7.45 所示。

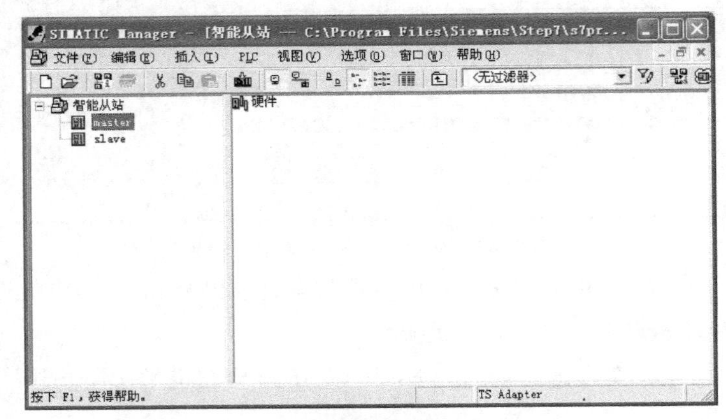

图 7.45 新建项目并插入两个站点

④ 组态 PROFIBUS 从站 slave。

选中从站“slave”，双击硬件，先插入导轨，再在导轨的 2 号槽位插入 CPU313-2 DP，如图 7.46 所示。

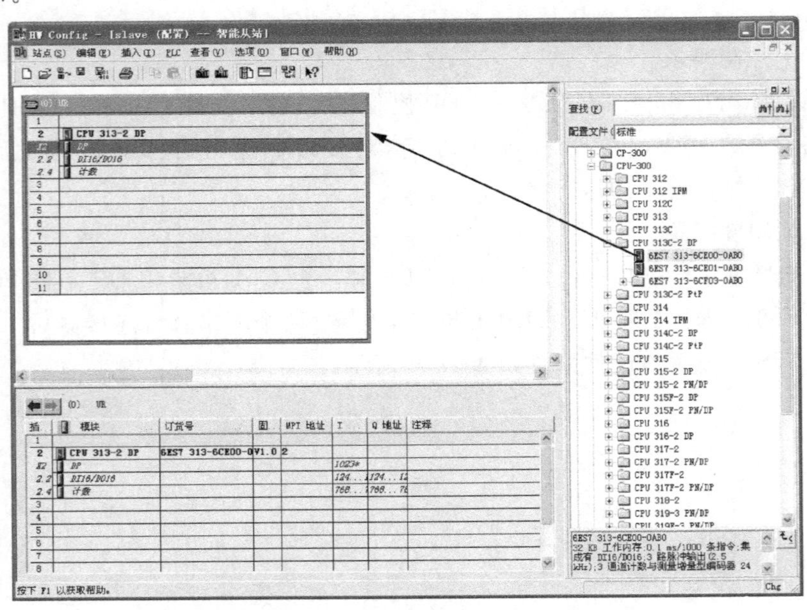

图 7.46 从站组态——插入 CPU

插入 CPU 的时候会自动弹出一个设置 PROFIBUS 接口 DP 的对话框，从站的地址选择为 2，如图 7.47 所示，单击“新建”按钮，弹出网络设置对话框，速率选择“1.5 Mbit/s”，配置文件选择“DP”，如图 7.48 所示。

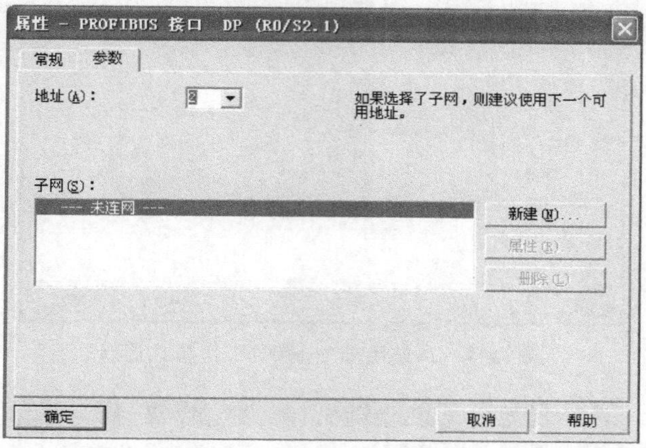

图 7.47　从站组态——插入 CPU 弹出的 DP 接口设置对话框

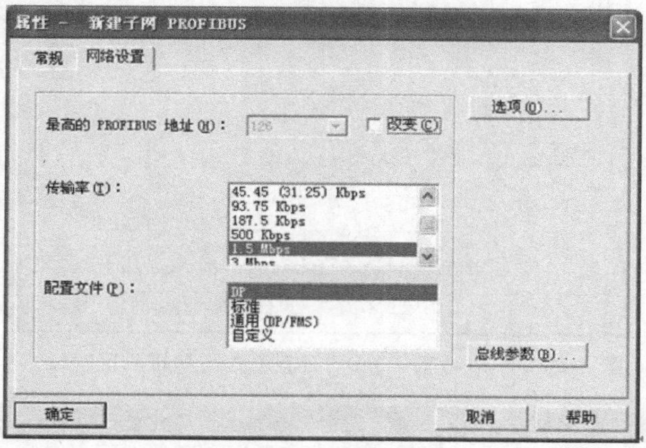

图 7.48　从站组态——PROFIBUS-DP 网络设置

双击图 7.46 中的 DP，弹出 DP 的属性对话框，如图 7.49 所示，选择工作模式为“DP 从站”，再选定“组态”选项卡，出现如图 7.50 所示的界面，在该界面定义组态发送区和接收区的数据。先单击“新建”按钮，弹出如图 7.51 所示的界面，定义从站 2 的接收区的地址为 IB2，再单击“确定”按钮，接收区数据定义完成。再单击图 7.50 中的“新建”按钮，弹出如图 7.52 所示的界面，定义从站 2 的发送区的地址为 QB3，再单击“确定”按钮，发送区数据定义完成。在如图 7.53 所示的界面中，单击“确定”按钮，从站的发送区、接收区数据组态完成。

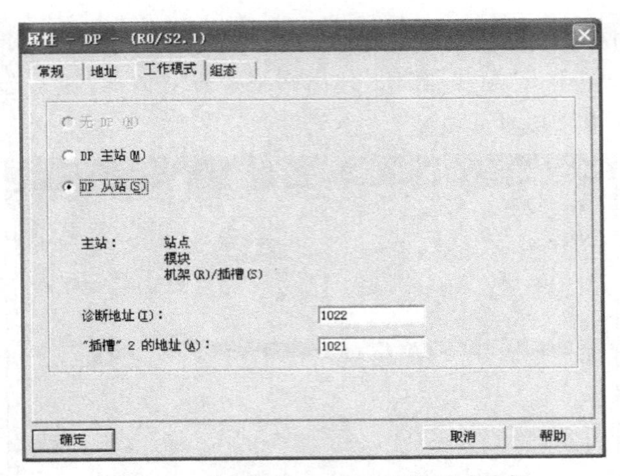

图 7.49 从站组态——DP 工作模式选择

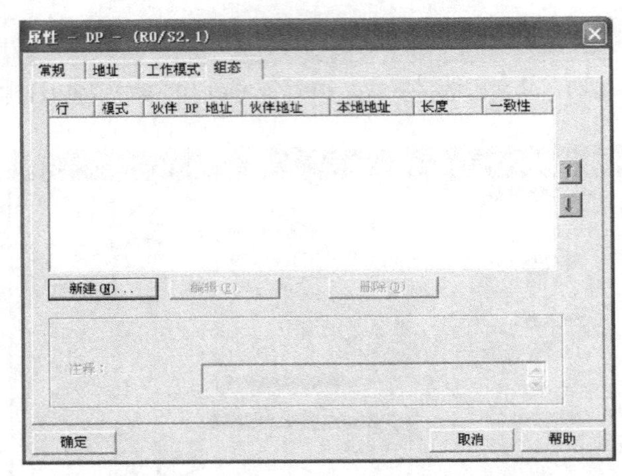

图 7.50 从站组态——DP 组态发送区和接收区的设置

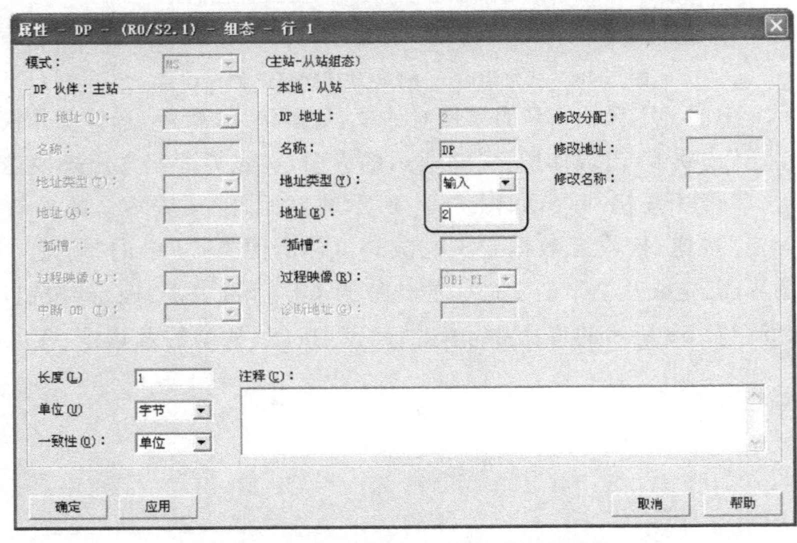

图 7.51 从站组态——DP 接收区的设置

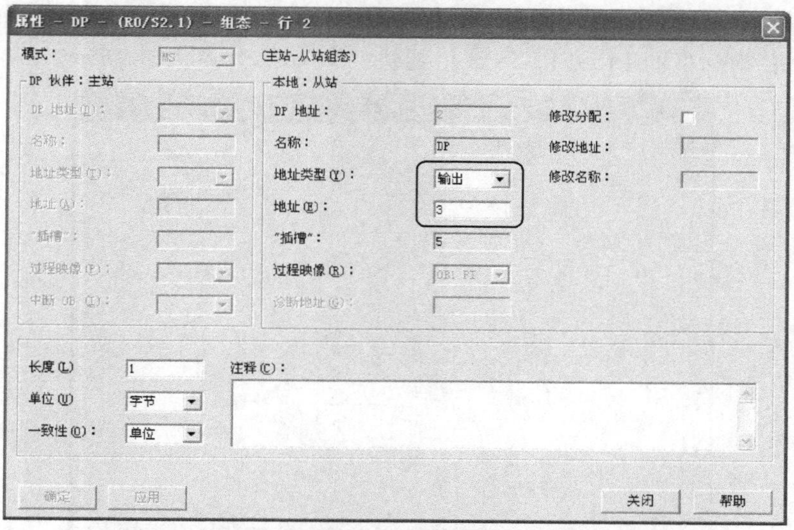

图 7.52 从站组态——DP 发送区的设置

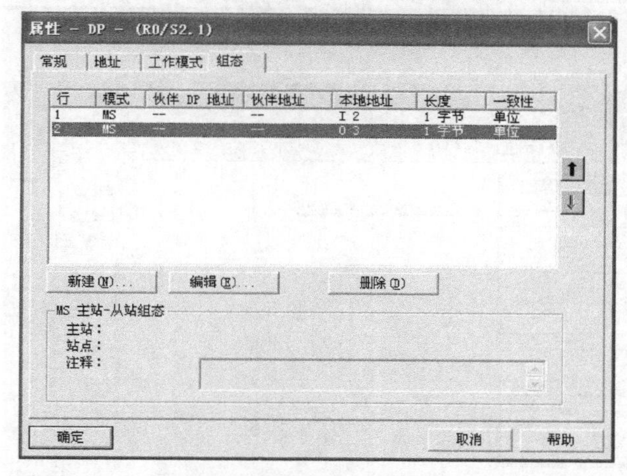

图 7.53 从站组态——DP 发送区、接收区设置完毕

⑤ 组态 PROFIBUS 主站 master。

主站组态时插入导轨和插入 CPU 与从站组态类似,不再重复,以下从选择通信波特率开始。如图 7.54 所示,先设置主站 3 的通信地址为"3",再选定通信的波特率为"1.5 Mbps",单击"确定"按钮;再将该站点的工作模式设为主站模式,如图 7.55 所示。然后,单击图 7.56 所示的对话框,将从站 2 挂到 PROFIBUS 网络上,先用鼠标选中 PROFIBUS 网络的"a"处,再双击"CPU31x",弹出如

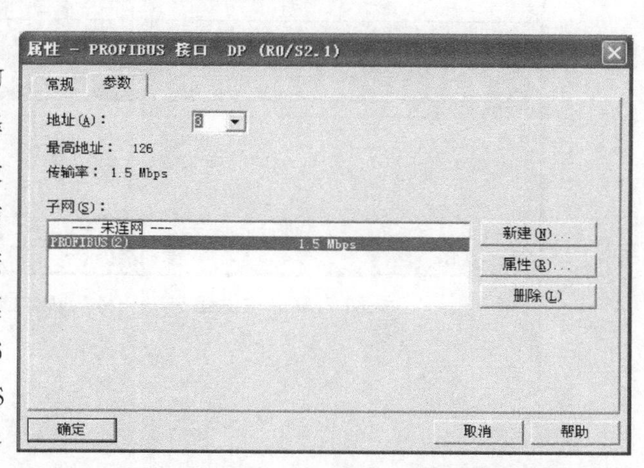

图 7.54 主站组态——DP 地址和网络的设置

图 7.57所示的对话框。先单击“连接”按钮，再单击“确定”按钮，就成功地将从站 2 挂在主站 3 上了。组态的对话框的 PROFIBUS 线上就挂上了从站，如图 7.58 所示。

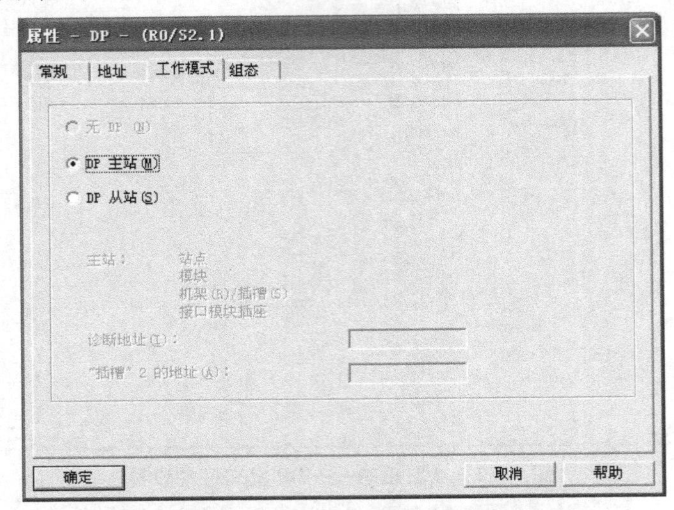

图 7.55 主站组态——DP 工作模式的设置

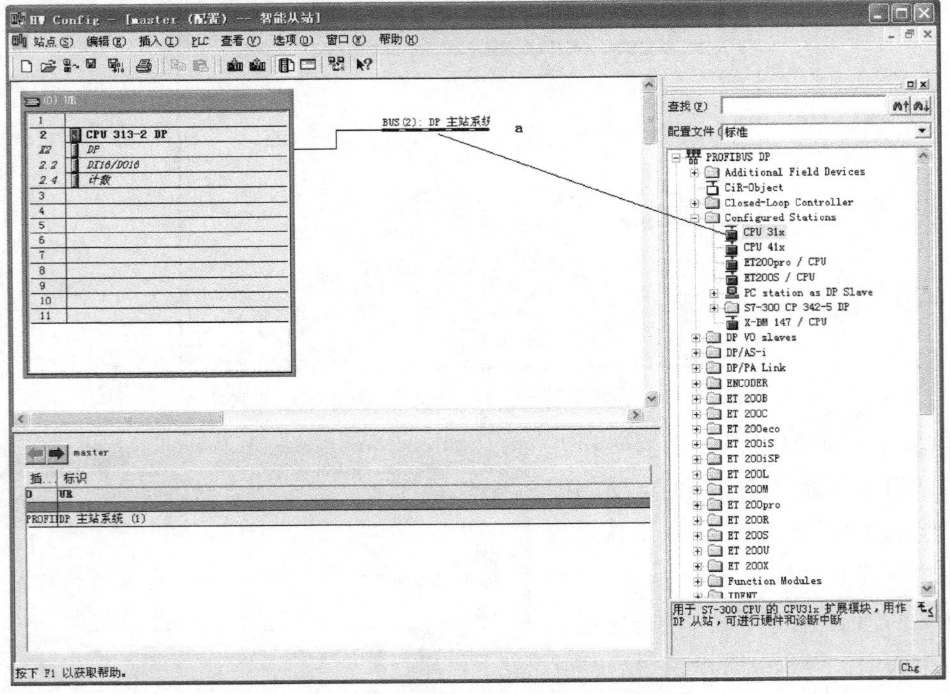

图 7.56 主站组态——将从站 2 挂到 PROFIBUS 网络上

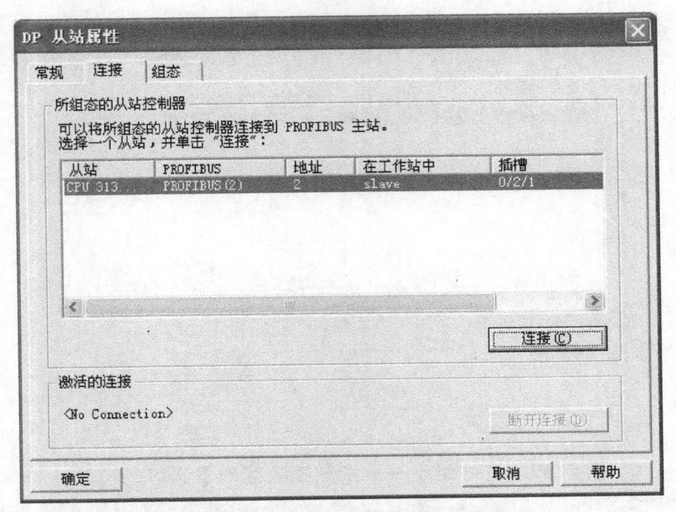

图 7.57　主站组态——激活从站 2

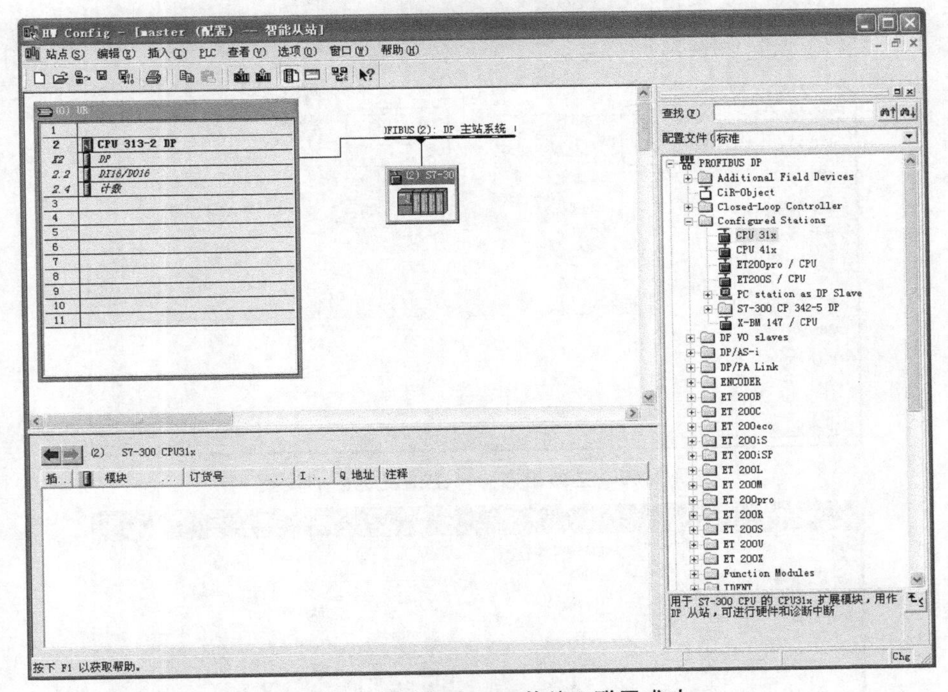

图 7.58　主站组态——从站 2 联网成功

双击图 7.58 中从站的图标，弹出图 7.59 所示的对话框，进行主站和从站的接收区与发送区的配对设置。选中“组态”选项卡，再双击“a”处，弹出如图 7.60 所示的对话框，先选择地址类型为发送数据，再选定地址为 QB2，单击“确定”按钮，发送数据区组态完成。接收数据区的组态方法类似，双击图 7.59 中“a”下面的一行，弹出如图 7.61 所示的对话框，选定地址为 IB3，单击“确定”按钮。如图 7.62 所示，单击“确定”按钮，弹出如图 7.63 所示的对话框。至此，主从站之间的接口通信就设置完毕了，主站的组态就完成了。

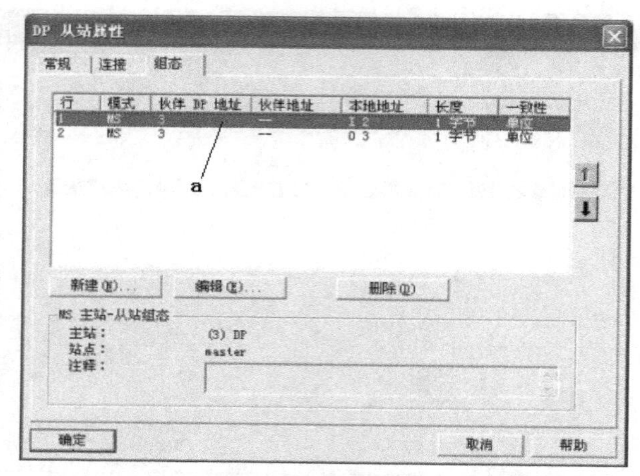

图 7.59　主站组态——主站接收区和发送区的设置

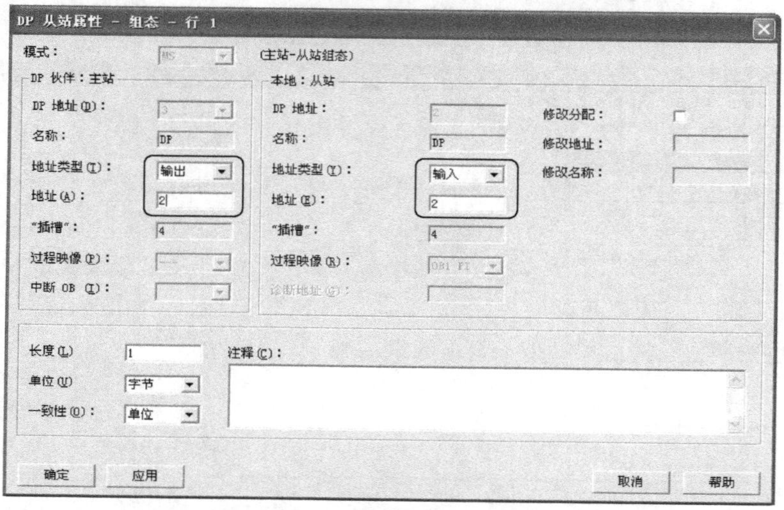

图 7.60　主站组态——主站发送区的设置

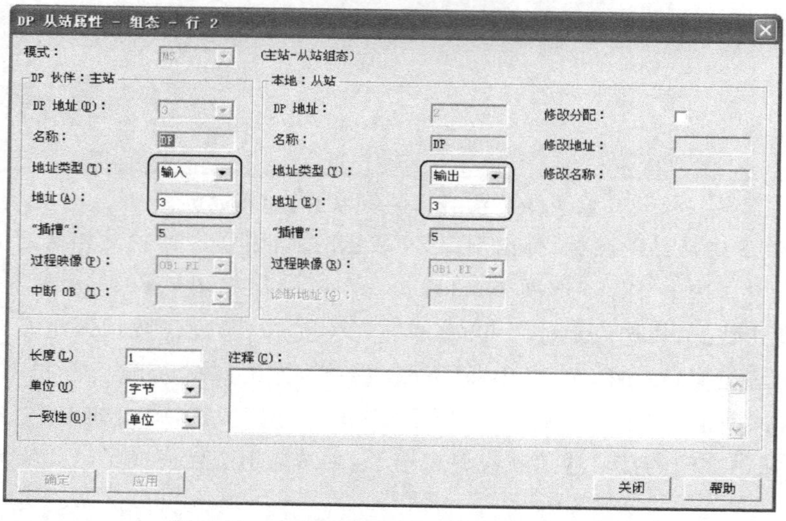

图 7.61　主站组态——主站接收区的设置

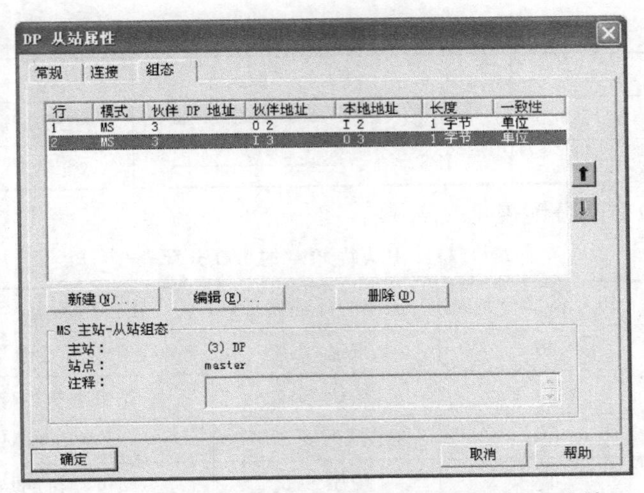

图 7.62 主站组态——主站接收区和发送区设置完毕

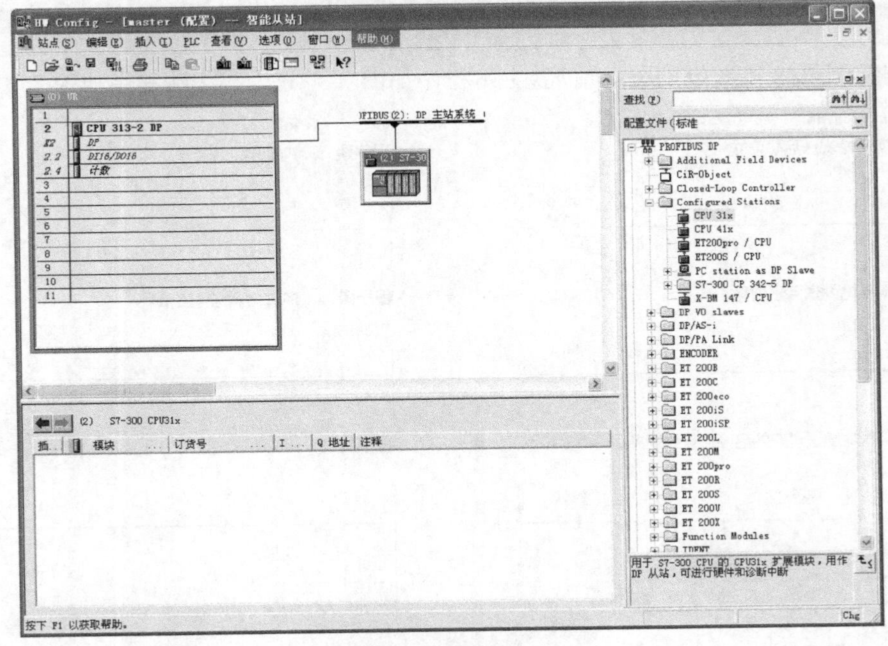

图 7.63 组态完毕

至此，所有硬件组态完成。在如图 7.63 所示的界面中，单击 编译并保存。

在组态中，需要注意以下几点：在进行硬件组态时，主站和从站的波特率要相等；主站和从站的地址不能相同，本例的主站地址为 3，从站地址为 2；最关键的是，先对从站组态，再对主站组态。

⑥ 编写主站和从站程序。

从图 7.62 中很容易看出主站 3 和从站 2 的数据交换(表 7.10)。

表 7.10 主站和从站的数据交换

序号	主站	对应关系	从站
1	QB2	——→	IB2
2	IB3	←——	QB3

主从站 PLC 的 I/O 分配表见表 7.11。

表 7.11 主从站 PLC 的 I/O 分配表

站类型	PLC 的 I/O 地址	连接的外部设备	在控制系统中的作用
主站	I0.0	按钮 SB1	从站电动机的启动按钮
	I0.1	按钮 SB2	从站电动机的停止按钮
	Q1.0	接触器线圈 KM1	主站电动机 M1 工作
从站	I0.0	按钮 SB3	主站电动机的启动按钮
	I0.1	按钮 SB4	主站电动机的停止按钮
	Q1.0	接触器线圈 KM2	从站电动机 M2 工作

根据控制要求和 I/O 的分配情况，主站程序如图 7.64 所示，从站程序如图 7.65 所示。

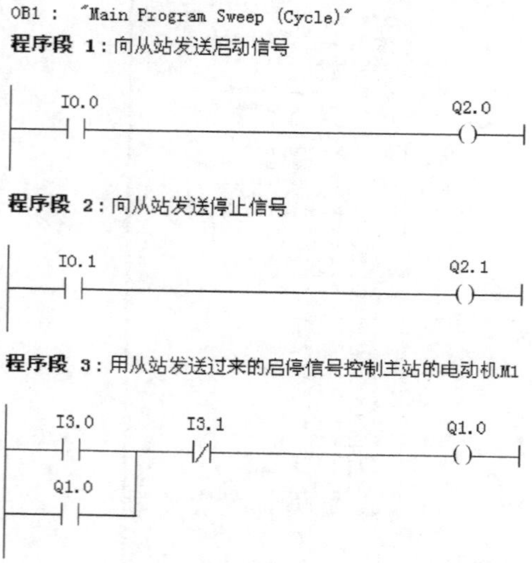

OB1 : "Main Program Sweep (Cycle)"

程序段 1：向从站发送启动信号

I0.0 Q2.0

程序段 2：向从站发送停止信号

I0.1 Q2.1

程序段 3：用从站发送过来的启停信号控制主站的电动机M1

I3.0 I3.1 Q1.0

Q1.0

图 7.64 主站程序

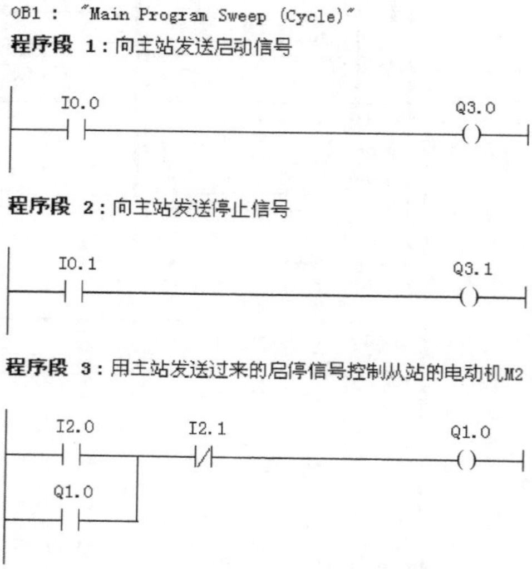

OB1 : "Main Program Sweep (Cycle)"

程序段 1：向主站发送启动信号

I0.0 Q3.0

程序段 2：向主站发送停止信号

I0.1 Q3.1

程序段 3：用主站发送过来的启停信号控制从站的电动机M2

I2.0 I2.1 Q1.0

Q1.0

图 7.65 从站程序

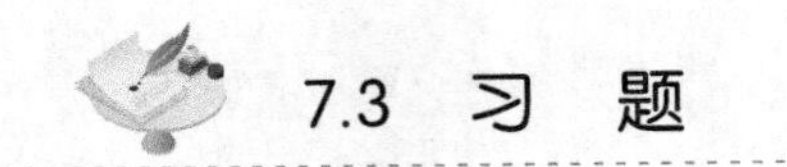

7.3 习 题

1. 阐述PROFIBUS通信的性能。

2. 采用PROFIBUS-DP通信方式完成S7-300之间的信息交换和控制功能。要求如下:

(1) 主站控制从站电动机的运行和停止。

(2) 从站控制主站电动机的运行和停止。

(3) 按下启动按钮4 s后电动机运行,同时电动机运行6 s后停止,4 s后继续运行,如此循环。

构建该系统,并且编制主从站系统。

3. 简述MPI通信的原理。